Collected Essays on Architecture

秦佑国 著

by Qin Youguo

秦佑国

建筑文集

清华大学出版社
北京

图书在版编目（CIP）数据

秦佑国建筑文集 / 秦佑国著.—北京：清华大学出版社，2024.2
ISBN 978-7-302-64947-2

Ⅰ.①秦… Ⅱ.①秦… Ⅲ.①建筑学—文集 Ⅳ.①TU-53

中国国家版本馆CIP数据核字（2023）第233438号

责任编辑：张　阳
封面设计：吴丹娜
版式设计：谢晓翠
责任校对：欧　洋
责任印制：丛怀宇

出版发行：清华大学出版社
　　　　　网　　　址：https://www.tup.com.cn，https://www.wqxuetang.com
　　　　　地　　　址：北京清华大学学研大厦 A 座　　　邮　　编：100084
　　　　　社 总 机：010-83470000　　　　　　　邮　　购：010-62786544
　　　　　投稿与读者服务：010-62776969，c-service@tup.tsinghua.edu.cn
　　　　　质量反馈：010-62772015，zhiliang@tup.tsinghuan.edu.cn
印 装 者：涿州汇美亿浓印刷有限公司
经　　销：全国新华书店
开　　本：170mm×240mm　　印　张：31　　　字　数：500 千字
版　　次：2024 年 2 月第 1 版　　印　次：2024 年 2 月第 1 次印刷
定　　价：169.00 元

产品编号：094217-01

|序|

古人论贤，以立德、立功、立言"三不朽"为至境。于今这个风云瞬变的速朽年代，凡躯而登"三不朽"者，平生仅见，唯秦佑国先生一人。

首论立德：

先生为人表里澄澈，无私无畏，严己宽人，至诚至信。坦荡如赤子，温煦如春风。先生处事蕴大智，秉大公，纵大勇，肩大任。内持大坚守，外存大包容。呕心沥血，夙夜在公。先生传道有教无类，倾囊授业，大爱化育，金针度人，鞠躬尽瘁，死而后已。先生辞世前一年，强拖癌症手术后的羸弱之躯，年近八旬仍坚持在讲台上给本科生上大课，言传身教清华精神——"行健不息，厚德载物"。先生之德，虽古君子亦莫可及。

再论立功：

作为建筑声学领域的学术权威，先生本可以百尺竿头更进一步，让个人成就臻于至善。但于世纪之交临危受命，先生选择了放弃唾手可得的个人桂冠，而肩负起带领清华建筑集体穿越荆棘之路的历史重担。1997年到2004年，先生历任两届清华建筑学院院长，在任内开启并完成了颠覆式创新的全面改革：力排众议，跨系把暖通空调专业并入建筑学院成立建筑技术科学系；开创"4+2"本硕贯通学制；倡始筹谋创立景观学系；以及有计划、成建制输送青年教师到海外进修……清华建筑生态在先生手中得以彻底再造，奠定了天开地阔的焕新格局。清华建筑学科能够跻身世界一流，先生居功至伟，绵泽至今。

三论立言：

世纪之交，中国建筑界被突然涌入的各色外来思潮冲决激荡，对于现代建筑学、现代建筑教育的许多基本问题尚处于再认识、再评估、再探索的思想重启阶段，这构成了本书所收录大多数文章的写作背景。值彼天下苍黄未分、业界认知混乱之际，先生高屋建瓴，慧目如炬，指点江山，擘画未来——屡屡发人之所未见，道人之所未言。

本书名为"建筑文集"，约略可窥览先生思想地景的概貌。文集分为三大板块，分别铺陈了先生在三个不同方向和维度上的思想叙事。

第一板块凝聚了先生对于建筑教育与学科建设的深度思考和创新畅想。先生以宽广的国际视野，率先把清华建筑教育纳入一个全球认知框架中去重新定位，从此推动清华建筑踏足世界一流建筑学科的竞技场。与此同时，先生为清华建筑首次确立了培养"专业领导"的职业化教育目标。在教育理念上，先生提出不仅讲"素质""能力"，还要讲"气质""修养"，文理兼精，科、技、艺并重。在当时的历史条件下，先生的这些前瞻性设想和论述，堪称"投石冲破水底天"，全方位打开了国内封固已久的学科认知与教育愿景。特别值得推崇的，是《梁思成、林徽因与国徽设计》一文，先生通过精研史料、去伪存真，以缜密逻辑和雄健笔力，论证了清华大学营建系对于国徽设计不可磨灭、无可替代的历史性贡献，具有弥足珍贵的学术价值。

第二板块充分展现了先生辽阔的技术视界：从建筑声景学到绿色建筑，从建筑数学到计算机集成建筑系统，作为国内这些专业领域的开创先驱和学术权威，先生的相关文章可谓奠基定鼎之作。先生的技术思想尽管精深，却并不囿于专业的一孔之见，而总是能从文明进程和大设计维度展开超越性思考。这一板块收录的两篇文章——《从"HI-SKILL"到"HI-TECH"》《中国建筑呼唤精致性设计》，都是在中国建筑界曾引发广泛反响的名作。

第三板块中，先生的学术思考进一步向文化、社会和历史领域拓展延伸，创造性地以建筑作为认知媒介、思想工具与组织纽带，铺展开恢宏的广义环境叙事。

时逢先生八十冥诞之际，《秦佑国建筑文集》由清华大学出版社付梓发行。回顾前尘才恍然惊觉：先生离开我们越久，他的身影反而越发高大。

2021年2月28日，最后送别先生时，曾手撰挽联，镌先生功德言三不朽：

行止俱师范，君子其人夙兴夜寐

桃李皆仰止，先生之风山高水长

先生立德，清华榜样；先生立功，改天换地；先生立言，永铭后世。

周榕

中国当代建筑、城镇化、公共艺术领域知名学者、评论家、策展人

清华大学建筑学院副教授

中央美术学院客座教授

|目录|

第一篇　建筑教育与学科建设

第二篇　建筑专项技术研究　*223*

第三篇　建筑与社会、文化　*363*

第一篇

建筑教育与学科建设

任职建筑学院院长后在全院教师大会上的讲话

这次建筑学院领导班子换届，把我推到了院长这个位置。说心里话，我自认为我不是一个合适的人选。第一，我认为建筑学院院长应该由主导专业建筑设计或城市规划的人来当，尽管我原来的专业背景是建筑学，毕业后也干了十年，现在也一直在干，但是毕竟后来的主要工作是建筑技术科学相关的，不是建筑学院的主导专业。第二，我这个人可以做具体的工作，勤勤恳恳、任劳任怨都可以，但当第一把手，当拍板决策的人并不合适，这方面我有自知之明。因此，我一直说我不是合适的人选，我向系里老先生、向领导、向院核心一直这样说。

但事已至此，把我推到这个岗位上，说再多的退让的话也没有意思，既在其位，就只能谋其政。

就清华大学建筑学院在国内所处的地位和与国际上的联系，我深感自己岗位责任的重大。处于世纪之交，更加重了历史的使命感。所以：第一，我要认识到自己的责任；第二，要做好自己的工作，我前面说了我不是合适的人选，但想以勤补拙吧，努力工作；第三，发挥集体领导的作用，团结好院领导一班人，充分发挥各人的才能和特点，互相协作，互相配合，这也是建筑学院领导班子好的传统；第四，要发扬民主，广泛听取全院师生员工的意见、建议和要求。殷切地希望老先生们，我的老师们继续关心爱护你们的学生，关心爱护我们的学院；希望我的同龄人，我的同学，可以从同学、同事、朋友的角度关照和支持我的工作；希望我院已占教师人数一半以上的年轻教师，以你们年轻人的朝气和活力、能动性和创新精神来推动我的工作；希望我院的职工同志在行政后勤工作中继续给我一贯的支持。总之，我会在全院师生员工的支持下，在院系领导班子成员努力工作下，担当起这份历史赋予自己的责任。

以上是我个人的表态吧。下面就几个问题讲一些想法，要说是"施政纲领"还为时过早，因为学院领导班子换届，尽管酝酿时间比较长，但并没有"竞选"，我也一直认为自己不合适，所以事先也就没有准备一套什么"施政纲领"。从校领导找我谈话到今天，才一个星期。换届后的班子才开过两次会，所以只能算是一些初步的想法，一个大致的轮廓。当然系统的工作方面很多，不能一一讲到。主要想讲以下三个方面。

一、教师和干部队伍的问题

在外国大学，当院长、当系主任，第一项任务是聘教授。我们这一届正处于世纪之交，是承上启下的一届。在我们这一届，最主要的历史使命是要完成建筑学院的行政领导、学术骨干、业务骨干全面转到"文革"后毕业的一代人这一过程，也就是队伍转变问题。

一方面，这是自然规律。到 2000 年进入新千年后，我院 1959 年、1960 年、1961 年毕业的教师的年龄都将超过或接近 63 岁（学校规定的正教授退休的界限），而 1962 年、1963 年、1964 年毕业的教师，除了陈衍庆老师外，还有很大空缺。而"文革"后毕业的前几届学生已工作十六七年，年龄接近 40 岁，从教师队伍年龄结构分析，必须进行这个转移。另一方面，队伍转变也是形势。目前，全国各建筑院校都在进行这个工作，并且还走到了我们的前面，天津大学、哈建工、东南大学、重建工……不仅在领导班子上用年轻人，还提拔了不少年轻的正教授，三十几岁的博导。而我们仅有庄惟敏一人，他还在设计院。这次，把朱文一、尹稚选拔到副院长岗位上，算是队伍转变的一个步骤。但我们要加速这个转变的进程，我们年轻教师的素质条件和水平不比别人差，如果我们不把他们推出来，那么我们在下个世纪，在国内建筑界、学术界将会处于极为不利的地位。

如何实现这个转变？一是争取学校领导的支持，在职称晋升上考虑建筑学的特殊性；二是院内设岗，引入竞争机制；三是要把年轻教师推出去，让他们在国内学术界亮相；四是年轻教师自己要努力创造条件，在学术上要有成就，要写教材、搞科研、出论文，要有新思路，拓宽视野和眼界，要有不同模式，不要大家都走一条路，过一座桥。

我们讲了对年轻教师的重用问题，并不是不重视中老年教师的作用，恰恰相反，我们要十分重视借助老先生们的威望，借助他们的智慧，求得他们的指导和帮助，这是清华大学建筑学院十分宝贵的财富；我们要充分发挥中年教师丰富的工作经验、成熟的工作能力、广泛的社会联系。

二、办学方向和学科建设

要处理好"传统与革新，固守和发展"的关系，我这里说的"传统""固守"没有任何贬义的意思。

清华大学建筑学院是有深厚传统的，这是全国公认的。但有的人是从称赞的角度来说，有的人是从批评的角度来说，我们自己对此要有清醒确切的认识。一方面，保持清华建筑系的优秀传统，保持自己的办学特色无疑是必要的，否则革新就是无根之木、无源之水。但是另一方面，时代在变，社会在前进，经济在发展，科学技术在发展，建筑学科本身也在发展，革新是必然的趋势。

怎样处理传统与革新的关系，我们可以借用"神似"和"形似"来加以说明。传统应该作为一种精神，一种潜移默化的氛围，一种学风、作风，是"神似"，而不应该是"形似"。

把传统作为一种模式、一套具体的做法和程序，强调培养学生扎实的基本功，基本功中包括"建筑艺术修养"，这无疑是清华建筑系的传统。这个传统必须保持，但这里有几个问题值得讨论：一个问题是"培养手"还是"培养眼"？两者都培养，何者更重要？显然"眼"更重要，培养学生的艺术修养和鉴赏力更重要。尤其是进入计算机时代后，更显出"眼"的重要，没有高的眼界，在计算机上照样画不出好的渲染图。另一个问题是"艺术"的含义。艺术"art"这个词在拉丁语中的原意是 Skill，即技巧、技艺、手工，而 art 古典的含义是指人文学科（历史、哲学、文学）。而将艺术一词限于创造可以与他人共享的、和美有关的事物，是art 在近现代的一种狭义理解。再一个问题是"建筑艺术"的特点，它与绘画、雕塑的不同之处在于建筑艺术是一个空间的艺术，是一个人在其中观赏的艺术，是一个人在其中运动观看的艺术，是一个创作者不亲手制作而由他人去建造的艺术。因此加强学生的基本功，提高学生的艺术修养无疑是应该坚持的传统，但如何进行，如何做，都需要讨论。例如如何加强人文学科知识，如何加强模型制作和表现，美术课中如何考虑建筑系学生和建筑艺术的特点，主干课——设计课中如何提高学生的建筑艺术修养，等等。

再讲一下"固守和发展"。清华建筑系在建筑学的许多领域中都有优势，但这些领域和阵地一方面遭遇到兄弟院校激烈的竞争，另一方面我们自己在有些方面正面临着后继无人的危机，如建筑历史、建筑物理，以前这两个都是我们的强项。因此固守我们的优势领域，防止阵地的丢失是非常紧迫的问题。但是消极地固守，是守不住的，因为时代在发展，建筑学学科在发展，领域在扩大，多学科交叉融合的趋势日趋增强，知识更新在加速，参与的单位和队伍在迅速增加，如地理系、工艺美术系、美术学院等，社会需求更加多样化，需求量也在发展。这一切都要求我们要考虑学科的发展，"逆水行舟，不进则退"，不发展就会丧失优势，丢失阵地。一方面是原有的学科领域和研究方向要发展；另一方面，发展指的是建立新的领域和方向，如景观建筑学（landscape architecture）、室内设计，还有工程项目的前期工作，如建筑可行性研究、建筑策划……

我们考虑发展，要审时度势，充分发挥我们既有的优势和特点，如城市规划学科，大家都感到我们要发展，但重点放在哪里？是向上游发展，也就是发展宏观的、多学科的、决策性的，即和社会、经济、人口、环境、产业等结合的城市总体规划和区域规划；还是向下游发展，深入地和城市工程结合……这里我只是提出一些想法，还不是全面的、通盘的筹划。

学科的发展是和科学研究紧密结合的，我们建筑学院要加强科研，尤其是要承担国家重大的或有重要学术意义的项目。

三、工程设计的组织

承担实际工程任务的设计和规划既是教师、学生理论联系实际的需要，是确立我们在全国建筑界地位的重要方面，也是我们办学经费的来源。目前，我院的工程设计潜力还没有充分发掘。主要问题是怎样组织。我们现在在对外有安地公司、规划院、清华大学建筑设计研究院和清华大学建筑学院四块牌子，但用起来都存在一些问题。如何按生产和设计的规律组织，如何协调各个方面的关系，如何发挥在工程设计和生产组织方面有经验的人的作用，如何兼顾院、教研组、个人三者的收益，如何扩大工作的领域范围（向下游，如施工图；向上游，如前期工作、可行性研究；还有室内设计），如何和企业合作，如何进行设计管理和财务管理，与建筑设计研究院的关系，等等，都需要我们听取各方面的意见，调整生产关系，提出整改的措施。

院里其他方面的工作还有很多，这里就不一一列举，主要的是上面三个方面：一是人，二是方向，三是钱。有人有钱方向对，事情就好办了。但我也深深知道困难很大，这是因为思想认识上不一定能有共识，各方的利益不能均沾，种种条件不一定具备，风险不可预估。

但事总要办，路总要走，让我们以最大的努力，争取最好的结果。在全院师生员工的支持下，希望我们这一届班子不辜负大家的委托，完成我们的历史使命。

1997 年 11 月

面向 21 世纪的建筑学

在20世纪行将结束之时，国际建筑师协会（UIA）成立五十周年来的第20次大会在东方古都北京举行，来自全球不同国家和地区的数千名建筑师就"面向21世纪的建筑学"的主题进行了热烈讨论，通过了新世纪的行动纲领《北京宪章》。

进入21世纪，建筑学首先面对的依然是上个世纪的老问题——人人拥有适宜的住房。随着世界人口的急速膨胀和贫富分化的加剧，全球的住房问题仍旧严峻。在中国，随着城市化进程的加速和住房制度的改革，从政府、社会到个人，从城市、住区到街坊，从体制、政策到规划设计，从金融投资、房地产开发到市场运行等，住房问题呈现出错综复杂的局面。对建筑师、规划师而言，则是如何摆脱计划经济福利分房体制下的规划设计模式以应对新的形势。例如：住房设计如何满足不同收入阶层和不同家庭的需要；住宅小区是否是唯一的居住模式；如何鼓励和推动居民自建住房和自下而上的社区建设；旧城居住区改造如何尊重原住民的权利和原有的城市肌理；广大农村的居住问题如何进入建筑师和规划师的视野，等等。

新世纪，人类面临的最重大挑战之一是迅速发展的城市化进程。根据联合国人居中心（United National Center for Human Settlements，UNCHS）预测：刚进入21世纪时，全球有1/2的人口生活和工作在城市；到2030年时，城市人口将占世界人口的2/3。无可否认，城市的发展是人类文明史中最光辉的一页。但是时至今日，旧工业城市的贫民窟清理未毕，底层社会的社区又业已形成，贫富分化、交通拥堵、环境污染、犯罪滋生等城市问题日益严重。在相当长的一段时间里，发展中国家的城市化进程被认为是一种消极现象，控制乡村人口向城市流动是解决城市问题的重要措施。然而，所有遏制城市扩展的尝试都以失败而告终，城市化进程始终在继续。在进入21世纪之时，我国正处于城市化进程的加速时期，一方面城市本身问题重重，另一方面大量的农村剩余劳动力潮水般地涌向大中城市，而政策上试图着力发展的小城镇却往往因乡村经济的滞后而失去了发展的动力。

在城市化进程中如何妥善处理好城市与乡村发展的关系，如何保持大中城市和小城镇的均衡发展，如何有效地改善城市的物质条件和生活质量，如何节约土地、注重生态和保护环境等都是新世纪面临的挑战。

建筑原本是人类为了遮风避雨、防寒避热，抵御自然环境的"庇护所"（shelter），城市则是大量建筑集聚形成的一种人造环境。工业革命后，人类利用自然、改造自然，取得了骄人的成就，却也付出了高昂的代价。在经历了两个多世纪的工业化、城市化对自然资源和生态环境毁坏的痛苦之后，人类开始对其所居住的星球表现出应有的尊重。可持续发展的环境观已经并将在新的世纪更加深刻地影响建筑学。绿色建筑（green architecture）与生态城市，环境敏感设计（ESD）与设计结合自然，零排放建筑（zero emission building）与可再生能源利用，建筑节地、节水和节能，建筑材料无害化与再生利用，挖掘乡土建筑与自然和谐的传统，以维持生态完整性为基础加强区域、城乡发展的整体协调和促进土地利用综合规划等成为各国建筑师共同关注的课题。

人类经数千年积累，终于使科学技术在近百年释放了空前的能量。科学技术发展对建筑的作用一方面体现为其在建筑中的直接应用，另一方面是它改变社会生活和思想观念而间接地对建筑产生影响。后者的作用在某种程度上更全面、更深刻。科学技术在建筑中的应用主要涉及三个方面：一是建筑材料、建筑结构和工艺技术；二是建筑设备系统；三是建筑设计媒介。科学技术的急速发展创造了20世纪特有的建筑形式，而20世纪60年代以后科学技术发展的两个趋势对建筑产生了深刻的影响。其一是对科学技术急速发展的人文批判和对所造成的环境后果的批判；其二是计算机与信息技术的飞速发展引导着工业化时代向信息化时代转变。令人深思的是：发达国家的许多建筑师从尊重自然与传统出发，表现出对地方性适宜技术的浓厚兴趣；而发展中国家的建筑师却更多地追随在某些未来学家后面，畅想着21世纪信息时代人类的"高科技"生活。我们需要的是适合中国国情的，高新技术、传统技术与适宜技术结合，理想与现实结合的建筑技术路线，在新的世纪中发展中国的建筑技术。例如：更新我国建筑的基本技术体系，提高建筑技术水准；发展节地、节能、无害、无污染的建筑材料和建筑设备；发展现代钢结构解决形式创造和构造节点的工艺设计问题；在节能和环保条件下营造健康的而不仅仅是舒适的建筑物理环境；反应灵敏防护有效的建筑与城市综合防灾体系；自适应建筑与建筑智能化；从计算机辅助建筑设计（computer-aided architecture design，CAAD）到计算机集成建造系统（CICS）等。

文化是历史的积淀，它存留于建筑间，融汇在生活里，对城市的营造和市民的行为起着潜移默化的影响，是城市和建筑的灵魂。世纪之交，在全球化的趋势下，文化趋同与地域文化和传统文化日渐消失的危机引起了全世界有识之士的普遍关注。在中国这样一个有着深厚历史文化传统、地域辽阔、民族众多而又处于快速发展时期的发展中国家，在实现现代化的进程中如何应对这个危机是一个迫在眉睫的问题。但这并不意味着采取封闭与保守的姿态，而应立足地方、辩证分析，抓住本质、创造未来。提倡全球化与多元化共生，民族性、地区性的发展与世界性相结合，传统的继承与新时代的发展相结合，现代建筑的地区化，乡土建筑的现代化，殊途同归，从而推动世界和地区的进步与丰富多彩。

建设一个美好的、可持续发展的人居环境是人类共同的理想和目标，也是建筑学的任务和目标。建筑学的内容和建筑师的业务从来都是随着时代而横向拓展，纵向深化。面向21世纪的建筑学是以可持续发展为纲，以人居环境建设为目标，建筑、地景与城市规划三位一体，融贯科技、社会、文化的广义建筑学。

世纪交替只是连续不断的历史中的一个时间标记。这个世界带着20世纪的矛盾和困难，也带着人类的憧憬和期望，进入新的世纪。古代中国的建筑和城市有过灿烂的成就，近代中国在建筑发展上出现停滞和落后，今天中国建筑有了长足的进步和高速的发展。但是面对巨大的建设量，中国还未形成蔚为整体的建筑与城市建设战略和建筑学体系。世纪之交，中国建筑发展是挑战与希望同在，任重而道远。我们需要激情、力量和勇气，能动地认识时代，在改革、探索中以宽广的胸怀放眼世界，认真总结古今中外的建树与教训，展望未来，利用后发优势，立于世界建筑之林。

清华大学建筑学院

吴良镛、秦佑国、毛其智、朱文一

秦佑国执笔

这篇文字是1999年在北京召开了以"面向21世纪的建筑学"为主题的国际建筑师协会（UIA）第20次大会之后，应中国工程院要求各学科提交新千年发展报告，而撰写的建筑学科的相关报告，是我执笔撰写的，提交时的署名是"清华大学建筑学院 吴良镛、秦佑国、毛其智、朱文一"。

梁思成、林徽因与国徽设计

在新中国成立五十周年之际，我们缅怀为国徽设计和诞生做出历史性贡献的梁思成、林徽因先生。近年来，关于国徽设计的历史真相却被一些人用口说无凭的"回忆"、用混淆视听的不实之词歪曲和掩盖了。但是历史的档案还在，白纸黑字记载着历史的真实情况。

国徽是在1950年9月20日由中华人民共和国中央人民政府主席毛泽东签发公布的：

中央人民政府命令

中国人民政治协商会议第一届全国委员会第二次会议所提出的中华人民共和国国徽图案及对该图案的说明，业经中央人民政府委员会第八次会议通过，特公布之。

此 令

主席 毛泽东

1950 年 9 月 20 日

同时颁布的《中华人民共和国国徽图案说明》全文如下：

国徽的内容为国旗、天安门、齿轮和麦稻穗，象征中国人民自五四运动以来的新民主主义革命斗争和工人阶级领导的以工农联盟为基础的人民民主专政的新中国的诞生。

这个具有强烈中国传统特色和民族艺术风格，极好地体现了新中国政权特征、庄严富丽的中华人民共和国国徽（图1），达到了政治含义和艺术造型的完美结合，体现了设计者强烈的爱国热情和高超的艺术水平。而它的产生却经历了曲折的过程。

图1　国徽原型（全国政协档案馆藏）

一

1949年6月15日，中国人民政治协商会议筹备会在北平召开，会议决定设立6个工作小组，其中第6小组的任务是研究草拟国旗、国徽、国歌、纪年、国都等方案。组长是马叙伦。

7月9日第6小组举行第一次会议，会上决定了国旗、国徽评委会8人：翦伯赞、蔡畅、李立三、叶剑英、田汉、郑振铎、廖承志、张奚若。

7月10日，政协筹备会发布《征求国旗、国徽图案及国歌词谱启事》，向全国征集方案，截止日期为当年8月20日。对国徽提出的设计要求是："（甲）中国特征；（乙）政权特征；（丙）形式须庄严富丽。"

8月5日第6小组举行第二次会议，会上对一个18人的专家名单进行了讨论，最后聘请徐悲鸿、梁思成、艾青3位专家为国旗国徽初选委员会顾问。

梁思成先生此后即以"初选委员会顾问"的身份参加政协第6小组关于国徽的历次会议。

8月20日截止日期到，共征得"国旗一千五百件，国徽几十件，国歌二百件左右"（马叙伦语）。

8月22日，召开国旗国徽初选委员会第一次会议。对于应征的国徽方案，大家都表示不满意：

马叙伦：国徽怎么办？

郑振铎：现在一个都没有（指好的而言）。

马叙伦：我们就连国徽参考图样都提不出吗？

张奚若、郑振铎：我们说都要不得。

梁思成：在国徽上一定要把中国传统艺术表现出来，汉唐有很多东西可供参考。

沈雁冰、徐悲鸿：这个徽上的朱雀也很好看。

郑振铎：椭圆比圆的好看，应该有字（指国徽底部带字的一张）。

马叙伦：今天我们提出哪几张作参考？

（主席照大家评论的几张收集起来）（会后计数初选结果共四幅）（注：文中所引历史资料皆从档案中照录）

梁思成先生第一次参加有关国徽设计的会议，就明确提出："在国徽上一定要把中国传统艺术表现出来。"

8月24日，第6小组举行第三次会议。关于国徽，会议最后决定："因收到的作品太少，且也无可采用的，已另请专家拟制，俟收到图案之后，再行提请决定。"

9月14日，第6小组举行第四次会议，传达了毛泽东对国旗国徽设计的意见："国旗上不一定要表明工农联盟，国徽上可以表明。"会上选出国旗图案第17号与第11号之修改及国徽图案两张提供常委会参考。

9月25日晚，毛泽东、周恩来在中南海召开会议，协商国旗、国徽、国歌等问题，梁思成应邀参加。毛泽东赞成以《义勇军进行曲》为国歌，五星红旗为国旗。关于国徽，大家发言都对初选的图案不满意。毛泽东最后说："国旗决定了，国徽是否可慢一步决定，原小组还继续设计，等将来交给政府去决定。"

从上述文字中可以知道：公开征集未得到满意的国徽图案，8月24日以后，有一个"专家小组"在另行设计国徽图案，但所提供的方案初选没有通过。这个小组就是张仃和钟灵。

全国政协档案馆现藏有一份文件，封面字样是"国徽图案参考资料 人民政治协商会议筹备会编印 一九四九年九月二十五日"，内容是《中华人民共和国国徽应征图案候选修正图案说明》，摘录如下（图2）：

图2 全国政协档案馆现藏《国徽图案参考资料》

甲、设计含义总说

工人阶级（经过共产党）领导的，以工农联盟为基础的，人民民主专政的中华人民共和国，像一个太阳一样，在东方升起。

这一有五千年悠久历史与文化的伟大古国，在共产主义的光芒照射之下，获得了解放。

……

乙、纹样含义详解

（一）齿轮，嘉禾的结合，代表工农联盟。

……

（二）衬景及五角红星，代表工人阶级的先锋队——共产党的领导，及共产主义的光芒普照全球。

……

（三）地球上面将我国版图显露出来，表现了我国特征——地域辽阔广大。

……

设计者：张仃、钟灵

张仃、钟灵共设计了 5 个相似的图案，现仍收存在政协档案馆（图 3）。这 5 个图案与张仃此前设计的政协会徽相似（图 4），且与苏联和东欧一些社会主义国家的国徽相似，其形式属于宣传栏、黑板报报头式的图案（图 5）。

1949 年 9 月 27 日召开的政协第一届全体会议讨论并通过了国旗、国都、国歌、纪年 4 个决议案。大会主席团决定，邀请专家另行设计国徽图案。

图 3　张仃、钟灵 1949 年 9 月 25 日的方案

图 4　张仃设计的政协会徽

Union des Répu-
bliques Socialis-
tes Soviétiques

图 5　苏联及加盟共和国的国徽

二

清华大学营建学系林徽因、莫宗江等在 1949 年 10 月 23 日提交了 1 个国徽图案和《拟制国徽图案说明》（图 6、图 7），《拟制国徽图案说明》全文如下：

拟制国徽图案说明

拟制国徽图案以一个璧（或瑗）为主体：以国名、五星、齿轮、嘉禾为主要题材；以红绶穿瑗的结衬托而成图案的整体。也可以说，上部的璧及璧上的文字，中心的金星齿轮，组织略成汉镜的样式，旁用嘉禾环抱，下面以红色组绶穿瑗为结束。颜色用金、玉、红三色。

璧是我国古代最隆重的礼品。《周礼》："以苍璧礼天。"《说文》："瑗，大孔璧也。"这个璧是大孔的，所以也可以说是一个瑗。《荀子·大略篇》说："召人以瑗"，瑗召全国人民，象征统一。璧或瑗都是玉制的，玉性温和，象征和平。璧上浅雕卷草花纹为地，是采用唐代卷草的样式。国名字体用汉八分书，金色。

大小五颗金星是采用国旗上的五星，金色齿轮代表工，金色嘉禾代表农。这三种母题都是中国传统艺术里所未有的。不过汉镜中有 ◯ 形的弧纹，与齿纹略似，所以作为齿轮，用在相同的地位

图 6　林徽因等 1949 年 10 月 23 日方案

图 7　林徽因等，《拟制国徽图案说明》

上。汉镜中心常有四瓣的钮，本图案则作成五角的大星；汉镜上常用小粒的"乳"，小五角星也是"乳"的变形。全部作成镜形，以象征光明。嘉禾抱着

璧的两侧，缀以红绶。红色象征革命。红绶穿过小瑗的孔成一个结，象征革命人民的大团结。红绶和绶结所采用的褶皱样式是南北朝造像上所常见的风格，不是西洋系统的缎带结之类。设计人在本图案里尽量地采用了中国数千年艺术的传统，以表现我们的民族文化；同时努力将象征新民主主义中国政权的新母题配合，求其由古代传统的基础上发展出新的图案；颜色仅用金、玉、红三色；目的在求其形成一个庄严稳重典雅而不浮夸不艳俗的图案，以表示中国新旧文化之继续与调和，是否差强达到这目的，是要请求指示批评的。

这个图案无论用彩色，单色，或做成浮雕，都是适用的。

这只是一幅草图，若蒙核准采纳，当即绘成放大的准确详细的正式彩色图、墨线详图和一个浮雕模型呈阅。

林徽因　雕饰学教授，做中国建筑的研究

莫宗江　雕饰学教授，做中国建筑的研究　　集体设计

参加技术意见者　邓以蛰　中国美术史教授

王　逊　工艺史教授

高　庄　雕塑教授

梁思成　中国雕塑史教授，做中国建筑的研究

一九四九年十月二十三日

这个方案首次将国旗上的五颗金星设计入国徽图案，且"以红绶穿瑗的结衬托"也应用在后来的国徽中，用玉璧的造型已具备了后来国徽是浮雕而不是一幅图画的特征。而国徽图案要体现"中国数千年艺术的传统"和"民族文化"与"新母题配合""发展出新的图案"是梁思成和林徽因先生始终坚持和追求的。

中华人民共和国成立后，被某些人称为"从延安时期起就作为党内第一设计专家的张仃"，参加了"五人接管小组"，"接管了旧国立北平艺专，其后，中央美术学院成立，他担任实用美术系主任、教授。"张仃带领中央美院的国徽设计小组（其中有周令钊先生）又做了一个方案。

1950年6月1日马叙伦给全国政协常委会的报告中关于国徽设计的文字如下：

　　现在国旗、国徽、国歌、国都、纪年方案审查委员会，又据专家参加原来选出比较可供选择的五种国徽图案，另外拟制了两种。其中一种仍然取法原来五种造意，而于形式上略加变更。另补一种则造意略有不同，着重于中国民族形式的表现。现将这两种新拟的图案，连同原来的五种，一并送请审核并请提出（交）全国委员会全体作最后决定。

　　附送国徽图案七种。

召集人　马叙伦

1950 年 6 月 1 日

　　报告中的"国徽图案七种"中，"原来选出"的五种是上面提到的张仃、钟灵设计的五个图案，"着重于中国民族形式的表现"的是林徽因、莫宗江的方案，而"仍然取法原来五种造意，而于形式上略加变更"的应该是张仃、周令钊等设计的另一个图案。遗憾的是，在全国政协档案处现藏的国徽设计图稿中，未找到这个图案。但有档案可以印证，这个图案外圈与张仃、钟灵设计的五个图案相似，是"仿（政协）会徽形式"的，中间是一个彩色的斜透视的写实的天安门图形（图 8）。

模拟的示意图

外圈仿政协会徽形式
天安门图案取自新中国邮票

图 8　"仿（政协）会徽形式"的模拟示意图

　　1950 年 6 月 21 日，马叙伦、沈雁冰在《国徽审查组报告》中写道：

　　计得有仿政协会徽拟制的五个图案，亦仿会徽形式而以天安门为主要内容的一个图案，另有以民族形式拟制的两[1]个图案，一并送请全国委员会常务委员会审定。

在1950年6月11日国徽小组会上，张奚若在发言中较为仔细地谈到这个方案：

> 昨天我参加第五次常务会议，感觉天安门这个图式中的屋檐阴影可用绿色，房子是一种斜纹式。但是有人批评它像日本房子，似乎有点像唐朝的建筑物，其原因由于斜式与斜仪[2]到什么程度，是否太多？调和否，其次从房子本身来说不是天安门，而是唐朝式。后来我与周总理谈过后，认为采取上述图样房子是必再加以修改的。有人认为上面一条太长，而下面的蓝色与红色的颜色配合是不一定适宜的。

1950年6月10日政协第五次常务委员会讨论了第6小组送审的七个国徽图案，在6月11日下午4时的国徽小组会议上，首先是马叙伦传达了政协常委会的审议情况：

> 关于国徽这件工作，我们筹备时间相当长久，曾交大会审查未获得适当解决。我想在这次中国人民政治协商会议第一届全国委员会第二次会议能获得解决的。不过前经第五次常务委员会议议决采取国徽为天安门图案，其次里边设计过程可让他们作报告。

接着就是张奚若讲了上面的那段话，介绍了常务会讨论的情况。
在张奚若发言后，梁思成发言，对这个"采用天安门式"的方案发表了意见：

> 我觉得一个国徽并非是一张图画，亦不是画一个万里长城、天安门等图式便算完事，其主要的是表示民族传统精神，而天安门西洋人能画出，中国人亦能画出来的，故这些画家所绘出来的都相同。然而并非真正表现出中华

---

1. 原文如此。——作者
2. 原文如此。——作者

民族精神，采取用天安门式不是一种最好的方法，最好的是要用传统精神或象征东西来表现的。同时在图案处理上感觉有点不满意，即是看起来好像一个商标，颜色太热闹庸俗，没有庄严的色彩，又在技术方面：a. 纸用颜色印；b. 白纸上的颜色要相配、均匀；c. 要做一个大使馆门前雕塑，将在雕塑上不易处理，要想把国徽上每种颜色、形状表现出来是不容易的；d. 这个国徽将来对于雕刻者是一个艰巨工作。由于以上这几点意见，贡献这次通过决议案（天安门为中华人民共和国国徽）的国徽图形上修改的意见。

随后张奚若、沈雁冰发言，表示赞成国徽采用天安门图形。张奚若说：

> 我今天所谈的仅把设计过程谈谈。我个人感觉用天安门是可以的，从其内容上来说：它代表中国五四革命运动的意义，同时亦代表中华人民共和国诞生地……

沈雁冰说：

> 我听到很多人对国徽有分歧意见的，我们理想的国徽是代表着工农联盟的斗争精神以及物产领土等方面，倘若把古代方式添上去有许多不适当的，其次民族意识亦用什么东西来代表……我对采取天安门图形表示同意，因为它是代表中国五四运动与新中国诞生之地，以及每次大会在那里召集的。最好是里边不要写"中华人民共和国"几个字，看起来有点太俗了。

会议最后决定"原则上通过天安门图形"。

事情到此，如果国徽方案由张仃等一家自己修改完成，历史就简单了，但恐怕也就不会得到现在国徽这样完美的形象了。

1950 年 6 月 11 日下午的国徽小组会议后，周恩来约请了梁思成先生。这件事可从 6 月 15 日晚召开的"全委会第二次会议国徽组第一次会议"的会议记录中知道，会议记录全文如下：

全委会第二次会议国徽组第一次会议记录

时间：六月十五日下午八时

地点：全委会后花厅

出席人：马叙伦　张奚若　沈雁冰　郑振铎　陈嘉庚　李四光

　　　　张　冲　田　汉　梁思成　周恩来

主席：马叙伦

记录：万仲寅

梁思成报告：周总理提示我，要以天安门为主体，设计国徽的式样，我即邀请清华营建学系的几位同人，共同讨论研究，我们认为国徽悬挂的地方是驻国外的大使馆和中央人民政府的重要地方，所以它必须庄严稳重。因此，我们的基本看法是：

（1）国徽不能像风景画　国徽与图画必须分开，而两者之间有一种可称之为图案。我们任务是要以天安门为主体，而不要成为天安门的风景画，外加一圈，若如此则失去国徽的意义，所以我们要以天安门为主体，须把它程式化，而使它不是风景画。

（2）国徽不能像商标　国徽与国旗不同，国旗是什么地方都可以挂的，但国徽主要是驻国外的大使馆悬挂，绝不能让它成为商标，有轻率之感。

（3）国徽必须庄严　欧洲十七八世纪的画家开始用花花带子，有飘飘然之感。我们认为国徽必须是庄严的，所以我们避免用飘带，免得不庄严。至于处理的技术，我们是采用民族形式的。

田汉：梁先生最要避免的是国徽成为风景画，但也不必太避免。我认为最要考虑的是人民的情绪，哪一种适合人民的情绪，人民就最爱它，它就是最好的。张仃先生设计的与梁先生设计的颇有出入，他们两方面意见不同，非常重要。梁先生的离我们远些，张先生的离我们近些，所以我认为他们两位的意见需要统一起来。

讨论决定：

将梁先生设计的国徽第一式与第三式合并，用第一式的外圈，用第三式的内容，请梁先生再整理绘制。

（散会）

张仃等人在 1950 年 6 月 15 日也提交了他们的修改方案（图9），其设计说明书如下（图10）：

图9　张仃等 6 月 15 日的方案，天安门从斜透视改为正透视，但时间匆忙，立面上画了十开间（中间一开间，左侧四开间，右侧五开间）

国徽应征图案设计含义

一、红色齿轮、金色嘉禾，象征工农联盟。齿轮上方，置五角金星，象征工人阶级政党——中国共产党的领导。

二、齿轮、嘉禾下方结以红带，象征全国人民大团结，国家富强康乐。

三、天安门——富有革命历史意义的代表性建筑物，是我五千年文化，伟大、坚强、英雄祖国的象征。

附设计人意见书

在国徽草案设计过程中，因清华大学梁思成诸先生亦在进行设计，为互相充实设计内容与表现形式，故一度交换意见，对梁先生之设计理想，颇表钦佩，我们的设计接受了梁先生很多宝贵意见，但与梁先生意见相左部分，仍加保留，故附上意见书，作为补充说明：

一、关于主题处理问题：

梁先生认为：天安门为一建筑物，不宜作为国徽中构成物，图式化有困难，宜力避画成一张风景画片，要变成次要装饰。

图10　张仃等，《国徽应征图案设计含义》

设计人认为：齿轮、嘉禾、天安门，均为图案主要构成部分，尤宜以天安门为主体，即使画成风景画亦无妨（世界各国国徽中画地理特征的风景画是很多的）不能因形式而害主题。

二、关于写实手法问题：

梁先生认为：国徽造型最好更富图式化、装饰风，写实易于庸俗。

设计人认为：自然形态的事物，必须经过加工、才能变成艺术品。但加工过分或不适当，不但没有强调自然事物的本质，反而改变了它的面貌，譬如群众要求的嘉禾式样是非常现实的，又非常富于理想的，金光闪闪，颗粒累累，倘仅从形式上追求，无论自出汉砖也好，魏造像也好，不能满足广大人民美感上的要求的，写实是通俗的，但并不是庸俗的。

三、关于承继美术历史传统问题：

梁先生认为：国徽图案应继承美术上历史传统，多采用民族形式。

设计人认为：梁先生精神是好的，但继承美术上历史传统，应该是有批判的，我们应该继承能服务人民的部分，批判反人民的部分，这是原则。更重要的：不是一味模仿古人，无原则歌颂古人，而是"推陈出新"。

梁先生认为：国徽中彩带仿六朝石刻为高古，唐带就火气重了。

设计人认为：六朝的，唐的石刻造型都可取法，看用于什么场合，有些六朝石刻佛像彩带，表现静止，确是精构，倘用在国徽中，就太静止了，而唐之吴带是运动的，所谓"吴带当风"，国徽彩带采用这样精神，正适应革命人民奔放感情的要求。

四、关于色彩运用问题：

北京朱墙、黄瓦、青天，为世界都城中独有之风貌，庄严华丽，故草案中色彩，主要采朱、金（同黄）、青三色，此亦为中国民族色彩，但一般知识分子因受资本主义教育，或受近世文人画影响，多厌此对比强烈色彩，认为"不雅"。（尤其厌群青色，但不可改为西洋普蓝，及孔雀蓝，否则中国气味全失，且与朱金不和。）实则文人画未发展之前，国画一向重金、朱，敦煌唐画，再早汉画，均是如此，更重要的是广大人民，至今仍热爱此丰富强烈的色彩，其次非有强烈色彩，不适合装饰于中国建筑上，倘一味强调"调和"，适应书斋趣味，一经高悬、则黯然无光，因之不能使国徽产生壮丽堂皇印象。

设　　计　　者：张仃

提供技术意见者：张光宇　周令钊

助　理　绘　画　者：曹肇基

通　　讯　　处：中央美术学院

一九五〇年六月十五日

三

1950 年 6 月 10 日至 6 月 15 日，这 6 天的真实历史在上述档案文件中被反映得清清楚楚。但在几十年后的今天，却被张仃本人及其他一些人大肆渲染成，张仃和梁思成关于国徽中是否采用天安门图形发生了激烈的争论，说张仃认为天安门是五四运动的发源地，是新中国宣布诞生的地方，而梁思成则认为天安门是封建皇权的象征……他们把此炒得沸沸扬扬，到处散布，例如《中华读书报》于 1998 年 2 月 6 日发表的整版文章，同年 12 月 19 日凤凰卫视"杨澜工作室"对张仃的采访等。他们的目的就是一个，把整个国徽设计仅仅集中到是否采用天安门图形这一点上，抬高张仃，贬低梁思成，进而说现在国徽的设计者（有的叫作"主体创意"者）是张仃，而梁思成等只是按照张仃的创意制图，是"图纸成稿"，高庄是"模型定型"。

然而档案记录的历史事实中，哪里表明梁思成和张仃发生了关于天安门的政治象征的激烈争论呢？而且把张奚若在 1950 年 6 月 11 日同意采用天安门图形的话"它代表中国五四革命运动的意义，同时亦代表中华人民共和国诞生地"变成了张仃的话。要知道张仃在 1950 年 6 月 15 日提交的《国徽应征图案设计含义》中对天安门图形的解释还是："天安门——富有革命历史意义的代表性建筑物，是我国五千年文化，伟大、坚强、英雄祖国的象征。"哪里有"五四运动""新中国诞生"的字眼呢？

至于说梁思成认为天安门是"封建皇权的象征，怎么把这个封建皇权的象征变成人民政权的一种象征呢？他没有想到这一点"[1]，那是 1993 年梁思成、林徽因

---

1. 赵晋华：《国徽设计者到底是谁》，《中华读书报》1998年2月6日。

的儿子梁从诫先生的话。他在1950年还是个中学生，这些话只能是梁从诫先生几十年后想当然的推想。张仃是1950年6月11日国徽小组会议的参加者，他应该知道梁思成在会上讲了什么，怎么可以把会上张奚若的话变成自己的话，把几十年后梁从诫的话变成梁思成的话，在电视上侃侃而谈呢？！我们却可以举出一个反证，证明梁思成先生当时不会这样来认识天安门。1950年5月7日出版的《新建设》，发表了梁思成的文章《关于北京城墙存废问题的讨论》，文中写道：

> 天安门不是皇宫的大门吗？中华人民共和国的诞生就是在天安门上由毛主席昭告全世界的。我们不要忘记，这一切建筑体形的遗物都是古代多少劳动人民创造出来的杰作。[1]

梁思成和张仃的争论和分歧是什么呢？主要是在国徽的艺术要求和艺术形式上。梁先生说的"采取用天安门式不是一种最好的方法"（这是几十年后被一些人揪住不放的一句话），也是从"式"上面讲的。

张仃等在1950年6月15日的《国徽应征图案设计含义》中也是说："梁先生认为：天安门为一建筑物，不宜作为国徽中构成物，图式化有困难。"这里没有牵扯到任何有关天安门的政治象征问题。

比较一下梁思成先生1950年6月15日的报告和同一天张仃提交的设计说明，就可以清楚地看到两者在对国徽的艺术要求和形式处理上是存在明显分歧的。

任何一个没有偏见的，稍具艺术鉴赏力的人，只要把上述历史文件读一遍，再把6月15日张仃等提交的方案和清华大学营建学系6月17日提交的方案比较一下，一定会判断出两者艺术水准的分野。

四

1950年6月17日，清华大学营建学系国徽设计小组在梁思成、林徽因的领导下提交了设计方案和《国徽设计说明书》（图11、图12），说明书如下：

---

1. 梁思成：《梁思成全集（第五卷）》，中国建筑工业出版社，2001，第86页。

图 11 清华大学营建学系 1950 年 6 月 17 日方案

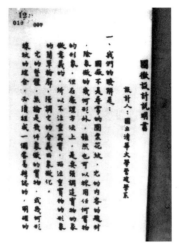

图 12 清华大学营建学系 1950 年 6 月 17 日的《国徽设计说明书》

国徽设计说明书

设计人：国立清华大学营建学系

一、我们的了解是：

国徽不是寻常的图案花纹，它的内容的题材，除象征的几何形外，虽然也可以采用任何实物的形象，但在处理方法上，是要强调这实物的象征意义的。所以不注重写实，而注重实物的形象的简单轮廓，强调它的含义而象征化。

它的整体，无论是几件象征的实物，或几何形线纹的综合，必须组成一个容易辨认的、明确的形状。

这次的设计是以全国委员会国徽小组讨论所决定采用天安门为国徽主要内容之一而设计的。

因为天安门实际上是一个庞大的建筑物，而它前面还有石桥、华表等许多复杂的实物，所以处理它的技术很需要考虑，掌握象征化的原则，必然：

（一）极力避免画面化，不要使它成为一幅风景画，这就要避免深度透视的应用，并避免写真的色彩。

（二）一切需图案化、象征化。象征主题内容的天安门，同其他象征的实物的画法的繁简必须约略相同，相互组成一个图案。

二、这个图案的象征意义：

图案内以国旗上的金色五星和天安门为主要内容。五星象征中国共产党的领导与全国人民的大团结；天安门象征新民主主义革命的发源地，与在此宣告诞生的新中国。以革命的红色作为天空，象征无数先烈的流血牺牲。底下正中为一个完整的齿轮，两旁饰以稻麦，象征以工人阶级为领导，工农联盟为基础的人民民主专政。以通过齿轮中心的大红丝结象征全国人民空前巩固团结在中国工人阶级的周围。就这样，以五种简单实物的形象，藉红色丝结的联系，组成一个新中国的国徽。

在处理方法上，强调五星与天安门在比例上的关系，是因为这样可以给人强烈的新中国的印象，收到全面含义的效果，为了同一原因，用纯金色浮雕的手法，处理天安门，省略了繁琐的细节与色彩，为使天安门象征化，而更适合于国徽的体裁。红色描金，是中国民族形式的表现手法，兼有华丽与庄严的效果，采用作为国徽的色彩，是为中国劳动人民所爱好，并能代表中国艺术精神的。

一九五零年六月十七日

需要着重指出的是，尽管政协常委议决"采取国徽为天安门图案"，要求国徽以天安门为主体来设计，但清华的方案却是，"采用天安门为国徽主要内容之一而设计的""图案内以国旗上的金色五星和天安门为主要内容"。天安门在这里只是主要内容"之一"，不是"唯一"，而且不是"第一"，"第一"是"国旗上的金色五星"。方案中天安门图形并不像张仃的方案那样撑满整个画面作为唯一的"主体"，而是"强调五星与天安门在比例上的关系"，把一个正立面的、程式化的、浮雕式的天安门置于国旗的五颗金星之下，只占画面的1/3不到。把国旗上的五颗金星引入国徽图案是林徽因先生于1949年10月23日的国徽方案中首创的。国徽采用金红两色浮雕造型，极富中国特色。红的底色配上五颗金星，正是一面满天空的五星红旗，这一点设计人开始也未意识到，而是被参加国徽评审会议的李四光先生一语道破的。用国旗及国旗映照下的天安门来表达新中国的政权特征显然比只用天安门要好得多。这是梁思成、林徽因领导的清华大学营建学系国徽设计组对国徽设计的最大贡献，也是国徽主题的最重要的创意。

政协第6小组在1950年6月21日呈送政协全国委员会第二次会议的《国徽审查组报告》中写道，报送的国徽图案"以国旗和天安门为主要内容"。1950年9月20日毛泽东主席颁布的《中华人民共和国国徽图案说明》公布"国徽的内容为国旗、天安门、齿轮和麦稻穗"。两者都是把国旗作为国徽内容的首位。

张仃先生（也许是周令钊先生）率先提出国徽中采用天安门图形，并被政协常委会接受这是历史的事实，应该加以肯定。但国徽设计绝不仅仅是一个要不要天安门图形的问题，国徽最终采用了清华大学营建学系设计的方案，也是历史的事实。

清华大学营建学系在1950年6月17日报送的方案显然比张仃等在1950年6月15日提交的方案胜出一筹，国徽审查小组多数人"赞成梁思成新作图样"。第6小组副组长沈雁冰的《国徽审查小组报告》显示了这一点：

国徽审查小组报告　沈雁冰

赞成梁思成新作图样（金朱两色、天安门、五星）者，计有：张奚若、郑振铎、廖承志、蔡畅、邵力子、陈嘉庚、李四光（李未到，然昨天已表示赞成此图之原始草样）。

邵力子于赞成该图样时，提一意见，主张把梁的原始草样之一与此次改定之样综合起来，使此改定样的天安门更像真些。

赞成的理由：梁图庄严，艺术结构完整而统一（邵力子说张图美丽而梁图庄严）。

田汉、马夷老，说两者各有所长。

马先生对于梁图，认为天安门用金色，与今日之为红色者不符，于革命的意义上有所不足。

关于梁图之天安门改色一层，小组会上有过研究，廖承志且以色纸比附，结果认为红地金色有些庄严感，配以或杂以他色，皆将弄成非驴非马。

雁冰曾询在组以外见过此两图者之意见，或言张图美丽，或言梁图完整，而觉得两图都不理想。

在年长的一辈人中间，对于张图意见较多，对于梁图意见较少。

报告呈上，请尊决。

决定性的日子是 1950 年 6 月 20 日。中国人民政治协商会议第一届全国委员会第二次会议此时正在召开，全委会在 6 月 20 日召开国徽审查会议。出席人有：沈雁冰、张奚若、邵力子、马叙伦、李四光、张冲、陈嘉庚、郑振铎、蔡畅、邢西萍、周恩来、欧阳予倩。缺席人有：翦伯赞、钱三强、张澜、马寅初、梁思成、叶剑英、郭沫若、田汉、李立三。列席人：朱畅中。梁思成因病未能参加，派当时任营建学系秘书的朱畅中前往。

会议厅内摆放着清华大学营建学系国徽设计组和中央美术学院张仃领导的设计组的多个送审方案，周恩来总理和到会成员进行了评审（图 13），最后清华大学营建学系设计的第二图当选。政协档案馆保存的会议记录如下：

图 13　周恩来总理在 1950 年 6 月 20 日。国徽方案评审会上审视清华营建学系的方案（左起第一人是朱畅中）

沈雁冰（主席）：

上次小组讨论的时候，大家都同意第二图，不过还须把上面五星改小一点。虽然第二，第六两图都有天安门，但是颜色花绿，不够庄严，请大家再讨论一下。

（一）通过图样之意见

第二图在艺术上非常成熟，结构完整而统一，较第一图门洞显明，较第六图庄严。（郑振铎　张奚若　沈雁冰）

图下面带子联结一起，象征着工农团结。（周恩来）

印时用金色和红色，若用黄色和红色则不够美观，金色和红色表现了中国特点，第六图红红绿绿，虽然明朗，不够庄严。（马叙伦　周恩来）

天安门旁的一排小栏干可以不要，因这样显着太琐碎，不够大方，稻子也

显的（得）不整齐。（张奚若 郑振铎）

最后周恩来委员提意（议）写一个解释书，将第二图拿到会场。使大家脑子内有个印象，然后印发图样，以便表决时，看得更清楚一些。

全体组员均同意此意见。

（二）关于褒奖问题

马叙伦：

国旗、国歌、国徽都曾登报征求图案，投稿人态度都很认真，全委会对他们应有奖励，现已拟定一褒奖办法，现在报告如下：

1. 第一等：除由政务院发给奖励（状）外，并奖给人民币一千万元，政协纪念册一本。

2. 第二等：由全委会或政务院给予谢信外，并奖给五百万元，政协纪念册一本。

3. 第三等：国旗、国徽初选列入者，除由全委会或政务院给予谢信外，各赠初选图案印册一本。

4. 在报纸上公布得奖名单。

最初应征的许多国徽图案，常委会审查时都不甚满意，后发现一有天安门图案，尚可采用，颜色差，便由它作主体来改造，逐渐改成二图（前身有四图），二图与六图尽管体系性质不同，但二图的图案是由六图改造而成的。所以最初造意与描仿画下来的都不能不奖，给奖章纪念册都不成问题，奖金多少，望大家考虑。

郑振铎：最初的图不但有天安门，而且国旗也包括在内，这点在给奖时应提起注意，我的意见较完整的（当选的）奖给五百万元，而有天安门（造意的）奖三百万元，带齿轮（照着描画的）奖二百万元。

张奚若：这不是大家分钱的问题，而是对当选者一个隆重奖励，并表示对国徽尊重，第六图虽有天安门，并非个人创造，而是抄政协徽章的内容。我主张当选者奖给一千万元，其他则是另一问题，可酌情给二等奖。

当选国旗、国徽、国歌都一律奖给一千万元，此外采用有天安门作内容的（造意的）奖给五百万元，照着画下来的也奖五百万元。（马叙伦 沈雁冰）

大家一致同意。

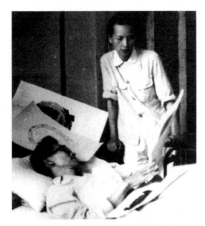

图14 梁思成与林徽因讨论国徽方案

图15 清华营建学系国徽设计组

图16 1950年6月21日,清华营建学系国徽图案

从会议记录中可以看出,与会者在比较了第二图(梁图)和第六图(张图)后,赞成第二图当选。但在讨论褒奖时发生了争议:马叙伦认为六图是"最初"有天安门"造意的","二图的图案是由六图改造而成的"。但郑振铎指出:"最初的图不但有天安门,而且国旗也包括在内。"而张奚若更指出:"第六图虽有天安门,并非个人创造,而是抄政协徽章的内容。"尽管最后以"妥协"的方式达到"大家一致同意",却种下了后来为国徽设计者是谁发生争议的根源。但是,对历史事件的评价,并不取决于当时当事人的评价,而取决于历史事件的本身,取决于历史的真实。

朱畅中先生回到清华,向梁思成、林徽因先生(图14)报告了会议情况。清华营建学系国徽设计组(图15)第二天赶制了一个向政协大会展示的国徽图案(图16),在图案下方用隶书书写:

国徽图案说明

一、形态和色彩符合征求条例"国徽须庄严而富丽"的规定。

二、以国旗和天安门为主要内容,国旗不但表示革命和工人阶级领导政权的意义,亦可省写国名。天安门则象征"五四运动"的发源地和在此宣告诞生的新中国。合于条例"中国特征"的规定。

三、以齿轮和麦稻象征工农,麦稻

并用，亦寓地广物博的意义，以绶带紧结齿轮和麦稻象征工农联盟。

1950年6月23日，在中国人民政治协商会议第一届第二次全体会议上，毛泽东主席主持通过决议，同意国徽审查组的报告和所报送的国徽图案（图17）。

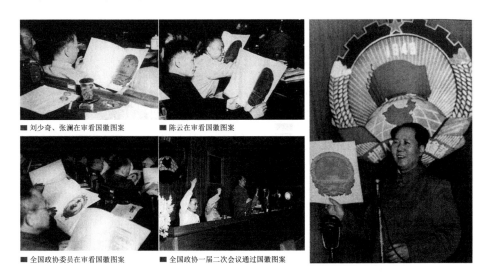

■刘少奇、张澜在审看国徽图案　　■陈云在审看国徽图案

■全国政协委员在审看国徽图案　　■全国政协一届二次会议通过国徽图案

图17　1950年6月23日毛主席主持全国政协一届二次全体会议通过国徽图案（背景上方为张仃设计的政协会徽）

五

在国徽图案通过之后，梁思成推荐当时在清华大学营建学系任教的雕塑家高庄教授进行国徽浮雕模型的设计和定型工作，并由营建学系教师徐沛真协助工作。

高庄为国徽的浮雕模型付出了极大的心血，他严肃认真、精雕细刻，对原有图案进行了精致的修改和完善，到8月中旬完成了国徽石膏模型。

1950年8月18日，在政务院会议室召开"关于国徽使用、国旗悬挂、国歌奏唱办法及审查国徽图案座谈会"，高庄在会上发言：

各位领导：

国徽模型的塑造，被我耽误了很多时间，非常抱歉！不过耽误时间是由于我的一种愿望。这种愿望就是想使我们的国徽更庄严，更明朗，更健康，更坚强，更程式化，更统一，更有理性，更有组织，更有纪律，更符合应用的条件，并赋予更高的民族气魄和时代精神，以冀将我们的国徽艺术性提高到国际水平和千万年久远的将来。因此我在塑造中间作了一些修改，是否妥当，请予裁夺。

会议决议如下：

（一）同意国徽使用、国旗悬挂、国歌奏唱三项办法草案并加以修正。（附修正草案）

（二）同意高庄同志等修正的国徽浮雕图案。（附国徽修正部分的说明）

关于国徽修正部分的说明：

国徽图案最后定稿，在浮雕过程中，有部分的修改，大家一致同意这个修改，其修改部分及理由如下：

一、绸带的修改——新图较旧图更有力、更规律化。

二、稻粒的修改——仍有丰富感，但不零乱琐碎。

三、将非正圆改为正圆——易于仿制，更明朗、更健康。

总的来说，修改稿较原稿严肃、统一 、有组织、有规律，在技术性上更完整。美中不足者，嘉禾叶子稍嫌生硬，拟再略加修改。

会后，高庄和徐沛真对模型作了适当的修改后定型（图18），并绘制了国徽图案的墨线图（图19）和剖面图，上报中央人民政府。

中华人民共和国中央人民政府主席毛泽东在1950年9月20日公布了中华人民共和国国徽。

在国庆五十周年的时候，重温国徽设计的真实历史，有许多问题今天仍旧需要思考：

艺术创作中如何处理政治含义和艺术形式的关系？

艺术创作中艺术家的职责和贡献是什么？

设计和创作中如何处理"领导的意图"？

图 18　国徽石膏模型

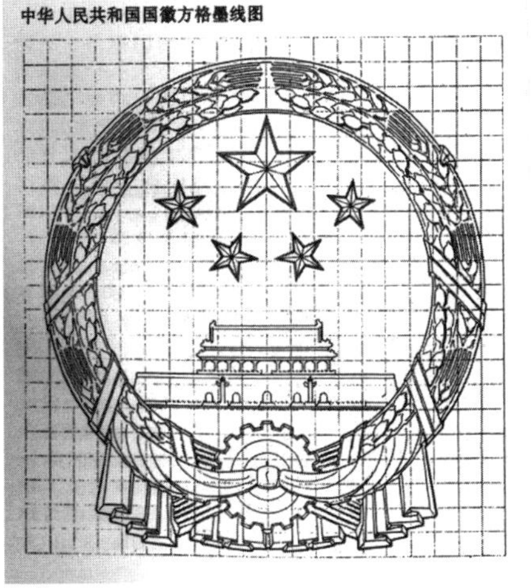

中华人民共和国国徽方格墨线图

图 19　1950 年 9 月 20 日《人民日报》公布的"国徽方格墨线图"

如何对待艺术传统和民族文化？

国徽设计是一个杰出的范例，梁思成、林徽因、高庄先生为我们树立了榜样。

（本文原载于《建筑史论文集》，1999 年 9 月第 11 辑，第 1~14 页、第 296 页、第 308 ～ 309 页。）

┃附件┃

　　1.《中华读书报》1998 年 2 月 6 日的整版文章： 国徽设计"主体创意：张仃；图纸成稿：清华大学建筑系（原营建学系）；模型定型：高庄。"（图 20、图 21）

　　文章说张仃"从延安起就作为党内第一设计专家"，而把梁思成、林徽因指责为"长期生活在国统区的党外知识分子"，"因而无法用图案来诠释新政权的'政权特征'"（图 22）。

　　文中甚至用"五星"来混淆"五角星"。张仃的国徽方案，自始（1949 年 9 月 25 日）至终（1950 年 6 月 20 日）都只有一颗"五角星"而没有"五（颗）星"（图 23）。

斗争和工人阶级领导的以工农联盟为基础的人民民主专政的新中国的诞生。

这个说明，就是关于"政权特征"的法定解释。

张仃先生的一位研究者，青年美学家今父指出，林徽因方案的最大弱点是对国徽的政权特征表达不充分。它的主题是

商会议准备工作，尤其在开国大典中担任重要角色。

建国之初，百废待兴，实用美术工作被最高领导层加倍重视，工作量大得惊人。张仃和钟灵当时就住在中南海瀛台"待月轩"，主持完成了以上一系列工作，有关国徽设计的工作也在此之中。钟灵称张仃

1950 年 6 月 15 日政协国徽组的会议记录上，可以第一次看到梁思成先生这样说的话："周总理提示我要以天安门为主体，设计国徽的式样，我即邀请了清华大学营建系的几位同仁共同讨论研究。"

40 多年后，梁思成先生的儿子梁从诫在接受中央电视台《共和国之

他的"客卿"，是中南海的艺术顾问。

据钟灵先生回忆，他当时的工作大部分由周恩来请示、汇报，很多事情都要由周恩来亲自审定，才能去办理。张仃提出的以天安门作为国徽主体的设计方案，最后得到了最高领导层的肯定。周恩来开始是指示两个专家组进行合作，后来听到双方在主体设计上有很大分歧时，周恩来说，国徽是一定要天安门。记者近日在全国政协档案处查到了十几幅美术们当时绘制的国徽图案。钟灵先生说，他们的草图当初被集订成册，分发给政协国徽组成员参和提意见。

现存于中央档案馆和全国政协档案处有关当时国徽设计的会议记录记载，1950 年 6 月 11 日下午四时，政协国徽组再次召集全国爱国会议进行开会，周天的会议主席由马叙伦先生担任，出席者包括沈

采访时这样说："当时的天安门形象在全国人民心目中可不是今天这样的地位。在我父亲心目中认为华表、天安门就是封建皇权的象征。怎么把这个封建皇权的象征变成人民政权的一种象征呢？他没有想到这一点。所以在这点上，我想，以张仃、张光宇和钟灵为代表的、当时几个北平艺专和中南海美术的同志，在这方面有很大的贡献，他们想到了用天安门这个形象来代表中国的革命历史、是于代表中国人民的革命政权，这一点是很有创造性的。后来周总理也向我父亲解释了对这个问题的看法……"

国徽的最后完成

两天之后，1950 年 6 月 17 日，才有了第三份国徽设计说明书，设计者为国立清华大学营建系。这份说明书是对以

国徽的设计

统一、和平。这个方案的参与者是长期生活在国统区的党外知识分子，他们对"新

图 20　《中华读书报》1998 年 2 月 6 日的整版文章《国徽设计者到底是谁》

电视片《共和国之
信，钟灵先生遇过
的两句话："主席，
高庄说："有点过火
邓先生记得当时
处看他制作的情
"美术供应社"
凝画石膏模型
图徽成立体的浮
雄起了几位同志
定型后，张仃带
又做了第一枚木雕
前夕安装在天安门

"谁是
风波的由来"

1993 年，为庆

国徽设计涉及了好几个方面，有近一年的过程，它是多方面参与、阶段性完成的集体创作的成果。但是参与创作者的不同的分工和责任还是可以划分得很清楚的，主体创意：我们国旗成稿：清华大学建筑系（原营建系）模型定型：高庄。

图 21　《国徽设计者到底是谁》文章节选 1

这里有必要介绍一些相关的背景材料。当中国人民解放军和平解放北平后，中共中央移驻中南海，从延安时期就跃为党内第一位设计专家的张仃，率中央之命进京，负责编撰中国人民解放战争大型画册，随后又被周恩来留下负责全国政协会议美术设计工作、设计政协会徽、第一届全国政协会议纪念邮票，并负责中华人民共和国开国大典美术设计工作、设计天安门广场大会会场、设计第一套开国大典纪念邮票，并设计改造中南海仁宣、勤政殿。中华人民共和国成立后，他参加由胡一川、王朝闻、罗工柳、王式郭、张仃组成的五人接管小组，接管国立北平艺专。其后，中央美术学院成立，他担任实用美术系主任、教授。

这个方案的参与者是长期生活在国统区的党外知识分子，他们对"新民主主义革命"和"人民民主专政"等政治概念还十分陌生，因而无法用图案来诠释新政权的"政权特征"。相反，张仃方案的最大强光，是对国家政权特征的表达。尤其是主体图案天安门，把"新民主主义"这一很难表现的抽象概念表达出来了。正如张仃先生在好些场合谈到国徽设计时指出的那样，天安门广场是"五四"运动发源地，"五四"运动标志着新民主主义革命的开始；天安门广场是刚刚举行过开国大典的地方，中华人民共和国的成立标志着新民主主义革命的重要胜利，这两个重大历史事件都同天安门有关。因

图 22　《国徽设计者到底是谁》文章节选 2

此，张仃先生选择天安门作为国徽的主体，辅之以齿轮、嘉禾、五星，这样来表达新中国的政权特征就很充分了。

图 23　《国徽设计者到底是谁》文章节选 3

文章企图用“五星”来偷换成“五颗星”，从而把国徽中象征国旗的五颗星也说成了张仃的创意。

历史的事实是，林徽因1949年10月30日的方案上是五颗星，而且说明书中明确说：“大小五颗金星是采用国旗上的五星。”1950年9月20日颁布的《中华人民共和国国徽图案说明》明确地提到：“国徽的内容为国旗、天安门、齿轮和麦稻穗。”

至于原本是“天安门式”的争论，文章（包括张仃本人）把它“上纲上线”为有关天安门政治含义的争论，并把张奚若先生的话安到张仃头上，而用梁思成、林徽因先生的儿子梁从诫1993年的话把梁先生置于对立面，以论证这些“长期生活在国统区的党外知识分子”不能理解张仃先生的创意。

文中说梁思成的儿子梁从诫认为：“在我父亲心目中认为华表、天安门就是封建皇权的象征，怎么把这个封建皇权的象征变成人民政权的一种象征呢？他没有想到这一点。”（图24）这是梁从诫40多年后的想当然。梁思成先生作为一个大建筑学家是不会这样来认识天安门的。1950年5月7日（而国徽设计之争在1950年6月中旬）出版的《新建设》，发表了梁思成的文章《关于北京城墙存废问题的讨论》，文中写道：

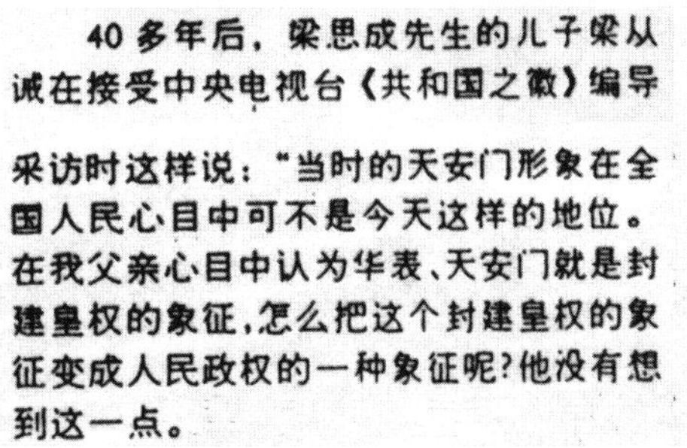
40 多年后，梁思成先生的儿子梁从诫在接受中央电视台《共和国之徽》编导采访时这样说：“当时的天安门形象在全国人民心目中可不是今天这样的地位。在我父亲心目中认为华表、天安门就是封建皇权的象征，怎么把这个封建皇权的象征变成人民政权的一种象征呢？他没有想到这一点。

图24 《国徽设计者到底是谁》文章节选4

> 天安门不是皇宫的大门吗？中华人民共和国的诞生就是在天安门上由毛主席昭告全世界的。我们不要忘记，这一切建筑体形的遗物都是古代多少劳动人民创造出来的杰作。[1]

2. 周令钊先生于1983年11月4日就1983年10月1日该报刊登的《国徽设计与画家周令钊》一文致函《北京日报》文艺部（图25、图26）。

---

1. 梁思成：《梁思成全集（第五卷）》，中国建筑工业出版社，2001，第86页。

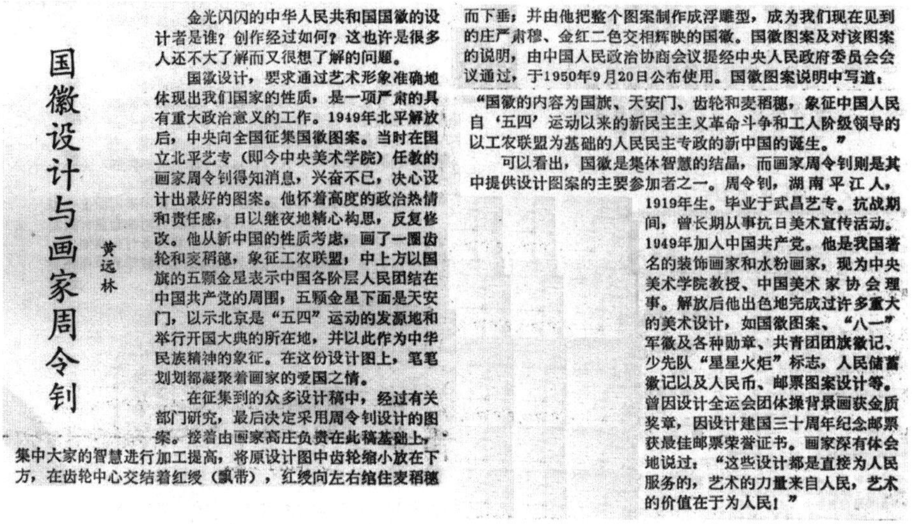

国徽设计与画家周令钊

黄远林

金光闪闪的中华人民共和国国徽的设计者是谁？创作经过如何？这也许是很多人还不大了解而又很想了解的问题。

国徽设计，要求通过艺术形象准确地体现出我们国家的性质，是一项严肃的具有重大政治意义的工作。1949年北平解放后，中央向全国征集国徽图案。当时在国立北平艺专（即今中央美术学院）任教的画家周令钊得知消息，兴奋不已，决心设计出最好的图案。他怀着高度的政治热情和责任感，日以继夜地精心构想，反复修改。他从新中国的性质考虑，画了一圈齿轮和麦稻穗，象征工农联盟；中上方以国旗的五颗金星表示中国各阶层人民团结在中国共产党的周围，五颗金星下面是天安门，以示北京是"五四"运动的发源地和举行开国大典的所在地，并以此作为中华民族精神的象征。在这份设计图上，笔笔划划都凝聚着画家的爱国之情。

在征集到的众多设计稿中，经过有关部门研究，最后决定采用周令钊设计的图案。接着由画家高庄负责在此稿基础上集中大家的智慧进行加工提高，将原设计图中齿轮缩小放在下方，在齿轮中心交结着红绶（飘带），红绶向左右绕住麦稻穗

而下垂；并由他把整个图案制作成浮雕型，成为我们现在见到的庄严肃穆、金红二色交相辉映的国徽。国徽图案及对该图案的说明，由中国人民政治协商会议提经中央人民政府委员会会议通过，于1950年9月20日公布使用。国徽图案说明中写道："国徽的内容为国旗、天安门、齿轮和麦稻穗，象征中国人民自'五四'运动以来的新民主主义革命斗争和工人阶级领导的以工农联盟为基础的人民民主专政的新中国的诞生。"

可以看出，国徽是集体智慧的结晶，而画家周令钊则是其中提供设计图案的主要参加者之一。周令钊，湖南平江人，1919年生。毕业于武昌艺专。抗战期间，曾长期从事抗日美术宣传活动。1949年加入中国共产党。他是我国著名的装饰画家和水粉画家，现为中央美术学院教授、中国美术家协会理事。解放前他出色地完成过许多重大的美术设计，如国徽图案、"八一"军徽及各种勋章、共青团团旗徽记、少先队"星星火炬"标志、人民储蓄徽记以及人民币、邮票图案设计等。曾因设计全运会团体操背景画获金质奖章，因设计建国三十周年纪念邮票获最佳邮票荣誉证书。画家深有体会地说过，"这些设计都是直接为人民服务的，艺术的力量来自人民，艺术的价值在于为人民！"

图25　《北京日报》刊登文章《国徽设计与画家周令钊》

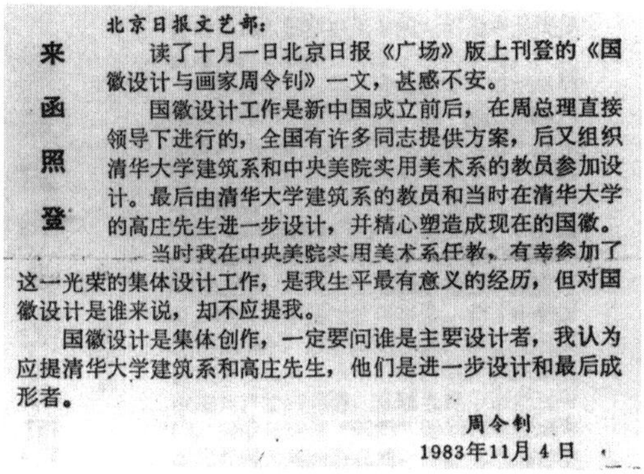

来函照登

北京日报文艺部：

读了十月一日北京日报《广场》版上刊登的《国徽设计与画家周令钊》一文，甚感不安。

国徽设计工作是新中国成立前后，在周总理直接领导下进行的，全国有许多同志提供方案，后又组织清华大学建筑系和中央美院实用美术系的教员参加设计。最后由清华大学建筑系的教员和当时在清华大学的高庄先生进一步设计，并精心塑造成现在的国徽。

当时我在中央美院实用美术系任教，有幸参加了这一光荣的集体设计工作，是我生平最有意义的经历，但对国徽设计是谁来说，却不应提我。

国徽设计是集体创作，一定要问谁是主要设计者，我认为应请清华大学建筑系和高庄先生，他们是进一步设计和最后成形者。

周令钊
1983年11月4日

图26　周令钊先生的来函

| 附言 |

我发表于1999年的这篇文章语气有"论战"的味道，那是没有办法，当我看到1998年2月6日《中华读书报》的文章时，当我在凤凰卫视上看到张仃先生侃侃而谈时，怎么能不"挺身而战呢"！我给《中华读书报》的主管机构《光明日报》社写信，给全国政协办公室写信。凤凰卫视播完后我连夜写信，第二天一早就赶往凤凰卫视台北京办事处去递交给杨澜的信（当时她还在凤凰卫视，是她在电视上采访张仃），后来吴小莉有一次来清华，还托她带那封信给杨澜。我还

和白岩松谈过此事。承蒙新华社记者王军（即后来《城记》一书的作者）写过内参，在《北京青年报》上发文《历史档案了结国徽设计公案》。我写上述这篇文章，也是为了"应战"。

我不采用当事人的回忆，因为活着的人会带着现在的目的来"回忆"，尤其是双方有很大争议的情况下，而林徽因和梁思成都已去世，一面之词必有偏颇。我采用历史的档案（全国政协档案馆藏），包括双方提交的方案图和设计说明，有关国徽设计的各次会议记录和提交报告的文本。这些档案才是"铁证如山"，不是几十年后随口"回忆"可以改变的。

1999年9月30日晚，中央电视台实况转播国庆五十周年庆祝晚会，晚会刚开始，主持人走到一位女士面前，问道："你知道国旗是谁设计的吗？"女士回答："上海曾联松设计的。"我看到这儿，心想，主持人马上就会问国徽是谁设计的。果然，主持人走到一个挂满军功章的军人面前，伸过话筒问道："您知道国徽是谁设计的吗？"这位军人回答："是清华大学的教授设计的。"（当时，中央工艺美术学院还没有并入清华大学，张仃先生还不是清华人。1999年11月20日，中央工艺美术学院并入清华，改称清华大学美术学院，现在是一家人了。）我当时心中是一块石头落地，我18个月的"苦战"总算有了结果。没过一分钟，汪国瑜老先生（当年清华国徽设计组成员）打电话给我："秦佑国，你刚才看电视没有？"我这时想起了朱畅中先生，他是1950年6月20日国徽设计方案周总理拍板定案的历史见证人，这几年一直为国徽设计的正名而奔波操劳，这些历史档案，是他和汪国瑜两位老先生到政协档案馆查找的。在他知道我做这件事后，有一天他从我办公室回去，对他夫人说："系里总算有年轻人做这件事了，我就放心了。"哪知道，不久朱先生走在路上突发心脏病去世了。朱先生夫人含泪告诉我这句话，我真是感慨万分，我一定要对得起朱先生在天之灵！时间过去了十年，国庆六十周年就要来临，近年来又有人折腾，又要翻这个案。我只能再来应战。

秦佑国

2009年3月3日晚

| 又 |

2010年，张仃去世，一些媒体和网上言论说："国徽设计者张仃去世。"我给清华校长、书记和校长办公室、宣传部打电话，告诉他们这样报道是不对的，只能说张仃参加了国徽设计。后来清华校领导参加张仃的追悼会和接见家属，以及清华正式报道时都没有说张仃是国徽设计人。

对《清华大学2001—2005年教育改革与发展纲要》的讨论意见

建筑学院

40条各条文的重要性不匹配,有的是大原则性的内容,有的是写得太细的具体工作内容,不在同一层次上。

第1条,原文是"以完善学分制"。讨论意见:学校早就提出学分制,问题是如何真正实施,而这和整个教学体系、课程设置、教学管理等各个方面有关。

第2条,原文是"办学功能从主要侧重单一知识传授向知识传授、知识与科技的创新和社会服务三大功能一体化的方向转变"。讨论意见:清华一直是教学、科研和生产三结合,并不是"主要侧重单一知识传授"(学),而且存在的问题是对教学给予的重视(如教授上课)不够,所以"主要侧重"于学并不符合原有的实际情况。现在用新的词语"知识传授""知识与科技的创新"与"社会服务"来取代以前的"教学""科研""生产",是什么原因?

第4条,原文是"形成一套有利于启迪学生的教育新机制"。讨论意见:启迪学生的五个"力"都是指"智"方面的力,应该加上"培养学生的敬业精神、团队精神和与人合作的能力",现代科学技术发展已不只是"个人"智力的事。

第5条,第三行"和续教育",漏了一个字"继",应是"和继续教育"。

第7条,原文是"研究生与本科生的比例接近或达到1:1"。讨论意见:如果达到1:1,则每年研究生的毕业人数(作为清华培养的主要出口),应大于每年本科生的招生人数(清华最重要的生源入口),但目前建筑学院还做不到,需要扩大现在学校"给予"的研究生名额。

第8条及第37条,讨论意见:"学历教育与非学历教育""脱产与非脱产""面授与远程"和学位授予与否有什么关系,授予的学位有什么区别?撤销了"清华大学夜大学"建制(这是所谓的专升本),却大办远程授课的"专升本"授"学士学位",每年招生超过2000人,已和清华从高考招的本科生数量相近,这个问题已引起校学位委员会委员们的强烈反应。

"六年本硕统筹"学制改革是清华教育改革的第一大事，目前也是意见最多、尚未成熟的改革，但"40条"中却没有谈到！好像是有意避而不谈。

第10条，原文是"进一步压缩计划内课程总量""课程设置和学分总量基本上和国际一流大学相接近"。讨论意见：什么叫"计划内"？指什么样的课程？压缩"总量"是指对学生个人而言，还是指对全校（系、学科）而言？一方面要压缩课程总量，一方面要和一流大学接近，这两者是矛盾的。从建筑学专业看，国外一流大学建筑院系的课程总量和学生个人所修学分比我们目前的状况多得多，决不应"压缩"，而是需要大量地开设。

第11、12条中都提到扩大"以外语授课或双语授课"，要按不同专业、不同课程有不同的要求。

第14条，"学生转专业学习"应有较大的可能性和比例限定，这对建筑学专业更需要。

第15条，提到"要新建教学楼"。建筑学院现在的学生教室十分紧缺，本科生专用教室拥挤不堪，不用说世界一流，连国内一般院校都不如，研究生没有教室，连一张图桌都没有！而且五年内没有改善的希望。

第16条，原文是"选择10多个……项目予以重点支持"。讨论意见：项目是指什么项目？什么类型和性质？能否建一个"学生工艺技术活动中心"，让建筑系、美术学院、工业设计等院系的学生自己动手去做一些"作品"和"产品"？还有，要尽快建设清华大学博物馆、美术馆，这是世界一流大学（如哈佛）必备的。

第18条，讨论意见：学科交叉培养博士生本是很好的事，但要防止博士生论文在两个学科上都是水平不高的，两个低水平的交叉得不出高水平的成果。交叉是应用某个学科的知识对另一个学科有创新性的研究，反之亦然。

第17、19~21条，讨论意见：提高博士生质量已谈了好多年，开过的讨论会、出炉的措施也不少了，现在提出的条文并没有太多的"新意"。博士生质量不是通过管理和给钱就可以根本解决的，这里面有很深刻的历史、社会背景。

各类硕士生是清华将来的主要学生队伍，也是最主要的出口，硕士生的培养定位是十分重大的问题。目前，我们（包括全中国）对硕士的定位与欧美有很大不同，校内也有不同的看法，迫切需要加以深入讨论和决断。

研究生交费学习的问题，如可能，要实行。如果实行，则硕士生的定位就主要是学习提高，而不是帮导师"干活"，教师对硕士生也要求是"教"，而不是"用"。

教师队伍的水平是创建世界一流大学的关键，目前的体制一定要改，"40条"只给出了原则性意见。

第31条，讨论意见：教学评估要针对不同专业，不同课程采用不同的"反馈意见表"。

第38条，讨论意见：这一条的说法能否与党代会的文件在文字上一致，并加以"规范化"，在各种场合和文件中有相对统一的说法。

第39条，讨论意见：学风不仅是学生学习的风气，也是教师治学的风气。要提出教师在教学、科研学风（学术风气、治学态度）上的高要求。

建立有中国特色的建筑学专业学位制度

一、中国建筑学专业学位教育的发展过程

建筑学专业是建筑行业的龙头专业，世界各国都十分重视建筑师的职业资格，建筑师注册制度在国际上已成为惯例。而建筑师注册制度总是和建筑学专业教育评估、建筑学专业学位联系在一起的。英国的体系是：三年本科建筑学专业毕业，获得文学学士学位，可免于注册建筑师的第一部分（Part 1）考试；然后去设计事务所实践一年；再进入第五、第六年的学习，毕业可获得建筑学证书学位（Diploma in Architecture），可免于注册建筑师的第二部分（Part 2）考试；再在设计事务所工作 2～3 年，可参加注册建筑师的第三部分（Part 3）考试，考试通过，取得注册建筑师资格。能够授予建筑学证书学位的学校需通过 RIBA（英国皇家建筑师学会）教育评估委员会的评估。美国的体系是：学生五年制本科建筑学专业毕业，获得建筑学学士学位；四年制本科建筑学专业毕业，获得文学学士学位，再通过 2 年的建筑学专业硕士学习，毕业可获得建筑学硕士学位；获得建筑学专业学位者，再通过 2～3 年的设计事务所工作实践，可参加注册建筑师考试，考试通过，取得注册建筑师资格。能够授予建筑学专业学位的学校需通过 AIA（美国建筑师协会）教育评估委员会的评估。

中国的建筑系在 20 世纪 30 年代诞生，到"文化大革命"前，全国只有 11 所高校有建筑系。改革开放以后，各大学纷纷成立建筑学专业，但都纳入工学门类，授工学学位。

1988 年 8 月，国家建设部批准了关于建筑师资格考试及建筑教育评估的建议。在 1990 年的国务院学位委员会会议上原则通过了开展建筑学学科专业学位研究工作的意见，批准成立了开展建筑学专业学位研究工作的有关组织。1992 年 6 月，经国务院学位委员会第十一次会议审议，原则通过"建筑学专业学位设置方案"，并于 1992 年开始了设立建筑学专业学位的试点工作，组成了全国高等学校建筑学

专业教育评估委员会，对清华大学、同济大学、东南大学和天津大学的本科建筑学专业进行评估。通过首次评估试点，确立了五年制本科学制作为培养建筑学本科专业学位的必要条件，也确定了学生需要参加18周设计院业务实践等专业学位的教学要求。

1995年，在实行建筑学学士专业学位的基础上，又进行了建筑学硕士专业学位评估的试点。对清华大学等4所学校的研究生教育进行了评估，并对其毕业生授予建筑学硕士专业学位。

从1992年开始实行建筑学专业学位制度以来，已有22所院校的建筑学专业通过了全国高等学校建筑学专业教育评估委员会的评估，其中13所学校建筑学专业硕士学位教育通过了评估。到2000年，有21所学校的8000名毕业生获得建筑学学士学位，13所学校的300名毕业生获得建筑学硕士学位。

二、中国建筑学专业学位教育的特色

中国建筑学专业学位教育在近10年的发展过程中形成了自己的特色。

1. 多层次多种类学位并存是建筑学专业教育的特点

根据我国现行的学位制度，建筑学专业属于工学门类，未通过评估的院校所授学位是工学学士和工学硕士，而通过评估的院校所授学位是建筑学学士和建筑学硕士。目前，全国有78所院校设有建筑学专业，通过评估的院校是22所。考虑到通过评估的院校和未评估的院校将在我国长期并存的情况，需要处理好建筑学专业性学位与一般工学学位的关系。目前，两种不同学位的毕业生经过一定年限的工程设计实践，都可以参加注册建筑师考试，但职业实践要求的年限有所不同。

需要指出的是，凡是通过评估能授予建筑学专业学位的学校，不再授予工学学位，并不存在两种学位并存的情况。实际上，这些学校的水平和社会声望都比未通过评估的还只授工学学位的学校要高。也就是说，目前在中国，建筑学专业学位在社会和学生心目中，其水平是"高于"工学学位的，当然这是在建筑学专业范围内而言。

在 1992 年设置建筑学专业学士学位的基础上，1995 年，又开展了建筑学专业研究生教育评估，设置了建筑学专业硕士学位。现在，建筑学专业学位有两个层次，即建筑学专业学士学位和硕士学位同时存在。但也存在一个人从本科读到硕士是否需要拿两个专业（职业）性学位的问题。

2. 与注册建筑师制度紧密结合

1995 年，国务院颁布了《中华人民共和国注册建筑师条例》（以下简称《条例》），标志着中国注册建筑师制度的正式建立。取得建筑师的执业资格即进行注册，必须有一定的条件：①具有经过鉴定的高等教育学历；②在专业工程师指导下获得职业实践经验；③通过国家认可的考试。因此，实行注册建筑师制度必须以建筑学专业教育评估为基础。

中国高等学校建筑学专业学位设置正是随着中国注册建筑师制度的建立而建立的。在具体做法上，是以建筑师考试大纲要求为基础，把五年制本科生的教育评估标准、建筑学学士学位标准及注册建筑师考试申请人教育标准三者统一起来考虑。在政策支持上，《条例》中规定，凡是获得建筑学专业学位的毕业生，其职业实践年限与其他工学学位相比缩短 2 年。

3. 建立完善的建筑学专业教育评估体系

建筑学专业教育评估是实行建筑学专业学位制度的基础和前提。建筑学专业教育评估是对申请学校的教学质量、教学条件、教学过程和毕业生质量等方面进行客观的全面的评价，是评估委员会对学校的专业建设给予帮助、促进的过程。它包括申请与审核、自评、视察、审核与鉴定、申诉和仲裁、学位授予等 6 个阶段。评估指标体系由目标、过程、条件和毕业生反馈等内容构成，其主要评估为目标评估，以目标评估为主体，以过程与条件作为基础，使其有机结合。评估过程是非常规范化的，视察小组进校后的工作内容和程序、时间安排表等都有明确规定。

成立于 1992 年的全国高等学校建筑学专业教育评估委员会，其委员来自高校、设计院和教育行政主管部门。评估委员会根据《全国高等学校建筑学专业教育评估标准》和《全国高等学校建筑学专业评估程序和办法》等评估文件，进行了 6

批 22 所学校的评估，通过评估实践，评估的标准、程序和方法等文件得到了不断修改和完善，日臻成熟。

中国的建筑学专业教育评估制度具有以下几个特点：①权威性，它是由来自全国建筑教育界和设计界的专家、教授参与的评估工作；②社会性，它是有社会用人部门参与的专业评价活动；③国际性，评估工作自始至终，都有外国观察员参加；④动态性，评估结论分为 4 个档次，即 6 年通过，4 年通过，有条件通过和不通过，从而避免了"一评定终生"的现象。22 所通过的学校中，有 14 所已经经过了 2 次评估，从机制上促使学校不断保持和提高专业教育的质量和水平。

4. 加强建筑学专业学位的国际合作与相互承认

对评估结论相互承认，是国际人才流动的需要，也是注册建筑师资格互认的前提，相互承认有 3 个层面的内容：①评估制度的相互认可，就是签约双方在评估的程序、办法及评估标准方面具有相近性，彼此能够了解和认可；②对专业培养的学术要求及毕业生的实际水平具有相当的可比性；③对于从一方评估通过的专业毕业的毕业生，在参加对方建筑师考试注册时，与对方的毕业生同等对待。建设部及全国高等学校建筑学专业教育评估委员会（NBAA）一直与美国的全国建筑学教育评估委员会（NAAB）、英国皇家建筑师学会（RIBA）、中国香港建筑师学会（HKIA）等有关组织保持联系，互派专家观察对方评估，双方组织不断交流建筑学专业教育评估标准，交流评估工作做法及经验等，推动了我国的专业教育和评估制度在国际间相互认同的进程。1999 年 12 月，实现了与香港建筑师学会关于评估结论相互承认。与美国建筑师学会（ATA）及美国评估委员会（NAAB）的相互承认工作，也已取得积极进展，预计近期双方可签署互认协议。

三、建筑学专业教育存在的问题和面临的挑战

我国建筑学专业学位教育的历史还不太长，发展也不平衡，总体水平还不高，发展过程中也存在一些亟待解决的问题。

（1）注册建筑师制度如何体现对专业学位的政策支持。在注册建筑师制度中，由于采取着不同的专业教育质量监督办法，相应的政策支持也不同，一般有两种形式：一是英美等国的做法，对通过专业教育评估的，免除注册建筑师基础科目考试或缩短职业实践年限；二是法德等国的做法，严格规定专业教育内容和相关条件，并一般以硕士作为进入职业岗位的教育背景。目前我国实行的对专业学位毕业生减少职业实践年限的政策支持力度不够。从我国的实际出发，对建筑学专业学位的毕业生采取免除注册建筑师基础科目考试的办法比较可行。

（2）建筑学专业教育评估如何促进学校办学特色发挥。应该看到，建筑学专业教育评估有效地促进了专业教育质量的提高及学校办学条件的改善。但目前评估工作侧重于各校办学基本条件的评估，今后则要更加重视学校的办学特色和风格，通过评优，鼓励学校依据自己的优势和特点办出自己的特色。

（3）我国现有的 78 所院校的建筑学专业绝大多数的办学历史都不长，总体水平不高。即使是已经通过评估的 22 所院校，其水平差别也较大。在这种背景下，是继续扩大评估通过院校的数量，还是把节奏放慢一些，这里有个度的把握问题。这既关系到如何反映学校差别和重点院校的定位问题，又和注册建筑师制度有关。例如：是否逐渐过渡到规定参加一级注册建筑师考试人员的资格必须是获得建筑学专业学位者；在设计单位人员构成上，建筑专业（工种）的人是否都需要是注册建筑师。这些都关系到是否需要使大多数院校最终都成为评估通过的院校。尽管可以说用标准衡量，够就通过，不够就不通过，但实际上还是有宽严把握的问题，还有宏观目标的问题。

（4）建筑学是集工程技术、美学、社会学、历史学等学科于一体的综合性学科，是技术和艺术的结合。如何在招生入学、培养模式、培养方法、办学条件等方面既体现建筑学专业的特殊性，又能适应注册建筑师职业训练的要求，还需要探索和改进，也需要有关部门的理解。

（5）建筑学专业学位教育学制过长。目前建筑学专业学位要求本科学 5 年、研究生学 2.5 ～ 3 年，所以总共需要 7.5 ～ 8 年时间才能取得建筑学专业硕士学位，学制过长，不利于人才培养和社会需求。建议本科专业性学位的学制还是 5 年（和国际惯例相符），而本科 4 年制毕业生可通过 2 年研究生学习获得建筑学硕士学位。

面对经济全球化和信息化的大趋势，我国的建筑学专业教育面临着严峻的挑战，主要表现在以下几个方面。

（1）建筑市场正承受着比以往任何时候都要大的竞争压力。从世界银行、亚洲银行提供给我国的贷款项目中可以看到，在面向世界进行的工程招标中，我国的建筑企业和建筑师一般不占优势。目前，我国对于建筑和工程服务领域，要求外方采用与中方机构合作这样一种有条件的方式，才能进入中国市场。这种政策壁垒，会随着我国加入世界贸易组织（WTO）而减弱。我们采取对等承认注册资格的办法，允许外国建筑师进入中国设计行业执业，建筑市场就要面对巨大的竞争。虽然其中有技术装备、资金等方面的竞争，但人员素质的竞争是主要的。这对建筑学专业教育的人才培养质量提出了更高的要求。

（2）以信息技术为代表的科学技术迅速发展的挑战。在信息社会中，对信息的开发、占有、控制、使用将成为经济管理的核心。计算机辅助设计和互联网的应用对建筑设计会产生很大影响，客观上要求建筑学专业教育在教学内容、教学方法和手段上进行改革。

（3）现代社会对从业人员素质要求的挑战。面对激烈竞争的巨大压力，21世纪的建筑师要充分施展才能，素质的要求是全面的。不仅要掌握建筑设计的知识和技能，还要掌握相关的技术、社会、人文方面的知识，具有工程项目策划与管理、建设工程监理等知识，具备动态发展个人知识的能力及整合和运用知识的能力。此外，还应具备社会责任感、良好的职业道德、环境意识、美学修养及对中国传统文化和各民族文化内涵的认识等，这些都对建筑学专业教育提出了更高的要求。

（本文原载于《学位与研究生教育》，2002年第1期，第16~18页。）

| 后记 |

国务院学位委员会下设一个"专业学位委员会"，这个委员会是分管"专业学位"的，以区别于一般的"学术型"学位。例如，全日制的经济学、法学、工学的"学术型"硕士是经济学硕士、法学硕士、工学硕士，而"专业性"硕士是工商管理硕士（MBA）、法律硕士、工程硕士，两者的招生、授课、论文等都有很大不同。他们把"建筑学学位"也纳入"专业学位"，每次开"专业学位委员会"的会议都叫我去参加。

1997年7月，我接替李道增先生作为清华大学建筑学院代表，成为国务院学位委员会第四届学科评议组建筑学评议组成员。组长是齐康（院士 东南大学），成员有彭一刚（院士 天津大学）、秦佑国（清华大学）、郑时龄（同济大学）、何镜堂（华南理工大学）、黄光宇（重庆建筑大学）、蔡镇钰（华东建筑设计院）。2003年，第五届的成员是：何镜堂（组长 院士 华南理工大学）、郑时龄（院士 同济大学）、秦佑国（清华大学）、王建国（东南大学）、曾坚（天津大学）、张兴国（重庆大学）。2008年换届，由朱文一接替我。我参加的这两届主要是审议通过了建筑学一级学科博士授予权学校（第一批：清华大学、东南大学、同济大学、天津大学；第二批：华南理工大学、重庆大学、哈尔滨工业大学、西安建筑科技大学）；建筑设计及其理论（二级学科）博士点：华中科技大学、浙江大学、湖南大学、大连理工大学、南京大学；城市规划与设计（二级学科）博士点：华中科技大学。共13所大学，戏称"老八路、新四军外加一个独立大队"。

我在2005年10月建筑学学科评议组会上提出，现在对教师和研究生发表学术论文都有数量要求，但各个学校对发表学术论文的期刊要求不一，许多学校是以一般工科来要求建筑学学科的，校方认可的"核心期刊目录"中建筑学方面的期刊太少。我在会上说到我与学校人事部门和研究生院"交涉"的结果，由我们建筑学院拟定了一个"建筑学学术期刊目录"，建筑学的教师和博士研究生的学术论文发表在这个目录中的期刊上，就"算数"。我把我们清华的"目录"拿出来，大家讨论了一下，增加了《时代建筑》，删去了《北京城市规划》，用建筑学学科评议组六个成员签字的方式，确定了《建筑学（一级学科）相关中文学术期刊参考目录》（见图1）。原件在我这里保管，复印件不散发，哪个学校想要，就来拿。

建筑学（一级学科）相关中文学术期刊参考目录

国务院学位委员会建筑学学科评议组基于建筑学学科特点和协调各高等院校建筑学学科点的考虑，通过讨论，提出《建筑学（一级学科）相关中文学术期刊参考目录》，作为全国高等学校建筑学学科教师学术业绩考核和博士研究生获得学位所要求发表学术论文的认定期刊的参考目录。参考目录如下：

建筑学报（中国建筑学会）、**建筑师**（建筑工业出版社）、**世界建筑**（清华大学）、**华中建筑**（中南建筑设计研究院）、**新建筑**（华中科技大学）、**时代建筑**（同济大学建筑）、**城市规划**（中国城市规划学会）、**城市规划学刊**（同济大学）、**规划师**（中国城市规划协会）、**建筑史**（原建筑史论文集，清华大学出版社）、**故宫博物院院刊**（故宫博物院）、**考古**（中国社会科学院考古研究所）、**文物**（文物出版社）、**中国园林**（中国风景园林学会）、**古建园林技术**（北京古建筑工程公司）、**装饰**（清华大学美术学院）、**工业建筑**（冶金工业部建筑设计研究总院）、**建筑技术**（建筑工业出版社）、**声学学报**（中国声学学会）、**应用声学**（中国声学学会）、**振动与噪声控制**（上海声学学会）、**太阳能学报**（中国太阳能学会）、**照明工程学报**（中国照明协会）。

在本《目录》所列期刊发表的论文必须是学术性论文，方可被认定，介绍性和记述性的文章不在之列。

本《目录》不排斥在未列入该目录的其他中文**核心期刊**发表与建筑学有关的学术论文。本《目录》也不替代 **SCI、EI、ISTP、ISR、SSCI** 索引期刊。

本《目录》为建议的参考目录，各高校可以根据本校情况进行调整。

国务院学位委员会建筑学学科评议组
何镜堂、郑时龄、秦佑国、王建国、曾坚、张兴国
2005 年 10 月 17 日

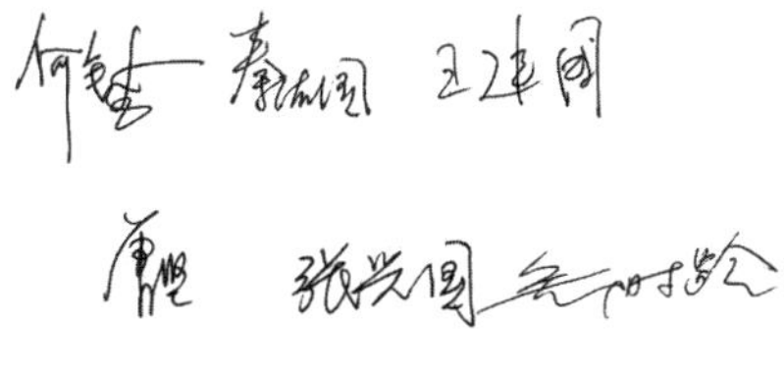

图 1　建筑学（一级学科）相关中文学术期刊参考目录

关于在清华大学建筑学院设立景观建筑学系（Department of Landscape Architecture）的报告

校领导：

在今年 4 月 8 日建筑学院向校领导小组汇报学院"十五"学科规划时，曾提出设立景观建筑学系的设想。经过这几个月的讨论和酝酿，现正式向学校提出申请。

吴良镛院士在广义建筑学中提出建筑学、城市规划和景观学三位一体。景观建筑学（Landscape Architecture）是世界一流建筑院校的三大支柱专业之一。现代景观建筑学的出现甚至比城市规划专业还要早。以哈佛大学为例，景观建筑学专业是在 1900 年设立的，而城市规划则是 1909 年从景观建筑学专业中分化出来的。直到今天，这个专业仍然是哈佛大学建筑学院（GSD）的名牌。此外，宾夕法尼亚大学（University of Pennsylvania，UPenn）和加州大学伯克利分校（Berkeley）的景观建筑学也很突出。景观建筑学研究领域宽广，以美国为例，景观建筑学的专业领域包括景观设计（Landscape Design）、场地规划（Site Planning）、区域景观规划（Regional Landscape Planning）、公园规划与设计（Park Planning and Design）、旅游与休闲地规划（Tourism and Recreational Area Planning）、国家公园规划与管理（National Park Planning and Management）、土地开发规划（Land Development Planning）、生态规划与设计（Ecological Planning and Design）、自然与文化遗产保护（Natural & Cultural Heritage Conservation）等九大领域。目前，美国 60 多所大学设有景观建筑学专业，其中部分设有硕士生教育，授 MLA（Master of Landscape Architecture）学位。与注册建筑师、注册规划师并列，有注册景观建筑师这一类专业人员。20 世纪 80 年代以来，景观建筑学专业被列为全美十大飞速发展的专业之一。有学者认为，在 21 世纪，如果景观建筑学能够与生态保护及可持续发展紧密结合，它将是当代社会的领导性专业之一。

成立景观建筑学系也是我国经济社会发展的需要。首先，随着城市建设规模的不断扩大和对城市环境的日渐重视，城市美化运动在全国各地迅速展开。根据发达国家的历史经验，城市美化运动的主力军是从事景观建筑学专业的人。其次，是关于自然与文化遗产保护。我国目前被列入世界自然与文化遗产名录的达28处，居世界第4位；同时，设立有国家级自然保护区124处，国家重点风景名胜区119处，国家森林公园291处，以及数量众多的历史文化名城。这些资源是中华民族皇冠上的明珠，但令人担心的是，这些明珠目前正处在被蚕食和破坏的边缘。景观资源保护的严峻现实要求景观建筑学专业的人才尽快出现。最后，旅游业的迅速发展也迫切需要景观建筑学方面的专业人才。1998年，全国国内旅游者数量达到6.94亿人次，国内旅游收入达2390多亿元人民币；1999年，国务院公布了新公共假日制度后，"旅游热"更在全国范围内快速蔓延；据世界旅游组织预测，到2020年，中国将成为世界上最大的旅游目的地国家。党中央和国务院已提出将旅游业作为国民经济新的增长点的战略决策。

中国的社会、经济发展到今天这个水平，迫切地需要景观建筑学这个专业。而这几年来，许多外国景观设计事务所进入中国，占据这一块市场。

需要说明的是，这里所说的景观建筑学专业与我国目前设在林业大学、农业大学的园林专业有很大的不同。国际上现代的 Landscape Architecture 专业，其学科领域、学术思想、技术应用已大大超出了我国目前风景园林专业的范畴。但教育部在上一次专业目录调整时，反而把原来还是独立的二级学科——风景园林专业取消，归入城市规划专业，目录中列为：城市规划与设计（含风景园林）。这是与国际上学科发展和我国的建设需要相悖的。但这种发展趋势和社会需求是客观存在的，因为受到《普通高等学校研究生专业目录》的限制，国内一些大学就以其他名称成立相关的系和专业。例如：同济大学设立风景旅游系；北京大学成立景观园林研究中心，放在城市与环境学系（原地理系），招收硕士生（人文地理专业）。

"名不正，则言不顺"，清华大学建筑学院要成立全国第一个名正言顺的景观建筑学系（Department of Landscape Architecture），和国际一流建筑院系接轨。这个想法得到吴良镛、关肇邺、李道增3位院士和教授们的赞同，在学院教师会上宣布过，并和来访的哈佛大学建筑学院院长、墨尔本大学建筑学院院长、哈佛大学和宾夕法尼亚大学景观建筑学系前系主任等讨论过，得到他们的赞赏，并表示将支持和帮助。这个消息也已经传到校外，得到了学界的赞同，在外校引起了反响。清华要在这件事上抢先一步，带这个头。

清华大学在景观建筑学领域具有很好的学术基础，形成了学术历史悠久、理论实践并重、学科交叉融贯、国际交往密切四大特色。1949 年，梁思成先生提出"体形环境"（Physical Environment）的思想，构想成立营建学院，下设"建筑学系""市乡计划系""造园学系"。1951 年，梁先生委派吴良镛先生与华北（北京）农业大学汪菊渊教授组建了中国第一个"造园组"。半个世纪以来，众多的专家学者为本学科的发展奠定了深厚的学术基础，他们包括吴良镛、汪菊渊、朱畅中、汪国瑜、周维权、周干峙、朱钧珍、姚同珍、郑光中、冯钟平等诸位教授，出版了《中国古典园林史》《中国名山风景区》《中国园林建筑》《园林理水艺术》《居住区绿化》《香港园林绿地》《颐和园》《西方古典园林》等学术专著。先后完成或正在承担的重要实践项目达数十项，包括黄山风景名胜区规划（1978 年）、普陀山风景名胜区规划（1979 年）、北京什刹海历史文化旅游区规划（1984 年）、兰州中心广场规划（1986 年）、都江堰风景名胜区规划（1990 年）、南宁民族广场规划设计（1991 年）、三亚亚龙湾国家旅游度假区规划设计（1992 年）、北京颐和园至玉渊潭和什刹海水系规划设计（1992 年）、三峡水利枢纽地区风景旅游可行性研究与总体规划（1994 年）、滇西北国家公园与保护区规划（1998 年）年、神农架生态旅游总体规划（2000）、泰山风景名胜区规划（2000 年）、镜泊湖风景名胜区总体规划（2001 年）、梅里雪山风景名胜区总体规划（2002 年）、少林寺景区详细规划（2002 年）等。1998 年，清华大学建筑学院成立了"景观园林研究所"；2001 年，成立了"风景旅游与资源保护研究所"。人员学历背景多样：两人曾在美国哈佛大学建筑学院景观建筑学系做过访问学者，一人在日本获得景观园林博士学位，一人是林业大学园林专业硕士、清华大学博士，一人是地理学博士、清华大学博士后。学科已建立了广泛密切的国际学术联系，与哈佛大学、宾夕法尼亚大学、国际旅游组织、联合国教科文组织等相关学术机构和国际组织建立了经常性联系。

清华大学建筑学院设立景观建筑学系，不招本科生，也不增加建筑学院本科生招生名额，只招硕士生、博士生，和目前的城市规划系相同。如果可以利用清华大学自设专业的许可，则名正言顺地设置景观建筑学专业。如一时不能突破《普通高等学校研究生专业目录》的框框，则目前仍用城市规划与设计（含风景园林）的名义招生，但这个系还是要先成立起来。

景观建筑学系建系就要高起点，培养目标、教学计划、课程设置向国际一流大学看齐，当然也要有中国特色，包括中国古典园林、中国历史文化、中国自然资源等内容。教师队伍在现有两个研究所人员基础上，引进国外留学人员，但建筑学院教师编制总数不作大的增加。系主任拟外聘，人选初步商讨为曾先后担任过哈佛大学和宾夕法尼亚大学景观建筑学系主任的劳里·欧林（Laurie Olin）教授（以讲席教授的名义）。通过调查国内外的情况，教学计划、课程设置已初步拟置。

特此报告，请批复。

建筑学院

2002 年 7 月 11 日

| 附 |

课程设置建议

1. 概论性课程（必修课注＊）

（1）景观建筑学导论＊（An Instruction to Landscape Architecture）

（2）景观规划设计理论与方法＊（Theories and Methods of Landscape Architecture）

（3）景观建筑学发展史（History of Landscape Architecture）

（4）中国古典园林概论（An Instruction to Chinese Ancient Gardening）

2. 专论性课程（必修课注＊）

（1）景观规划设计＊（Landscape Planning & Design，核心设计课）

（2）场地规划（总体设计）：理论、方法与实例＊（Site Planning: Theories, Methods and Cases）

（3）景观生态学＊（Landscape Ecology）

（4）景观与文化（Landscape and Culture）

（5）景观工程技术（Landscape Technologies and Construction）

（6）植物配置（Plant and Planting）

（7）计算机辅助景观规划设计＊（Advanced Computation in Landscape Architecture）

（8）城市开放空间理论与实践＊（Theories and Practice of Urban Open Space）

（9）旅游与休闲规划设计＊（Planning and Design for Tourism and Recreation）

（10）区域景观规划理论与实践（Theories and Practice of Regional Landscape Planning）

（11）城市景观城市设计（Planning and Design for Urban Landscape）

（12）自然与文化遗产保护：理论与实践（Conservation for Natural and Cultural Heritage: Theories and Practice）

3. 研修性课程（必修课注＊）

（1）景观建筑学研究方法＊（Landscape Architecture Research Methods）

（2）景观设计理论与历史研究（Theories and History of Landscape Design）

（3）景观规划理论与历史研究（Theories and History of Landscape Planning）

（4）东方古典园林研究（Classic Oriental Gardening）

（5）西方古典园林研究（Classic Western Gardening）

（6）中国山岳文化研究（Chinese Mountain Culture）

（7）三山五园研究（Ancient Gardens in the Northwestern Area of Beijing）

（8）国家公园规划理论与实践（Theories and Practice of National Park Planning）

（9）中外国家公园比较研究（Comparison Study on the National Park among Difference Countries）

（10）世界遗产研究（Study on World Heritages）

（11）生态旅游理论与实践（Theories and Practice of Eco-tourism）

（12）西部开发中的资源保护与旅游发展（Resource Protection and Tourism

Development in Chinese Western Expansion）

（13）大北京地区旅游规划研究（Tourism Planning for Great Beijing Area）

（14）旅游发展规划研究（Study on Tourism Development）

（15）城市休闲地区研究（Study on Urban Recreation Area）

（16）城市广场研究（Study on Urban Square）

（17）城市历史环境保护（Conservation the Urban Historic Environment）

（18）东亚地区城市景观比较研究（Comparison Study on Urban Landscape of Eastern Asia）

（19）流域规划与水系规划（River Valley and Water-system Planning）

（20）景观规划设计中的经济与社会因素（Social and Economic Factors of Landscape Architecture）

（21）景观资源管理（Managing the Landscape Resources）

（22）3S 技术与景观规划设计（3S Technology and Landscape Architecture）

| 后记 |

在我 1997 年被任命为清华大学建筑学院院长的"就职讲话"中，就提到要"发展指的是建立新的领域和方向，如景观建筑学（Landscape Architecture）"并公派杨锐前往美国哈佛大学设计研究生院景观学系做访问学者，回国后参与建系的筹备工作。2002 年 4 月，我向校领导汇报学院"十五"学科规划时，在《建筑学院学科建设规划汇报提纲》中写道：利用教育部给清华大学自主增设专业的条件，"增设景观建筑学（Landscape Architecture）专业，将其从'城市规划与设计（含风景园林）'中独立出来，作为一个二级学科……并以景观建筑学系（Department of Landscape Architecture）对外"。随后在和校领导沟通后，于 7 月向学校提出了正式的申请报告。杨锐参与了报告的起草，附录"课程设置建议"由杨锐提出。

建筑学院学科建设规划汇报提纲

2002年4月

一、一些想法

首先，汇报一些想法。

第一，"跻身于世界一流大学的行列"。世界一流大学是一个"圈子"、一个"俱乐部"，清华能够跻身于其中，与那些世界一流大学平等地交流和对话，就意味着清华是世界一流大学。当然，那些"指标"有些作用，但不是最重要的。

第二，"有中国特色的世界一流大学"。"中国特色"并不是会意一笑地降低标准的"遁词"，恰恰是跻身于世界一流大学行列的有利条件。中国是一个快速发展的大国，已经是并将进一步是全世界不可忽视的政治和经济力量。中国的现代化过程是全人类"前无古人"的宏大而复杂的事业。中国的人口、资源、环境、社会、"三农"、城市化进程、经济体制改革、政治体制改革、国际战略等都是世界一流大学和学者关注的问题，清华在这些方面开展研究，取得高水平的成果，就可以和世界一流大学平等地交流和对话。同时，在国家政治决策和政策制定中有清华的声音。清华要在2011年(仅剩9年时间)"跻身于世界一流大学的行列"，在这些方面加大力度可以取得的效果，可能比争取在其他工科和理科上的"创新"和"突破"要来得快、要来得好。当然，从国家的科技发展来看，需要"追赶""添补"，需要"创新""突破"，但要在科技"硬"的方面"跻身于世界一流大学的行列"，路要更长一些。

第三，科研。理科讲"科学发现"、工科讲"技术发明和创新"、文科讲"学术造诣和水平"，评价标准不同，工作方法不同，管理工作也要不同。大学搞科研有两个方面（体系）：一是教授个人（包括他的助手和博士生）做学术研究，出"思想""理论""发现""idea（概念）"为主，他们的跨学科研究，通过个人的"涉猎"

和"沙龙"的"撞击火花"以及自由的组合来实现；二是有组织的"实体化"的研究所（院），承接大型的、目的性强的、目标性明确的科技项目和社会工程，这些绝大多数是跨学科的，实践证明"虚体联合""分工协作"问题很多，需要"实体化"。就是以项目组织的多学科合作，也要在项目实施阶段，"实体化"管理（人员、空间、财务等）。

第四，日常办学经费。这些年来，国家给清华的教育经费有很大的增长，绝对数量（按同等购买力计）就是和国外大学比也不算少，但按人头计算的日常办学经费（教师工资不计入）十几年来没有什么增加。于是，下拨到院系的日常办学经费根本是杯水车薪，这么一点"月规钱"让底下的院长、系主任处处捉襟见肘。而那些大块的钱，是"写不完的申请""填不完的表格"，又是"立项"，又是"评审"，弄得大家把大量的时间和精力花在如何把项目"批下来"上，疲于奔命。这种只重"过程管理"，不重"目标责任"，只通过项目审批给钱，不大幅度增加"月规钱"放权给院系负责人的工作方法，是一种和办一流大学相悖的"小家子气"。当然，问题并不完全是清华自身的，教育部对清华也是如此。

第五，硕士生定位。清华（以至中国的大学 university，而不是那些虽改名为大学而实际为专业学院的大学）教育改革的中心问题是硕士生的培养定位问题：是现在这样帮着导师"做科研"，以写论文为主，以培养"初级"（博士才是高级）的研究性（scientific）人才为主，还是没有具体导师，以课程学习、培养专业性（professional）人才为主，同时一部分人为进入博士（PhD）阶段学习做准备（上理论性的课程）？看起来，前者的要求比后者高，所以我们常常沾沾自喜地说我们的硕士生水平比国外大学的好（但一到博士就不行了）。但这种模式，使本科（是 4 年，而非以前清华的 5 年甚至 6 年）的培养目标只能是专业性（professional）人才，而无法顾及培养"做人"的教育，也使博士生的生源缺少较好的理论基础（对工科而言，是数学和物理的基础）。其好处是为教师做低水平的横向的项目提供了劳动力，硕士生也就可以不交学费，还有报酬，结果是清华的硕士研究生很好念，又轻松又有钱。以前清华本科 5 年甚至 6 年，再上研究生，顾名思义，"研究生"者，做研究也。但现在是"硕士"，英文是"master"，master 无研究之意，却有"雇主""工头""熟练匠人""教练"等意；博士，英文是"PhD"，Ph 是 philosophy（哲学）之简称，当然是做研究。

第六，本科教育。清华通过高考制度把全国高分考生招收进来，"天下英才尽揽"，我们也非常想把他们培养成国家的栋梁。显然，本科4年，以培养专业人才为目标就不甚合适了。当我们把硕士定位在"高级"专业人才（以区别于4年本科培养的专业人员）时，清华的本科教育就应该也有可能转变为，为培养国家栋梁打基础的"育人"教育。因为中国的中学是应试教育，这些高分录取的学生，一方面未必在"做人"方面也高于他人，另一方面也没有受到相应的"精英"教育。这些课程需要在大学本科来补。培养精英人才的本科应办成文理（science and arts）学院，不仅要"素质教育"，还要"气质教育"，不仅讲"能力"，还要讲"修养"（科学修养、人文修养、艺术修养）。只讲"素质"和"能力"，还是有"功利"目的的，是为了将来"做事"，而"气质"和"修养"是"为人"，需要把两方面结合起来。

二、远期规划的目标：跻身于世界一流建筑学院的行列

建筑学院按照学校"建设世界一流大学"的总体目标，结合建筑学科的特点和建筑学院的状况，拟定建设具有世界先进水平的一流建筑院系的目标、标准和努力方向。

第一，要拥有活跃在世界学术舞台前沿的学术大师。

第二，以解决中国城乡建设重大问题为目标，承担并完成一批可以与世界一流大学和学者平等交流和对话的研究项目。

第三，能创造性地提出具有普遍意义的或有特色的学科与学术发展思想和建筑教育思想。

第四，要有一支结构合理、机制健全、学术水平高、思想活跃、国际交往和联系广泛的教师队伍。

第五，形成发扬优良传统、保持自己特色、具有时代特征的、卓有成效的建筑教育和教学体系、体制及其课程建设。

第六，能培养出高质量的学生，毕业生受到社会欢迎和好评，在各自的工作单位能成为骨干和领导，在国际上得到承认和好评，能进入世界一流大学继续学习。

第七，要有浓厚的、活跃的、包容性强的、开放的、国际化的学术氛围和交流环境。

第八，能广泛地与世界一流大学的建筑院系建立密切联系、进行平等的交流。

第九，具有国际先进水平的办学条件，对建筑学院尤其重要的是建筑空间和图书资料。

三、面向 21 世纪的建筑学科

结合建筑学科在世界范围内普遍关注的问题和中国发展的现实，建筑学科在进入 21 世纪时面对着如下 5 个主要的问题（方向）：第一，全球化趋势下的地区建筑学和地域与民族文化；第二，现代化过程中的城市建设和历史文化遗产保护；第三，城市化加速进程中的城乡规划和城乡建设；第四，环境和资源严峻态势下的建筑和规划策略；第五，科学技术急速发展下的建筑和城市建设。

四、学制、办学规模和专业设置调整

第一，六年本硕连读，授建筑学（或城市规划）硕士专业学位。考虑到建筑学专业评估对建筑学学士学位必须五年本科的要求，本科出口的学生仍然采用五年制。在此情况下，学校安排的直硕和直博生的比例过低，就可能使六年本硕连读学制名存实亡，补救措施是允许四年级学生报考本学院的研究生，以四年制工学学士的身份参加研究生入学考试，考上者和直读生一起进入六年本硕连读体系，未考上者走五年制建筑学学士的出口。

第二，完成培养重点从本科生向研究生的转变，实现研究生与本科生数量相等的目标。世界一流大学的建筑学院，如哈佛大学、耶鲁大学、UPenn 等均没有本科，MIT（麻省理工学院）也很少。中国的国情决定了，清华建筑学院在今后相当长的时期里不可能不招本科生，但必须增加研究生的数量，以达到学校提出的研究生与本科生数量相等的规划目标（本科生数量以四年制计）。建筑学院希望作为一个有其特殊性的自身平衡的学院。"清华建筑"几十年来已是"名牌"。但在全国建筑院系的数量已从"老八校"扩大到80多所，一些学校研究生也在"扩招"的形势下，如何保持清华毕业生在全国建筑界的地位，必然要把培养重点从本科生向研究生转变，并使研究生的培养有一定的规模。

第三，建筑环境与设备工程专业本科目前只招1个班，就这个专业的社会需求和全国招生总量来看，曾提出过扩大本科生招生的申请。但考虑到该学科点已被评为重点学科且江亿当选工程院院士，培养重点应放在研究生上（以培养建筑设备专业总工程师为目标），则可不扩大本科生规模，而只是使研究生数量达到本科生数量。

第四，在建筑学一级学科下，本科只设一个专业——建筑学，这是清华"宽口径"培养的传统。研究生阶段，在建筑学一级学科下原来的4个二级学科培养硕士生，而在建筑学一级学科下培养博士生。

第五，增设"景观建筑学（Landscape Architecture）"专业，将其从"城市规划与设计（含风景园林）"中独立出来，作为一个二级学科。这原本是国际惯例，也是中国社会经济和城乡建设发展到今天这个水准时"呼之欲出"的需求。清华建筑学院应该在全国率先成立该专业，并以景观建筑学系（Department of Landscape Architecture）对外。这个问题我们已向学校打了申请报告，现在需要尽快落实，先把系成立起来，国内一些建筑院系已经闻风而动，我们不要又落个"醒得早，起得晚"。

第六，建筑技术科学系的本科专业名称两年前已根据教育部的专业目录定名为"建筑环境与设备工程"，并作为全国该专业的教学指导委员会的主持单位。但教育部专业目录中硕士和博士专业名称未改，仍然是"供热通风空调和供燃气"，而我们的专业方向是建筑环境与设备工程，培养建筑设备专业的人才（如设备专业总工）。

五、组建科研实体"清华大学人居环境研究院"

在现有的"人居环境研究中心"和"建筑与城市"研究所及"住宅和社区"等研究所的基础上组建科研实体"清华大学人居环境研究院"。一方面，以此组织建筑学院的科研工作；另一方面，以科研实体的组织形式（吸收各种专业和各种编制研究人员）开展跨学科、综合的大型科研项目。

成立于1995年11月的"人居环境研究中心"，采用的是松散学术联盟和围绕具体项目的阶段性课题组的方式运作，学术积累和项目积累已有相当规模，但从学科发展角度看，也已暴露出研究分散、队伍稳定性差、集中攻关能力较弱、学科核心问题研究进展缓慢的弱点。近十年过去后，国内形势已发生较大变化，有必要加以研究，成立更具学科实体性质的"清华大学人居环境研究院"。

六、队伍建设

第一，长期以来，建筑学院把科研编制分解到各教师头上，教师中没有人是专职的科研编制人员，这固然有人人都参与教学的好处，并使得大部分教师教学工作量可以不满（"吃了"科研编制的工作量），而有时间从事工程设计（本意是让其搞科研）。但确实造成了建筑学院（吴先生的研究所除外）难以组织和承担大型科研项目，也难以考核教师除教学以外的工作量及其业绩（多年来未能解决是否和如何计算工程设计的工作量问题）。这次希望通过人事制度改革和组建实体的科研机构"清华大学人居环境研究院"来解决这个问题。

第二，对现有年轻教师进行逐个分析和评估，以确定其去向，并向外招聘有关人才。继续提高年轻教师（现为67人）中博士学位者（现为32人，约占48%）的比例和有出国学习进修一年及以上经历者（现为31人，约占46%）的比例。在研究生教学和培养在教学中的比重增加，及强调办成研究型大学的情况下，提高教师队伍（尤其是设计课教师）的理论水平和学术研究能力的要求非常迫切。对于年轻的精英，要创造条件让他们脱颖而出。一是要想办法把他们在国内外建筑界推出去；二是他们在行政领导职务上工作一段时间后，要换下来，从事学术研究工作；三是实行学术休假制度，让他们去国外进修，有时间看书、写书。要有战略考虑，未来的院士可能是由他们中选拔出来的。

第三，建立聘请校外建筑师、规划师参加设计与规划教学的规范的制度（这是国际上建筑院系的惯例）。创造条件聘请世界著名（明星）建筑师任教（这是世界一流建筑院系的"招牌")。以"讲席教授""资深访问教授"名义聘请世界著名学者来任教。

七、学科方向和建设

建筑学院在这次全国重点学科评选中有 3 个二级学科被评为重点学科：建筑学一级学科下的 2 个——建筑设计及其理论（全国共计 3 个：清华大学、东南大学、天津大学）、城市规划与设计（全国共计 2 个：清华大学、同济大学），土木工程一级学科下的 1 个——暖通空调（全国唯一）。

根据学校在"211 工程"二期和"985 工程"二期规划中"突出重点""项目带动""跨学科交叉"的要求，建筑学院初步确定了 3 个跨学科重点研究项目——中国城市化进程研究、低能耗人工环境研究、计算机集成建造系统（CICS）研究，和一个重点实验室建设项目——人工环境（Built Environment）及能源系统实验室（申报国家重点实验室）。

（一）中国城市化进程研究

1. 背景

（1）美国经济学家斯蒂格利茨在 2001 年世界银行的会议上说："21 世纪初期影响世界最大的两件事，一是新技术革命，二是中国的城市化。问题不是城市化进程是否会发生，而是它如何发生，亿万中国人今后几十年的生活水平将取决于这个问题的解决。"

联合国开发计划署（United Nations Development Programme，UNDP）发表的《绿色发展必选之路：中国人类发展报告 2002》说，中国面临巨大而复杂的环境挑战。工业化、城市化造成的日益恶化的大气和水污染，给中国带来的损失相当于中国国内生产总值的 3.5%~8%。报告指出，如果中国现在行动起来，对土地、水、空气、生物多样性和自然资源的破坏就可以停止，而中国人民的健康、生活水平和社会稳定都将依赖于这种改变。

根据国家统计局城市调查总队的资料，至 2001 年年底，全国城镇人口为

4.8 亿，全国总人口为 12.8 亿，城市化水平（市镇人口占总人口的比重）达 37.7%，达到了 1998 年世界发展中国家的平均水平（38%）。按照西方发达国家的历程，城市化率从 36% 提高到 60% 属于加速期，我国正处于城市化加速阶段。

（2）2002 年 3 月 7 日，中央政治局常委会听取了建设部关于城乡规划和建设问题的汇报。江泽民总书记和中央常委领导同志讲了话。

江泽民同志讲：

"我在听汇报的时候一直在想一个问题，即关于历史文化名城保护的问题。我们总是大拆大建，我们应该找一些根源，为什么总是犯这样的错误，我们拥有 5000 年的文化，值得珍惜，形成这样的局面，我看是求胜心切。我看我们现在应该是亡羊补牢，为时未晚，但亡羊补牢不是补洞。

"历史文化名城不要搞什么'国际化'，扬州其实有很多很好的园子，应该在这方面好好做文章。

"国务院提出开会很必要。世界上发展 50 万至 100 万人口的城市到底有多少？我们有 13 亿人口，不要生搬硬套，要让大家了解世界，要把这些知识编出来，让大家学。

"领导干部要克服贪大求洋，好高骛远，孤陋寡闻，凭空臆造，不求实际，既成事实，遗恨万年的问题。开第四次城市工作会议，典型问题要分析好，要总结经验，接受教训，要公开，起码内部要公开，要让大家知道。

"很大的根本问题在于我们的文明水平还很低，很多干部，特别是基层干部不懂得历史，再加上腐败的因素，造成了现在的问题。国民素质的提高很重要，尤其是干部。"

朱镕基同志讲：

"这个问题非常重要。为什么我要把这个问题提交中央常委来讨论？中小城市越搞越大，涉及'政绩'工程、'形象'工程，涉及规划。这个问题不解决，就会带来其他的问题。"

李瑞环同志讲：

"这是一个非常重要的问题。根本的问题是要解决领导人不懂规划、不重视规划、破坏规划的问题，破坏规划是领导人带头干的。破坏就是两条：一是破坏规模，一是破坏功能。"

温家宝同志讲：

"国务院已经讨论过，不仅是规划的指导思想，而且是城市建设的指导思想。有些地方城市建设超越了土地资源、水资源的承受能力，盲目发展，超越经济能力。所谓的领导'形象工程''政绩工程'，大广场、大马路、高楼群等，实际上是追求'政绩'，脱离群众，不顾群众利益的问题。另外，规划不讲科学，不尊重专家意见，与手中有权有关，而且是破坏规划。"

（3）2002年5月15日，国务院下发13号文件《国务院关于加强城乡规划监督管理的通知》（国发〔2002〕13号）；8月2日，九个部委局联合下发《关于贯彻落实〈国务院关于加强城乡规划监督管理的通知〉的通知》。

（4）中国城市化滞后于工业化，是当前最根本的结构性矛盾。城市化是实现可持续发展的途径；城市化不仅是生产力发展的基础，更是加速发展的动力，通过城市化发展，拉动基本建设，刺激内需，从而保持国民经济持续快速发展；城市化是加速第三产业发展的基本途径；城市化与农业的现代化和规模经营、提高农民收入直接相关。

"新时期城市建设的指导方针是实事求是、解放思想、加快城市发展；城乡统筹规划、区域协调发展；立足资源环境条件，促进可持续发展；注重地方特色，实施分类指导。"

——建设部副部长　傅文娟

2002年8月5日

2. 研究提纲

①中外城市化进程比较研究；②中国城市化的基本目标；③中国城市化的形态和模式；④中国城市化发展战略实施方案研究；⑤中国城市化的资源和环境约束与平衡；⑥中国城市化的地区差异；⑦中国城市发展的区域模式和空间体系；⑧中国城市化进程中的土地政策；⑨中国城市化进程中的人口政策和社会保障机制；⑩中国城市化进程中的经济与产业结构；⑪中国城市化进程中的行政管理体制；⑫中国城乡居住形态及社区建设研究；⑬城市化的社会学研究；⑭旧城与旧居住区更新改造；⑮历史文化名城和遗产保护；⑯地区文化和地方建筑学。

3. 组织

以建筑学院为主体，由人居环境研究中心（院）牵头，校内由以下学科参加：社会学学科（人文学院）、公共管理学科（公共管理学院）、经济管理学科（经管学院）、环境学科（环境科学研究院）、土水学科群（土水学院）。

（二）低能耗人工环境研究

1. 背景

今后 20 年，我国城市化水平将从目前的约 37％发展到 60％以上，科学地认识城市发展过程中能源、环境、生态问题，并正确地予以解决，对城市化的可持续发展有重大意义。

今后 20 年内，我国城镇建筑面积将增加 1 倍，建筑业占 GDP 的比例将超过 30％，而目前的单位建筑能耗是发达国家的 1.5 ～ 2.5 倍。各项物理环境指标也越来越不满足日益提高的人民生活水平的要求。而建筑能耗占总能耗的 30％以上，使新建建筑在低能耗的前提下实现高标准的建筑环境，是我国经济发展中的关键问题之一。

20 世纪 90 年代以来，英国各著名大学都陆续组建了"Built Environment"（建成环境）学院或系，全面针对以上描述的领域对以前的各学科、专业重新整合，逐渐形成新的学科体系。欧洲其他一些国家也逐渐开始这样做。美国加州伯克利分校建筑系建筑技术中心与美国劳伦斯伯克利国家实验室（LBNL）结合，已初步形成类同上述描述的研究实验基地。我们在以往的基础上，重新整合力量，又结合中国经济建设与城市发展的实际需要，可以在今后十年内形成有特色的、世界领先的"Built Environment"学科，成为"建设世界一流大学"的重要组成部分。

2. 研究提纲

（1）人与建筑物理环境的关系

人的舒适性、健康及工作效率与人体所处的热环境、空气质量环境、光环境、声环境、视觉环境之关系，从物理学、生理学、心理学角度研究这一关系。

（2）建筑物及人类活动对物理环境的影响

城市建筑及人类活动导致城市气候的变化（热岛现象与城市风）；小区建筑及园林绿化对小区物理环境的影响（小区微气候）；建筑物的形式与结构所决定的建筑物内物理环境［热、声、光、室内空气质量（Indoor Air Quality，IAQ）与空气流动］。

（3）低能耗建筑和绿色建筑

低能耗和超低能耗建筑研究；高性能窗、幕墙、遮阳与通风装置研究；蓄能材料、装置与系统研究；太阳能、风能、生物能在建筑中的利用；绿色建筑评估体系研究；绿色建筑规划设计。

（4）城市建筑能源系统

城市热电联产（CHP）、热电冷三联供（CCHP）；建筑内热电冷三联供（BCHP）；城市天然气应用、供热、空调方式的综合规划与政策研究。

3. 组织

主要以建筑技术科学系（含建筑环境与设备工程、建筑技术科学 2 个二级学科）为主，其中的城市气候、城市照明与环境噪声控制、城市建筑能源等与城市规划系结合；生态建筑设计、低能耗建筑设计、人工环境工程等与建筑系结合；此外，还涉及热能系、环境系、化学系等。

（三）计算机集成建造系统研究

1. 研究方向

将数字化技术在建筑业中的应用落实到建造工艺和建筑产品领域。把计算机辅助设计 CAD 与计算机集成制造系统 CIMS 所带来的先进工业制造体系和工艺水平，引入建筑业，前瞻性地提出计算机集成建造系统（CICS）。

2. 背景

长期以来，国内建筑业已经丢失了传统的技艺，却还停留在手工操作的技术水平，没有真正进入工业制造的现代工艺阶段，"粗糙，没有细部，不耐看，不能近看，不能细看"。但是近年来，一方面，越来越多的专业人士逐渐认识到这一问题；另一方面，一些高质量的建筑物在上海、北京等地相继落成，加之国外设计公司和建筑产品厂商的进入，使中国已经处在一个挑战建筑业技术体系的时刻。

发达国家由于历经多年的工业发展，在现代制造工业技术方面发展完备，在其影响下，建筑业的基本技术体系具有工业制造的特征。随着数字化技术的发展，计算机集成制造系统在建筑领域的应用已经初露端倪。但尚未见到"计算机集成建造系统"的提法。

从弗兰克·盖里（Frank Owen Gehry）的曲面幕墙到刘育东的自由形体实验，都可以看到这一方向上的努力。但是这种应用仍然缺乏严谨的可操作性和系统的理论框架。

在可以预见的未来，作为工业革命产物的现代建筑材料的主体，如钢材（包括铝合金等金属材料）、混凝土、玻璃和传统建筑材料（木材、砖、石）不会被取代。而这些材料的性能会改进，加工工艺、构造方法、施工技术会发展。（单就精度而言，从以毫米为单位的建筑施工到 0.01mm 公差的机械加工。）

在数字信息时代，现代工业技术下的大规模标准化体系需要逐渐向个（柔）性化同时也是高效的智能化体系转变。计算机控制的制造工艺能否体现人工技艺？

现代主义建筑的产生，有相应的工业体系为支撑，从而完成了由传统手工工艺体系向工业建造体系的本质性转变。现在，面对信息时代，尤其是数字化技术支持下的计算机和网络的发展，需要一个新建筑技术体系和这个时代相适应。

计算机集成建造系统这一概念的提出，并不仅仅指建筑现场的施工建造，而是要向前延伸到建筑设计、建筑产品和部件的制造，向后拓展到室内装修工艺、智能化系统等的全过程计算机辅助设计、制造、控制和管理。

3. 组织

清华大学在计算机集成制造系统研究方面有很好的基础和很强的实力。机械学院和信息学院可以和建筑学院合作开展对这个项目的研究。建筑业是一个广阔的领域,工业制造在其中大有用武之地。

（四）人工环境及能源系统实验室建设

1. 实验室现状

目前已有位于中央主楼一楼的建筑声学与建筑光学实验室,位于旧土木馆一层的采暖空调设备实验室。正在筹建的 3000m^2 "超低能耗示范性建筑" 将成为建筑热工与人工环境系统实验室。"985 工程" 一期中已购置了全校精度最高(除香港外全国精度最高)的气体成分实时测试系统并建成空气质量处理装置实验台,做出 VOC(挥发性有机化合物,volatile organic compounds)处理方面国内领先的成果;初步建成人工气候室和空气处理设备实验台,并已陆续开展相关研究。利用现有的和正在兴建的实验场地。如果再添置一流的仪器设备,就能形成国内最先进的、达到世界一流水平的实验室硬件环境。

2. 申请由 "211 工程" 支持的主要设备

(略)。

八、建筑历史与理论学科的规划

目前,学科发展的方向相对单一,主要局限在传统建筑历史的范畴。"十五"期间,希望通过学科内部结构的调整,逐步形成以建筑史、建筑考古学和文化遗产保护 3 条主线交叉发展的新的结构体系。

（一）建筑史研究方面

建成具有世界影响的中国建筑史研究基地,对中国建筑历史研究的空白课题进行深入研究。通过跨学科的交叉研究,如与文化人类学、人文地理学、社会学、美学等交叉，从多角度开展对建筑史的研究，同时拓宽研究领域，如建筑文化比较、建筑哲学、建筑美学等。

（二）建筑考古学研究方面

这是一个新的、具有巨大潜力的研究领域，对认识人类文明发展的过程有重大的意义。希望结合"十五"攻关项目"中华文明探源"工程，建立并发展建筑考古学的教学和研究体系。从建筑考古学的角度认识、阐释中华文明中人类的居住与聚落形式和城市起源问题。

（三）文化遗产保护研究方面

由于学科发展的限制，长期以来从建筑历史学科的角度，更多的是关注文物建筑的保护问题。在中国当代社会加速发展的过程中，这种保护概念已不能满足社会发展的要求，因此我们将把保护的概念扩展到整个文化遗产的范畴。同时进行历史文化地区和乡土建筑与聚落保护更新的研究。

离任述职报告

职务：清华大学建筑学院 院长

任期：1997 年 11 月—2001 年 4 月

2001 年 4 月—2004 年 12 月

就我担任两届七年建筑学院院长任期内的主要工作报告如下。

一、提出清华建筑教育思想（1997 年教育讨论会开始，1999 年在全国建筑院系院长系主任大会上公布）

建筑学——科学与艺术的结合；

建筑教育——理工与人文的结合；

学科构成——建筑、城市和景观（landscape）三位一体；

建筑教学——基本功训练（skill training）与建筑理解（architecture learning）结合；

能力培养——创造力与综合解决问题能力结合；

思想教育——思想品德教育与建筑师职业道德教育结合；

培养目标——职业建筑师与"专业领导"（leader in the profession）结合；

办学方向——坚持清华特色与创建世界一流相结合。

二、提出建设具有世界先进水平的一流建筑院系的目标、标准和努力方向（2000 年 10 月，学科建设汇报提纲）

1. 拥有活跃在世界学术舞台的学术大师；

2. 以解决中国城乡建设重大问题为目标，承担并完成一批具有世界水准且具有中国特色的研究项目；

3. 创造性地提出具有普遍意义的或有特色的学科与学术发展思想和建筑教育思想；

4. 有一支结构合理、机制健全、学术水平高、思想活跃、国际交往和联系广泛的教师队伍；

5. 形成发扬优良传统、保持自己特色、具有时代特征、卓有成效的建筑教育和教学体系、体制及其课程建设；

6. 培养高质量学生，毕业生受到社会欢迎和好评，在各自的工作单位能成为骨干和领导，在国际上得到承认；

7. 有浓厚的、活跃的、包容性强的、开放的、国际化的学术氛围和交流环境；

8. 能广泛地与世界一流大学的建筑院系建立密切联系，进行平等交流；

9. 具有达到国际先进水平的办学条件，尤其重要的是图书资料。

三、提出 21 世纪清华建筑学学科的研究和发展方向（2000 年 10 月，学科建设汇报提纲）

1. 全球化趋势下的地区建筑学和地域文化；

2. 现代化过程中的城市建设和文化历史遗产保护；

3. 城市化加速进程中的城乡发展和规划；

4. 资源与环境严峻态势下的可持续发展策略；

5. 科学技术急速发展下的建筑与建筑技术。

四、推进专业设置和学制改革

1. 实现了研究生与本科生数量相等的目标。

2. 六年本硕连读，授建筑学硕士专业学位（自 2000 年开始）。考虑到建筑学专业评估对建筑学学士学位必须五年本科的要求，本科出口的学生仍然 5 年制。

3. 原暖通空调专业由热能系进入建筑学院，与原建筑技术教研室合并组建建筑技术科学系，设立建筑环境与设备工程专业。（2000 年 4 月）

4. 成立景观学系（Department of Landscape Architecture），设立景观规划与设计专业，招收研究生。（1997 年 11 月有意向，2001 年提出，2003 年 10 月成立。）

5. 培养模式

1999 年 11 月，全国首批获得建筑学一级学科学位授予权。

坚持建筑学（一级学科）只设 1 个本科专业——建筑学，实行"宽口径"培养。

硕士研究生教育按二级学科培养高质量专业性人才。

博士建筑学一级学科研究生教育培养高质量的学术研究性人才。

五、教学改革

1. 提出和推进设计系列课教学改革

提出建筑设计及其理论专业的硕士生设计（一）课程统一教学，并亲自参与航空港、UIA（国际建筑师协会）学生竞赛、亚澳学生竞赛、上海国际艺术双年展、拉斯维加斯旧城改造等的 Studio（研究室）设计教学。1998 年评估时得到肯定，并被全国推广。

从 2000 年入学的新生开始，按六年本硕统学制开始建筑设计课的系统性改革，从大一开始一年一个年级进行设计课教改。我关注的重点是：一年级，大一新生一开始就"做设计"，学生可以在一定范围内根据兴趣自己选择设计题目（三选一）。自己每年为新生讲第一堂课"建筑概论"。

推进三年级设计课的 Studio（研究室）教学方式。教师自主结合分成若干设计指导小组，学生自主选择设计专题。

2. 推进建筑技术类课程的教学改革

在国内率先为本科低年级学生开设"建筑技术概论"课，从建筑（architecture）和人文的角度讲解技术与建筑，以及与建筑发展的关系。

鼓励建筑设计教师讲授技术课程，"建筑热环境""建筑光环境"已由建筑设计年轻教师（博士）讲授，课程内容和教学方法都作了改革。

3. 改革建筑历史和理论类课程

改变由一个教师用一本教材讲授一门长学时课程的惯例，压缩长学时课，改为史纲性课程，从一年级开始讲授。腾出课时，由其他教师开设相关选修课，供学生选修。

六、选派年轻教师公派出国学习进修

根据建筑学学科特点和既往留学不拿博士学位的状况，采取"博士学位清华拿，满足学校教师任职要求，公派出国到著名大学进修"的措施，与哈佛大学、麻省理工学院等签订协议。1998 年以来，前后有 26 人被派往美国（其中哈佛大学 10 人、麻省理工学院 6 人）、法国、德国、荷兰和日本等国的著名大学，并全部"回收"，没有滞留不归者。教师中具有在国外学习和工作经历者的比例已达 52%（表 1）。

表 1 在编教师年龄、职称结构表（2004 年 12 月）

	总人数 / 人	教授（院士）/ 人	副教授 / 人	讲师 / 人	助教 / 人	该年龄段教师人数占比 /%
60 岁以上	13	13（3）	—	—	—	12.7
56～60 岁	7	2	5	—	—	6.9
51～55 岁	5	3（1）	2	—	—	4.9
46～50 岁	5	2	3	—	—	4.9
36～45 岁	38	14	20	4	—	37.3
35 岁以下	34	—	13	20	1	33.3
合计	102	34（4）	43	24	1	—
职称百分比 /%	—	33.3	42.2	23.5	1.0	—

七、各项工作

组织"211 工程"一期的申请、计划、实施和总结验收工作，二期的申请。

组织"985 工程"一期的申请、计划、实施和总结验收工作。

组织 1998 年和 2004 年的建筑学专业（本科和硕士）和城市规划专业（硕士）评估的申请、自评、接受视察和中期督察工作。

参加 2003 年全国建筑学一级学科评估的申请工作并整理上报材料，评估结果排名第一。

组织学院图书资料建设工作：争取梁銶琚图书基金 10 万美元、香港地产行政学会图书基金 5 万元、"985 工程"一期图书资料经费 300 万元。建设数字图书馆并对馆藏营造学社和清宫档案进行整理。

争取金地公司捐赠 75 万元，扩建美术教室。

纪念梁思成诞辰 100 周年和林徽因诞辰 100 周年的活动组织和纪念文集出版。

国徽设计历史的争议和真相的澄清。

关注和支持学生工作：运动会、歌咏比赛都到场，棘手问题亲自处理。

行政管理机构的调整和人员的精简。

八、加强国际化

1. 与国际上知名大学举办 joint studio（联合设计专题）

每两年一次的清华—麻省理工学院（MIT）建筑与规划学院 Joint Studio 已经持续了 20 年；清华—宾夕法尼亚大学（UPenn）建筑学院北京城市设计 Joint Studio 于 2000—2004 年连续进行；2002 年清华—哈佛大学设计学院北京城市设计专题；清华建筑学院与法国拉维莱特建筑学院、意大利米兰工业大学和那波利建筑学院、韩国汉阳大学"四国五校"每年举办的 Joint Studio 已持续 4 年；2000 年以来，还有墨尔本大学（2000）、新南威尔士大学（2002）、加州大学伯克利分校（2003）、意大利威尼斯大学（2004）等在清华举办 Joint Studio。2002 年至今，已有 10 余批 100 余名学生赴美国、法国、意大利、日本、韩国等国的大学开展学术交流。

2. 每年都有二三十位外国学者来建筑学院作讲演，其中许多是国际上著名的学者和建筑师。

4 年来，还举办国际学术会议和外国建筑展览 10 余次。2002 年 4 月，聘请麻省理工学院建筑与规划学院前院长德蒙修（John de Monchaux）教授到我院进行设计专题教学实践。2003 年 10 月，建筑学院成立景观学系，聘请美国科学与艺术院院士、哈佛大学景观系前系主任劳里·欧林（Laurie Olin）担任系主任，哈佛大学建筑学院院长彼得·G. 罗（Peter G.Rowe）每年来清华访问。

3.学生参加国际设计竞赛获奖

1998 年，中英学生设计竞赛获得第一名。

1998 年，欧文斯康宁国际学生竞赛获得第一名、第三名。

1999 年，国际建筑师协会（UIA）学生设计竞赛"21 世纪的住区"，获得第一名（UNESCO 大奖）、第三名和第十名（50 多个国家，400 多个方案）。

2001 年，亚澳地区国际学生设计竞赛，获得二等奖 2 名、三等奖 2 名（一等奖 1 名，来自泰国）。

2002 年，上海双年展，"城市对话"获学生组大奖，另获优秀奖 2 名。

2003 年，DBEW（Design Between East and West，超越东西方的设计）国际设计竞赛，获得最高奖（44 个国家，305 个参赛方案）。

2003 年，国际景观建筑师联盟（IFLA）学生设计竞赛"边缘的景观"，获得第一名（UNESCO 大奖）和第二名。

九、学科评估

在全国建筑学一级学科评估（2003 年）中,清华的建筑学学科排名第一（表 2）。

表 2　2003 年全国建筑学一级学科评估排名情况

学位授予单位名称	整体水平		分项指标							
			学术队伍		科学研究		人才培养		学术声誉	
	排名	得分	排名	得分	排名	得分	排名	得分	排名	得分
清华大学	1	90.53	1	95.62	1	84.57	2	86.70	1	100.00
同济大学	2	86.89	2	89.35	2	79.96	1	88.44	2	93.74
东南大学	3	81.20	3	89.26	3	76.45	4	71.06	2	93.74
天津大学	4	78.28	4	80.38	4	70.50	3	77.79	4	89.57
华南理工大学	5	71.22	5	73.78	5	67.97	5	67.77	5	78.39
重庆大学	6	68.19	10	63.57	7	65.95	6	67.64	6	77.44
哈尔滨工业大学	7	67.15	7	68.04	9	62.35	7	65.91	7	75.73
西安建筑科技大学	8	66.76	8	66.98	8	64.47	8	65.80	8	71.56
湖南大学	9	65.31	6	69.17	6	66.06	9	65.33	11	60.00
浙江大学	10	65.58	9	65.96	10	62.27	11	62.30	9	64.93
武汉理工大学	11	62.18	11	61.67	11	61.89	10	63.45	10	61.52

1998 年和 2004 年，清华大学建筑学专业和城市规划专业两次通过全国高等学校专业教育评估，有效期都是最长（6 年、7 年）。

十、教学与科研工作

虽然承担繁重的行政工作，但我始终坚持在第一线教学：面向全校大一新生开设新生研讨课（freshmen seminar）"建筑与技术"，为建筑学专业一年级学生讲授"建筑技术概论"课程，为建筑环境与设备工程专业本科生开设"建筑实习"课程，为硕士生开设学位课 "建筑物理环境"，为博士生开设"科学、艺术与建筑"课程，参加硕士生设计课辅导。5 年来，先后在全国 20 所大学作学术报告，题目有"建筑技术的建筑与人文解读""从 Hi-Skill 到 Hi-Tech""北京百年""中国建筑呼唤精致性设计""中国现代建筑的中国表达""绿色建筑的中国特点"等。所讲课程和学术报告知识涵盖面广、视角和观点独到，讲演富有激情、生动，受到学生欢迎和好评。

指导 7 名博士研究生完成博士论文，11 名硕士研究生完成硕士论文，其中 2 名博士研究生获得清华大学优秀博士论文。目前，在读博士研究生 7 人，硕士研究生 5 人。

同时，还承担科研项目：作为分项负责人承担自然科学基金"九五"重点项目"住区微气候的热物理特性研究"；作为项目负责人之一，承担建设部项目"中国生态住宅技术评估体系研究"和科技部项目"绿色奥运建筑评估体系研究"；作为项目负责人，承担国家自然科学基金项目"计算机集成建筑系统（CIBS）的基础性研究"；作为项目负责人，承担科技部"十五"攻关项目"绿色建筑关键技术研究"第一课题"绿色建筑规划设计导则和评估体系研究"。

发表论文 40 篇。合作出版专著 3 部。

十一、重要学术兼职

1997 年 9 月至今，国务院学位委员会建筑学学科评议组成员（两届）；

1999 年 12 月至今，全国高等学校建筑学专业教育评估委员会主任（两届）；

1996 年 9 月—2004 年 9 月，中国建筑学会建筑物理学会副理事长（两届）；

2004 年 10 月，当选为中国建筑学会建筑物理学会理事长。

十二、主持全国高等学校建筑学专业教育评估工作

作为评估委员会主任，每年主持建筑学专业教育评估工作；

代表中国参与国际间建筑教育评估相互承认协议的制定和签约；

参与了香港大学、香港中文大学、新加坡国立大学和韩国汉城城市大学的建筑学专业教育评估；

协调教育部有关专业性学位教育的机构及其政策与建筑学专业教育的关系；

协调与全国注册建筑师管理委员会的关系，受聘为考试考题设计专家；

主持了建筑学专业教育评估标准和文件的修订。

十三、获奖

2000 年，"郑州商品交易所期货城"获全军优秀设计一等奖（排名第二）；

2003 年，获清华大学教书育人奖；

2004 年，"中国生态住宅技术评估研究"获精瑞科学技术奖金奖；

2004 年，获"北京市优秀教师"称号；

2004 年，获清华大学教学优秀成果一等奖（排名第一）；

2004 年，获北京市教学优秀成果一等奖（排名第二）；

2000 年、2002 年、2003 年、2004 年，获清华大学"良师益友"称号。

秦佑国

2004 年 12 月 22 日

建筑技术教育的理念更新

【摘　要】本文针对建筑技术教育的现状，提出了解决问题的关键是建筑技术教育的理念需要更新。文章从建筑技术的定义、学习目的、涵盖的方向以及其对建筑学所产生的业务上与修养上的积极作用几个方面概述了建筑技术学科的本质特征。

【关键词】建筑技术教育；人文；艺术

建筑技术教育是建筑教育的重要组成部分，但是多年来面临学生不愿意学、教师教起来也不起劲的局面。有埋怨学生偏科的，有抱怨设计课冲击的，有检讨教材和教学内容陈旧的等，但问题老是解决不了。我们认为关键是建筑技术教育的理念需要更新。

建筑技术科学是指建筑学专业的学生需要学习的，与建筑师工作有关的，与建筑及其学科发展有关的科学技术知识。（而不是针对结构和设备专业的学生，尽管他们学习的课程大都属于技术的范畴。）

学习的目的：一方面是掌握将来作为建筑师工作时必需的专业知识和与其他专业协调配合的基础；另一方面是提高自身对建筑的认识和修养，了解建筑发展和技术的关系，把握建筑创作的技术因素。建筑技术课不只是为了将来的技术设计和施工图设计，还必须与建筑创作、建筑设计、建筑艺术相联系。

建筑技术科学通常包括：建筑设计媒介技术、建筑材料、建筑结构、建筑构造和工艺技术、建筑气候和建筑物理环境、建筑设备系统、建筑安全和防护、建筑节能和可再生能源利用。

学习建筑技术科学需要一定的数学知识，但是建筑学专业的人学习数学或了解数学并不仅仅（甚至并非主要）在于为了后来要学习技术课程，数学是大学生当然也是建筑学专业大学生的一种文化修养。

撇开和技术课程的关系，仅仅就建筑学（Architecture）而言，数学也不是"无用"

的,而是"有用"的,可以列举以下各个方面:抽象——数学最重要的本质特点(培养抽象思维能力),用图形图像和数字表达观点和问题的能力,模数和比例是按一定规则的数序,图形和空间的拓扑特性、误差理论、概率和统计是社会科学重要的工具,可行性研究、经济分析等需要数学;"数学美"——勒·柯布西耶说:"数学的精确性与大胆的幻想结合起来,就是美。""混沌""分形"等新数学概念已被引入最新的建筑理论。

我在清华一直讲:"理工类课程要人文性讲授。"要讲"本源",讲背景(社会的、文化的、地理的、科学的、技术的),讲历史,讲方法论,讲这门课程的相关知识在人类文明中、在人类知识体系中的位置,讲推动其发展的动力和规律,讲重要的里程碑式的事件和人物。建筑技术(building technology)课需要"人文"地讲授,需要"建筑(architecture)"地讲授,也是这个道理。首先,让学生学思想理念,学思维方法,加强技术"修养",理解技术与建筑发展的关系。然后,才是专门的知识和具体的技术。

清华建筑学院从 1999 年起,在一年级下学期开设 8 周 16 学时的"建筑技术概论"课,包括 7 次讲座和 1 次小结讨论。7 次讲座分别是:建筑技术概论、建筑物理环境、建筑材料与构造、建筑结构、建筑安全、建筑设备、绿色建筑。从建筑的本原、建筑的发展讲述各门建筑技术。下面举 4 个方面的例子作提纲性的介绍。

1. 建筑与气候

(1)气候与文明的诞生。人类文明在很大程度上依赖于最近 1 万年以来相对稳定的气候状况。恩格斯认为:"文明既不能从条件过于恶劣的地方产生,也不能从条件过于优越的地方产生。"人类文明在四季分明的中低纬度带发展起来,并呈现出多样化的特点。

(2)气候作用于建筑的 3 个层次:气候因素(日照、降水、风、温度、湿度等)直接影响建筑的功能、形式、维护结构等;气候因素影响水源、土壤、植被等其他地理因素,并与之共同作用于建筑;气候影响人的生理、心理因素,并体现为不同地域在风俗习惯、宗教信仰、社会审美等方面的差异性，最终间接影响到建筑本身。肯尼斯·弗兰普顿认为："在深层结构的层次上，气候条件决定了文化和它的表达方式，它的习俗和礼仪。"

（3）建筑适应气候。建筑是人类为了抵御自然气候的严酷而建造的"遮蔽所"（shelter）。地球上各个地区巨大的气候差异，在现代人工环境技术尚未出现的时代，造成了建筑巨大的地区差异。

（4）"遮蔽"与"阻隔"。建筑这个"遮蔽所"又不同程度地阻隔了自然气候对人有益的作用：温暖的阳光、充足的光线、新鲜的空气、柔和的清风、美丽的景色……如何在"遮蔽"与"阻隔"这对矛盾中求取平衡，是人类如何建筑"遮蔽所"的重要考虑，而发展技术措施来解决这个矛盾是推动建筑发展的动力。

（5）人工环境技术。为了使建筑中的微气候更加适合人类的生活，也为了克服建筑带来的与自然阻隔的缺点，人们发展了改善室内环境的技术措施：从原始的生火取暖、点灯照明到现代化的采暖、通风、空调和照明系统。现代人工环境技术也带来消极作用：消解了建筑的气候特征，造成了世界建筑的趋同化；极短历史时期内技术急速发展与人类生理进化过程的矛盾，舒适≠健康；建筑能耗造成能源危机与环境恶化。

2. 建筑材料

（1）建筑材料。人类的建筑活动是物质活动，盖房子需要使用建筑材料。传统建筑和乡土建筑常用传统的地方的建筑材料；现代建筑除了继续使用传统建筑材料外，还大量使用水泥、钢材、玻璃。建筑师对建筑材料的使用是通过建筑构造设计进行的。

（2）建筑材料的性能。物理力学性能：重量、强度、变形、加工性能、传热、透明、透光、反射、隔声、吸声、透水、吸湿等；稳定性和耐久性：风化、老化、剥落、锈蚀、防腐、耐火、耐湿、干缩、褪色等；外观特性：光滑度、色彩、纹理、质感、尺度、形状规整性和尺寸的精确性等；污染性：气体挥发、粉尘、放射性、微生物滋生等。

（3）建筑材料应用的特点及制约。需要大量（重量和体积）的物质，因而受资源条件、生产能力和组织的制约；需要运输，因而受运输工具和交通条件的制约，在没有现代交通运输的时代和地方，"就地取材"就是重要的特点；需要加工，因而受到加工工具、动力、手工技艺和加工工艺的制约；还具有社会特点，因而受到宗教、政治、意识形态的制约。建筑材料和气候的地区性差异是形成古代不同区域文明建筑特点的物质因素和环境因素。工业革命后，建筑材料的大规模工业化生产，钢材、水泥、玻璃等的广泛应用，交通运输的发达，是现代建筑产生和发展的物质生产因素。

（4）建筑材料与环境的关系。"全寿命周期"的概念：从原材料开采、材料生产、运输到施工建造应用在建筑上，再到建筑的使用、维护、维修、改造，直到废弃、拆除和回收利用的全过程来评价材料的资源消耗、能源消耗、环境影响。绿色建材的概念：从全寿命周期看，消耗资源、能源少，对环境影响小，能循环和再生利用的材料；无化学气体和粉尘挥发、无放射性、无毒、无害的建筑材料。

3. 建筑结构

（1）建筑结构。建筑结构是建筑的"骨骼"，是建筑空间"围蔽"体的支撑系统。建筑结构的作用是把建筑受到的荷载（重力、风力、地震力、设备动力）最终传到地基去。建筑结构在荷载作用下：要有足够的强度，不易被破坏；要有一定的刚度，变形小；强度和刚度（尤其是强度）要有安全储备即安全系数。

（2）"建筑是地球引力的艺术"。建筑物的屋盖因为"不上人"，形状可以三维变化，丰富多彩，"奇形怪状"；墙体可以在平面上曲折，而在竖直方向通常是直立的，而楼板只能是水平的，人们需要在上面活动，这是由于地球引力总是竖直的。建筑结构体系的形状及其"包络"空间对建筑体形起着决定性的作用，结构具有巨大的建筑表现力。建筑结构是结构材料的力学性能的应用，不同材料的建筑结构具有不同的形式特点，对建筑形式和风格具有很大的影响。

（3）建筑师与建筑结构。在古代，建筑师和结构工程师是合一的，建筑设计包含了结构在内，结构的安全由经验保证。数学和力学及材料科学的发展，促使了结构科学计算的发展，建筑师和结构工程师开始分工。建筑师需要学习力学和结构工程的基础知识，把握建筑结构的基本原理，在建筑方案阶段进行结构构思，在建筑设计阶段与结构工程师配合。建筑师在结构专业的理论深度和计算能力上可以远不及结构工程师，但在思考结构问题的广度和总体构思上应当领先于结构工程师。密斯·凡·德·罗说："当清晰的结构得到精确的表现时，它就升华为建筑艺术。"

4. 建筑设计媒介技术

建筑艺术不同于绘画和雕塑，作品是建筑师事先设计的，制作（施工）是随后由他人完成的。于是就有设计信息的表达和传递的问题。设计媒介有语言、文字、图形、符号、模型（包括实物）、技艺传承等。设计信息交流需要以"共同的知识背景"为前提。

古代：设计媒介表达的粗糙性和传递的局限性，手工技艺的传承性，共同的知识背景是"对象"，造成建筑师的"完人"特性和"匠人"特性，建筑平面的简单性和构造做法的复杂性，建筑形式的模式化、传承性和持续性。

近代：投影几何和透视画法，制图标准和工程图纸，图纸复制（蓝图）技术，形成设计信息表达的精确性和传递的方便性，共同的知识背景转化为"规则"。促成多种专业人员的合作和配合，建筑师和工程师的分工，设计和施工的分工，建筑形式的复杂化和多样化。

建立在投影几何基础上以纸为介质的二维工程图纸，难以表达复杂的不规则的三维空间和形状。同时会使设计思路陷入先画平面，再"竖"立面，再"切"剖面的套路，面对着二维的图纸，做着二维的设计，而忽视了建筑及其空间始终是三维的。

现在：CAD发展迅猛，取消了图板，复杂三维空间的造型能力，逼真的虚拟现实技术，网络的传递能力。但目前"规则"还没有根本性的改变，期待着未来。

清华大学建筑学院去年把"建筑技术研究所"改名为"建筑与技术研究所"，其原因和出发点正是基于强调技术与建筑的关系，而不仅仅是技术的本身。这个改变，要体现在学科方向、教学、科研和工程实践、人员配置等各个方面。

建筑技术要建筑和人文性讲授，教育理念要更新，关键在于两个方面：一是教师，二是教材。需要付出巨大的努力。但只要有了如下认识，事情总会做起来的。

"建筑"地思考建筑科学技术；

"人文"地思考建筑科学技术；

"艺术"地思考建筑科学技术；

建筑技术是建筑创作的元素和内容；

建筑技术是建筑创作灵感的启迪和来源；

建筑技术是建筑艺术和建筑美的体现和表达。

（本文原载于《2007 国际建筑教育大会论文集》，全国高等学校建筑学学科专业指导委员会、中央美术学院、荷兰代尔夫特技术大学主编，中国建筑工业出版社，2007，第55~57 页。）

中国第一位女建筑学家林徽因

众所周知，林徽因是中国近代史上的一位才女，她的才华、美貌和气质，她的经历、成就和际遇，赢得了同时代的、后来的和当今的文学人士、艺术人士和普通人的赞叹、钦佩和惋惜。她的才能是多方面的，她的成就是多领域的。她在文学和诗歌方面的建树使她享誉文坛，她在建筑和美术方面的成就使她成为中国第一位也是最有影响力的女性建筑家。

一个出生在 1904 年清朝末年的中国女孩，会在少女时代立下"学建筑"的志向，必有一番与众不同的家庭背景和少年经历。留学日本、担任过民国司法总长的父亲林长民，先把林徽因送到北京培华教会女子中学学习，随后在她 16 岁时（1920 年），带着她前往英国，在伦敦圣玛丽女子学院借读，并携她到欧洲大陆旅行。也就在这个时期，林徽因萌生了"学建筑"的志向。梁再冰在《我的妈妈林徽因》一文中写道，林徽因在英国时，女友中有"一位学建筑的学生。妈妈从这位女友那里首次得知建筑在西方不仅仅是'盖房子'，而是一门综合性的学科和艺术。观察这位女友作建筑绘图使她尤感兴趣，并且产生了将来要成为一名女建筑师的强烈愿望"（梁再冰，2004）。[1] 1926 年，林徽因在美国宾夕法尼亚大学向她的美国同学说道："我跟随我的父亲周游了欧洲。在旅行中，我第一次萌发了学习建筑学的梦想。现代西方的古典（建筑）的辉煌壮丽激励着我，充满我心中的愿望是将其中的一些带回我的国家，我们需要能使建筑物屹立数百年的可靠建造的理论。"[2]

1921 年 10 月，林徽因回到中国，继续在培华女中学习。父亲林长民与梁启超的友谊，使林徽因结识了梁启超的长子梁思成，两家父辈也有意让他们结为连理。当时梁思成是清华学校的学生，"毕业后将到美国留学，他开始考虑自己未来的专业，我妈妈也在考虑她未来的学业……她对爹爹（指梁思成）谈了西方'建筑学'

---

1. 梁再冰：《我的妈妈林徽因》，载《建筑师林徽因》，清华大学出版社，2004。
2. Billings，"Chinese Girl Dedicates Self to Save Art of Her Country"，*Montana*，January.17, 1926.

的概念及她想学建筑的愿望。爹爹此时也感到，建筑这门综合各种艺术门类、跨人文和理工的学科非常适合他的特长和爱好"。（梁再冰，2004）[1]

1924 年，林徽因和梁思成一起赴美，入宾夕法尼亚大学美术学院（School of Fine Art），他们是直接进入三年级学习的。梁思成在建筑系注册，林徽因在美术系注册。当时宾大美术学院下设：建筑系、景观系、美术系和音乐系。建筑系不招女生，因为建筑系学生必须上人体写生课程，不允许女生进人体写生教室，但其他系的女生可以选建筑学的课程（王贵祥，2004）。[2] 所以，林徽因只能在美术系注册，但选修了建筑学的课程。从她后来 1926—1927 年被建筑系聘为兼职的建筑设计课事务助理（part-time assistant to architectural design staff）和兼职的设计指导教师（part-time instructor in design）一事，可以看出她在建筑学方面学习的突出。

1926 年 1 月 17 日，《蒙大拿（Montana）报》登载了比林斯（可能是林徽因的同学）的一篇文章（Billings，1926），标题是"中国姑娘献身于拯救她国家的艺术"，副标题是"在美国大学读书的菲莉斯·林[3] 抨击正在毁坏东方美的虚假建筑"。文章开头是："菲莉斯·林小姐指出，荷兰的砖瓦匠和英国的管道工正在毁坏中国的城市。"文章接着写道："林小姐说，当我回到北京时，我要带回东西方集合的真实讯息。因为至今还没有多少中国的建筑师，一些骗人的外国人发现很容易装扮成非常精通各种建造方法，让城市充斥着荒谬可笑而令人讨厌的他们所谓的新式时髦住宅。"

"我们悲伤地看到，我们本土的、特色的、原初的艺术正在被那种'跟上世界'的狂热粗暴所剥夺。"

"有一场运动——不是起义，不是造反——向中国的学生和人民显示西方人在艺术上、文学上、音乐上、戏剧上的成就。但，这不是取代我们自己！永远不是。我们必须学习所有艺术的基本原理，只是运用这些原理于清晰地属于我们自己的设计。我们想要学习意味着（建筑物）永久屹立的建造方法。"[4]

林徽因和梁思成于 1927 年夏从宾夕法尼亚大学毕业，林徽因获学士学位，

---

1. 梁再冰：《我的妈妈林徽因》，载《建筑师林徽因》，清华大学出版社，2004。
2. 王贵祥：《林徽因先生在宾夕法尼亚大学》，载《建筑师林徽因》，清华大学出版社，2004。
3. 林徽因的英文名是Phyllis。
4. Billings，"Chinese Girl Dedicates Self to Save Art of Her Country"，*Montana*，January.17, 1926.

梁思成获硕士学位。他们在保罗·克瑞特（Paul Cret）的建筑事务所短暂工作，暑期后，林徽因去耶鲁大学进修舞台美术，梁思成去哈佛大学进修，研究东方建筑和美术史。梁、林在1928年3月在加拿大渥太华梁思成姐夫家结婚。在梁启超的建议下，梁、林在婚后，取道欧洲回国。梁启超在给他们的信中写道："每日有详细日记，……所记范围切不可宽泛，专记你们最有兴味的那几件——美术、建筑、戏剧、音乐便够了，……到意大利，要把文艺复兴时代的美术彻底研究了解。"梁、林于1928年8月回到中国，结束了四年的留学生活。

1928年9月，梁思成和林徽因应东北大学之聘，创建东北大学建筑系，梁思成任系主任。起初，只有梁、林两位教师，后有陈植、童寯、蔡方荫等到来执教，并成立了梁陈童蔡营造事务所。陈、童都是与梁、林先后在宾夕法尼亚大学建筑系的同学。20世纪20年代的宾夕法尼亚大学建筑系受来自巴黎美术学院（Beaux arts）的保罗·克瑞特的影响，是学院派的建筑教育体系。东北大学建筑系的教学体系继承了宾大的体系，"所有设备，悉仿美国费城本雪文尼亚大学建筑科"（童寯，1931）。[1] 曾经在东北大学就读过的张镈说："（东大）先生们大都是保罗·克瑞特的门徒，对于技巧和构图的要求极严。"[2] 梁陈童蔡营造事务所在1930—1931年间，在东北设计有吉林大学和交通大学锦州分校的校舍，林徽因参加了设计工作。1930年晚些时候，林徽因被诊断出患有肺病，离开沈阳到北京治疗，1931年夏，学期结束，梁思成把系里的事交给童寯，回到北京。随后发生"九一八"事变，日寇占领东北，东北大学建筑系停办。

梁思成离开东北大学时已经接受了朱启钤的邀请，担任中国营造学社的法式部主任，林徽因也参加营造学社的工作，从此开始了他们在中国营造学社长达15年的调查研究中国古建筑的艰难而又成果丰硕的生涯。

在1932—1937年间，林徽因参与了梁思成和其助手莫宗江等1932年的京郊，1933年的山西大同、河北正定，1934年的山西晋汾、浙江杭州和金华，1936年的河南洛阳和开封、山东中部，1937年的陕西西安和关中、山西五台山等地数十

---

1. 童寯：《东北大学建筑系小史》，载于《童寯文集（第一卷）》，中国建筑工业出版社，2000，第32页。
2. 张镈：《曲折的学历：从东北大学到中央大学》，载于《我的建筑创作道路》，天津大学出版社，2011。

处古建筑的考察和测绘。在考察中，林徽因表现出她的睿智、敏感和激情，而耐得住旅途生活的艰苦和测绘工作的辛劳，与她的出众才华和优雅的气质形成鲜明的对比。梁思成后来回忆道："（我的妻子）她自己也是个建筑师，但她同时又是作家和戏剧爱好者，比我更经常地让自己的注意力转移，并热烈坚持不惜任何代价把有些东西照下来。在我们回来以后，我总是为我们拥有一些场面和建筑的照片而高兴，如果不然，它们就会被忽略。"[1] 五台山佛光寺东大殿梁下的题记和经幢上"佛殿女弟子宁公遇"的文句也是林徽因发现的，从而确定了佛光寺东大殿的建造年代：唐大中十一年，公元 857 年。

林徽因在参与营造学社考察的同时，也与梁思成共同撰写有关中国古建筑研究的论文：《论中国建筑之几个特征》《平郊建筑杂录》《清式营造则例》第一章绪论、《晋汾古建筑预查记略》《由天宁寺谈到建筑年代的鉴别问题》《平郊建筑杂录（续）》等。梁、林还设计了北京大学学生宿舍和地质馆，他们的设计已明显受到现代主义建筑思潮的影响。

这段时期，也是林徽因文学创作的丰硕时期，她的社会交往很多，造访北京总布胡同 3 号梁、林家"太太客厅"的"星期六朋友"，包括张奚若、金岳霖、钱端升、周培源、陈岱孙、叶企逊、吴有训、邓以蛰、陶孟和、李济、沈从文等。1932 年，他们结识了费正清夫妇，中美两对夫妇开始了他们持久的历史性友谊。

正当他们的考察以发现唐代的遗存五台山佛光寺东大殿而达到辉煌顶点的时候，卢沟桥事变（1937 年 7 月 7 日）发生了，他们匆匆赶回北京。9 月 5 日，梁、林一家离开北京，开始了抗战时期的流亡岁月。从北京辗转到长沙，停留两个月后再到昆明。在征得中华教育文化基金会周怡春支持后，梁思成任营造学社社长，学社恢复了古建筑的调查。1940 年冬，林徽因一家与营造学社随中央研究院迁往四川南溪县的李庄，旅途的艰辛劳累和四川阴冷潮湿的气候，使林徽因的健康状况急剧恶化，加之经济的窘迫和物品的匮乏，使她陷入贫病交困的境地。

营造学社在极端困难的条件下，依然坚持开展工作。病中的林徽因虽然没有

---

1. 梁思成1940年未发表手稿《寻找华北的古建筑》，转引自费慰梅：《梁思成与林徽因：一对探索中国建筑史的伴侣》，中国文联出版社，1997。

参加田野调查和考察，但她没有中断研究工作。学社考察发现了汉阙和岩墓遗存，她躺在病榻上阅读有关汉朝的文献，学社恢复出版《营造学社汇刊》，有她的心血和辛劳，学社招收年轻人，有她的培育和指导。梁思成在艰难困苦下完成的《中国建筑史》中，林徽因除了对辽、宋的部分文献负责搜集资料并执笔外，全稿都经过她校阅补充。费正清（1942 年作为美国外交人员来到陪都重庆，并去李庄看望梁、林）写道："思成只有 102 磅重，在写完 11 万字的中国建筑史以后显得很疲倦，他和一个绘图员及林徽因都必须工作到半夜……我为我的朋友们继续从事学术研究工作所表现出来的坚忍不拔的精神而深受感动。"[1]

他们处在四川偏僻的农村小镇，但他们仍然敏锐地察觉到世界上现代主义建筑的发展。林徽因在李庄写下了《现代住宅设计参考》，梁思成在 1945 年 3 月致清华大学校长梅贻琦建议清华成立建筑系的信中明确提出："在课程方面，生以为国内数大学现在所用教学方法，即英美曾沿用数十年之法国 Ecole des Beaux Arts[2] 式之教学法，颇嫌陈旧，过于着重派别形式，不近实际。今后课程宜参照德国 Prof. Walter Gropius[3] 所创之 Bauhaus[4] 方法，着重于实际方面，以工程地为实习场，设计与实施并重，以养成富有创造力之实用人才。"[5]

梅贻琦接受了梁思成的建议，决定在清华大学成立建筑系，聘梁思成为系主任。1946 年 8 月，梁、林回到了北京，开始筹建建筑系，但梁思成随即应美国耶鲁大学和普林斯顿大学邀请赴美讲学和考察，建系工作实际上落在了林徽因身上，经常卧病在床的她运筹帷幄，而作为建筑系聘的第一位教师吴良镛则担起了日常行政和教学工作。1947 年夏，得知林徽因病情加重的梁思成匆匆从美国回来，此时，清华建筑系已步入正轨。梁思成一面扩充教师队伍，一面建立"体形环境"为基础的教学体系。林徽因在 1948 年冬动了摘除受感染的肾脏的手术，在手术成功身体有所好转中，迎来了清华园的解放。

---

1. 费正清：《费正清对华回忆录》，知识出版社，1991，第127页。
2. 巴黎美术学院。——编辑
3. 格罗皮乌斯。——编辑
4. 包豪斯。——编辑
5. 梁思成：《梁思成全集（第五卷）》，中国建筑工业出版社，2001，第2页。

让梁、林夫妇感动的是，在解放军包围了北京城准备攻城前，两个解放军干部造访了梁家，请他们在军用地图上圈出北京城内重要的古建筑，以备军队攻城时可加以保护。当然后来北京和平解放，北京完全避免了战火的损伤。梁、林随后又组织编写了《全国重要建筑文物简目》，其封面有"国立清华大学、私立中国营造学社合设建筑研究所编，民国三十八年三月"的字样，前言中写道："以供人民解放军作战及接管时保护文物之用。"

为了中华人民共和国成立做准备，1949 年 7 月 10 日，政协筹备会发布《征求国旗、国徽图案及国歌词谱启事》，向全国征集方案。但应征的国徽方案，都不令人满意。1949 年 9 月 27 日召开的政协第一届全体会议决定"邀请专家另行设计国徽图案"。

"邀请专家"就是林徽因。在她主持下，1949 年 10 月 23 日，清华提交了一个国徽图案及《拟制国徽图案说明》，其中写道：

> "拟制国徽图案以一个璧（或瑗）为主体：以国名、五星、齿轮、嘉禾为主要题材；以红绶穿瑗的结衬托而成图案的整体。……瑗召全国人民，象征统一。……大小五颗金星是采用国旗上的五星，金色齿轮代表工，金色嘉禾代表农。……嘉禾抱着璧的两侧，缀以红绶。……红绶和绶结所采用的褶皱样式是南北朝造像上所常见的风格，不是西洋系统的缎带结之类。设计人在本图案里尽量地采用了中国数千年艺术的传统，以表现我们的民族文化；同时努力将象征新民主主义中国政权的新母题配合。"

署名是：林徽因、莫宗江集体设计，参加技术意见者：邓以蛰、王逊、高庄、梁思成。

这个方案首次将国旗上的五颗金星设计入国徽图案，用五星体现新中国"政权特征"，并把国徽和国旗联系在一起的创意，被后来正式确定和颁布的国徽采用；嘉禾"缀以红绶，红绶穿瑗"为结（而"不是西洋系统的缎带结之类"）也应用在后来的国徽中；用玉璧的造型已具备了后来国徽是浮雕而不是一幅图画的特征。而国徽图案要体现"中国数千年艺术的传统"和"民族文化"与"新母题配合""发展出新的图案"是梁、林始终坚持和追求的。

1950 年 6 月 14 日至 23 日，中国人民政治协商会议第一届全国委员会第二次会议在京举行。会议内容之一是审定国徽图案。6 月 10 日，政协常委会"议决采取国徽为天安门图案"，要求国徽以天安门为主体来设计。清华营建学系国徽设计小组在梁思成和林徽因领导下与张仃、周令钊的中央工艺美术学院设计组从 6 月 12 日起按政协常委会要求进行设计。6 月 15 日政协国徽小组开会，在审议了清华和美院的方案后，讨论决定："将梁先生设计的国徽第一式与第三式合并，用第一式的外圈，用第三式的内容，请梁先生再整理绘制。"6 月 17 日，清华大学营建学系国徽设计小组提交了修改后的方案和《国徽设计说明书》，其中写道：

> "图案内以国旗上的金色五星和天安门为主要内容。五星象征中国共产党的领导与全国人民的大团结；天安门象征新民主主义革命的发源地，与在此宣告诞生的新中国。……在处理方法上，强调五星与天安门在比例上的关系，……红色描金，是中国民族形式的表现手法，兼有华丽与庄严的效果。"

尽管政协常委议决"采取国徽为天安门图案"，要求国徽以天安门为主体来设计，但清华的方案却是"图案内以国旗上的金色五星和天安门为主要内容"。天安门在这里只是主要内容"之一"，不是"唯一"，而且不是"第一"，"第一"是"国旗上的金色五星"。方案中天安门图形也不是撑满整个画面作为唯一的"主体"，而是"强调五星与天安门在比例上的关系"，把一个正立面的、程式化的、浮雕式的天安门置于国旗的五颗金星之下，只占画面的 1/3 不到。国徽采用金红两色浮雕造型，极富中国特色。红的底色配上五颗金星，正是一面满天空的五星红旗。用国旗及国旗映照下的天安门来表达新中国的政权特征显然比只用天安门要好得多。这是清华大学营建学系对国徽设计的最大贡献，也是国徽主题的最重要的创意。

清华国徽设计的组织者和主持人主要是林徽因，这在国徽设计小组成员朱畅中的回忆《国徽诞生记》中可以清楚看到：

"梁思成和林徽因先生在清华大学新林院 8 号家中召集营建学系教师莫宗江、李宗津、朱畅中、汪国瑜、胡允敬、张昌龄一同开会,组成国徽设计小组。""林徽因先生首先给我的任务,是让我去画天安门,她要我去系里资料室找出以前中国营造学社测绘天安门的实测图作参考。""林徽因先生提出了'国徽'和'商标'区别问题,进行讨论。林先生向我们展示了一些国家的'国徽'和家族'族徽'及一些商品的'商标',作了分析比较,提出了精辟的见解,梁先生也阐述了自己对国徽设计的基本原则和要求。"

决定性的日子是 1950 年 6 月 20 日。政协全委会在当日下午召开国徽审查会议。周恩来总理和到会成员对清华和美院两家提出的方案进行了审议,最后清华大学营建学系设计的第二图当选。

国徽设计是林徽因事业的顶峰。她这时也从过去没有独立社会身份的"梁思成太太"成为清华大学正式聘请的教授,还是北京市都市计划委员会委员。后来还当选为北京市第一届人大代表、全国文代会代表。

林徽因与梁思成一样,对北京城市规划和建设十分关心,呼吁保护北京城和古建筑。"现在这样没秩序地盖楼房,捂都捂不住! 将来麻烦就大了! 要赶紧规划。"(杨秋华回忆)在 1953 年 8 月的一次座谈会上,"她指着吴晗同志(北京市副市长)的鼻子,大声谴责。"(陈从周回忆)。她激动地说:"你们把古董拆了,将来要后悔的,即使把它恢复起来,充其量也只是假古董! "(吴良镛回忆)

梁思成在建议清华成立建筑系时,就向梅贻琦校长提出"即宜酌量情形,成立建筑学院,逐渐分添建筑工程、都市计划、庭院计划、户内装饰等系",正是因应成立户内装饰系(1949 年改称为工业艺术系)的设想,林徽因投入较大精力于中国图案边饰和工艺美术的研究,撰写了《敦煌边饰初步研究》《景泰蓝新图样设计工作一年总结》《和平礼物》(叙述为亚太和平会议设计工艺品礼物的理念和过程)。林徽因还被聘为人民英雄纪念碑建设委员会委员,参与纪念碑的纹饰浮雕设计。

1953 年 10 月,中国建筑学会成立,林徽因当选为第一届理事会理事,并担任《建筑学报》编委。

在赫鲁晓夫批判斯大林时期复古主义建筑的影响下，1955 年中国也开始批判以梁思成为代表的"大屋顶""复古主义"，使梁、林承受了极大的政治和精神压力，林徽因在这一年 4 月 1 日，带着历史的遗憾，走完了她只有 51 年的人生。梁思成亲自为自己的妻子设计了墓碑，上书"建筑师林徽因"，墓碑上的石刻花圈采用了林徽因自己为人民英雄纪念碑设计的花圈浮雕图案。

参考文献

[1] 梁再冰. 我的妈妈林徽因［M］// 清华大学建筑学院. 建筑师林徽因. 北京：清华大学出版社，2004.

[2] BILLINGS.Chinese girl dedicates self to save art of her country[N].Montana，1926.

[3] 王贵祥. 林徽因先生在宾夕法尼亚大学[M]// 清华大学建筑学院. 建筑师林徽因. 北京:清华大学出版社，2004.

[4] 费慰梅. 梁思成与林徽因：一对探索中国建筑史的伴侣［M］. 北京：中国文联出版社，1997.

[5] 杨永生. 记忆中的林徽因［M］. 西安：陕西师范大学出版社，2004.

（本文原载于《世界建筑》2007 年第 11 期，第 25~27 页。）

清华建筑教育六十年

【摘　要】回顾了1946—2006年间清华大学建筑教育的历史、从广义建筑学到人居环境学的教育思想，以及面向21世纪的教育改革。

【关键词】建筑教育；清华大学建筑学院

一、历史的回顾

清华大学建筑系是梁思成先生创办的。梁先生早年留学美国宾夕法尼亚大学。20世纪20年代的宾大建筑系受来自巴黎美术学院（Ecole des Beaux Arts）的Paul P．Cret（保罗·克瑞特）的影响，是学院派的建筑教育体系。梁思成先生从宾大学成回国后，1928年创建东北大学建筑系，教师有林徽因、陈植、童寯，均从宾大毕业。"所有设备，悉仿美国费城本雪文尼亚大学建筑科。"（童寯语）1931年发生"九一八"事变，东北大学建筑系停办。也就在这一年，梁先生开始了他在中国营造学社研究中国传统建筑的学术生涯，直至抗战期间和林徽因先生贫病交加困居在四川李庄，仍坚持学术研究。

抗日战争胜利前夕，1945年3月9日，身在李庄的梁思成先生写信给清华大学梅贻琦校长，建议清华成立建筑系，以适应抗战胜利后国家建设的需要。他在信中写道：

> "抗战军兴以还，……及失地收复之后，立即有复兴焦土之艰巨工作随之而至；……为适应此急需计，我国各大学宜早日添授建筑课程，为国家造就建设人才，今后数十年间，全国人民居室及都市之改进，生活水准之提高，实有待于此辈人才之养成也。即是之故，受业认为母校有立即添设建筑系之必要。"

梁先生此时的建筑思想已受到现代主义建筑思潮和城市规划思想的影响：

"今后之居室将成为一种居住用之机械……建筑所解决者为居住者生活方式所发生之问题……由万千个建筑物合成之近代都市已成为一个有机性之大组织。都市设计，其目的乃在求此大组织中每部分工作之各得其所，实为一社会经济政治问题之全盘合理部署。"

在建筑教育思想上，梁先生也从当年"悉仿美国费城本雪文尼亚大学建筑科"承继巴黎美术学院体系，转而对其持批评态度，提出要采用包豪斯方法：

"在课程方面，生以为国内数大学现在所用教学方法，即英美曾沿用数十年之法国 Ecole des Beaux Arts 式之教学法，颇嫌陈旧，过于着重派别形式，不近实际。今后课程宜参照德国 Prof. Walter Gropius 所创之 Bauhaus 方法，着重于实际方面，以工程地为实习场，设计与实施并重，以养成富有创造力之实用人才。德国自纳粹专政以还，Gropius 教授即避居美国，任教于哈佛，哈佛建筑学院课程即按 G. 教授 Bauhaus 方法改编之，为现代美国建筑教育之最先进者，良足供我借鉴。"

梅贻琦校长接受了梁思成先生的建议，同意在清华大学成立建筑系。1946 年夏正式建系，聘梁思成为系主任，林徽因为教授，吴良镛为助教，暑期招收第一届学生 15 名，本科学制 4 年。

同年 8 月，梁思成先生应耶鲁大学之邀赴美讲学。次年 2 月，任联合国大厦设计顾问。5 月，参加在普林斯顿大学召开的"Physical Environment"（体形环境）学术会议，并获授该校荣誉博士，6 月返校。梁先生在美期间，与众多现代主义大师接触，如柯布西耶、莱特、格罗皮乌斯、沙里宁、尼迈耶等，使他更深入地了解到国际学术界在建筑理论方面的发展。

1949 年，在《清华大学营建学系学制及学程计划草案》中梁思成明确提出了"体形环境"的思想，以及依此思想制定的一套学制和课程。

"近年来从事所谓'建筑'的人，感到以往百年间，对于'建筑'观念之根本错误。由于建筑界若干前进之思想家的努力和倡导，引起来现代建筑之新思潮，这思潮的基本目的就在为人类建立居住或工作时适宜于身心双方面的体形环境。在这大原则、大目标之下，'建筑'的观念完全改变了。"

"以往的'建筑师'大多以一座建筑物作为一件雕刻品，只注意外表，忽略了房屋与人生密切的关系；大多只顾及一座建筑物本身，忘记了它与四周的联系……换一句话说，就是所谓'建筑'的范围现在扩大了，它的含义不只是一座房屋，而包括人类一切的体形环境。所谓体形环境，就是有体有形的环境。"

梁先生把课程分为5个类别：①文化及社会背景；②科学及工程；③表现技术；④设计理论；⑤综合研究。每学年之内，按学程进展将这5个类别的课程配合讲授。

考虑到课程综合性强，而且课业比较繁重，清华大学营建学系采用五年制。

梁先生构想的以"体形环境"为教育目的的营建（建筑）学院，可以设立下列各系：①建筑学系；②市乡计划学系；③造园学系；④工业艺术学系；⑤建筑工程学系。

营建学系的课程草案如表1所示。

表1　清华大学工学院营建学系课程草案

	文化及社会背景	科学及工程	表现技术	设计理论	综合研究	选修课程
建筑组	国文、英文、社会学、经济学、体形环境与社会、欧美建筑史、中国建筑史、欧美绘塑史、中国绘塑史	物理、微积分、力学、材料力学、测量、工程材料学、建筑结构、房屋建造、钢筋混凝土、房屋机械设备、工场实习（五年制）	建筑画、投影画、素描、水彩、雕塑	视觉与图案、建筑图案概论、市镇计划概论、专题讲演	建筑图案、现状调查、业务、论文（即专题研究）	政治学、心理学、人口问题、房屋声学与文明、庭园学、雕饰学、水彩（五、六）、雕饰（三、四）、住宅问题、工程地质、考古学、中国通史、社会调查
市镇计划组	国文、英文、社会学、经济学、体形环境与社会、欧美建筑史、中国建筑史、欧美绘塑史、中国绘塑史	物理、微积分、力学、材料力学、测量、工程材料学、工程地质学、市政卫生工程、道路工程、自然地理	建筑画、投影画、素描、水彩、雕塑	视觉与图案、市镇计划概论、乡村社会学、都市社会学、市政管理、专题讲演	建筑图案（二年）、市镇图案（二年）、现状调查、业务、论文（专题）	

可以看出，梁思成并未照搬现代主义的体系，他不赞同 Beaux Arts 的"过于着重派别形式，不近实际"，但他仍很重视艺术训练，并重视人文和社会学的教育。1948 年 5 月 27 日，他在清华发表题为"理工与人文"的讲演，随后又在校刊上发表《半

个人的世界》。他强调理工与人文结合，批评人文教育缺乏的"半个人的世界"。

梁思成先生十分关注历史遗产的保护。1949年5月，他组织编写了《全国重要建筑文物简目》，"以供人民解放军作战及接管时保护文物之用"；1950年年初，他与陈占祥先生提出了著名的"梁陈方案"——《关于中央人民政府行政中心区位置的建议》，提出在北京旧城之外（西郊）新建国家行政中心，把北京旧城作为历史遗产整体保护下来；1950年3月，他发表了《关于北京城墙存废问题的讨论》一文，强烈呼吁不要拆除北京城墙。

梁思成还主持了中华人民共和国国徽和人民英雄纪念碑的设计，担任北京都市计划委员会副主任。这也是清华建筑系与国家建设实践联系的开始。

1952年，高等学校院系调整。清华大学变成工科大学，北京大学工学院建筑系并入清华大学建筑系。

"院系调整"后，中国大学教育"全面学苏"。其时，苏联是斯大林领导之后期，以"社会主义的内容、民族的形式"为口号，建筑风格和建筑教育盛行古典主义、民族主义和学院派。但苏联建筑教育也有重视建筑技术和学生全面训练的特点。

中国建筑界在苏联专家的指导下，1952年以"反对结构主义"的名义，批判"毫无民族特色的"现代主义建筑，并认为这是"资产阶级世界主义和无产阶级国际主义的斗争在建筑理论、建筑思想领域里的反映"。此前在中国曾作尝试的现代主义教育体系被中断了。

在1953年3月斯大林逝世后，赫鲁晓夫开始修正斯大林时期的方针政策。1954年11月，赫鲁晓夫在苏联第二次全苏建筑工作者会议上，作了题为《论在建筑中广泛采用工业化方法，改善质量和降低造价》的报告，在苏联建筑界掀起批判"复古主义"的浪潮。我国的《人民日报》全文登载了赫氏的报告。

随即，中国也大张旗鼓地开展"反浪费，批判复古主义和形式主义"的运动，也就是所谓的批判"大屋顶"。梁思成先生首当其冲，成了"大屋顶"建筑的代表人物。

但是随着中苏两党在批判斯大林问题上分歧的扩大，批判梁思成"大屋顶"的运动渐弱。1956年，随着中苏关系急剧恶化，批判"大屋顶"也就不了了之。

为了迎接1959年的国庆十周年，北京要兴建一批重要的建筑。清华建筑系的师生投入国庆工程设计中。师生们热情洋溢，从低班到高班，从老教授到年轻助教，密切配合，日夜奋战。参加了人民大会堂、历史博物馆、美术馆的方案设计，完成了国家剧院、科技馆、解放军剧院的方案和技术设计。

中国建筑教育从此走上了一条"理论结合实践""教学结合工程设计"的道路。教师和学生参加实际工程，高等学校建筑院系在全国工程设计中占据举足轻重的地位。

1959—1961 年是"三年严重困难时期"，政策上提出"调整"。清华校长兼教育部副部长蒋南翔主持起草《教育部直属高等学校暂行工作条例》（简称"高校六十条"），针对 1957 年以来大学工作中的过激做法做出调整，使得学术上比较宽松，教学上加强理论和正规化。清华建筑学专业制订了最"正规"的六年制教学计划，集中教师力量编写教材，教材里和课堂上开始讲授西方现代建筑。

清华大学建筑学专业（六年制）教学计划（4438 学时）如下。

政治课（416 学时），体育（128 学时），外文（306 学时），数学（163 学时），画法几何（77 学时），美术（428 学时），水彩实习（2 周），建筑历史（253 学时），建筑概论（34 学时），工业建筑设计原理（39 学时），城市规划原理（76 学时），绿化（49 学时），专题讲课（108 学时），建筑初步（226 学时），民用建筑设计（747 学时），工业建筑设计（179 学时），城市设计（160 学时），理论力学（39 学时），材料力学（85 学时），结构力学（78 学时），钢、木结构（83 学时），钢筋混凝土结构（137 学时），结构设计（28 学时），工程地质（44 学时），测量（40 学时），建筑施工（90 学时），建筑材料（90 学时），建筑构造（77 学时），建筑物理（94 学时），给水排水（49 学时），暖气通风（68 学时），配电照明（33 学时），教学与生产实习（14 周），毕业设计（474 学时）。

1964 年，形势又发生了变化。2 月 13 日，毛泽东在春节座谈会上对高校提出批评：学制太长、学生负担过重、教学脱离实际、考试是与学生为敌，等等。7 月 5 日，又说"阶级斗争是一门主课"。自 11 月开始，"掀起了群众性的设计革命运动"，要求设计人员"思想革命化，打倒两个'敌人'：个人主义和本本主义""下楼出院，到现场去，参加阶级斗争、生产斗争和科学实验，参加体力劳动，与工农群众结合"。

1966 年，"文化大革命"开始，大学停课，教育中断。十年政治动乱中，清华建筑学专业遭受重大摧残，梁思成先生过早离开了人世，流失了一批有为的教师，书籍和资料大量散失。建筑学专业被批判为"封、资、修的大染缸",先是被推迟复课,继则贯彻"建筑土木化"的方针。1972—1976年招收过"工农兵学员"。

12年过去了!到"文化大革命"结束后的第3年——1978年,清华才又招收建筑学专业本科生。

1977年恢复高考,但清华建筑学专业没有招生,失去了招收有上山下乡和进工厂经历的在十年"文化大革命"中积淀下来的优秀考生的机会。这一机会错失的影响,在20年后显现出来——这些被其他高校招收去的建筑学专业的学生,许多人在今天成为著名建筑院系和各大设计院的领军人物。

"文化大革命"结束,中国向世界打开国门,人们把视线自然地转向西方。发现现代主义(建筑)已被宣布"死亡",迎来的已是"后现代"(post-modern)了!"后现代"批判"少即是多",批判"国际式",批判"形式追随功能",批判"住房是居住的机器";强调"context"(被翻译成了"文脉")、"历史符号""文化含义""向拉斯维加斯学习"。这恰恰可以和缺少现代主义发展阶段的,受学院派体系影响很深的中国建筑和建筑教育发生共鸣,也符合中国社会世俗审美的爱好。因此,"后现代"一度在中国十分流行。

在此背景下,加之对过去扼杀建筑学、忽视艺术性的政策的批判情绪,"文革"后与"文革"前的20世纪60年代初的课程设置相比,工程技术类课程比重减少,传统的基本功训练未减,并增加了平面构成、立体构成和建筑画实习。

1978年,在恢复建筑学本科招生的同时,招收了第一届硕士研究生21人,招生数量比"文革"前研究生数量大得多。1981年,清华建筑系开始招收第一届博士研究生(城市规划专业)。

随着学位制的建立,建筑学被作为一级学科,下分4个二级学科:建筑设计及其理论、城市规划与设计、建筑历史与理论、建筑技术科学。研究生教育在二级学科设硕士点和博士点。

清华建筑系在1984年获准增设建筑设计及其理论博士点,1986年增设建筑历史与理论博士点,1993年增设建筑技术科学博士点。

1988年,城市规划和设计、建筑设计及其理论两个博士点被评为全国重点学科。1999年,清华建筑系成为第一批获得建筑学一级学科学位授予权的院系。

1988 年，在原建筑系的基础上成立建筑学院，下设两个系：建筑系、城市规划系。

自 1991 年起，我国实行建筑学专业教育评估制度。清华建筑学专业本科以优秀级首批通过评估。清华的五年制本科学制，本科只设建筑学一个专业实行"宽口径"培养，18 周的设计院实习，暑期小学期等得到肯定。同时，根据专业性学位的要求，增设了建筑师业务基础知识、建筑经济等课程。

1995 年，又开始实行建筑学硕士教育评估，清华建筑设计及其理论硕士点又以"优秀"通过。自 1998 年起，我国实行城市规划专业教育评估制度，清华城市规划和设计硕士点也以"优秀"首批通过评估。

二、从广义建筑学到人居环境学的建筑教育思想

吴良镛先生在 20 世纪 80 年代中期积自己 40 余年对建筑学的理解、思考和研究，提出了"广义建筑学"的理论。在 1989 年出版的《广义建筑学》中，吴先生专设一章"教育论"（十论之七）讨论建筑教育。进入 20 世纪 90 年代，吴先生又在广义建筑学的理论基础上，在人居环境学的研究与实践中建构起人居环境科学的理论框架。在他起草的《北京宪章》和撰写的《世纪之交的凝视：建筑学的未来》中，都对建筑教育给予充分的重视，并在其后出版的《人居环境科学导论》中以独立的一章"人居环境科学与教育"，阐述了建筑教育思想的进一步发展。吴先生指出：

建筑学的领域：传统意义的建筑→体形环境→人居环境

"人们对建筑学致力的领域也有了新的认识和发展，即必须从宏观、中观和微观各个不同层次，以不同的方法对待不同质的问题来看待建筑。因之，有关学科系统也随之有了新的发展。这种发展大大地冲击了建筑教育。今天西方学校教育的不同体系、制度，都是在这种大趋势下的多方面探索，虽然未必一一成熟，但它说明了从广义建筑观研究建筑教育的必要性与重要性。"

——《广义建筑学》

"以建筑、地景、城市规划三位一体，构成人居环境科学的大系统中的'领导专业'（leading discipline）。"

——《人居环境科学导论》

培养具有综合和创新能力的全面发展的人才

加强基础，培养自学能力，适应发展和创新需要。

重视跨学科教育。

重视人文与艺术的综合培养。

重视具有人居环境综合观念的"专业帅才"的培养。

寄望于人的培养 —— 建筑师的道德教育

"世界的未来有赖于人的素质的提高。未来建筑事业的开拓、创造，建筑学术的发展寄望于建筑教育的发展与新一代建筑师的成长。"

"在新的世纪里，建筑人才的培养首先要认识一己之社会责任，关心社会公益。重视思想道德教育，解决为谁服务的问题，使青年人具有高尚的精神境界，提高环境道德与伦理。这是必须重视的建筑教育的大方向。"

——《建筑学的未来》

建筑学院在"广义建筑学"和"人居环境学"的理论指导下，继承和发扬清华大学建筑系的优良传统，总结了清华大学的建筑教育思想：

建筑学——科学与艺术的结合；

建筑教育——理工与人文的结合；

学科构成——建筑、城市和景观（landscape）三位一体；

建筑教学——基本功训练（skill training）与建筑理解（architecture learning）结合；

能力培养——创造力与综合解决问题能力结合；

思维训练——形象思维与抽象思维结合（形象→抽象→形象）；

思想教育——思想品德教育与建筑师职业道德教育结合；

培养目标——职业建筑师与专业领导（leader in the profession）结合；

办学模式——教学、科研、工程实践三结合；

办学方向——坚持清华特色与创建世界一流相结合。

三、面向 21 世纪的建筑教育改革

结合建筑学科在世界范围内普遍关注的问题和中国发展的现实，建筑学科在进入 21 世纪时面对 5 个主要的问题（方向）。

（1）全球化趋势下的地区建筑学和地域文化；

（2）现代化过程中的城市建设和文化遗产保护；

（3）城市化加速进程中的城乡规划和城乡建设；

（4）环境和资源严峻态势下的可持续发展策略；

（5）科学技术急速发展下的建筑和建筑技术。

清华大学建筑学院按照学校建设世界一流大学的总体目标，结合建筑学科的特点和建筑学院的状况，拟定建设具有世界先进水平的一流建筑院系的目标、标准和努力方向。

（1）要拥有活跃在世界学术舞台前沿的学术大师；

（2）能承担并完成一批具有或接近世界一流水准的重大科研和工程项目，发表和出版高水平的具有广泛影响的学术论文和学术著作；

（3）能创造性地提出具有普遍指导意义的或有特色的学科与学术发展思想和建筑教育思想；

（4）要有一支结构合理、机制健全、学术水平高、敬业精神强、思想活跃、工作积极性高、进取心强、国际交往和联系广泛的教师队伍；

（5）形成发扬优良传统、保持自己特色、具有时代特征的、卓有成效的建筑教育和教学体系、体制及其课程建设；

（6）能培养出高质量的学生，毕业生受到社会欢迎和好评，在各自的工作单位能成为骨干和领导，在国际上得到承认和好评，能进入世界一流大学继续学习；

（7）要有浓厚的、活跃的、多样化的、包容性强的、参与面广泛的、开放的、

国际化的学术氛围和交流环境；

（8）能广泛地与世界一流大学的建筑院系建立密切联系、进行平等交流；

（9）具有国际先进水平的办学条件，对建筑学院尤其重要的是建筑空间和图书资料。

（一）专业设置和学制

（1）完成培养重点从本科生向研究生的转变，实现研究生与本科生数量相等的目标。目前建筑学院，本科学生约 500 人，研究生约 500 人。

（2）"1—5—1"的建筑教育模式。在建筑学一级学科下，本科只设 1 个专业：建筑学。这是清华"宽口径"培养的传统，也是体现"广义建筑学"的理论，坚持建筑学（architecture）、城市规划（urban planning）与景观学（landscape）三位一体的思想；在 5 个二级学科（建筑设计及其理论、城市规划与设计、建筑历史与理论、景观规划与设计、建筑技术科学）培养硕士生；在建筑学一级学科下培养博士生。

（3）六年本硕连读学制。从 2000 年招收的本科新生起，实行 6 年本硕连读。原来预计有 60% 的学生可直读研究生，但因学校下达名额的限制，现在只有约40% 的学生进入该学制。考虑到建筑学专业评估对建筑学学士学位必须 5 年本科的要求，本科出口的学生仍然五年制。

（4）2000 年，暖通空调专业更名为建筑环境与设备工程进入建筑学院，组建建筑技术科学系。6 年来，该专业和建筑学专业结合，在生态建筑与规划、绿色建筑评估、建筑节能、城市能源结构、室内外微气候等方面的研究发展迅速，成果显著，也促进了建筑与规划学科领域的扩展，同时在教学中也有所结合。

（5）组建景观学系（Department of Landscape Architecture），增设"景观规划和设计"专业，将其从"城市规划与设计（含风景园林）"的地位独立出来，作为 1 个二级学科。这原本是国际惯例，也是中国社会经济和城乡建设发展到今天"呼之欲出"的需求。现在所说的"景观学"并不等于国内原有设在农林院校的风景园林专业，而是国际通识的现代意义上的 landscape architecture。

2004 年，景观学系成立，最终实现了梁思成先生创办清华建筑系时的设想：

成立建筑学院，下设建筑学系、市乡计划学系、造园学系、工业艺术学系、建筑工程学系。梁先生愿望的实现，用了 58 年的时间！（工业艺术学系的设想，随着2001 年中央工艺美术学院进入清华组建美术学院而实现）。

（二）教学改革

（1）大力度推进建筑设计主干课教学改革，改变 90 个学生 9 个教师用同 1个任务书的模式。一、二年级学生题目可以有选择，三年级教师自主组合成设计Studio（研究室）；高年级设计强调综合性，将建筑、城市和景观结合，建筑、技术、环境结合。

（2）在全国率先实行硕士生设计课"设计（一）"由各自导师辅导改为集中统一组织教学。这一措施在建筑学专业评估中得到肯定，并在各高校得到推广。

（3）改革建筑历史由 1 个教师用 1 本教材讲授 1 门长学时课程的惯例，改为"建筑史纲"课加其他教师开设的专题课。

（4）推进建筑技术类课程的教学改革，强调技术类课程的建筑（architecture）性和人文性讲授，课程内容、教学方法和教材都进行了改革。在国内率先为本科一年级学生开设"建筑技术概论"课。

（三）教师队伍建设

提高年轻教师中博士学位者的比例（已达 50％）和有出国学习进修经历者的比例（已达 53％）。另外，教师中非清华本科毕业背景的比例从 1998 年的 20％提高到现在的 35％。研究生教学和培养在教学中的比重增加，在强调办成研究型大学的情况下，提高教师队伍的理论水平和学术研究能力非常迫切。

大力选派年轻教师公派出国学习进修。1998 年以来，前后有 30 人被派往美国（其中哈佛大学 12 人、麻省理工学院 8 人）、法国、德国、荷兰和日本等国的著名大学。

聘请校外建筑师、规划师参加设计与规划教学。创造条件以"讲席教授""资深访问教授"名义聘请世界著名学者来任教。景观学系成立时，聘请美国科学与艺术院院士、原哈佛大学景观系主任劳里·欧林担任我院系主任。

（四）发展平等的国际交流

清华大学建筑学院已和哈佛大学、麻省理工学院等 10 余所国际上著名大学的建筑院系建立了联系。每年都有国外大学与清华建筑学院举办 Joint Studio（联合设计专题），包括已持续 20 年的清华—麻省理工学院专题班；清华—宾夕法尼亚大学城市设计班，2000 年以来每年举行；清华建筑学院与法国、意大利、韩国联合举办的"四国五校"Joint Studio 已持续了 5 年；近年以来，还有哈佛大学、墨尔本大学、新南威尔士大学、加州伯克利、巴黎马拉盖建筑学院等与清华联合办班。

组织学生参加重要的学生国际竞赛，使学生了解世界，锻炼自己，学生获奖也为清华争光，扩大影响。1998 年，中英学生设计竞赛获第一名；1999 年，国际建筑师协会（UIA）学生设计竞赛获得第一名和第三名；2001 年，亚澳地区学生设计竞赛获得二等奖 2 名、三等奖 2 名；2003 年，国际建筑师协会（UIA）学生设计竞赛获荣誉奖 1 名；2003 年，国际景观建筑师联盟学生设计竞赛获第一名和第二名。

清华大学建筑学院在继承优良传统的基础上，在全院师生员工的努力下，没有辜负历史和时代赋予她的使命，在中国建筑教育中确立了自己的地位。

在 2003 年全国一级学科评估中，清华建筑学一级学科排名第一。建筑学院有 3 个全国重点学科，有 4 名院士，在全国建筑院系中最多。清华建筑学毕业生获得国内业界的好评和国际著名大学的认可，许多人成为各单位的专业骨干，已当选院士者 8 人，全国设计大师者 10 余人。

建筑学院的科研和工程设计先后获得国家自然科学一等奖、国家优秀工程设计金奖、国家图书奖、联合国人居奖、亚洲建协设计金奖、联合国教科文组织亚太地区文化遗产保护奖，以及建设部、教育部、全军和省市级的科技进步奖、优秀设计奖数十项。

六十年的历史已成过去，清华大学建筑学院将随着中国城乡建设和国际建筑学科的发展，继承传统，致力创新，保持特色，再接再厉，加强国际化，进一步改善办学条件，提高教学和学术研究水平，为保持国内领先地位，跻身于世界一流建筑院校而奋斗。

（本文原载于《建筑史》，2008 年第 23 辑，第 1~9 页。）

| 后记 |

2006年是清华大学建筑系（学院）成立六十周年，《建筑意》杂志主编肖默（我清华本科的学长，研究生的同屋）约我写一篇回顾清华建筑教育的文章，我就以《清华建筑教育六十年》为题写了文稿，发给《建筑意》杂志。谁知我10月23日拿到刊登我文章的《建筑意》总第六辑，发现我的文章被作了大量的修改，我把原文拿出来比对，竟有几十处的改动。我在第二天就给《建筑意》编辑部写信。

《建筑意》编辑部：

应贵刊主编肖默先生之约，我写了《清华建筑教育六十年》一文，文稿在今年6月9日用电子邮件发给贵刊，承蒙在今年的《建筑意》（总第六辑）上刊出。但我昨日拿到该辑后，发现我的文章被作了大量的修改，这些修改（及修改后的文稿）并没有经我校阅，当然也就未经我的认可。如果仅仅是文字的润色和斟酌性的修改，那也罢了，但许多地方的修改，尤其是编者想当然的添加造成了与历史事实的不符和文意的扭曲，其中严重的几处如下。

003页第8、9行，我原稿文字是"1931年发生'九一八'事变，东北大学建筑系停办。也就在这一年，梁先生开始了他在中国营造学社研究中国传统建筑的学术生涯"，其被改成"1931年发生'九一八'事变，东北大学建筑系被迫停办，梁先生开始了他在中国营造学社研究中国传统建筑的学术生涯"，删去了"也就在这一年"，这就造成了与历史事实不符，梁先生1931年参加中国营造学社并担任法式部主任，是年暑假，"九一八"事变前，梁先生离开东北大学建筑系，系主任由童寯先生继任。

004页第11行，我原稿文字是"同意在清华大学成立建筑系"，其被加上"（当时称营建系）"，变成"同意在清华大学成立建筑系（当时称营建系）"。这与历史事实不符，1946年2月，清华大学向教育部的报文中说"于下学期设置建筑学系"，7月组建时，称"建筑工程学系"，在1949年才改称为"营建学系"。

004页第16行，我原稿文字是"参加在普林斯顿的'Physical Environment'学术会议"，其被在'Physical Environment'后面加上"（物质环境）"，变成"参加在普林斯顿的'Physical Environment'（物质环境）学术会议"，所加的这个中文译文"物质环境"是不对的，应该是"体形环境"，我原文未译，是因为文章中随即就是梁先生关于"体形环境"的论述。

006页第6行，我原稿文字是"批评人文教育缺乏的'半个人的世界'"，其被加上"理工学基础"，变成"批评人文教育缺乏理工学基础的'半个人的世界'"。这和我原来的意思完全相反：我原文意思是"批评人文教育缺乏"，即强调人文教育；而被改后，意思变成"批评人文教育缺乏理工学基础"，即要加强理工学基础。如果编者稍微注意一下此句上面的文字，也不至于如此妄加。

012页倒数第2行，我原稿文字是"总结了清华大学的建筑教育思想："，而被加上"吴先生"，变成"吴先生总结了清华大学的建筑教育思想："，这也和实际不符，在这句话后面列出的条文（013页），不是吴良镛先生提出的，是秦佑国总结提出的。其实从这句话前面的文字也可以看出，是在吴先生"理论指导下"提出的，而不是吴先生本人提出的。

《建筑意》的编辑对我文章的改动，已造成了对文章和我本人的误解。为此，我要求《建筑意》编辑部：

在《建筑意》下一辑上全文刊登我的这封来信，并对此事表示歉意。

清华大学建筑学院　秦佑国

2006年10月24日

我把此信发给《建筑意》编辑部，未见回答。我给建筑学院领导和有关人士发信，说明情况。这篇文章后来在《建筑史》第23辑刊登。

堪培拉协议与中国建筑教育评估

【摘　要】介绍国际建筑教育评估认证圆桌会议和堪培拉协议的情况，分析其对国内建筑教育及建筑师的影响，并针对当前国内建筑教育的问题提出相应解决方法。

【关键词】堪培拉协议；中国建筑教育评估

1. 国际建筑教育评估认证圆桌会议与堪培拉协议

中国建筑教育代表团一行 4 人于 2008 年 4 月 7 日—9 日在澳大利亚堪培拉参加了"国际建筑教育评估认证第三次圆桌会议暨堪培拉协议第一次全体会议"。代表团由全国高等学校建筑学专业教育评估委员会主任秦佑国教授、中国建筑学会秘书长周畅、建设部人事教育司高延伟处长、中国建筑学会国际部王晓京副主任组成。

国际建筑教育评估认证圆桌会议是由国际建筑师协会、英联邦建筑师协会，以及美国、英国、加拿大、澳大利亚、墨西哥、韩国和中国等建筑师协（学）会或建筑学专业教育评估认证机构发起的、目的在于签署《建筑学专业教育评估认证实质性对等协议》的一个多边的非政府会议。该圆桌会议于 2006 年 5 月和 2007 年 5 月分别在美国首都华盛顿和加拿大首都渥太华召开过两次，会上，交流和对比了各国建筑教育的基本情况和专业评估认证制度。在渥太华的圆桌会议上，各方同意将于 2008 年在澳大利亚首都堪培拉召开第三次圆桌会议,并争取签署《建筑学专业教育评估认证实质性对等协议》——《堪培拉协议》。协议的核心内容是承认各签约成员的建筑学专业评估认证体系（评估认证程序和方法）和教学成果（如专业教育的学术要求、毕业生的实际能力等）具有可比性，即所谓"实质性对等"，经一方评估认证的建筑学专业，其他各方均承认。但该协议并不是建筑师资格的互认，只是要求签约成员"尽力保证本国或本地区主管建筑师执业注册的机构也承认协议各方的评估认证体系，以及经他们评估认证的建筑学专业具有实质性对等"。

第三次圆桌会议期间，加拿大代表首先回顾了上次在渥太华圆桌会议的情况，介绍了各国评估体系的对比分析。委托的协议起草人英国皇家建筑师协会代表介绍了上次会议以来各方对协议草案提出的问题和建议。会议随后对各项问题进行了大会辩论，会议还就协议文本及协议细则逐条进行了讨论。秦佑国教授代表中国对于协议签署的基本原则、吸纳新成员原则及对我国建筑学专业评估制度等问题做了发言并提出中国的立场。

圆桌会议之后，召开了堪培拉协议第一次全体会议，协议签约方24人参加了会议。在对《堪培拉协议》最后文本一致确认以后，各成员国代表签署了协议。秦佑国教授以"全国高等学校建筑学专业评估委员会"（NBAA）主任的身份代表中国签署了堪培拉协议。

堪培拉协议第一次会议推选英国皇家建筑师协会（RIBA）评估认证委员会主席乔治·汉德森（George Henderson）先生为2008—2010年度堪培拉协议主席。会议决定成立《堪培拉协议》秘书处，美国建筑学教育评估委员会（NAAB）被推选为第一届秘书处单位，讨论了秘书处的工作及经费预算、下次会议的时间和地点及其他联络事务工作。堪培拉协议第二次全体会议将于2009年4月在韩国首都首尔举行。

2. 中国建筑教育评估

中国建筑教育评估开始于1992年。此前1988年，建设部批准了关于建筑师资格考试及建筑教育评估的建议。1992年，经国务院学位委员会第十一次会议审议，原则通过"建筑学专业学位设置方案"，并组成了全国高等学校建筑学专业教育评估委员会，对清华大学、同济大学、东南大学和天津大学的本科建筑学专业进行试点评估。通过首次试点评估，确立了五年制本科学制作为培养建筑学本科专业学位的必要条件，也确定了学生需要参加18周设计院业务实践等专业学位的教学要求。1995年，在实行建筑学学士专业学位的基础上，又进行了建筑学硕士学位评估的试点。

1997年、2003年对评估文件（包括章程、标准、基本条件、程序和方法、工作指南等）进行了修订。

从1992年开始实行建筑学专业学位制度以来，到2008年，已有38所大学通过全国高等学校建筑学专业教育评估委员会的评估，其中37所院校的建筑学专业学士学位教育通过评估，20所院校的建筑学专业硕士学位教育通过了评估。而目前全国设有建筑学专业的大学已将近210所。

根据我国现行的学位制度，建筑学专业属于工学门类，对未通过评估的院校所授学位是工学学士和工学硕士，而通过评估的院校所授学位是建筑学学士和建筑学硕士。考虑到通过评估的院校和未通过评估的院校将在我国长期并存的情况，目前两种不同学位的毕业生经过一定年限的工程设计实践，都可以参加注册建筑师考试，但职业实践要求的年限有所不同。

建筑学专业学位在我国有两个层次——建筑学学士和建筑学硕士，取得其中之一，即可参加注册建筑师考试，差别也在于实践要求的年限不同。

1995年，国务院颁发了《中华人民共和国注册建筑师条例》，它标志着中国注册建筑师制度的正式建立。中国建筑学专业学位设置和教育评估正是注册建筑师制度建立的基础。在具体做法上，是以执业建筑师的教育背景要求为基础，把高等学校教育标准、建筑学专业学位标准和注册建筑师考试申请人教育标准三者统一起来考虑。在政策支持上，规定凡是获得建筑学专业学位的毕业生，其职业实践年限与工学学位毕业生相比缩短2年。

建筑学专业教育评估是实行建筑学专业学位制度的基础和前提。建筑学专业教育评估是对申请学校的建筑学专业的师资和办学条件、教学质量、教学过程和毕业生质量等诸方面进行客观全面的评价，也是评估委员会对学校的专业建设给予帮助、促进的过程。评估过程是非常规范化的。

建筑学专业教育评估由全国高等学校建筑学专业教育评估委员会主持，委员来自高校、设计院和教育行政主管部门。评估委员会根据《全国高等学校建筑学专业教育评估标准》和《全国高等学校建筑学专业评估程序和办法》等评估文件，对申请评估的院校进行评估。

国际间对建筑教育评估结论的相互承认，是国际人才流动的需要，也是注册建筑师资格互认的前提。中国建筑教育评估在一开始就借鉴了英国和美国的建筑教育评估体系，并多次邀请英国、美国、新加坡、韩国及中国香港的建筑师协会派观察员参加中国的评估，中国也向这些国家和地区派出观察员参加对方的评估。正是在这样的基础上，中国建筑学专业教育评估委员会才能够作为 6 个正式成员中的一员，参与发起《堪培拉协议》。

这是我国首次以发起成员身份在专业评估认证方面参与国际规则制定。发起加入《堪培拉协议》，既是机遇也是挑战。一方面，这标志着我国建筑教育迈入国际行列，将有利于中国学生出国留学和外国学生来华学习，有利于我国建筑师进入国际市场和进一步规范外国建筑师来华执业。另一方面，这也是对我国建筑教育的挑战。目前，我国建筑教育的发展水平参差不齐，200 多所大学的建筑学专业一半以上是 2002 年以后开办的，许多大学并不具备办建筑学专业的条件（主要是师资条件）。即使已经通过建筑学专业评估的 38 所大学，它们之间的差距也很大。如何保证我国通过建筑学专业评估的学校培养的获得建筑学学位的毕业生的质量是一个严峻的挑战，尤其是当通过评估的学校数量进一步增加时。

此外，在签约的其他那些国家，没有获得建筑学学位的人［或没有通过必要学历考试，如英国的 Part 2（第二部分）考试，以证明你的大学建筑学教育是合格的人］，是没有资格参加注册建筑师考试而成为注册建筑师的。而在中国，那些160 多所设有五年制建筑学专业而又没有通过评估的大学的毕业生，尽管不属于《堪培拉协议》覆盖的范围，但他们是可以参加注册建筑师考试而成为注册建筑师的。这就为将来注册建筑师的国际互认埋下了隐患。届时，国外的建筑师以建筑学学位的教育背景"名正言顺"地进入中国，而中国的建筑师想进入外国（不仅仅限于签约国）可能会受到挑剔"没有取得过建筑学学位"。

还有，国际建筑师协会通过的《建筑教育宪章》要求职业建筑师具有不少于5 年的大学教育背景，但没有规定学位要求。国际上主流体系是以建筑学硕士（或相当的 Diploma 证书学位）作为注册建筑师的教育背景，本、硕合计在校学习年限通常是 5 ～ 6 年。以英国和英联邦国家为例，他们的学制是 3+1+2，3 年建筑学学习可获得文学学士学位（bachelor of art），然后到事务所实习 1 年，再回学校学习 2 年，可获得建筑学 Diploma 证书学位（建筑学硕士学位）。而我国以 5 年制本科建筑学学士学位作为注册建筑师教育背景的主流，尽管《堪培拉协议》在各国间互认学历，但他们是硕士，你只是学士。另外，我国又设置了建筑学硕士学位，这样一来，本科 5 年、研究生 2 ～ 3 年，共计 7 ～ 8 年时间，得到两次专业性学位（建筑学学士和建筑学硕士），造成一是学制过长，二是专业学位重复。

上述这些问题都需要加以解决，同时又要考虑中国的国情。解决的办法有两个：一是把现有注册建筑师考试分成基础知识考试和执业资格考试两部分，对基础知识考试（类似英国建筑教育体系的第二部分考试），凡从建筑学专业评估已通过的学校毕业并取得建筑学专业学位的毕业生可以免考（英国是六年学制取得 Diploma 证书学位者，免考第二部分考试）；而其他的人（未通过评估学校的毕业生，通过评估学校的毕业生中未取得建筑学学士学位者，其他没有建筑学本科背景而目前尚允许考试的人等）必须通过基础知识考试，才能进入注册建筑师的执业资格考试。而实践年限和执业资格考试，则一视同仁，所有人都一样。执业资格考试内容只限于注册建筑师执业需要的知识和技能。二是在一些办学条件好和教学水平高的大学，如目前通过建筑学专业硕士评估的 20 个学校，推行 6 年（4+2）一贯制的以培养建筑学硕士为出口的建筑学专业学制。但是，推行上述两项改革措施，会遇到体制、制度、操作层面和各方利益平衡的重重矛盾。

（本文原载于《建筑学报》，2008 年第 10 期，第 61~62 页。）

"LANDSCAPE"及"LANDSCAPE ARCHITECTURE"的中文翻译

【摘　要】今天，现代"Landscape Architecture"学科范围大大扩展，"风景"一词含义已容纳不下学科的发展。"Landscape"（An expanse of natural scenery seen by eye in one view——Webster's Dictionary）还是译为"景观"一词为好。"景"是物，是对象（An expanse of natural scenery）；而"观"是人，是人在"观"（Seen by eye in one view）；"景"作为物，作为对象，容易扩展，从传统的自然风景（Natural scenery）扩展到更广的范围；"观"也可以从"用眼睛看"的直接含义，扩展到思想和体验（观点、观察）。"Landscape Architecture"译成"景观建筑学"为宜。

【关键词】景观；景观（建筑）学；翻译

写在前面

2002 年 7 月 11 日，我以建筑学院的名义向清华大学校领导提交了《关于在清华大学建筑学院设立景观建筑学系（Department of Landscape Architecture）的报告》，其中提到：

"景观建筑学（Landscape Architecture）是世界一流建筑院校的三大支柱专业之一。景观建筑学研究领域宽广，以美国为例，景观建筑学的专业领域包括景观设计（Landscape Design）、场地规划（Site Planning）、区域景观规划（Regional Landscape Planning）、公园规划与设计（Park Planning and Design）、旅游与休闲地规划（Tourism and Recreational Area Planning）、国家公园规划与管理（National Park Planning and Management）、土地开发规划（Land Development Planning）、生态规划与设计（Ecological Planning and Design）、自然与文化遗产保护（Natural & Cultural Heritage Conservation）九大领域。

"成立景观建筑学系也是我国经济社会发展的需要。中国的社会、经济发展到今天这个水平，迫切地需要景观建筑学这个专业。

"需要说明的是，这里所说的景观建筑学专业与我国目前设在林业大学、农业大学的园林专业有很大的不同。国际上现代的'Landscape Architecture'，其学科领域、学术思想、技术应用已大大超出了我国目前风景园林专业的范畴。"

景观建筑学系建系就要高起点，培养目标、教学计划、课程设置要向国际一流大学看齐（当然也要有中国特色，如中国古典园林、中国历史文化、中国自然资源等）。

但是报告交上去后，迟迟未见学校批复。后来知道，吴良镛先生不同意用"景观建筑学系"这个名称，他在《人居环境科学导论》一书中，认为把"Landscape Architecture"译为"景观建筑学"最不合适，他要翻译为"地景学"。周干峙先生也反对用"景观建筑学"一词，他认为"风景园林"就很好。

面对2位两院院士对"景观建筑学"名称的不同意见，我就写了本文。

我把此文给了吴良镛先生，并在学院核心组会上讨论，我又到学校校务会议上阐述和解释我的观点，终于得到学校批准，2003年7月13日，清华大学2002—2003年度第20次校务委员会讨论通过，决定成立景观学系（英文名称：Department of Landscape Architecture），隶属于建筑学院。2003年10月8日，召开了清华大学建筑学院景观学系成立大会。

事情过去了6年，本不该把6年前的旧文拿出来发表（尽管此前没有公开过），但近来随着教育部学科目录调整工作和建设部注册"Landscape Architect"筹备工作的开展，"Landscape Architecture"的中文名称又起争议。农林院校的相关学者，坚持用"风景园林"，加上2位两院院士的支持，建设部的领导同意用"风景园林"的学科名称向教育部申报，并着手"注册风景园林师"的筹备工作。我感到有必要出来"发点声音"，这本来是一个学术争议问题，是可以表示不同意见的，何况全国建筑院系这几年成立的相关系和专业绝大多数称为"景观学""景观规划与设计"和"景观建筑学"。

一、英文原文辞典的释义

Webster's Dictionary:

Landscape　　**n**. 1. a picture representing a section of natural, inland scenery, as of prairie, woodland, mountains, etc. 2. the branch of painting, photography, etc. dealing with such pictures. 3. an expanse of natural scenery seen by eye in one view.

vt. Landscaped, Landscaping:to change the natural features of (a plot of ground) so as to make it more attractive, as by adding lawns, trees, bushes, etc.　**vi**. to work as a landscape architect or gardener.

Landscape gardening　　the art or work of placing or arranging lawns, trees, bushes, etc. on a plot of ground to make it more attractive.

Landscape architecture　　the art or profession of planning or changing the natural scenery of a place for a desired purpose or effect.

二、英汉辞典中的汉译

《韦氏大字典》（1933 年）

Landscape **n**. 1. a portion of land comprehended in one view, esp. in its pictorial aspect。景色、风景；2. a picture representing natural scenery。风景画。

《现代高级英汉双解辞典》（1978 年）

Landscape **n**. [C]（Picture of）inland scenery; [U] branch of art dealing with this. 陆上风景；风景画、山水画（绘画之一支）。Landscape gardening n. laying out of grounds in imitation of natural scenery（模仿天然景色的）庭院布置。

三、从 "Landscape" 到 "Landscape gardening" 和 "Landscape architecture"

1. 现代英语中 "Landscape" 一词约于 16—17 世纪之交来自荷兰语 "Landschap"，

最初仅指一幅内陆的自然风景画；后来可以指所画的对象，即自然风景和田园景色。以后该词又用来指人们一眼望去的视觉环境。随着德国地理学中景观概念的发展，德语"Landschaft"的景观含义被英语同源词"Landscape"吸收，使该词词义更加复杂（王晓俊，1999年）。

2. "Landscape"最早是和绘画"Painting"联系在一起的，所以被译为风景（画）；汪菊渊先生在《中国大百科全书·建筑、园林、城市规划卷》（1988年）"园林学"中写道："18世纪欧洲文学艺术领域中兴起浪漫主义运动。在这种思潮影响下，英国开始欣赏纯自然之美，重新恢复传统的草地、树丛，于是产生了自然风景园。英国 W. 申斯通在《造园艺术断想》（*Unconnected Thoughts on Gardening*，1764）中，首次使用风景造园学（Landscape gardening）一词，倡导营建自然风景园。……美国造园家 A.J. 唐宁著《风景造园理论与实践概要》（*A Treatise on the Theory and Practice of Landscape Gardening*，1841），对美国园林颇有影响。"

汪先生这段话说明：1764年出现了"Landscape gardening"一词，汪菊渊先生将此译为风景造园（学），即习用以前的译法把"Landscape"译为风景。

3. 汪菊渊先生在《中国大百科全书·建筑、园林、城市规划卷》（1988年）"园林学"中写道："19世纪下半叶，美国风景建筑师 F.L. 奥姆斯特德于1858年主持建设纽约中央公园时，创造了'风景建筑师'（Landscape Architect）一词，开创了'风景建筑学'。……此后出版的 H.W.S. 克里夫兰的《风景建筑学》也是一本重要专著。……1901年，美国哈佛大学创立风景建筑学系，第一次有了较完备的专业培训课程表，其他一些国家也相继开办这一专业。1948年，成立国际风景建筑师联合会。"

汪先生这段话说明：1858年，出现了"Landscape Architect"一词，随后就有"Landscape Architecture"和"Department of Landscape Architecture"。汪菊渊先生仍习用以前的译法把"Landscape"译为风景，并把"Landscape Architecture"译为风景建筑学。

4. 1989年，全国自然科学名词审定委员会之林学名词审定委员会颁布《林学名词》（1989），"其中园林学词条的英文名称就定为 Landscape Architecture"（王晓俊，1999年）。

5. 1996 年，全国自然科学名词审定委员会颁布《建筑、园林、城市规划名词（1996）》的前言中写道："'园林学'一词，有的专家认为应以'景观学'代替，但考虑到我国多年来习用的'园林学'的概念已不断扩大，故仍采用'园林学'，与英文的'Landscape Architecture'相当。"

6. 因为英语有"Landscape gardening"一词，加之中国古典园林的巨大成就，所以在 1997 年教育部调整学科专业目录之前，中国有"风景园林专业"或"园林专业"。而在学科专业目录调整之后，将其纳入城市规划与设计专业，专业目录中列为"城市规划与设计（含风景园林）"。而"城市规划与设计"是"建筑学（Architecture）"一级学科下的 4 个二级学科之一。

四、古汉语中有"风景"一词，而无"景观"，近代才有"景观"一词

1.《辞源》中有"风景"一词，而无"景观"一词。

2.《辞海》中有"景观"词条：

> "景观①风光景色。如：居屋周围景观甚佳。②地理学名词。（1）地理学的整体概念：兼容自然与人文景观。（2）一般概念：泛指地表自然景色。（3）特定区域概念：专指自然地理区划中起始的或基本的区域单位，是发生上相对一致和形态结构同一的区域，即自然地理区。（4）类型概念：类型单位的通称，指相互隔离的地段，按其外部的特征的相似性，归为同一类型单位。如荒漠景观、草原景观等。景观学中主要指特定区域的概念。"

五、《中国大百科全书·地理学卷》（1990 年）有"景观""景观学"词条

景观（Landscape）是一个含义广泛的术语，不仅在地理学中经常使用，而且在建筑、园林、日常生活等许多方面使用，其原意为风景、风景画、眼界等。在地理学中，对景观有以下几种理解：①某一区域的综合特征，包括自然、经济、

人文诸方面；②一般自然综合体；③区域单位，相当于综合自然区划等级系统中最小一级的自然区；④任何区域分类单位。从受人类开发利用和建设角度，景观可分为自然景观、园林景观、建筑景观、经济景观、文化景观等；从时间角度可分为现代景观、历史景观（陈传康）。

景观学（Landscape science）是研究景观的形成、演变和特征的学科。景观学产生于 19 世纪后期至 20 世纪初期。德国 S. 帕萨尔格曾出版《景观学基础》（4 卷，1919—1920）和《比较景观学》（5 卷，1921—1930）两部书，提出全球范围内景观分类和分级的原理和方法。他把景观视为一种相关因素的复合体，并认为景观的形成和变异主要受气候因素的影响。帕萨尔格还提出了城市景观的概念。苏联 П.С. 贝尔格认为自然地带及其景观是由相互联系和相互作用的自然要素组成的自然综合体，出版了《苏联景观地带》一书。

20 世纪中期以来，许多学者进行了景观学的研究。现代景观学研究向两个方向发展。一个方向是强调分析研究和综合研究相结合。分析研究通过对景观的各个组成成分及其相互关系的研究会解释景观的特征，综合研究则强调研究景观的整体特征。与这一研究方向相应的景观学相当于综合自然地理学。另一研究方向是研究景观内部的土地结构，探讨如何合理开发利用、治理和保护景观。这一研究方向在苏联发展为景观形态学，在中国则为土地类型学，美国、澳大利亚和一些欧洲国家的土地科学研究也很接近这方面研究的内容。与这一研究方向相应的景观学着重土地分级和土地类型的研究。（陈传康）

六、1999 年《中国园林》发表两篇讨论 "Landscape Architecture" 翻译的文章

1. 王晓俊（南京林业大学）在《Landscape Architecture 是"景观 / 风景建筑学"吗？》一文中认为：

> "Landscape garden 中的 Landscape 与风景的影响有很大关系，与来自地理的景观概念没有任何关系。

"而从深受英国影响的美国大地上产生的 Landscape Architecture 一词就与当时盛行的术语 Landscape gardening 有着内在的特殊关系。可以设想，如果没有 Landscape gardening 中的 Landscape 在先，恐怕不会有后来的 Landscape Architecture 一词。

"Landscape Architecture 在国外是与建筑学、城市规划相提并论的，而不是从属的学科。一些辞典和有些同志都采用了'风景建筑（学）'或'景观建筑（学）'的译法，这样容易给人造成 Landscape Architecture 是建筑学的一部分（门类）或一门新的分支学科的印象。而该专业无论在专业起源上、学科内容以及位置诸多方面都与国内园林专业很相似。……我们认为国内与西方 Landscape Architecture 相对应的应是园林专业，其相应的译名应为'园林学'，而不是'××建筑学'。"

2. 王绍增（华南农业大学）在《必也正名乎——再论 LA 的中译名问题》一文中认为：

"想当初 Frederick Olmsted 如果不是选用和大力推介 Landscape Architecture，世界的 LA 学科大概还在 garden 的篱笆墙内转圈子呢！

"为什么 LA 一词的对译在中国如此步履艰难呢？除了中国的传统思维方法影响和中国园林本身拥有很高的历史地位以外，对于 LA 中的 A（Architecture）的误解是个主要原因。

"Architect 的古希腊原意是'匠师的总头头''总匠''大匠'，而'Architecture'就是'总匠'应有的学问和修养。梁思成先生主张将 Architecture 翻译成'营建'。

"我个人倾向于使用景观营造，因为景观比风景的范畴更大，与人的活动关系也更密切一些，为学科的发展留下了较大的余地。"

七、吴良镛先生提出"地景学"

《人居环境科学导论》：

关于"地景学"的学术概念

关于"地景"学科名称问题。"Landscape Architecture",有称风景园林、景观设计、景观建筑、景园、造园等,都有一定的道理与历史背景,可能"地景学"文字更加简洁而内涵丰富:这里的"地",既有自然的意思,又有景观的、美学的内容(当然,前者包括山、水等不同的地形地貌,后者蕴有"山水"美学);"景"是指景观(自然景观及人文景观)、风景园林、景观设计。

"地景学"则包含了"地"(land)与"景"(scape)的基本要义及其相互关系。是对公共空间(Open space)的营建,不受尺度的局限。可宏观、可微观,虽咫尺园林,意在大自然景观的缩微。

但译为景观建筑学最不合适,因为这里的建筑应是广泛的营建或营造的意思。参见王晓俊《Landscape Architecture 是"景观/风景建筑学"吗?》又见王绍增《必也正名乎——再论 LA 的中译名问题》(《中国园林》,1999 年第 6 期)。

八、周干峙先生的意见

2003 年 6 月 22 日,在杨锐博士论文答辩委员会会议上,周干峙先生说,还是回到原来的风景园林好,不要提什么现代景观学。

九、秦佑国的看法

Landscape Architecture 在今天来翻译:

1. 必须考虑学科的发展,必须跳出林业大学和农业大学的"圈子",纳入"Architecture"学科,即吴先生提出的广义建筑学的范畴。所以不能再用"园林学""造园学""景园学",也不能再去成立"园林专业",即不能再围着"园"(Garden)字做文章。"风景"一词含义亦窄,已容纳不下学科的发展。

2. 翻译中有两个问题:一是"landscape"怎么译?"风景""景观"还是"地景"?二是"architecture"怎么译?"建筑学""营造(建)学"或"××学"?

3. 中文的"建筑"对应着英文 3 个词——"architecture""building""construction"

（如建筑公司、建筑工人），的确容易产生歧义。但在学术界、专业界，"建筑学"是指"architecture"恐怕不会也不应该产生歧义。建筑学作为一级学科，广义建筑学的范畴，《北京宪章》"面向 21 世纪的建筑学"涉及的领域，不会在中国建筑界引起如下的混乱：建筑学仅仅是设计房子（building），学建筑的是到建筑（construction）公司去的。

4. "Landscape"（An expanse of natural scenery seen by eye in one view）还是译为"景观"一词为好。

"景"是物，是对象，是"object"（An expanse of natural scenery），而"观"是人，是人在"观"（seen by eye in one view）；"景"作为物，作为对象，容易扩展，从传统的自然风景（natural scenery）扩展到更广的范围；"观"也可以从"用眼睛看"的直接含义扩展到思想和体验（观点、观察）。

5. "Landscape"译为"地景"，一是"地"与"景"都是指物，指对象；二是和以前译为"风景"比，译得有点直。当然，吴先生文中论述的该学科的发展是非常正确的。

6. "Landscape Architecture"译为景观建筑学似无不可，如果一定要考虑农林界的"情绪"，或担心发生"盖房子"的歧义，用景观学亦可，但会和地理学的景观学（Landscape Science）混淆，不过从地理学中景观学发展趋势和"Landscape Architecture"的发展趋势看，两者研究对象、内容和领域的交叉越来越多。

（本文原载于《世界建筑》，2009 年第 5 期，第 118~119 页。）

祝贺南京大学建筑与城市规划学院成立十周年讲话

首先，祝贺南大建筑成立十周年！

我曾经跟丁沃沃院长说过，好多事情我想做没做成，而南京大学做成了。

1999 年，我在全国建筑院长和系主任会上就提出清华大学的教育思想有10 条，其中 3 条是：建筑学——科学与艺术的结合；建筑教育——理工与人文的结合；建筑教学——基本功训练（skill training）与建筑理解（architecture learning）的结合。2004 年及后来，我在清华一直提：中国的大学教育光讲素质和能力不够，素质之外要讲气质，能力之外要讲修养——人文修养、艺术修养、道德修养和科学修养。我也很早就希望清华或几个重要院校能够实行"4+2 六年一贯"学制模式，六年连贯培养建筑学硕士。给教育部写过信，但是不批准。给清华提过不知多少年，可惜到今天还没有批下，尽管校长口头答应。而南京大学在 2007 年就已经实现了。我跟南京大学有缘，参加过博士点的评审，是硕士研究生的专业评估视察组的组长，后来又受邀请来做过两次学术讲演，更重要的是还参加过一次你们建筑学院和学校领导、有关部处关于学制及教学的研讨。所以我感受很深。

南大建筑这十年取得了丰硕成果，原因是什么？中国综合性大学设立建筑学院的不是只有南京大学，为什么你们成功了？我认为：第一个就是学校。南京大学给了建筑学院极其宽松的自由和空间。人文环境固然重要，但如果缺乏自由的环境，这一条件无从发挥。第二个就是凝聚力。鲍先生、丁教授等一批老师有着非常强的凝聚力。一个大学要办一个新的学科，其班子必须具备凝聚力，最关键的是能把别人团结进来，而不是因为某个人有什么名望。第三个就是精神，或者说建立在一种精神或思想上的办学目标。陈寅恪先生在王国维先生纪念碑上题过一段话："惟此独立之精神，自由之思想，历千万祀，与天壤而同久，共三光而永光。"南京大学在这十年中创办建筑学院，恐怕也是这样，有一个相当清晰的办学目标。

最后，我想谈一下培养目标的问题，这也是我提出的清华建筑教育思想 10 条中的一条。现在中国大陆有 200 多所大学办建筑系，而不是"文革"前的 15 所，难道我们的培养目标不需要调整吗？200所大学都一样吗？因此，我当年就提出清华建筑学院要培养"leader in the profession"（专业领导）。哈佛大学设计学院的院长在新生入学时就说，他们的培养目标是"leader in the field which you choose"（你所选择领域的领导者）。中国现在这么多建筑院系，重点的大学办建筑系，包括南京大学，应该明确自己的培养目标，我希望是"leader in the profession"。

2010 年 12 月 16 日

从宾大到清华

——梁思成建筑教育思想（1928—1949）

梁思成先生在清华完成了他留美预备生的学习，1924 年进入美国宾夕法尼亚大学艺术学院建筑系学习。其时，中国留学美国学建筑学的人主要去宾大（UPenn），先后有朱彬、赵深、杨廷宝、梁思成、林徽因、陈植、童寯、哈雄文、王华彬等 10 余人。20 世纪 20 年代的宾大建筑系受来自巴黎美术学院（Beaux arts）的 Paul Cret（保罗·克瑞特）教授的影响，是学院派的建筑教育体系。

童寯先生回忆道："到交图前夕，都忙着赶图纸，灯火通明，乱作一团……这种风气也是由巴黎传来，……交图以后，数夜不眠之人，便蒙头大睡。"他又说："这个系把巴黎美术学院衣钵接过来，又由留美的中国学生把它带回中国。"[1]

梁思成从宾大学成回国，1928 年创建东北大学建筑系，教师有林徽因、陈植、童寯，均从宾大毕业。"所有设备，悉仿美国费城本雪文尼亚大学建筑科"[2]（表 1）。此前，1927 年 6 月，苏州工专建筑科并入南京的第四中山大学，1928 年改名中央大学，成立建筑系，一南一北两个大学的建筑系开始了中国大学的建筑教育。

表 1 东北大学建筑系课程（1928）与宾夕法尼亚大学（UPenn）建筑系课程（1927）比较

UPenn School of Fine Art	东北大学建筑系
	国文、英文、法文（1、2）
Technical subjects	
Design	建筑图案（1、2、3、4）
Architectural Drawing	制图（3）
Elements of Architecture	

---

1. 童寯：《美国本雪文尼亚大学建筑系简述（1968年）》，载《童寯文集（第一卷）》，中国建筑工业出版社，2000，第222—225页。
2. 童寯：《东北大学建筑系小史（1931年）》，载《童寯文集（第一卷）》，中国建筑工业出版社，2000，第32页。

UPenn School of Fine Art		东北大学建筑系
Construction		营造法
	Mechanics	应用力学（1）
		材料力学（2）
	Carpentry	木工（3）
	Masonry	石工铁工（2）
	Ironwork	
	Graphic Statics	图式力学（2）
	Theory of Construction	营造则例（1）
	Sanitation of Building	卫生学、暖气通风（3）
Graphics		
	Descriptive Geometry	图式几何（1）
	Shades & Shadows	阴影（1）
	Perspective	透视学（2）
Drawing		
	Freehand	徒手画（1、2、3）
	Water Color	水彩（3、4）
	Historic Ornament	雕饰（3）
		人体写生（4）
History of Architecture		
	Ancient	
	Medieval	宫室史（西洋）（1）
	Renaissance	
	Modern	
		宫室史（中国）（2）
History of Painting and Sculpture		美术史（西洋）（3）
		东洋绘画史（3）
		东洋雕塑史（4）
		营业法、合同（4）

资料来源：赖德霖. 梁思成建筑教育思想的形成及特色［J］. 建筑学报，1996（6）.

　　1930 年晚些时候，林徽因被诊断出患有肺病，离开沈阳到北京治疗。1931 年夏，梁思成把系里的事交给童寯，回到北京。随后"九一八"事变发生，日寇占领东北，东北大学建筑系的学生南迁到上海，1932 年 7 月毕业，梁思成致信祝贺。他在信中写道：

"回想四年前……由西伯利亚回国，路过沈阳，与高院长（高惜冰，时为东北大学工学院院长）一度磋商，将我在欧洲归途上拟好的草案讨论之后，就决定了建筑系的组织和课程。

"我还记得上了头一课以后，有许多同学，有似晴天霹雳如梦初醒，才知道什么叫'建筑'。有几位一听要'画图'，马上就溜之大吉，有几位因为'夜工'难做，慢慢地转了别系。剩下几位有兴趣而辛苦耐劳的，就是你们几位。

……

"现在你们毕业了，……但是事实是你们 '始业' 了，……你们的业是什么？你们的业就是建筑师的业。建筑师的业是什么？直接地说就是建筑物之创造，为社会解决衣食住三者中住的问题；间接地说，是文化的记录者，是历史之反照镜。所以你们的问题是十分的繁难，你们的责任是十分的重大。

"在今日的中国，社会上一般的人，对于'建筑'是什么，大半没有什么了解。……现在对于建筑稍有认识，能将他与其他工程认识出来的，固已不多，即有几位，其中仍有一部分对于建筑，有种种误解。不是以为建筑是'砖头瓦块'（土木），就以为是'雕梁画栋'（纯美术），而不知建筑之真意，乃求其合用、坚固、美。前两者能圆满解决，后者自然产生。……

"非得社会对于建筑和建筑师有了认识，建筑不会到最高的发达。所以你们负有宣传的使命，对于社会有指导的义务。"[1]

梁思成 1932 年说的"非得社会对于建筑和建筑师有了认识，建筑不会到最高的发达"，今天依然对中国社会有现实意义。

20 世纪 30 年代，民国政府教育部为"确定标准，提高程度"，对全国大学制定统一教程。刘福泰（中央大学建筑系主任）、梁思成和关颂声（基泰事务所的创建人）参加建筑科课程的制定。统一科目表在 1939 年颁布（表 2）。

---

1. 梁思成：《祝东北大学建筑系第一班毕业生》，载《梁思成全集（第一卷）》，中国建筑工业出版社，2001，第311—313页。

表2　1939年颁布的建筑科课程统一科目表

算学、物理学 投影几何、阴影法、透视法 测量	徒手画 模型素描（一） 单色水彩 水彩画（一）、水彩画（二） 人体写生（选） 美术史、壁画、木刻、雕塑及泥塑（选） 模型素描（二）（选）
应用力学、材料力学 图解力学（选）、结构学（选） 营造法 钢筋混凝土、木工、铁骨构造（选） 材料试验（选） 房屋给水及排水（选） 电照学（选） 暖房及通风（选）	建筑初则及建筑画 初级图案 建筑图案论 建筑图案※ 古典装饰 内部装饰（选） 都市计划（选） 庭园（选）
建筑史 中国建筑史（选） 中国营造法（选）	建筑师法令及职务 施工估计 经济学
	毕业论文

资料来源：赖德霖. 梁思成建筑教育思想的形成及特色［J］. 建筑学报，1996（6）.
※注释：建筑图案即建筑设计（design）。

梁思成离开东北大学时已经接受了朱启钤的邀请，担任中国营造学社的法式部主任，从此开始了他在中国营造学社长达15年的调查和研究中国古建筑的艰难而又成果丰硕的生涯。这一段历史已经为学界所熟知，无需赘述。

20世纪30年代，梁思成的建筑思想已经受到现代主义建筑（Modernism Architecture）思潮的影响，从1931年、1932年以集仿主义手法设计的吉林大学校舍（图1）和北京仁力地毯行（图2）（西洋的形制，中国传统的和民族的装饰图案和建筑细部），转变为1934年、1935年现代主义风格的北京大学地质馆（图3）和女生宿舍楼（图4）。

图1　吉林大学校舍，1931年

图片来源：梁思成. 梁思成全集（第九卷）[M]. 北京：中国建筑工业出版社，2001：6.

图2　北京仁力地毯行，1932年

图片来源：梁思成. 梁思成全集（第九卷）[M]. 北京：中国建筑工业出版社，2001：13.

图3　北京大学地质馆，1934年

图片来源：梁思成. 梁思成全集（第九卷）[M]. 北京：中国建筑工业出版社，2001：16.

图4　北京大学女生宿舍，1935年

图片来源：梁思成. 梁思成全集（第九卷）[M]. 北京：中国建筑工业出版社，2001：17.

1935 年，梁思成在《建筑设计参考图集》序中写道：

"所谓'国际'式建筑，名目虽然笼统，其精神观念，却是极诚实的；在这种观念上努力尝试诚朴合理的科学结构，其结果便产生了近年风行欧美的'国际'式新建筑。其最显著的特征，便是由科学结构形成其合理的外表。"[1]

文中，他还对协和医学院和燕京大学采用"四角翘起的中国式屋顶"提出批评。

20 世纪 30 年代，梁思成建筑思想的另一重大演进是对"都市计划"的关注。1930 年，他与张锐合作完成《天津特别市物质建设方案》，序言中写道：

"近代都市，需要相当计划方案，始可得循序的进展，殆为一般人士所公认。欧美各市咸以此为市政建设之先声。东邻日本有鉴于此，年来亦复奋起直追。

"……近来各地创办市政之声洋溢于耳。考其实际，成绩殊鲜。其所以至此之故固甚多，而缺乏良好之建设方案为一极大之原因。……近代市政，本不只限于修筑道路。兹故以修筑道路为例，苟无全盘之精密筹划，任意措置，其结果匪特不能增进交通之便利，且往往足以妨碍全市将来之适当发展。兴办市政者首宜顾及全市之设计，盖以此也。"[2]

抗日战争胜利前夕，1945 年 3 月 9 日，身在李庄的梁思成写信给清华大学梅贻琦校长，建议清华成立建筑系（图 5）。

他在信中写道：

"居室为人类生活中最基本需要之一，其创始与人类文化同古远，无论在任何环境之下，人类不可无居室。……最近十年间，欧美生活方式又臻更高度

---

1. 梁思成：《梁思成全集（第三卷）》，中国建筑工业出版社，2001，第235页。
2. 梁思成：《梁思成全集（第一卷）》，中国建筑工业出版社，2001，第13页。

图5　梁思成给梅贻琦的信
（清华档案馆提供，左川摄）

之专门化、组织化、机械化。今后之居室将成为一种居住用之机械，整个城市将成为一个有组织之Working mechanism，此将来营建方面不可避免之趋向也。

"由万千个建筑物合组而成之近代都市已成为一个有机性之大组织。都市设计已非如昔日之为开辟街道问题或清除贫民窟问题（社会主义之苏联认为都市设计之目的在促成最高之生产量；英美学者则以为在使市民得到身心上很高程度之娱乐与安适）。其目的乃在求此大组织中一切建置之合理部署，实为使近代生活可能之物体基础。

"抗战军兴以还，……及失地收复之后，立即有复兴焦土之艰巨工作随之而至；……为适应此急需计，我国各大学宜早日添授建筑课程，为国家造就建设人才，今后数十年间，全国人民居室及都市之改进，生活水准之提高，实有待于此辈人才之养成也。即是之故，受业认为母校有立即添设建筑系之必要。

"在课程方面，生以为国内数大学现在所用教学方法，即英美曾沿用数十年之法国Ecole des Beaux Arts式之教学法，颇嫌陈旧，过于着重派别形式，不近实际。今后课程宜参照德国Prof. Walter Gropius所创之Bauhaus方法，着重于实际方面，以工程地为实习场，设计与实施并重，以养成富有创造力之实用人才。

"在组织方面……为适应将来广大之需求，建筑学院之设立固有其必要。然在目前情形之下，不如先在工学院添设建筑系之为妥。……一俟战事结束，即宜酌量情形，成立建筑学院，逐渐分添建筑工程，都市计划，庭院计划，户内装饰等系。"

此信不仅阐述了清华"有立即添设建筑系之必要",而且可以看出梁思成建筑教育思想的变化——已经从初办东北大学建筑系"悉仿美国费城本雪文尼亚大学建筑科"的 Beaux Arts("布扎")体系转向批评它"颇嫌陈旧",提出要参照德国格罗皮乌斯教授所创之包豪斯方法。"今后之居室将成为一种居住用之机械""由万千个建筑物合组而成之近代都市已成为一个有机性之大组织"等话语体现出梁思成已经受到了现代主义建筑思潮的影响。信中对于建筑学科在清华的发展,提出先在工学院设建筑系,在未来适当时机组建建筑学院,下设 5 个系。

梅贻琦校长接受了梁思成先生的建议,同意在清华大学建立建筑系。1946 年夏正式建系,聘梁思成为系主任,林徽因为教授,吴良镛为助教,暑期招收第一届学生 15 名,本科学制 4 年。

同年 8 月,梁思成先生应耶鲁大学之邀赴美讲学。次年 2 月,任联合国大厦设计顾问。5 月,参加在普林斯顿大学召开的"Physical Environment"(体形环境)学术会议,并获授该校荣誉博士,6 月返校。梁先生在美期间,与众多现代主义大师接触,如柯布西耶、莱特、格罗皮乌斯、沙里宁、尼迈耶等,使他更深入地了解到国际学术界在建筑理论方面的发展。

清华建筑系的成立,使在李庄历经艰辛、顽强坚持的"中国营造学社"面临新的抉择。经梁思成建议,清华大学与中国营造学社签订了一个契约,合办"建筑研究所"(图 6)。

图 6　国立清华大学与中国营造学社签订的"合设建筑研究所"的契约(清华档案馆提供,左川摄)

契约中写道：

"为促进建筑学之理论及技术，与中国建筑史及其有关艺术之研究，双方同意合办一专门研究机关，称为'国立清华大学 中国营造学社 合设建筑研究所'。

"甲、工作范围及性质

"本所工作分为下列四门：

"（一）中国建筑门。以中国建筑之历史沿革及地方特征为主要研究对象。

"（二）民居及市镇门。以现代中国各地民居及市镇为主要研究对象。其工作注重居住方式与社会及经济状态间关系之调查，以求改善居民生活环境之途径与方式。

"（三）建筑有关艺术门。以雕塑、壁画、雕饰、家具，以及与建筑有关之一切纯艺术及工艺为研究对象。

"（四）服务门。凡公私古建筑之修葺及新建筑之设计工程，如有要本所技术上之协助；凡学校、博物馆、图书馆等对于建筑史学方面如需图像史料之配置，或模型之制造；本所得按其需要情形，予以协助或代为办理。

"上列四门工作，如有必要时，得各自成立为组，以专责成而利工作。"

从契约中可以看到：研究所确定的研究范围已经从中国传统（官式）建筑，扩展到"民居及市镇"和"建筑有关艺术"；并设立了"服务门"，业务范围为"公私古建筑之修葺及新建筑之设计工程"，开了大学和研究机构承担工程设计的先河。

合办研究所契约签订之时，中国营造学社的人员除了梁思成和林徽因（林徽因一直参与学社工作，却始终不是学社成员，只是"编外人员"）之外，只有刘致平、莫宗江、罗哲文3人，3人亦随梁思成成为清华大学建筑系的人员。因此，通常都认为"中国营造学社"在1946年"结束"。

但"中国营造学社"最后的闪光（而且是耀眼的闪光）是1949年3月《全国重要建筑文物简目》（以下简称《简目》）的编写（图7）。《简目》封面有"国立清华大学、私立中国营造学社合设建筑研究所编，民国三十八年三月"的字样，这表明"中国营造学社"到1949年年初还是一个法人单位。《简目》

列出了全国需要保护的文物建筑的目录，每个项目名称前标以圆圈，用圆圈多少表明该项目的重要程度。《简目》前言中写道："以供人民解放军作战及接管时保护文物之用。"（图8）

梁思成先生从美国回来以后，清华建筑系的教学工作已在林徽因先生的操持下和吴良镛先生的协助下步入正轨。但梁思成先生通过赴美考察意识到都市计划的重要，也是中国战后建设的需要，提出建筑系要发展都市计划方向。1948年2月6日，时任清华大学工学院院长的陶葆楷教授给梅贻琦校长写信（图9），信中写道：

图7　《全国重要建筑文物简目》封面（清华档案馆提供，左川摄）

图8　《全国重要建筑文物简目》内容（清华档案馆提供，左川摄）

图9　陶葆楷给梅贻琦的信（清华档案馆提供，左川摄）

"（一）思成亦有信来提及建筑系应向都市计划方向发展，受业甚为赞同。

"（二）建筑系师资在国内物色亦极困难，因建筑师均喜欢自己开业，思成兄能在国外洽聘最好。

"（三）思成来信提到建筑系须有五年之训练，此与受业之意见相同，受业意工学院各系均应改为五年，因第一，现在学生功课太重，第二，现在学生之基本科学训练不足，且无读第二外国语之机会，故工院如能改为五年训练，当可有较好之结果。"

信中提到，梁思成提出建筑系应向都市计划方向发展，学制要改成五年制，还建议建筑系向国外聘请教师。梁思成此前已经邀请当时在美国耶鲁大学建筑学院任教的邬劲旅来清华，后来还邀请过王大闳，都因时事变迁未能成行。

1948年9月16日，清华大学向教育部发文，报呈建筑系拟在四年级分两个组：建筑学组和市镇计划学组，并将建筑工程学系改名为"营建学系"（图10，表3）。呈文中写道：

"本校前经呈准钧部于三十五学年度起于工程学院添设建筑学系，并派该系主任梁思成于三十五年秋出国考察建筑教育。梁教授去岁归国，对于近年欧美建筑学课程及教学方法颇有心得。深感近年欧美建筑界对于都市计划之特加重视。实以建立组织有秩序之新都市，为近代人类文化中之重要需求，尤足为我国战后建设之借鉴。爰按时代实际需要，将本校建筑系高级课程分为建筑学与市镇计划学两组。且因'建筑工程'仅为建筑学之一部分范围，过于狭隘。为使其名实相符，拟准将建筑工程学系改称'营建学系'。"

教育部批复不同意分组，也不同意改名：

"该校建筑工程学系毋庸分组，并不必改称'营建学系'，惟该系学生如愿偏重市镇计划研究者，准将'材料力学'及'钢筋混凝土'两学程改列为选修科目。特电遵照。"[1]

---

1. 清华大学报教育部呈文，清华大学档案馆提供。

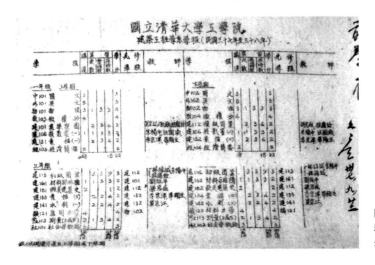

图10　呈文所附的学程表（一、二年级）（清华档案馆提供）

表3　国立清华大学工学院建筑工程学系学程（民国三十七年至三十八年）

一年级　上学期

学程	讲演	实习			学分	先修学程	教师
		次数	每次时数	共时数			
中 101 国文	3				3		
外 101 英文	5				3		
物 101 物理	3	1	3	3	4		
数 103 微积分	4				4		
建 101 建筑制图		2	3	6	2		莫宗江　胡允敬
建 106 投影画（一）	1	1	3	3	2		程应铨　朱畅中
建 131 素描（一）		2	3	6	2		汪国瑜　李宗津
经 103 经济简要	2				2		毕颐生
合计	18			18	22		

一年级　下学期

学程	讲演	实习			学分	先修学程	教师
		次数	每次时数	共时数			
中 102 国文	3				3		
外 102 英文	5				3		
物 103 物理	3	1	3	3	4		
数 104 微积分	4				4		

学程	讲演	实习			学分	先修学程	教师
		次数	每次时数	共时数			
建 112 预级图案		2	3	6	2		胡允敬　程应铨
建 106 投影画（二）	1	1	3	3	2		朱畅中　汪国瑜
建 132 素描（二）		2	3	6	2		李宗津　毕颐生
经 104 经济简要	2				2		
合计	18			18	22		

二年级　上学期

学程	讲演	实习			学分	先修学程	教师
		次数	每次时数	共时数			
建 113 初级图案		3	3	9	3		林继诚　朱畅中
建 161 材料与结构	1	1	3	3	2		程应铨
建 151 欧美建筑史	2				2		刘致平　梁思成
建 133 素描（三）		2	2	4	2		李宗津
建 141 水彩（一）		2	2	4	2		毕颐生　莫宗江
建 121 应用力学	4				4		
土 113 测量[1]	2	1	3	4	2		
社 101 社会学概论	3				3		
合计	12 或 10			24 或 20	20 或 18		

二年级　下学期

学程	讲演	实习			学分	先修学程	教师
		次数	每次时数	共时数			
建 114 初级图案		3	3	9	3	建 113	林继诚　朱畅中
建 162 材料与结构	1	1	3	3	2	建 161	程应铨
建 152 欧美建筑史	2				2	建 112	刘致平　梁思成
建 134 素描（四）		2	2	4	2	建 133	李宗津
建 142 水彩（二）		2	2	4	2	建 141	毕颐生　莫宗江
建 122 材料力学	4				4	机 121	

---

1. 测量可能在上学期或下学期。

学程	讲演	实习			学分	先修学程	教师
		次数	每次时数	共时数			
土 113 测量[1]	2	1	3	4	2		
社 102 社会学概论	3				3		
合计	12 或 10			24 或 20	20 或 18		

三年级　上学期

学程	讲演	实习			学分	先修学程	教师
		次数	每次时数	共时数			
建 115 中级图案（一）		4	3	12	6	建 114	刘致平　胡允敬
建 153 中国建筑史	2	1	3	3	3		林继诚　汪国瑜
建 135 素描（五）		1	3	3	1		梁思成
建 143 水彩（三）		1	3	3	1		李宗津　毕颐生
土 125 工程材料学	3				2		莫宗江
社 267 乡村社会学	3				3		王明之
地 363 土地利用	2				2		
建 119 雕饰学		1	3	3	1		莫宗江
合计	10			24	19		

三年级　下学期

学程	讲演	实习			学分	先修学程	教师
		次数	每次时数	共时数			
建 116 中级图案（二）		4	3	12	6	建 115	刘致平　胡允敬
建 186 市镇计划	2				2		林继诚　汪国瑜
建 136 素描（六）		1	3	3	1		梁思成
建 144 水彩（四）		1	3	3	1		李宗津　毕颐生
土 123 钢筋混凝土	3				3		莫宗江
社 268 都市社会学	3				3		王明之
地 363 土地利用	2				2		
建 202 庭园学	2				2		
合计	12			18	20		

---

1. 测量可能在上学期或下学期。

四年级建筑组（本年度四年级）　　上学期

学程	讲演	实习			学分	先修学程	教师
		次数	每次时数	共时数			
建 117 高级图案		5	3	15	8		刘致平　邬劲旅
建 135 欧美绘塑史	2				2		林继诚
建 145 水彩（五）		1	3	3	1		梁思成
土 124 钢筋混凝土	3				3		莫宗江
土 122 圬工地基及房屋	4				3		王明之
建 181 雕塑（一）		1	3	3	1		徐沛真
建 191 专题讲演	1				1		
合计	10			21	19		

四年级建筑组　　下学期

学程	讲演	实习			学分	先修学程	教师
		次数	每次时数	共时数			
建 118 高级图案		5	3	15	8		刘致平　邬劲旅
建 136 中国绘塑史	2				2		林继诚
建 146 水彩（六）		1	3	3	1		梁思成
土　机械设备	3				3		莫宗江
建 172 业务法会 施工估价	2				2		
建 182 雕塑（二）		1	3	3	1		徐沛真
选修	2				2		
建 192 专题研究					2		
合计	9			21	21		

四年级市镇组（本年度四年级）　　上学期

学程	讲演	实习			学分	先修学程	教师
		次数	每次时数	共时数			
建 123 高级图案		5	3	15	8		邬劲旅　林继诚
建 135 欧美绘塑史	2				2		梁思成
建 145 水 彩（五）		1	3	3	1		莫宗江
土 166 环境卫生	2				2		
政 131 市政学	2				2		
社 237 人口问题	3				3		
建 161 雕 塑（一）		1	3	3	1		徐沛真
建 191 专题演讲	1				1		
合计	10			21	20		

四年级市镇组　　下学期

学程	讲演	实习			学分	先修学程	教师
		次数	每次时数	共时数			
建 124 高级图案		5	3	15	8		邬劲旅　林继诚
建 136 中国绘塑史	2				2		梁思成
建 146 水彩（六）		1	3	3	1		莫宗江
建 172 业务法令 　　　施工估价	2				2		
政 132 市政学	2				2		
社 238 人口问题	3				3		
建 162 雕塑		1	3	3	1		徐沛真
建 192 专题研究					2		
合计	9			21	21		

　　从上述课程表中可以看出几个特点：建筑设计课贯穿始终；美术课的分量很重，素描、水彩课都是上 3 年 6 学期，四年级还有雕塑课；有中外美术史的课程，如欧美绘塑史和中国绘塑史；有较多的社会学课程，如社会学概论、乡村社会学、都市社会学等。

　　1948 年冬，清华园解放，国民党教育部的批文失效。1949 年 7 月 10 日，清华营建学系在《文汇报》公布《清华大学营建学系（现称建筑工程学系）学制及学程计划草案》（以下简称《草案》）（图 11）。

图 11《文汇报》刊登《清华大学营建学系（现称建筑工程学系）学制及学程计划草案》（清华档案馆提供，左川摄）

　　《草案》中明确提出了"体形环境"的思想，其中写道：

"近年来从事所谓'建筑'的人，感到以往百年间，对于'建筑'观念之根本错误。由于建筑界若干前进之思想家的努力和倡导，引起来现代建筑之新思潮，这思潮的基本目的就在为人类建立居住或工作时适宜于身心双方面的体形环境。在这大原则、大目标之下，'建筑'的观念完全改变了。

"以往的'建筑师'大多以一座建筑物作为一件雕刻品，只注意外表，忽略了房屋与人生密切的关系；大多只顾及一座建筑物本身，忘记了它与四周的联系……换一句话说，就是所谓'建筑'的范围现在扩大了，它的含义不只是一座房屋，而包括人类一切的体形环境。所谓体形环境，就是有体有形的环境。"

《草案》把课程分为5个类别：一、文化及社会背景；二、科学及工程；三、表现技术；四、设计理论；五、综合研究。每学年之内，按学程进展将这5个类别课程配合讲授（表4）。

表4　清华大学工学院营建学系课程草案

	文化及社会背景	科学及工程	表现技术	设计理论	综合研究	选修课程
建筑组	国文、英文、社会学、经济学、体形环境与社会、欧美建筑史、中国建筑史、欧美绘塑史、中国绘塑史	物理、微积分、力学、材料力学、测量、工程材料学、建筑结构、房屋建造、钢筋混凝土、房屋机械设备、工厂实习（五年制）	建筑画、投影画、素描、水彩、雕塑	视觉与图案、建筑图案概论、市镇计划概论、专题讲演	建筑图案、现状调查、业务、论文（即专题研究）	政治学、心理学、人口问题、房屋声学与照明、庭园学、雕饰学、水彩（五、六）雕饰（三、四）、住宅问题、工程地质、考古学、中国通史、社会调查
市镇计划组	同建筑组（略）	物理、微积分、力学、材料力学、测量、工程材料学、工程地质学、市政卫生工程、道路工程、自然地理	同建筑组（略）	视觉与图案、市镇计划概论、乡村社会学、都市社会学、市政管理、专题讲演	建筑图案（二年）、市镇图案（二年）、现状调查、业务、论文（专题）	

从1948年报送"教育部"的学程表和1949年《文汇报》刊登的课程《草案》可以看出，梁思成不赞同Beaux Arts的"过于着重派别形式，不近实际"，但他仍很重视艺术训练，并且重视人文和社会学的教育。此前，1948年5月27日他在清华发表《理工与人文》的讲演，强调理工与人文结合，随后又在校刊上发表《半个人的世界》，批评人文教育缺乏的"半个人的世界"。梁思成开辟的清华建筑教育之路，既有别于Beaux Arts学院派，又不照抄"现代主义建筑"的教育体系，

具有艺术和科学结合，技术、艺术与人文结合的特色。

"考虑到课程综合性强，且比较繁重"，清华大学营建学系学制由四年改为五年。

梁思成构想的以"体形环境"为教育目的的营建（建筑）学院，"可以设立下列各系：（1）建筑学系；（2）市乡计划学系；（3）造园学系；（4）工业艺术学系；（5）建筑工程学系"。[1]

1945年，梁先生在给梅贻琦校长的信中设想："先在工学院添设建筑系……，一俟战事结束，即宜酌量情形，成立建筑学院，逐渐分添建筑工程，都市计划，庭院计划，户内装饰等系。"[2]

1949年，梁先生构想了清华大学建筑（营建）学院，下设5个系：建筑学系、市乡计划学系、造园学系、工业艺术学系、建筑工程学系。

中国大学中的第一个建筑学院于1988年在清华成立，当时设了2个系：建筑系和城市规划系；2001年，先期已从热能系进入建筑学院的暖通空调专业与原建筑学院的建筑技术科学研究所一起组建了建筑技术科学系；同年，中央工艺美术学院与清华合并，成立了清华大学美术学院，设有工业设计系；2003年10月，清华大学建筑学院成立景观学系。至此，梁先生当年提出建5个系的愿望，在58年后才得以全部实现，而距他逝世已31年！

斗转星移，世事沧桑，怅惘耶？告慰耶？

（本文原载于《建筑史》2012年第1期，第1~14页。）

附记

此文为纪念梁思成诞辰110周年而写，并在纪念大会上作报告。

左川同志多次去清华档案馆查阅相关档案文件，并提供了原件照片副本，特此致谢。

---

1. 梁思成：《梁思成全集（第五卷）》，中国建筑工业出版社，2001，第49—50页。
2. 梁思成：《梁思成全集（第五卷）》，中国建筑工业出版社，2001，第2页。

岁月荏苒　记忆犹存

——清华 Landscape Architecture 发展历程

一、历史的回顾

抗日战争胜利前夕，1945 年 3 月 9 日，身在四川宜宾李庄的梁思成写信给当时在云南昆明西南联大的清华大学校长梅贻琦，建议清华成立建筑系。在信中，梁思成先生阐述了清华大学成立建筑系的必要：

> "抗战军兴以还，……及失地收复之后，立即有复兴焦土之艰巨工作随之而至；……为适应此急需计，我国各大学宜早日添授建筑课程，为国家造就建设人才，今后数十年间，全国人民居室及都市之改进，生活水准之提高，实有待于此辈人才之养成也。即是之故，受业认为母校有立即添设建筑系之必要。"

此信还体现了他的建筑教育思想已经与 1928 年创建东北大学建筑系时 "悉仿美国费城本雪文尼亚大学建筑科"（童寯语）的 Beaux arts（布扎）体系转向现代主义建筑（Modernism Architecture）的 "包豪斯方法"。信中写道：

> "今后之居室将成为一种居住用之机械，整个城市将成为一个有组织之 Working mechanism，此将来营建方面不可避免之趋向也。
> "在课程方面，生以为国内数大学现在所用教学方法，即英美曾沿用数十年之法国 Ecole des Beaux Arts 式之教学法，颇嫌陈旧，……今后课程宜参照德国 Prof. Walter Gropius 所创之 Bauhaus 方法。"

信中最后写道：

"在组织方面，……，在目前情形之下，不如先在工学院添设建筑系之为妥。……一俟战事结束，即宜酌量情形，成立建筑学院，逐渐分添建筑工程，都市计划，庭院计划，户内装饰等系。"

这里，梁思成先生提到清华大学要设立"建筑学院"，建筑学院要设"庭院计划"，也就是"Landscape Architecture"系。

梅贻琦校长接受了梁思成先生的建议，同意在清华大学建立建筑系。1946 年夏，正式建系，聘梁思成为系主任。中央大学建筑系毕业的吴良镛被聘为助教。

1948 年 2 月 6 日，时任清华大学工学院院长的陶葆楷教授给梅贻琦校长写信，信中写道：

"思成亦有信来提及建筑系应向都市计划方向发展，受业甚为赞同。"

1948 年 9 月 16 日，清华大学向教育部（国民党政府）发文，报呈建筑系拟在四年级分为 2 个组——建筑学组和市镇计划学组，并将建筑工程学系改名为"营建学系"。呈文中写道：

"梁教授深感近年欧美建筑界对于都市计划之特加重视。实以建立有组织有秩序之新都市，为近代人类文化中之重要需求，尤足为我国战后建设之借鉴。爰按时代实际需要，将本校建筑系高级课程分为建筑学与市镇计划学两组。且因'建筑工程'仅为建筑学之一部分范围，过于狭隘。为使其名实相符，拟准将建筑工程学系改称'营建学系'。"

教育部批复不同意分组，也不同意改名。1948 年冬，清华园解放，教育部批文失效，1949 年，系名改称营建学系。

1949 年 7 月 10 日，清华营建学系在《文汇报》公布《清华大学营建学系（现称建筑工程学系）学制及学程计划草案》（以下简称《草案》）。《草案》中构想的营建学院，"可以设立下列各系：（1）建筑学系；（2）市乡计划学系；（3）造园学系；（4）工业艺术学系；（5）建筑工程学系。"

这里把 1945 年提到的"庭院计划"系改称为"造园学系"。在《草案》中列出了造园学系课程分类表。

> "甲、文化及社会背景　国文，英文，社会学，经济学，体形环境与社会，欧美建筑史，中国建筑史，欧美绘塑史，中国绘塑史；
>
> "乙、科学及工程　物理，生物学，化学，力学，材料力学，测量，工程材料，造园工程（地面与地下洩水，道路，排水等）；
>
> "丙、表现技术　建筑画，投影画，素描，水彩，雕塑；
>
> "丁、设计理论　视觉与图案，造园概论，园艺学，种植资料，专题讲演；
>
> "戊、综合研究　建筑图案，造园图案，业务，论文（专题研究）。"

1951 年，在梁思成先生支持下，年前从美国学成回国的吴良镛与北京农业大学的汪菊渊商议联合设立造园学专业。1951 年 9 月，汪菊渊带领助教陈有民及农大园艺系 10 名读完二年级的学生来清华大学营建系合办"造园组"，学生在清华再学习 2 年。这是把农科的园艺系与工科的建筑系结合，正是"Landscape Architecture"学科在中国的创始（尽管中华人民共和国成立前国内不少大学在农学院设立过园艺、观赏园艺、森林学等，但都不是真正意义上的 Landscape Architecture）。

汪菊渊先生 1934 年毕业于金陵大学农学院园艺系，在庐山森林植物园工作 2 年后回到金陵大学园艺系任教，抗战后到北京大学农学院园艺系任教。1949 年，北京大学农学院、清华大学农学院、华北大学农学院合并为北京农业大学，汪菊渊仍然任园艺系副教授。

1952 年 9 月，北京农业大学园艺系选了第二批 10 名学生到清华成为造园组学生。其时，中国大学正经历"院系调整"，清华大学改为专门性工业大学，北京大学建筑系并入清华，"营建学系"的名称按教育部统一规定改回"建筑系"。1953 年夏，第一批造园组学生毕业，第二批造园组学生在清华学习一年后即返回北京农业大学，两校联合"造园组"终止。1956 年 8 月，高教部"学习苏联"，将造园学专业定名为"城市及居民区绿化专业",并从北京农业大学转入北京林学院(今北京林业大学)。1964 年,北林将其改为"园林"专业,系名为园林系。

二、申请成立"景观建筑学系"

我于 1996 年 9 月至 1997 年 3 月在哈佛大学 GSD(设计研究生院)做高访学者,了解到 GSD 由 3 个学科构成:建筑学(Architecture)、城市设计(Urban Design)和景观建筑学(Landscape Architecture)。而且哈佛大学是美国最早(1900 年)成立 Landscape Architecture 系的。

回国后,是年 7 月,我被选为国务院学位委员会建筑学学科评议组成员。第一次参加评议组会议,看到建筑学的二级学科目录,在"城市规划与设计"后用括号标示"(含风景园林规划与设计)"。此前在 1990 年国务院学位委员会颁布的学科目录中,"园林规划设计"由"农学"门类的"林学"划归到"工学"门类的"建筑学",改称为"风景园林规划与设计"(二级学科)。而 1997 年被纳入"城市规划与设计",放在括号中"含"。我当时就和齐康、彭一刚、郑时龄、黄光宇等先生议论:"我们建筑学学科评议组还要接受和评议农林院校的风景园林博士点和博士导师的申请吗?"事实上,我当了 11 年建筑学学科评议组的成员,评议组从来没有收到过一份农林院校的申请。他们去的是农学学部林学(一级学科)学科评议组。

1997 年 11 月,我在建筑学院副院长(主管科研、学科建设)位置上被学校任命为院长。在我提出的学院发展构想中,有一项就是发展景观建筑学。那一年,杨锐考取了教育部公派留学生资格,记得他和我说,他是规划的硕士,这些年一直在景观方面努力,其他规划方面的工程一概不接。我说:"那你就去哈佛,哈佛的景观专业非常有名,我帮你与哈佛建筑学院院长彼得·G. 罗联系。"就这样,杨锐去了哈佛,在 GSD 景观建筑学系当了一年的访问学者。

在与校领导沟通和汇报,获得首肯的基础上,我在 2002 年 7 月 11 日正式向清华校领导呈交了《关于在清华大学建筑学院设立景观建筑学系(Department of Landscape Architecture)的报告》,并附有杨锐执笔的"教学计划和课程设置"草案。

"报告"中写道：

> "在今年4月8日建筑学院向校领导小组汇报学院"十五"学科规划时，曾提
> 出设立景观建筑学系的设想。经过这几个月的讨论和酝酿，现正式向学校提出
> 申请。"

吴良镛院士在广义建筑学中提出建筑学、城市规划和景观学三位一体。景观
建筑学（Landscape Architecture）是世界一流建筑院校的三大支柱专业之一。以哈
佛大学为例，景观建筑学专业是在 1900 年设立的，而城市规划则是 1909 年从景
观建筑学专业中分化出来的。直到今天，这个专业仍然是哈佛大学建筑学院（GSD）
的名牌。此外，UPenn（宾夕法尼亚大学）、Berkeley（加州大学伯克利分校）的
景观建筑学也很突出。

景观建筑学研究领域宽广，以美国为例，景观建筑学的专业领域包括景观
设计（Landscape Design）、场地规划（Site Planning）、区域景观规划（Regional
Landscape Planning）、公园规划与设计（Park Planning and Design）、旅游与休闲
地规划（Tourism and Recreational Area Planning）、国家公园规划与管理（National
Park Planning and Management）、土地开发规划（Land Development Planning）、生
态规划与设计（Ecological Planning and Design）、自然与文化遗产保护（Natural &
Cultural Heritage Conservation）等九大领域。有学者认为，在新的世纪中，如果景
观建筑学能够与生态保护及可持续发展紧密结合，它将是当代社会的领导性专业
之一。

成立景观建筑学系也是我国经济社会发展的需要。首先，随着城市建设规模
的不断扩大和对城市环境的日渐重视，城市美化运动在全国各地迅速展开。根据
发达国家的历史经验，城市美化运动的主力军是景观建筑学专业的人才。其次是
关于自然与文化遗产保护。我国目前被列入世界自然与文化遗产名录的达 28 处，
居世界第四位；同时设立有国家级自然保护区 124 处、国家重点风景名胜区 119 处，
国家森林公园 291 处，以及数量众多的历史文化名城。景观资源保护的严峻现实
要求景观建筑学专业的尽快出现。最后，旅游业的迅速发展也迫切需要景观建筑

学方面的专业人才。

需要说明的是，这里所说的景观建筑学专业与我国目前设在林业大学、农业大学的园林专业有很大的不同。国际上现代的 Landscape Architecture，其学科领域、学术思想、技术应用已大大超出了我国目前风景园林专业的范畴。但教育部在上一次《普通高等学校研究生专业目录》（以下简称《专业目录》）调整时，反而把原来还是独立的二级学科——风景园林专业取消，归入城市规划专业，《专业目录》中列为：城市规划与设计（含风景园林）。这是和国际上学科发展、我国的建设需要相悖的。但这种发展趋势和社会需求是客观存在的，因为受到《专业目录》的限制，国内一些大学就以其他名称成立相关的系和专业。

"名不正，则言不顺"，清华大学建筑学院要在全国第一个成立名正言顺的景观建筑学系（Department of Landscape Architecture），要和国际一流建筑院系接轨。这个想法得到吴良镛、关肇邺、李道增三位院士和教授们的赞同，在学院教师会上宣布过，并和来访的哈佛大学建筑学院院长、墨尔本大学建筑学院院长、哈佛大学和宾夕法尼亚大学景观建筑学系前系主任等讨论过，得到他们的赞赏，他们也表示了将支持和帮助。这个消息也已经传到校外，得到了学界的赞同，在外校引起了反响。清华要在这件事上抢先一步，带这个头。

清华大学在景观建筑学领域具有很好的学术基础，形成了学术历史悠久、理论实践并重、学科交叉融贯、国际交往密切四大特色。1949 年，梁思成先生提出"体形环境"（Physical Environment）的思想，构想成立营建学院，下设"建筑学系""市乡计划系""造园学系"。1951 年，梁先生委派吴良镛先生与北京农业大学汪菊渊教授组建了中国第一个"造园组"。半个世纪以来，众多的专家学者为本学科的发展奠定了深厚的学术基础，他们包括吴良镛、汪菊渊、朱畅中、汪国瑜、周维权、周干峙、朱自煊、朱钧珍、郑光中、冯钟平等诸位教授。……在 1998 年，学院成立了"景观园林研究所"；2001 年，成立了"风景旅游与资源保护研究所"。人员学历背景多样：两人曾在美国哈佛大学建筑学院景观建筑学系做过访问学者，一人在日本获得景观园林博士学位，一人是林业大学园林专业硕士、清华大学博士，一人是地理学博士、清华博士后。学科已建立了广泛密切的国际学术联系，与哈佛大学、宾夕法尼亚大学、国际旅游组织、联合国教科文组织等相关学术机构和国际组织建立了经常性联系。

景观建筑学系建系就要高起点，培养目标、教学计划、课程设置向国际一流大学看齐，当然也要有中国特色，包括中国古典园林、中国历史文化、中国自然资源等内容。

系主任拟外聘，人选初步商讨为曾先后担任过哈佛大学和宾夕法尼亚大学景观建筑学系主任的劳里·欧林（Laurie Olin）教授（以讲席教授的名义）。教学计划、课程设置，通过调查国内外的情况，已初步拟置。

三、名称之争

但是，申请报告交上去后，迟迟未见学校批复，我很是纳闷。直到 2003 年 3 月，学院党委书记左川告诉我，对于"景观建筑学系"这个名称，有一些不同意见。面对不同意见，我写了一篇六千字的答辩文章——《"Landscape"及"Landscape Architecture"的中文翻译》。文中我阐述了英文原文辞典对 landscape 的释义：1933 年出版的《韦氏大字典》将 landscape 译为风景；汪菊渊先生提到英国申斯通在 1764 年首次使用风景造园学（landscape gardening）一词，1858 年美国奥姆斯特德创造了"风景建筑师"（landscape architect）一词，开创了"风景建筑学"（landscape architecture）；1999 年，《中国园林》发表了 2 篇讨论 Landscape Architecture 翻译的文章：王晓俊主张其相应的译名应为"园林学"，而不是"××建筑学"，王绍增倾向于使用"景观营造"；吴良镛先生提出"地景学"；周干峙先生的意见："还是回到原来的风景园林好，不要提什么现代景观学。"我的看法是：Landscape Architecture 在今天来翻译，必须跳出林业大学和农业大学的"圈子"，纳入 architecture 学科，不能再围着"园"（garden）字做文章，"风景"一词含义亦窄，已容纳不下学科的发展。Landscape（An expanse of natural scenery seen by eye in one view）还是译为"景观"一词为好，"景"是物，是对象，是 object（an expanse of natural scenery）。而"观"是人，是人在"观"（seen by eye in one view）。Landscape 译为"地景"，一是"地"与"景"都是指物，指对象；二是和以前译为"风景"比，译得有点直。Landscape Architecture 译为景观建筑学似无不可,如果一定要考虑农林界的"情绪",或担心发生"盖房子"的歧义,用景观学亦可。

（这篇文章 6 年后在《世界建筑》2009 年第 5 期刊登。文前我写了"写在前面",阐述了文章的背景和 6 年后发表的原委。）

我把此文给了吴良镛先生,并在学院核心组会上讨论,我又到学校校务会议上阐述和解释我的观点,终于得到学校批准,2003 年 7 月 13 日,清华大学 2002—2003 年度第 20 次校务委员会讨论通过:"决定成立景观学系(英文名称: Department of Landscape Architecture),隶属于建筑学院。"2003 年 10 月 8 日,召开了清华大学建筑学院景观学系成立大会。我在会上致辞。

随后,国内许多大学的建筑院系纷纷成立景观学系和景观学专业,同济大学也把原来的"风景旅游系"改名为"景观学系",东南大学、哈尔滨工业大学、华南理工大学、重庆大学、西安建筑科技大学、华中科技大学、湖南大学等大学的国内最重要的建筑院系都相继增设了景观学(或景观建筑设计)专业。

四、后续的波澜

景观学系成立以后,拟定的系主任是曾经担任过哈佛大学景观建筑学系系主任的劳里·欧林教授。那时,教育部给清华、北大等重点高校有"讲席教授"的名额,聘请国外教授任教,年薪 10 万美元,加上相关费用,一个名额一年 100 万元人民币。清华"讲席教授"名额此前是给"高精尖"学科,建筑学院这次申请一个名额,建筑学可是"老学科"。我对校领导讲,清华在全国建筑院校中第一个办景观建筑学系,一定要高起点,系主任要外聘,要聘世界著名的学者教授,需要一个"讲席教授"的名额。校领导倒是很理解,同意了。我也与劳里·欧林教授见面,谈清华成立 Department of Landscape Architecture 的构想,请他出任系主任,他欣然同意。劳里·欧林教授做事非常认真,拟定了详细的教学计划,还组织了国际上(不仅限于美国)知名教授的讲席团。劳里·欧林教授在应聘清华期间,竞选美国"艺术与科学(Art and Science)"院院士成功。

在劳里·欧林教授任系主任期间,杨锐任副系主任,主持日常工作。劳里·欧林教授离任后，系主任由杨锐接任。

2008 年年底，国务院学位委员会和教育部准备启动新一轮的学科目录调整。传来了"农林口提出要把'风景园林'设立成一级学科"的消息，而 1997 年的学科目录中，"风景园林"隶属于工学门类的"建筑学"一级学科，而且连二级学科都不是，写在"城市规划与设计"二级学科的括号中"（含风景园林规划与设计）"。

这个消息震动了建设部和建筑院校，出现了农林口与建设口对学科归口与主管权属的"争夺"，以及学科是归于农学还是工学的争议，当然还有名称是"风景园林"还是"景观学（或景观建筑学）"的争议。如果农林口在农学下设"风景园林"学科，建筑口在工学下叫"景观规划与设计"，从"城市规划与设计"二级学科的括号中拿出来，与"建筑设计""城市规划与设计"并列，也就各不相干了。建设部为难了，此前，2004 年 12 月，建设部人事教育司在北京召开了全国高校景观学（暂定名）专业教学研讨会。会议起草并完成《全国高等学校景观学（暂定名）专业本科教育培养目标和培养方案及主干课程教学基本要求》，并筹建"高等学校景观学（暂定名）专业教学指导委员会"。尽管用了"（暂定名）"，但建设部的意图是用"景观学"的名称。但现在（2009 年）建设部改变了，也要用"风景园林"的学科名称向教育部申报一级学科，隶属于工学门类。这就出现建设口与农林口用相同名称"争夺"风景园林一级学科的态势，双方都明白，将来还涉及注册 Landscape Architect 的权属问题。（注册建筑师和注册规划师属建设部管理）。我感到有必要出来"发点声音"。这本来是一个学术争议问题，是可以表示不同意见的，何况全国建筑院系这几年成立的相关系和专业绝大多数被称为"景观学""景观规划与设计"和"景观建筑学"。我当时虽已不当建筑学院院长 4 年多了，但还是全国高等院校建筑学专业教育评估委员会的主任。

2009 年 2 月 21 日，我给国务院学位委员会、教育部、住房与城乡建设部写信，阐述我的观点。我在信中写道：

> "我写此信的目的，一是，作为一个学科，名称如何定，是一个学术问题，
> 需要客观的实事求是的充分讨论，听取广泛的意见；二是要考虑和尊重全国建

筑院系的意见，而不仅仅考虑农林院校的意见，两者设置专业的出发点、教学内容和学科目标不尽相同。建筑院系并不要求农林院校向'景观学'的学科范畴看齐，他们当然还可以坚守'风景园林'的阵地；但他们也不要限制建筑院系按照国际Landscape Architecture的发展方向和国内景观规划与设计的社会需求开拓学科领域。农林院校可以在农林学部下成立'风景园林'学科（二级学科或一级学科），而建筑院系可以在建筑学一级学科下设立'景观学（景观规划与设计）'的二级学科。无需强求一致。"

我在建筑学院内部，通过电子邮件把我6年前的文章和最近的思考发给了每一位教授。学院主办的《世界建筑》杂志知道后，希望发表我的文章，我思考再三后，同意发表。

之后事情的发展超出了该学科的名称之争。当建设部也以"风景园林"的名称申报工学门类下的一级学科，并由众多学者教授包括院士联名写信时，原来建筑学一级学科下的二级学科"城市规划与设计"显然要比"风景园林"更加具备独立成为一级学科的条件，参加教育部学科目录调整评议的郑时龄院士（同济大学）就说到过这一点。就在这样的"推进"下，建设部向国务院学位委员会和教育部提出，把原来建筑学一级学科一分为三，申报建筑学、城乡规划学和风景园林学3个一级学科。拆分原有一级学科，增加一级学科数量，不是学位委员会和教育部这次学科目录调整的初衷，但以"由建设部自行决定"批复，建设部人事教育司下发了一个论证报告征求意见。我在2010年3月18日向建设部表达了我的意见——《秦佑国关于设置建筑学、城乡规划学和风景园林学三个一级学科的意见》，其中写道：

我明确表示反对设这3个一级学科。

我认为此次学科调整，仍然在工学门类下保持"建筑学"为一级学科，下设5个二级学科：建筑设计、城乡规划、景观规划与设计、建筑历史与文物建筑保护、建筑技术科学。本科专业可设"建筑设计"（可不叫建筑学）、"城乡规划""景观学（或"景观规划与设计"）。（如果本科在一级学科下只设1个专业，那就是"建筑学"。）上述3个专业对应的职业名称是"建筑师"（architect）、"规划师""景观师"

（landscape architect）。其执业资格考试和注册由建设部主管。（景观师 landscape architect 的"architect"一词就决定了当然由建设部主管其资格考试和执业注册。）

至于农学门类下是否设"风景园林"一级学科，由农林口的院校讨论决定。他们有他们的学科领域和教学传统及毕业生就业渠道，本来和建筑院校的"景观学"（景观规划与设计）不尽相同，无需强求统一，更没有必要两家争抢"地盘"和"归口权"。他们的毕业生想成为注册景观师（landscape architect）当然可以，但必须参加资格考试，如同建筑师和规划师一样。

从去年秋季开始的这一轮学科目录调整，最开始建筑院校反馈的意见中，并没有多少院校提出把原建筑学一级学科拆分成 3 个二级学科的建议。但是，当传来农林院校建议在农学门类下设"风景园林"一级学科，且排在农学门类的第一提名的消息后，就造成农林口与建设口争抢相同名称的"风景园林"一级学科的归口与主管权属的问题。但这时，在建筑口就出现一个问题，城市规划与landscape architecture 相比，更具备条件成为"一级学科"，这就导致建设部人教司出面组织论证"设置 3 个一级学科"。事情就是这样，被"landscape architecture"的译名是"风景园林"还是"景观（建筑）学"这样一个问题，一步一步引到目前这个局面。

如果建筑口将"landscape architecture"命名为"景观学（或景观建筑学）"，将其设为二级学科，正如注册建筑师和注册规划师都是在二级学科下设的职业资质，景观学（或景观建筑学）在二级学科下设景观师职业资质，并归口建设部管理是顺理成章的事。何来如此大的动静呢！

建设部人教司组织论证，将原建筑学一级学科拆分成 3 个一级学科，撰写了论证报告，尽管论述建筑学、城乡规划和 landscape architecture 的差异和各自发展的文字不无道理，但对三者的相同性、统一性和关联性却没有进行论述。建筑设计、城乡规划和 landscape architecture 三者的差异不足以使它们各自独立成为一级学科，其差异只是在一级学科（建筑学）下 3 个二级学科的差异。

事实上，无论国内还是国外，这 3 个专业都是被组织在 1 个学院中，美国如哈佛大学、麻省理工学院、宾夕法尼亚大学等，国内更是所有建筑院系都是包含三者（如果专业齐全的话）。国外无"一级学科"之说，但三者被组合在 1 个学院中，表示三者具有同一性和统一性。如果三者成了 3 个一级学科，还在 1 个学院，那么：一是在大学内 1 个建筑学院包含 3 个一级学科，清华建筑学院还会含有 4 个一级学科，太多了；二是学院名称都难起（建筑学院？建筑与规划学院？建筑、规划与风景园林学院？）。此外，还涉及现有的"建筑学一级学科学位授予权""一级学科重点学科""一级学科学科评估"等现实问题。

两院院士吴良镛先生一直主张"广义建筑学"，其理论与观点还被写进国际建筑师协会的《北京宪章》。当年 20 世纪 80 年代中期，在建筑学一级学科下设置的二级学科名称还是吴先生起的。现在的建筑学一级学科之"建筑学"的涵义实际是"广义建筑学"，包含城市规划和 Landscape Architecture，而不是只指建筑设计。

2011 年，教育部公布了新的一级学科目录，在工学门类下，除建筑学一分为三外，只增设了软件工程、生物工程、安全科学与工程、公安技术 4 个一级学科，其他原有的 31 个一级学科都没有改变。而在"风景园林"一级学科下，用括号标示"可授工学、农学学位"。

五、结语

两天来写到这里，发觉太长了。但作为当事人又似乎应该留下历史的真实，供后人了解，不管我的观点是对是错。

2011 年 4 月是清华大学百年校庆，也正逢梁思成先生诞辰 110 周年。建筑学院在清华大礼堂召开纪念会，我最后一个发言，题目是"从宾大到清华——梁思成建筑教育思想（1928—1949）"。在发言的结尾，我说道：

"1945 年，梁先生在给梅贻琦校长的信中设想：'先在工学院添设建筑系……，一俟战事结束，即宜酌量情形，成立建筑学院，逐渐分添建筑工程，都市计划，庭院计划，户内装饰等系。'

"中国大学中的第一个建筑学院于 1988 年在清华成立，当时设了 2 个系：建筑系和城市规划系；2001 年，先期已从热能系进入建筑学院的暖通空调专业与原建筑学院的建筑技术科学研究所一起组建了建筑技术科学系；同年，中央工艺美术学院与清华合并，成立了清华大学美术学院，设有工业设计系；2003年10月，清华大学建筑学院成立景观学系。至此，梁先生当年提出建5个系的愿望，在58年后才得以全部实现，而他已逝世31年！

"斗转星移，世事沧桑，怅惘耶？告慰耶？"

值此清华大学建筑学院景观学系成立十周年之际，写下此文以为纪念。

2013 年 8 月 4 日

（本文原载于《借古开今：清华大学风景园林学科发展史料集》，清华大学建筑学院景观学系主编，中国建筑工业出版社，2013，第219~223页。）

梁思成　探寻中国古建筑的学子、君子、赤子

秦佑国　　林鹿

1915 年的一天，清华园里熙熙攘攘，挤满了来校报到的新生。在这群充满了朝气的青年中，有一位戴着眼镜、笑起来有些腼腆的男孩，透着优雅、从容的气质。无论是清华园里静静矗立的建筑，还是这位文质彬彬的青年自己，都不知道一场绵延半个世纪之久的缘分已经开始。

他的父亲于 1913 年在清华同方部做了以《君子》为题的讲演，留下延续至今的清华校训——"自强不息，厚德载物"。

他是清华学子，正是在清华，他获得了融汇中西的学术视野，在社团活动中发现了一生志趣之所在，并在二十余载后重回清华园，创办了清华大学建筑系。

他是从清华走出的一代君子，凭借超强的坚韧和毅力，在艰辛旅途中和困难条件下，15 年间在中国的大地上做田野调查，在艰难的时局下笔耕不辍，他怀着一颗赤子之心，将一生奉献给中国古建筑研究与保护和中国的建筑教育事业。

他是我国古建筑研究先驱者之一、近代中国建筑教育的奠基者之一、中国近代城市规划事业的推动者，他是中华人民共和国国徽和人民英雄纪念碑设计的主持人。

他与他的助手的研究成果获得国家自然科学一等奖，是全国建筑学界的唯一。他 1946 年获授普林斯顿大学荣誉博士。他是中央研究院 1948 年首批院士，是中国科学院 1955 年第一批学部委员（院士）。

他是梁思成。

融中西　玉汝成

作为梁启超的长子，梁思成自幼便浸润在我国传统文化的熏陶中，待到他

1915 年 14 岁考入清华时，已经积累了扎实的国学基础，是一个性格开朗、爱好广泛的青年。作为留美预备学校而成立的清华，无论在校园环境，还是在文化氛围和师资构成上，无不体现了"中西文化，荟萃一堂"的特点，这正适合青年梁思成的发展。当时清华的学制共八年，开设课程重视英文和西方科学，并为优秀学生提供到美国留学的经费。

在学习之余，清华丰富多样的社团活动给多才多艺的梁思成提供了成长的舞台。他加入了管弦乐团和合唱团，还是棒球队和足球队的队员。除了音乐和体育外，梁思成还在清华校刊担任美术编辑，参加美术社，展现了在绘画上的兴趣和天赋。

20 世纪初，建筑学在国内还是一门鲜为人知的学科。正因对绘画的喜爱，加之林徽因向他讲述她在英国时对建筑学的了解和在欧洲旅行中看到的古典建筑，了解到"建筑是一门综合性的学科和艺术"，梁思成于清华毕业后，决定报考美国宾夕法尼亚大学建筑系，于 1924 年与林徽因远渡重洋，投入系统的建筑学的学习中。

辟蹊径　展遗珠

在宾夕法尼亚大学，梁思成在建筑史课程上痛心地发现"唯独中国，我们这个东方古国，却没有自己的建筑史"。对故土和中华文化的热爱让梁思成心中涌起了深深的危机感和责任感，也让他下定决心整理出中华文明的建筑史。

学成归国后，梁思成在繁忙的工作、个人的病痛和时代的动荡中，与妻子林徽因和中国营造学社的同侪，踏遍中国十五省二百余县，采用田野调查方法，测绘和拍摄了两千余座自唐代保留下来的古建筑，开创了我国古建筑研究的现代科学方法，完成了对我国古代建筑"天书"《营造法式》的注释，写就了《中国建筑史》、*A Pictorial History of Chinese Architecture*（《图像中国建筑史》）等著作，被著名的中国科学技术史专家李约瑟誉为"中国建筑历史研究的宗师"。

古建筑研究的道路并不平坦。当时中国尚无系统的古建筑研究方法，而古建筑使用的主要材料——木材易腐、易燃、易拆，乱世中建筑极易损毁，所以留存历史久远的建筑可谓凤毛麟角。为此，梁思成从地方谚语中寻找线索，向当地的老者求教，与文化典籍、地方志书印证。1932年，梁思成前往河北蓟县考察辽代的独乐寺，调查报告《蓟县独乐寺观音阁山门考》正式刊出，成为中国学界第一次用现代科学方法研究古建筑的调查报告。

1933年，中国营造学社对山西应县佛宫寺塔的调查经过非常富有戏剧性。梁思成在此前赴大同考察调查时听闻大同南面的应县有辽代木塔，他回到北平后寄了一封信到应县"探投山西应县最高等照相馆"，托付寄送一张应县木塔的照片，不久后他居然收到了相关照片。同年9月17日，他与中国营造学社其他成员前往应县。林徽因未去，却在《大公报》副刊上发表梁思成在应县发回的"通讯"：

> "今天正式去拜见佛宫寺塔，令人叫绝，喘不出一口气来半天！"
>
> "十层平面全量了，并且非常精细。""明天起，量斗拱和断面，又该飞檐走壁了。"
>
> "天有不测风云"，"下午五时前后狂风暴雨、雷电交加。""在二百八十多尺高将近千年的木架上，而且紧在塔顶铁质相轮之下，电母风伯不见得会讲特别交情。"

梁思成于1932—1937年，多次往返于河北、山西、陕西、浙江等地，实地调查古建筑。虽然不断有新的进展，但始终没有发现宋、辽以前的建筑。直到1937年的山西五台山之行。

之前梁思成在敦煌壁画《五台山佛境》中，看到有"大佛光寺"的题记，这次到五台山他特意打听"佛光寺"，得知这个寺还有，在偏僻的小村，交通不便，于是骑骡子前往。

梁思成一行抵达了佛光寺，看到正中高台上七开间庑殿顶的东大殿，一下子震撼了，深远的出檐，硕大的斗拱，明显不是唐代之后的风格。

梁思成与助手钻进"住着成千上万只蝙蝠和千百万只臭虫，沉积了厚厚的尘土和蝙蝠尸体"的顶棚，"一连测量、绘图和用闪光灯拍照了数小时"。他们发现大殿木构用人字形"叉手"支撑脊檩，而不是短的立柱，这是该殿早于宋、辽的证据。

第三天，林徽因看到"在一根梁底上有非常模糊的毛笔字迹象"，于是搭起架子上去，拂去灰尘，沾上清水，字迹终于显出。其中有文字"佛殿主上都送供女弟子宁公遇"。

林徽因想起头一天在殿门外平台的石经幢上面，好像见过这个名字。她立刻来到经幢前，经幢上也刻有"佛殿主女弟子宁公遇"的文字。这个石经幢上带有纪年"唐大中十一年"，即公元 857 年。佛光寺大殿的建造年代得到确认，从而将当时华夏土地上已知最古老的木构建筑的建造时间上推了近百年。

梁思成在记载这段发现的日记中写道："这是我从事古建筑研究以来最快乐的一天！"

聚贤士　传薪火

梁思成不仅是中国古建筑研究的一代宗师，也是建筑教育家，是中国建筑教育事业的奠基者之一，是清华大学建筑系的创建者。

梁思成从宾夕法尼亚大学学成回国，于 1928 年创建东北大学建筑系，教师有林徽因、陈植、童寯，均从宾夕法尼亚大学毕业。"所有设备，悉仿美国费城本雪文尼亚大学建筑科"（童寯）。

1930 年晚些时候，林徽因因病离开沈阳到北平治疗。1931 年夏，梁思成把系里的事交给童寯，回到北平。随后，"九一八"事变发生，日寇占领东北，东北大学建筑系的学生流亡北平、上海。

1932 年 7 月，东北大学建筑系第一届学生毕业，梁思成致信祝贺。他在信中写道：

"现在你们毕业了，……但是事实是你们'始业'了，……你们的业就是建筑师的业……直接地说就是建筑物之创造，为社会解决衣食住三者中住的问题，间接地说，是文化的记录者，是历史之反照镜。所以你们的问题是十分的繁难，你们的责任是十分的重大。

"在今日的中国，社会上一般的人，对于'建筑'是什么，大半没有什么了解。……而不知建筑之真意，乃求其合用、坚固、美。

"非得社会对于建筑和建筑师有了认识，建筑不会到最高的发达。所以你们负有宣传的使命，对于社会有指导的义务。"

梁思成离开东北大学回到北平，出任中国营造学社法式部主任，开始了之后长达 15 年的古建筑实地考察与研究。其间，1937 年七七事变发生后，梁思成和林徽因从山西佛光寺调查地返回北平后，9 月就踏上了南下流亡的艰难历程。

抗日战争胜利前夕，身在四川李庄的梁思成于 1945 年 3 月致函时任清华大学校长梅贻琦，提出在清华大学成立建筑系的建议。

"抗战军兴以还，……及失地收复之后，立即有复兴焦土之艰巨工作随之而至；……为适应此急需计，我国各大学宜早日添授建筑课程，为国家造就建设人才，今后数十年间，全国人民居室及都市之改进，生活水准之提高，实有待于此辈人才之养成也。即是之故，受业认为母校有立即添设建筑系之必要。

"在课程方面，生以为国内数大学现在所用教学方法，即英美曾沿用数十年之法国 Ecole des Beaux Arts 式之教学法，颇嫌陈旧……今后课程宜参照德国 Prof. Walter Gropius 所创之 Bauhaus 方法，着重于实际方面，以工程地为实习场，设计与实施并重，以养成富有创造力之实用人才。

"在组织方面……在目前情形之下，不如先在工学院添设建筑系之为妥。…… 一俟战事结束，即宜酌量情形，成立建筑学院，逐渐分添建筑工程，都市计划，庭院计划，户内装饰等系。"

梅贻琦校长接受了梁思成的建议，同意在清华大学成立建筑系。1946 年夏正式建系，聘梁思成为系主任，吴良镛为助教，暑期招收第一届学生 15 名，本科学制四年。

同年 8 月，梁思成"呈准教育部派赴美国考察新教学法及建筑上新发展，应耶鲁大学之请前往讲'中国艺术'，即是'远东艺术概论'；次年 2 月，"被外交部任命为联合国大厦建筑顾问团专门委员"；5 月，参加普林斯顿大学二百周年纪念庆典，获授该校荣誉博士，并参加主题为"人类体形环境规划会议"（Conference on Planning Man's Physical Environment）的学术会议。

梁思成在美期间，与众多现代主义建筑大师接触，如柯布西耶、莱特、格罗皮乌斯、沙里宁等，使他更深入地了解到国际上在建筑理论方面的发展。同时他关注城市设计的新观点。在回国2个月后，即1947年8月他在中国市政工程学会北平分会做讲演：

> "现在都市计划的新观点则提倡区域设计（reginal planning），改善人民的生活环境。重视'空间'，在居住的空间里务求身体和精神都感觉愉快。""英国哈维尔著《明日之花园城市》，说明理想的新村标准，哈氏的理想现在已为英美国家所采用。""我国如三五十年高度工业化之准备计，必须现在建筑市镇设计上借镜西方，参酌国情，为下一代打算，奠立适宜的基础。"

梁思成回到清华，就在建筑系尝试以现代主义建筑理念办学。

建筑系第一届学生朱自煊回忆说：

> "梁先生从美国带回来一大卷招贴画，贴在建筑系教室的墙上，我还记得有：
> 'Design is everywhere.
> 'Space is nothing.
> 'Colour has power. '
> 另外，墙上还挂着'住者有其屋'的横幅。"

1948年2月，时任清华大学工学院院长的陶葆楷给梅贻琦校长的信中写道：

> "思成亦有信来提及建筑系应向都市计划方向发展，受业甚为赞同。""思成来信提到建筑系须有五年之训练，此与受业之意见相同，受业意工学院各系均应改为五年。"

1949 年 7 月 10 日,清华大学营建学系在《文汇报》公布《清华大学营建学系(现称建筑工程学系)学制及学程计划草案》,明确提出了"体形环境"论的思想,写道:

> "近年来……引起来现代建筑之新思潮,这思潮的基本目的就在为人类建立居住或工作时适宜于身心双方面的体形环境。在这大原则、大目标之下,'建筑'的观念完全改变了。"

梁思成依此思想制定了一套学制和课程。他并未照搬现代主义的体系,他不赞同 Beaux Arts(布扎)的"过于着重派别形式,不近实际",但他仍很重视艺术训练,重视人文和社会学的教育。他在清华发表题为《理工与人文》的讲演,随后又在校刊上发表《半个人的世界》,他强调理工与人文结合,批评人文教育缺乏的"半个人的世界"。

1952 年,全国大学进行"院系调整",清华大学成为一个工科大学,但营建学系仍然保留,并将北京大学建筑工程学系合并到清华,依据教育部学科目录的统一规定,合并后改名还称"建筑系",梁思成任系主任。1960 年,建筑系与土木系合并,称"土木建筑系",梁思成、陶葆楷是"双系主任"。

清华大学建筑系在梁思成规划的基础上不断发展:1988 年成立建筑学院,设建筑系和城市规划系,2001 年成立建筑技术科学系,2003 年成立景观学系,形成建筑学、城市规划和景观学三位一体的学科布局。梁思成 1945 年 3 月在给梅贻琦校长信中提出的愿望"一俟战事结束,即宜酌量情形,成立建筑学院,逐渐分添建筑工程,都市计划,庭院计划,户内装饰等系"到 2003 年 10 月才全部实现,而他在 1972 年 1 月就已辞世。

家国愿　赤子情

虽然历经时局的动荡和人生的颠沛,梁思成始终没有忘却的是对祖国的深切眷恋和对学术研究的执着。

1940 年冬,中国营造学社从昆明迁往四川李庄,旅途的艰辛劳顿和四川阴冷潮湿的气候，使林徽因的健康状况急剧恶化，加之经济的窘迫和物品的匮乏，使梁思成和林徽因陷入贫病交困的境地。

费正清（美国著名的汉学家，梁家的老友）1942 年去李庄看望梁思成和林徽因。他后来回忆："思成只有 102 磅重，在写完 11 万字的《中国建筑史》以后显得很疲倦，他和徽因及一个绘图员都必须工作到半夜，……我为我的朋友们继续从事学术研究工作所表现出来的坚忍不拔的精神而深受感动。"

1947 年夏，梁思成从美国回来，此时清华大学建筑系在林徽因的操持和吴良镛的协助下已步入正轨。梁思成一面扩充教师队伍，一面建立以"体形环境"为基础的教学体系。林徽因在摘除肾脏手术成功，身体有所好转中，迎来了清华园的解放。

1948 年年末，在解放军准备解放北平前，两个解放军干部造访了清华园梁思成家，请他在军用地图上圈出北京城内重要的古建筑，以备解放北平时可加以保护。这使梁思成和林徽因两位先生很感动。

梁思成随后在 1949 年 3 月组织编写了《全国重要建筑文物简目》，前言中写道："以供人民解放军作战及接管时保护文物之用。"

1950 年 2 月，梁思成与留学英国回来的陈占祥向中央政府提交了《关于中央人民政府行政中心区位置的建议》，建议在北京旧城之外另建国家行政中心，而把北京作为古都及历史文化名城整体保护下来。同年 5 月 7 日出版的《新建设》发表了梁思成的文章《关于北京城墙存废问题的讨论》，建议不要拆除北京城墙，并画图表示可建成城墙公园。这两个建议虽未被采纳，但扩建北海大桥时，梁思成写信给周恩来总理，让延伸的道路拐弯，保住了北海的团城。

新中国成立后，梁思成和林徽因积极投入新中国国徽的设计工作中。因为林徽因身体虚弱，设计讨论就在梁思成家中，梁思成女儿梁再冰回忆，那时他们的家里"沙发上、桌子上、椅子上摆满了国徽图案"。参与国徽设计工作的朱畅中在《国徽诞生记》中写道：

"6月12日上午，梁先生和林先生在新林院8号家中召集营建学系教师莫宗江、李宗津、汪国瑜、胡允敬、张昌龄和我一同开会组成国徽设计小组。

经过简短讨论后，立即分工分头准备。

"林先生给我的任务，是让我去画天安门的透视图，她要我去系里找出以前中国营造学社测绘天安门的实测图作参考。我查看后觉得用天安门立面图更好。这建议得到梁、林两位先生和小组全体同志的赞同。张昌龄分到的任务是研究齿轮形式，他特意去机械系请教绘制标准齿轮图的原理和方法。

"每一轮中大家提出一些方案设想后，就在梁、林两位先生的主持下，加以推敲、调整、修饰，筛选出一个或几个方案。然后采用流水作业的方法，立即绘制彩色工整的图案送审。"

1950年6月23日，在中国人民政治协商会议第一届全国委员会第二次会议上，毛泽东主席主持通过决议，采用清华大学营建学系设计的国徽图案。

清华大学营建学系报送的《国徽图案说明》：

"一、形态和色彩符合征求条例'国徽须庄严而富丽'的规定。

"二、以国旗和天安门为主要内容，国旗不但表示革命和工人阶级领导政权的意义，亦可省写国名。天安门则象征'五四运动'的发源地和在此宣告诞生的新中国。合于条例'中国特征'的规定。

"三、以齿轮和麦稻象征工农，麦稻并用，亦寓地广物博的意义，以绶带紧结齿轮和麦稻象征工农联盟。"

梁思成与林徽因的另一个载入史册的设计作品是天安门广场的人民英雄纪念碑。他们提出并坚持采用中国式的碑形，以碑文为主题，而不用欧式和苏式的以雕像为主体。毛泽东主席在纪念碑正面题写了"人民英雄永垂不朽"，周恩来总理在背面题写了碑文。在碑座四周的壁面上放置了由雕塑家们完成的表现中国近代革命史的浮雕。纪念碑坐落在两层石阶的平台上，坚实、平稳、挺拔、高耸，成了亿万人瞻仰的丰碑。

2020年5月，"穿越时间的距离——跟随梁思成林徽因探寻中国古代建筑，建筑学院山西行"活动的启动仪式在清华大学艺术博物馆举行。一批建筑学院的学生整装待发。一代建筑宗师的治学精神和思想遗产就这样代代相传，薪火不熄，以梁思成为代表的清华精神也在一次次重温大师历史的过程中传承、发扬。

（本文原载于《科学家精神：求实篇》，科学家精神丛书编写组编，科学技术文献出版社，2020，第26~37页。）

清华大学建筑美术教育早期发展溯论
（1946—1966）

1. 西方美术教育与建筑教育的渊源及其在中国近代时期的发展

西方的美术教育可上溯至古希腊和古罗马时代，其目的是增强学生对于美的认知能力，并陶冶人的情操。美术教育在中世纪时缩退为纯技艺性的工匠培训，但到了文艺复兴时期，古典时代的价值观和审美趣味重新成为意识形态的主流，美术教育逐渐摆脱了"单纯对于工艺技术的摹习阶段，过渡到致力于多方面知识培养和人文素质提高的新阶段"。[1]在这一背景下，世界上最早的美术学校出现在文艺复兴时代的意大利。西方最早的建筑学教育就来自意大利文艺复兴时期创建的这些美术学院，与绘画和雕塑同属于艺术的三个门类。

此后，巴黎皇家绘画雕塑学院（Royal Academy of Painting and Sculpture）成立于 17 世纪，并于 1795 年改名为巴黎国立高等美术学院（École nationale supérieure des Beaux-arts de Paris，下文简称"巴黎美院"）。所谓"布扎"即 Beaux-arts 的音译，指美术（Fine Art）。

巴黎美院的教学以古典美学原则为核心，包括素描、解剖、透视、装饰绘画等专业课，此外，还有文学、古代史、美术史等。拿破仑三世于 1863 年改组巴黎美院，"专授建筑、绘画、雕刻。其教授法最特殊之点即所用之学徒制度（Atelier System）。校内建筑图房（atelier）有三，每图房有一教授（称为 patron，即老师之意），受国家任命。……学徒制度，已公认为教建筑之最完善制度，盖良师益友之利，惟于此得完全发展。"[2]此处所说的"图房"，就是 1863 年巴黎美院在教育改革中建立的"工作室"制度，即由富有实践经验的成功艺术家在"图房"中指导

---

1. 陈浩波：《从法国巴黎美院与俄罗斯列宾美院看美术教育之发展》，《美术》2008年第10期，第112—115页。
2. 童寯：《建筑教育》，载《童寯文集（第一卷）》，中国建筑工业出版社，2000，第112页。

学生的建筑设计（或绘画、雕塑）等活动，学生之间也互帮互学，这种老师带徒弟的"师徒制"模式造成了风格鲜明并具有延续性的艺术团体（图1）。同时，巴黎美院在建筑教育中还推行不同等级的竞赛制度，其中最重要的是罗马大奖竞赛（Prix de Rome），其获奖方案"被用于公共建筑建设的参考"[1]（图2）。

图1　巴黎美院建筑系学生在工作室（atelier）中
来源：Spiro Kostof. The Architects: Chapters in the History of Profession. 转引自王贵祥. 建筑学专业早期中国留美生与宾夕法尼亚大学建筑教育[J]. 建筑史，2003（2）：218-238.

图2　罗马建筑大奖竞赛获奖作品，1783年

可见，在巴黎美院，建筑与绘画和雕塑并列，为三大艺术门类之一，建筑系学生也必须掌握熟练的造型能力，对人体结构、透视等相应的科学知识有精确的掌握。在这种体系下，建筑师被视作艺术家，建筑师与画家从基础训练上来说是一致的。

巴黎美院在19世纪盛极一时，其将建筑视同为艺术门类的一种而高度重视美

---

1. Massimiliano David. Ruins of Ancient Rome：The Drawings of French Architects Who Won the Prix de Rome 1786-1924，The J. Paul Getty Museum，Los Angeles：16.

术课程和绘画技能，其教学模式，如图房制、竞图制度等，对世界建筑教育的发展产生了深刻影响。其中最典型的是 19 世纪末、20 世纪初趋近"布扎"教育方式的美国东北部院校，美术课贯穿了这些建筑系 4 年或 5 年的教学，其比重之大、内容之全面，均远逾今日。以当时美国"建筑学专业中走在最前面的一系"（童寯语），且对我国近现代建筑发展产生重要影响的宾夕法尼亚大学（以下简称"宾大"）建筑系为例，其建筑系设在美术学院之下，与美术系和音乐系并列[1]。从机构设置和命名上可见法国美院的教育体系对宾大建筑教育的深刻影响，也不难想见严格的美术训练在"布扎"建筑教育中的核心地位。根据 1902 年（"布扎"大师保罗·克瑞特到宾大任教前一年）建筑系的课程安排，"一年级每周 15 小时的绘图相关训练包括徒手画以及工具画，这是一个比较笼统的数字，其中的徒手画应该属于美术课的范畴，即素描。而二年级的课程中渲染和徒手画区分开来。第三学年全年有每周 4 小时的古典建筑部件研究（antiques），新增加每周 3 小时水彩画，此外还有每周 2 小时的钢笔画。四年级除了每周 3 小时的水彩画之外，又增加了每周 4 小时的写生、每周 2 小时的钢笔画。五年级为毕业年，仍然有纯艺术课程。其中绘画作品构图分析每周 1 小时，写生每周 4 小时，水彩每周 3 小时。就课程结构来看，宾大的美术训练几乎伴随整个教育过程，不能只把它当作是一个基础课程。……若只计纯美术课程（徒手画、写生、水彩和钢笔画）的 36 小时，占 22.6%。所谓美院式的建筑教育重艺术轻技术，由此可见一斑"。[2] 从表 1 也可见宾大建筑系在 1920 年时美术课程仍贯穿了 4 年的教学过程。

表 1　1920 年宾大建筑系美术课程（前 4 年）统计

课程	学年 / 学期	学分
建筑画（Arch. Drawing）	第一年 / 第一学期	1
徒手画（Freehand Drawing）	第一年 / 第一学期	1
徒手画（Freehand Drawing）	第一年 / 第二学期	1
徒手画（Freehand Drawing）	第二年 / 第一学期	1

---

1. 受限于宾大校方不接受女生进入建筑系的规定，林徽因未能进入建筑系而去了同属美术学院的美术系学习舞台设计等专业，同时能够选修建筑系课程。
2. 顾大庆：《"布扎"，归根到底是一所美术学校》，《时代建筑》2018年第6期，第18—23页。

课程	学年 / 学期	学分
徒手画（Freehand Drawing）	第二年 / 第二学期	1
透视图（Perspective）	第二年 / 第二学期	1.5
水彩画（Water Color Draw.）	第三年 / 第一学期	1
徒手画（Freehand Drawing）	第三年 / 第二学期	1
水彩画（Water Color Draw.）	第三年 / 第一学期	1
徒手画（人体）[Freehand（Life）]	第四年 / 第一学期、第二学期	2
水彩渲染（Water Color Rend.）	第三年 / 第二学期	1
水彩渲染（Water Color Rend.）	第三年 / 第一学期	1
绘画史（Hist. of Painting）	第四年 / 第一学期、第二学期	1
总计：13 门		14.5

作者根据以下资料整理：钱锋，潘丽珂. 保罗·克瑞的建筑和教学思想研究[J]. 时代建筑，2020(4)：174-179.

　　"布扎"教育体系不同于将建筑作为一种技术过程的观点，而力图在遵循古典主义美学原则的前提下，利用与美术工作相似的工作方法，使建筑成为艺术。相应地，这需要建筑设计者拥有较高的审美趣味和高超的绘画技能，以之扩展到学习从事建筑设计研究的循序渐进方法[1]。在各种绘画技巧中，素描和水彩尤为重要，注重整体性原则的构图布局、对形式的准确把握和艺术的表达方式是训练的重点。

　　最早进入宾大美术学院建筑系就读的是清华1918届毕业生朱彬（后成为中国近代著名的建筑事务所基泰工程司的第二位合伙人），此后清华的一批毕业生进入该校学习建筑，如赵深（1920年）、杨廷宝（1921年）、梁思成（1924年）、林徽因（1924年，入美术系）、陈植（1924年）、童寯（1925年）等，他们均成绩斐然。这些毕业生选择以建筑为专业，与清华当时重视美育和全面教育大有关系，如杨廷宝曾与闻一多共同担任学生刊物《清华周刊》和学术期刊《清华学报》的美术编辑[2]，在清华8年"画技日增，成为当时清华园知名小画家"。[3]梁思成也曾在1922—1923年任《清华年报》美术编辑，且积极参加清华的音乐队，"在音乐

---

1. 童明：《范式转型中的中国近代建筑：关于宾大建筑教育与美式布扎的反思》，《建筑学报》2018年第8期，第68—78页。
2. 李薇：《建筑巨匠杨廷宝》，《中国档案》2018年第10期，第82—83页。
3. 杨士萱：《温故而知新：为父亲杨廷宝百年诞辰而作》，《建筑学报》2002年第3期，第36—37页。

方面的修养，绘画方面的基础，可能促使他在 1923 年毕业之后选择建筑作为专业"[1]。

这批宾大学生学成归国后，一部分人积极从事建筑设计实践，创立了中国近代最早的由中国人主持的建筑师事务所，如基泰工程司；另一部分人则投身建筑教育，如梁思成、林徽因，以及后来加入的陈植、童寯和蔡方萌，

图 3 1930 年东北大学建筑系师生合影，前排左起：蔡方萌、童寯、陈植夫妇、梁思成、张公甫
来源：童寯. 童寯文集（第一卷）[M]. 北京：中国建筑工业出版社，2000：117.

创建了东北大学建筑系，成为近代中国最早的建筑系之一，与位于南京的中央大学建筑系并峙，成为我国早期建筑教育方面的两座高峰。（图 3）

由于梁、林、陈、童 4 人均从宾大毕业，受过严格、完整的"布扎"式教育训练，对其教育理念和教学方式均非常认同，所以一致同意采用宾大建筑系的教育模式，"所有设备，悉仿美国费城本雪文尼亚大学建筑科"[2]，也采取宾大"图房"制教学方式，每班的学生人数不多。梳理东北大学建筑系的课程可见，除学制为四年外，东北大学建筑系的课程与宾大建筑系颇为类似（表 2）。从课表看，东北大学建筑系的图艺课和艺术史课业也是非常繁重的，包括素描、速写和雕塑等不同门类，重要的水彩画被安排在三、四年级，同时在毕业年级还安排了人体写生。

1931 年"九一八"事变后，东北大学建筑系的学生流亡北京、上海。但这种重视绘画和美学训练的教育模式影响了之后中央大学建筑系的课程设置和教学方式，使之成为"布扎"教育中最重要的院系，深刻影响了中国近代以来建筑教育的发展。

---

1. 陈植：《缅怀思成兄》，载《梁思成先生诞辰八十五周年纪念文集》编委会编《梁思成先生诞辰八十五周年纪念文集》，中国建筑工业出版社，1986，第 2—3 页。
2. 童寯：《东北大学建筑系小史》，载《童寯文集（第一卷）》，中国建筑工业出版社，2000，第 32 页。

表 2　东北大学建筑系和宾夕法尼亚大学建筑系课程比较（括号里数字为学年）

		东北大学建筑系 1928—1931 年课程	宾夕法尼亚大学建筑系 1924—1927 年课程 （梁思成留学时期）
公共课部分		国文（1）、英文（1）、法文（1，2）	
专业课部分	技术基础课	应用力学（1，2） 材料力学（2） 图解力学（2）	应用力学 Mechanics of Architectural Construction 图解力学 Graphic Statics in Architecture
	技术课	石工、铁工（2） 木工（3）	石工和铁工 Masonry and Ironwork 木工 Carpentry
		暖气及通风（3） 装潢排水（3）	暖气及通风 Heating and Ventilation 装潢排水 Plumbing and Drainage
		营业规例（4） 合同估价（4）	业务实践 Professional Ethics and Practice
	史论课	西洋建筑史（1） 东洋建筑史（2）	古代建筑史 Ancient Architectural History 中世纪建筑史 Medieval Architectural History 文艺复兴建筑和现代建筑 History of Renaissance and Modern Architecture
		西洋美术史（3） 东洋绘画史（3） 东洋雕塑史（4）	绘画史 History of Painting 雕塑史 History of Sculpture
		建筑理论（1）	建筑构图及设计原理 Composition and the Theory of Design
			建筑及相关主题特别讲座 Special Lecture on Architecture and Allied Subjects
	图艺课	阴影法（1） 透视（2，3） 建筑则例（1）	画法几何 Descriptive Geometry 阴和影 Shades and Shadows 透视图 Perspective 建筑元素 The Elements of Architecture
		徒手画（1） 炭画（2，3） 水彩画（3，4） 雕饰（3） 人体写生（4）	徒手画 Freehand Drawing I,II,III,IV 水彩画 Water-Color Drawing I,II,III,IV 建筑画 Architectural Drawing 雕饰 Historic Ornament 人体写生 Freehand Drawing from life
	设计规划课	建筑图案（1，2，3，4）	建筑设计 Design I,II,III,IV
附注		营业法 合同	

来源：钱锋，沈君承. 移植、融合与转化：西方影响下中国早期建筑教育体系的创立[J]. 时代建筑，2016（4）：154-158. 附注部分参考郭黛姮，高亦兰，夏路. 一代宗师梁思成 [M]. 北京：中国建筑工业出版社，2006.

当时，随着欧洲现代主义运动的兴起，德国包豪斯学校成为建筑教育的新模式。其教学特点，如童寯所言，"把建筑、雕刻、绘画融为一体，并灌输科学技术知识。新生入学后，先受半年预备教育，使他们对建筑材料有直接认识，再受三年理论教育和实际训练。……教学方式是'做'而不是'画'"。[1] 包豪斯的现代建筑教育体系大幅减少了美术课的比重，其设计课的教学方式亦有所不同。这种教学模式稍晚也传入我国，重要者如朱兆雪任系主任的北平大学建筑系（1928年）和1932年创办的勷勤大学建筑工程系，此外还有位于上海的圣约翰大学建筑工程系。

虽然现代主义建筑教育是在对"布扎"体系批判和扬弃基础上的新模式，但并未完全否定建筑作为艺术门类的观念。在近代中国，采取现代主义或重结构技术的建筑院系，也未完全放弃美术课程和绘画技能的训练，但其重点转向"在眼不在手"的审美观培养，目的是为建筑设计和空间操作打下基础。曾担任建筑系美术教研室主任的梁鸿文总结了绘画在建筑教育中的重要作用，至今看来仍富含哲理：

> "首先是培养了对自然的热爱与聆听自然的习惯，观察事物的好奇与兴趣，提高分辨美丑的能力；其次是绘画中多种构图的探索有助在设计中对视觉形象的多方案构思和表达；再有是绘画中得到的整体感和均衡感的锻炼有助在设计中对空间、形体、细部等多种元素的变化与统一的把握，等等"。[2]

2. 梁思成创办清华建筑系及其早期美术课程的演进

在"二战"结束之前的1945年3月，梁思成考虑到战后的全面重建亟需建设人才，因此向时任西南联大校长的梅贻琦写信，不但建议将来清华大学复校之后添设建筑系，而且提出在办学中放弃"布扎"式教学方式而采用现代主义建筑教育方式（即"Bauhaus方法"）：

1. 童寯：《外国建筑教育》，载《童寯文集（第一卷）》，中国建筑工业出版社，2000，第244页。
2. 梁鸿文：《画与我》，载《梁鸿文画集（2）》，清华大学出版社，2015，第165页。

“国内数大学现在所用教学方法，即英美曾沿用数十年之法国Ecole des Beaux Arts式之教学法，颇嫌陈旧，过于着重派别形式，不近实际。今后课程宜参照德国Prof. Walter Gropius所创之Bauhaus方法，着重于实际方面，以工程地为实习场，设计与实施并重，以养成富有创造力之实用人才。德国自纳粹专政以还，Gropius教授即避居美国，任教于哈佛，哈佛建筑学院课程，即按G.教授Bauhaus方法改编者，为现代美国建筑学教育之最前进者，良足供我借鉴。”[1]

这封信是清华建筑系在筹建过程中的重要史料，也是里程碑式的事件，标志着一个新建筑教育机构的即将诞生及其所描绘和展望的未来发展路线（图4）。梁思成在信中批评“布扎”“教学方法颇嫌陈旧”“过于着重派别形式，不近实际”。这与他在1928年创办东北大学建筑系“悉仿美国费城本雪文尼亚大学建筑科”是一个很大的思想转变。信中还写道：“在目前情形之下，不如先在工学院添设建筑系之为妥。…… 一俟战事结束，即宜酌量情形，成立建筑学院，逐渐分添建筑工程，都市计划，庭院计划，户内装饰等系。”

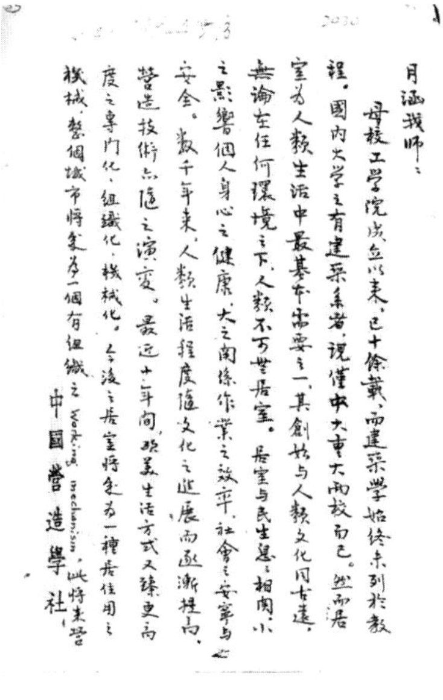
月涵我师：
母校工學院成立以來，已十餘載，而建築學始終未列於教程。國內大學之有建築系者，現僅中大重大兩校而已。然而居室為人類生活中最基本需要之一，其創始與人類文化同古遠。無論在任何環境之下，人類不可無居室。居室與民生息息相關，小之影響個人身心之健康，大之關係作業之效率，社會之安寧與安全。數千年來，人類生活程度隨文化之進展而逐漸提高，營造技術亦隨之演變。最近十餘年間，歐美生活方式又臻更高度之專門化、組織化、機械化。今後之居室將變為一種居住用之機械，整個城市將變為一個有組織之working mechanism，此將來營
中國營造學社

图4　梁思成致梅贻琦信，提出创办建筑系及具体办学方法

来源：清华大学资料室藏。

抗日战争胜利之后，梅贻琦同意在清华创办建筑工程学系，由梁思成任系主任，1946年夏，招收第一届学生15名，本科学制四年。

梁思成虽然决心参考包豪斯教育，但仍未丝毫放松培养计划中对绘画技能的训练。1946年8月，梁思成应耶鲁大学之邀赴美讲学，后又参与联合国大厦设计

1. 梁思成：《致梅贻琦信》（1945年3月9日），载《梁思成全集（第五卷）》，中国建筑工业出版社，2001，第1—2页。

等工作，至次年夏天才返回清华。1946 年，第一届清华建筑工程系的教学安排大体上与中央大学的"布扎"教育方式差不多，仍从柱式识图和渲染开始。但梁思成在赴美之前，已特别聘请李宗津为美术教师。当时参与建系的吴良镛曾回忆美术课的准备情况：

> "开始的时候，清华建筑系馆空空如也，都要从头做起。课桌有现成的，素描教室要准备，画图板、绘画架子、石膏像要安排定做。有一位国立北平艺术专科学校名叫李宗津的教授，是梁先生聘任的在清华兼任的美术老师，他介绍我去美专专门定制了七个石膏像，让我去挑选，美专还特地送了我一个，所以一共八个石膏像。吴柳生先生陪伴我从东单的永兴纸行买了画架，美术教室就像样了。"[1]

1947 年 6 月梁思成回清华后，根据他在美国各著名大学的亲身闻历，提交了新的四年制课程安排，其中美术课程部分如表 3 所示（图 5）。

可见，虽然在包豪斯教育体系的影响下准备取消高年级的人体写生课（但仍继续一段时间，中华人民共和国成立后受苏联影响又恢复），但素描课从大一到大三，水彩课从大二到大四，仍是美术训练的重点。其他还包括雕塑及绘画史等理论课。当时，建筑系的课程繁重"为全校之冠"，建筑系学生们常常"上半天在听钱伟长或张维教授的'应用力学'或'材料力学'课，这两门课每星期六一次小考，每月一次中考，期末大考，还要做不少习题。下半天就拿起画笔在名画家李宗津先生或李斛先生的指导下画素描，或者在高庄先生的指导下做雕塑。这两者似乎很难统一甚至对立，但作为一个建筑系的学生，我们只好克服困难熬过去。"[2]

和宾大或东北大学建筑系一样，清华大学建筑系从一、二年级开始素描，包括以古典主义建筑部件为对象的素描训练。考虑到比宾大学制少 1 年，清华的水彩课程甚至比宾大提前 1 年，在二年级就开始有水彩画训练，直至毕业。"因为渲

---

1. 吴良镛：《良镛求索》，清华大学出版社，2016，第43页。
2. 钟炳垣：《杂忆》，载《清华大学建筑系第1—4届毕业班纪念册》，2002。

表 3　清华大学建筑工程学系 1947 年 1～4 年级美术课程统计表（必修课程）

各年级通选必修课	学程名称	学年 / 学期	学分
一、二年级通选必修课	素描 I	第一年 / 第一学期	2
	素描 II	第一年 / 第二学期	2
	素描 III	第二年 / 第一学期	2
	水彩 I	第二年 / 第一学期	1
	素描 IV	第二年 / 第二学期	2
	水彩 II	第二年 / 第二学期	1
三、四年级（建筑学组）必修课	雕饰	第三年 / 第一学期	1
	素描 V	第三年 / 第一学期	2
	水彩 III	第三年 / 第一学期	1
	欧美绘塑史	第三年 / 第一学期	2
	素描 VI	第三年 / 第二学期	2
三、四年级（建筑学组）必修课	水彩 IV	第三年 / 第二学期	1
	中国绘塑史	第三年 / 第二学期	2
	水彩 V	第四年 / 第一学期	1
	雕塑 I	第四年 / 第一学期	1
	水彩 VI	第四年 / 第二学期	1
	雕塑 II	第四年 / 第二学期	1
三、四年级（市镇计划组）必修课	素描 V	第三年 / 第一学期	2
	水彩 III	第三年 / 第一学期	1
	欧美绘塑史	第三年 / 第一学期	2
	素描 VI	第三年 / 第二学期	2
	水彩 IV	第三年 / 第二学期	1
	中国绘塑史	第三年 / 第二学期	2
	水彩 V	第四年 / 第一学期	1
	雕塑 I	第四年 / 第一学期	1
	水彩 VI	第四年 / 第二学期	2
	雕塑 II	第四年 / 第二学期	1

来源：清华大学校史研究室 . 清华大学史料选编（4）［M］. 北京：清华大学出版社，1994：382-387.

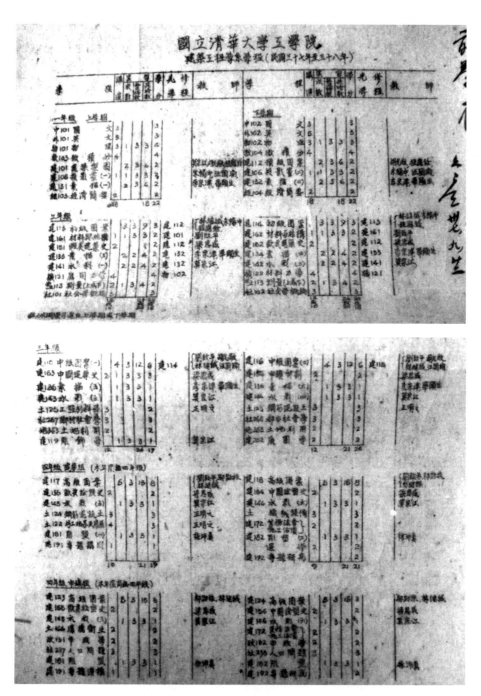

图 5　国立清华大学工学院建筑工程学系学程（民国三十七年至三十八年），即 1948—1949 年

染技法在低年级就已经教授，高年级的水彩画应该就是纯艺术的训练。"对素描和水彩的重视是一以贯之的。此外，速写、钢笔画、国画、雕塑、油画等各有专门的教师讲授，因为此后清华建筑系美术组的规模扩大正是循着"应有尽有""各取所长"[1]的方针遴选教员。建筑系学生除指定作业外，还可跟随这些教师从事创作或到其工作室观看，无形中提高了对美的感知水平。

虽然在教学内容上逐步脱离"布扎"体系而师法包豪斯学校的现代主义建筑训练，但梁思成深知美术学习对建筑师修养的重要作用，所以非常坚持绘画、透视、作图甚至木工活等基本功的训练。梁思成极其重视建筑设计课（中华人民共和国成立前称"建筑图案"），认为这是建筑系的核心课程，对建筑图的表现方式也特加重视，要求学生掌握较高的绘画水平。因此，"对美术课的安排，投入极大"。

并且，梁思成本人也非常注重建筑系同学们审美趣味的培养。一个广为人知的故事，是当时建筑系师生到梁先生家中，"他都要你到他的书架前看一看架上放着的那只长才15cm的汉代出土的文物——小陶猪。他问你：'欣赏不？'你如摇头，他就哈哈大笑，说：'等到你能欣赏时，你就快毕业了。'你若点头，他就考问你为什么？他不但让你看，还要让你用手去摸。他说：'建筑不仅要用眼看，有时还要用手去摸，才能'悟'出其断面细部设计上的妙处。'"[2]可见，清华建筑系的同学们正是在这种温润的艺术环境中，在与建筑大家的交往切磋中，潜移默化地得到锻炼和长进。

1949年元月，清华园解放，梁思成审时度势于当年7月提出五年制的新课程方案，即发表于《文汇报》的《清华大学营建学系（现称建筑工程学系）学制及学程计划草案》（下简称《草案》），并提议将建筑工程学系改称涵盖面更广的"营建学系"（图6、表4）。"营建学系"将来发展为"营建学院"，其中将包含5个系，代表着与营建相关的5个主要研究方向[3]。

---

1. 清华大学建筑学院：《刘凤兰访谈》，2020年8月2日。
2. 李道增：《一代宗师的光和热》，载《梁思成先生诞辰八十五周年纪念文集》编委会编《梁思成先生诞辰八十五周年纪念文集》，中国建筑工业出版社，1986。
3. 包括：（1）建筑学系；（2）市乡计划学系；（3）造园学系；（4）工业艺术学系；（5）建筑工程学系。

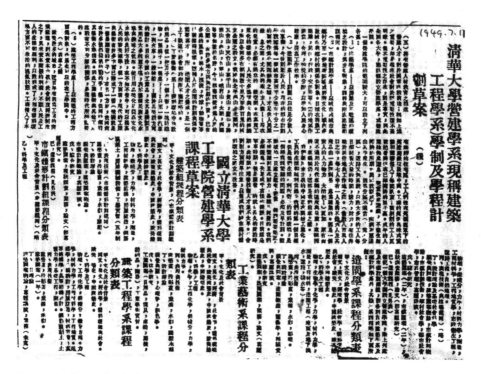

图6　刊登于《文汇报》上的《清华大学营建学系（现称建筑工程学系）学制及学程计划草案》

注释：《文汇报》上登载的是五个学系的课程草案。不是只有"建筑组""市镇计划组"两组。

表4　清华大学工学院营建学系课程草案

	文化及社会背景	科学及工程	表现技术	设计理论	综合研究	选修课程
建筑组	国文、英文、社会学、经济学、体形环境与社会、欧美建筑史、中国建筑史、欧美绘塑史、中国绘塑史	物理、微积分、力学、材料力学、测量、工程材料学、建筑结构、房屋建造、钢筋混凝土、房屋机械设备、工场实习（五年制）	建筑画、投影画、素描、水彩、雕塑	视觉与图案、建筑图案概论、市镇计划概论、专题讲演	建筑图案、现状调查、业务、论文（即专题研究）	政治学、心理学、人口问题、房屋声学与照明、庭园学、雕饰学、水彩（五、六）、雕饰（三、四）、住宅问题、工程地质、考古学、中国通史、社会调查
市镇体形计划组	同上	物理、微积分、力学、材料力学、测量、工程材料学、工程地质学、市政卫生工程、道路工程、自然地理	同上	视觉与图案、市镇计划概论、乡村社会学、都市社会学、市政管理、专题讲演	建筑图案（二年）、市镇图案（二年）、现状调查、业务、论文（专题）	

	文化及社会背景	科学及工程	表现技术	设计理论	综合研究	选修课程
造园学系	同上	物理、生物学、化学、力学、材料力学、测量、工程材料、造园工程（地面及地下泄水、道路、排水等）	同上	视觉与图案、造园概论、园艺学、种植资料、专题讲演	建筑图案、造园图案、业务、论文（专题研究）	政治学、心理学、人口问题、房屋声学与照明、庭园学、雕饰学、水彩（五、六）、雕饰（三、四）、住宅问题、工程地质、考古学、中国通史、社会调查
工业艺术学系	同上	物理、化学、工程化学、微积分、力学、材料力学	建筑画、投影画、素描、水彩、雕塑、木刻	视觉与图案、心理学、彩色学	工业图案（日用品、家具、车船、服装、纺织品、陶器）、工业艺术实习	
建筑工程学系	国文、英文、经济学、体形环境与社会、欧美建筑史、中国建筑史	物理、工程化学、微积分、微分方程、力学、材料力学、工程材料学、工程地质、结构学、结构设计、房屋建造、材料实验、高等结构学、高等结构设计、钢筋混凝土、土壤力学、基础工程、测量	建筑画、投影画、素描、水彩、建筑图案（一年）	建筑图案概论、专题讲演、业务		

《草案》开宗明义，阐释了"体形环境"的定义，即"有体有形的环境，细自一灯一砚，一杯一碟，大至整个的城市，（乃）至一个地区内的若干城市间的联系，为人类的生活和工作建立文化，政治，工商业，……等各方面合理适当的'舞台'都是体形环境计划的对象"，清华建筑教育的目标就是"造就这种广义的体形环境设计人"。清华当时建筑学和市镇计划（城市规划）较为成熟，因此新课程方案分为2组，其中有关美术课程各占很大比重（表5、表6）。

表5 营建学系五年制建筑组美术课程时数学分表

年级	课程	时数学分
一年级	建筑画	1
一年级	素描（Ⅰ）（Ⅱ）	4

年级	课程	时数学分
二年级	素描（III）（IV）	3
三年级	水彩（I）（II）	4
四年级	欧美绘塑史	2
四年级	水彩（III）（IV）	2
四年级	雕塑（I）（II）	2
五年级	中国绘塑史	4
总计：13 门		总计：22

来源：清华大学营建学系（现称建筑工程学系）学制及学程计划草案. 文汇报. 1949.7.10—7.12.

表 6　营建学系五年制市镇计划组美术课程时数学分表

年级	课程	时数学分
一年级	建筑画	1
一年级	素描（I）（II）	4
二年级	素描（III）（IV）	3
三年级	水彩（I）（II）	4
四年级	欧美绘塑史	2
四年级	水彩（III）（IV）	2
四年级	雕塑（I）（II）	2
五年级	中国绘塑史	2
总计：13 门		总计：20

相比 1947 年的课程表，因为加入更多的工程技术课程和人文素质课程（如侯仁之开设的市镇地理基础等），反映梁思成"体形环境"、理工与人文相结合的教育思想，美术课程占比有所下降。例如，五年制的教学计划中，素描和水彩各只开设 2 年，但在一年级加入由钢笔画和速写等构成的建筑画。

梁思成改建"营建学系"的主张得到采纳，在 1949—1950 年加以实施。1951 年 3 月，清华大学营建学系在《光明日报》刊载了本系课程改革的总结报告，综述了 1949 年以来，尤其是 1950 年的教学经验，反映了经 9 次修订后的营建学系教学情况。修改方案对全部课程分为两大类——核心课程（设计课）和外围课程，美术课自然属于后者。"'核心'是不可能脱离这些'外围'基础的。"具体推究二者的关系，"'核心'课程，是直接而全面的，连系着经济建设和文化建设的。如'建筑设计''市镇设计'，为了满足培养高级建设人才的要求，那是必须加强的。……

'外围'课程的加强，是有重点的。"[1]

为了突出"核心"课程，最终修订案删减了部分内容，如东北大学建筑系时代就贯穿 4 年教学的美术课，此时"素描、水彩画等课，我们也加以适当的精简，而且集中在一、二年级教学的"，并合并了重复、零散开设的课程，使教学效率提高。雕塑等课被取消。

至 1951 年开始院系调整和 1952 年全面学习苏联，清华建筑系的学制又调整为六年，和苏联一致。这时的美术课中，素描课被安排在第 1～第 6 学期(一至三年级)、水彩课在第 4～第 8 学期(二至四年级)。没有再安排专门的速写、钢笔画或建筑画课，其作为表现技巧被融入建筑设计教学中。随着正式授课的美术门类缩减为素描和水彩两门，原先在美术组的教师在 1952 年后的人事调动变化也较大[2]。

1953 年，斯大林逝世。1954 年 11 月，全苏建筑工作者大会召开，赫鲁晓夫做长篇报告，批判复古主义，要建筑工业化。1955 年年初，中国受到影响，掀起反对复古主义风潮，批判大屋顶，梁思成受到冲击。从此以后，梁思成虽然还是系主任，但已没有太多话语权。1957 年和 1958 年的政治运动更是冲击正常的教学。1960 年，在贯彻"调整、巩固、充实、提高"八字方针和"高教六十条"背景下，建筑系制订了新的六年制教学计划，总计 4438 学时（表 7）。

表7　1960 年制订的六年制教学计划

课程	学时
校公共课（政、体、外、数）	1013
画法几何	77
美术	428
水彩实习	2 周
建筑历史（中、外、近现代）	253
设计原理（讲课）	306
建筑设计	1312
力学、结构、构造、材料、施工、建筑物理、建筑设备等（共 15 门课）	1035
教学与生产实习	14 周
毕业设计	474

---

1. 清华大学营建系：《清华大学营建学系课程改革总结》，《光明日报》1951年3月12日—13日。
2. 1956年教学计划，来自清华大学档案馆。

1965 年，为响应中央号召缩短学制，清华建筑系从六年制又改为五年。此时的美术课缩减为 252 学时，在第 1～第 4 学期上课，相比之下，建筑系的高等数学课（第 1～第 2 学期）为 114 学时[1]。可见美术课被缩减程度之大。

3. 早期清华建筑系美术组教师的师资及其教学与创作

从清华建筑系创建伊始，梁思成就非常重视美术在建筑教育中的作用，费尽心力为新成立的建筑系延揽名师。当时，国立北平艺术专科学校在著名美术家徐悲鸿的治理下成为北方美术教育重地，也为清华建筑系的美术组输送了一批教师，二者在 20 世纪四五十年代的关系非常密切。国立北平艺术专科学校（以下简称北平艺专）最早由留日归国的画家于 1918 年创办，与 1928 年创办的国立艺术院（今中国美术学院前身）分别是北方和南方最重要的美术院校，抗战之前有"北学东京、南学巴黎"的格局。抗日战争胜利后，徐悲鸿二度北来担任北平艺专校长，并带来一批他在中央大学(南京和重庆)时的故旧，其中就有他的学生康寿山、李斛等人，他们后来都曾到清华大学建筑系美术组工作。

最先到系的是此前任教于国立北平艺术专科学校的李宗津，他接受梁思成聘任作为清华建筑系的兼任美术讲师（图 7）。李宗津（1916—1977），出生于苏州，1934 年就读于苏州美术专科学校，师从叔父李毅士等中国第一代油画家。1940 年受聘于贵阳私立清华中学任教，抗日战争胜利后得徐悲鸿赏识被聘为北平艺专讲师，因反对国民党内战一度被解聘。1947 年转入清华大学建筑系，后任清华大学建筑系副教授，曾参与梁思成先生领导的国徽设计小组。1952 年，李宗津与吴冠中交换，吴来清华，李去中央美院。

1948 年，徐沛真加入美术组，继之李斛也被聘为兼任助教。徐沛真擅长雕塑，曾协助高庄参与国徽模型的制作。李斛后来成为著名的国画家，是继徐悲鸿之后国画"新传统"的代表性人物，对人物画发展贡献巨大，并开拓出夜景山水的领域（图 8）。李斛始终坚持中西绘画的结合，追求表现新时代精神和新题材的技法，

---

1. 1965年教学计划，来自清华大学档案馆。

图7 李宗津自画像。李宗津的现实主义画法受到
徐悲鸿很大的影响。造型准确果断，颜色鲜明。
来源：《清华大学建筑系第1—4届毕业班纪念
册》，2002。

图8 李斛（后）与靳之林（前）在中央美院画室进修人
体素描，1951年
来源：靳之林，刘佳. 我与北平艺专和中央美院[J]. 美
术，2019(11)：107-110+106.

在艺术和教学实践中形成了自己独特的风格。据靳之林的回忆，李斛当时还在中
央美院（为北平艺专在中华人民共和国成立后所改建）绘画系任课，但与汪国瑜、
罗哲文等一同住在三十六所（气象台边日军占领清华园时期所建的一排平房）的
单身宿舍[1]。

1949年，高庄到系任教。当时，梁思成请人聘任高庄到建筑系任教，介绍人说：
"这个人很有水平，就是脾气耿直，不好合作。"梁先生说："只要他有本领，我可
以让他三分。"由此可见梁先生求贤若渴，也因此清华建筑系美术组一时间名师汇
集。徐沛真和高庄在1950年都参与了国徽的石膏模型制作。吴良镛先生后来评论：
"正是有这可贵的'让他三分'，高庄在原设计的基础上将国徽模型加工塑造成造
型饱满、棱角劲拔的大国风范的标志。"[2]

1951年，来系任教的是跟从林徽因研制新景泰蓝的常沙娜，"乃父（常书鸿）
向梁、林先生推荐其来清华工作"。1951年清华建筑系在册的美术教师名单如
表8所示。

---

1. 罗哲文：《难忘的往事、深厚的友情》，载《清华大学建筑系第1—4届毕业班纪念册》，2002。
2. 吴良镛：《良镛求索》，清华大学出版社，2016，第66页。

表 8 营建学系美术组教师名录（1951 年）

序号	职别	姓名	性别	年龄	籍贯	住址	备注
1	教授	高庄（沈士庄）	男	48	江苏宝山	新林院 9 号	
2	教授	王逊	男	37	北京	新林院 71 号	与哲学系合聘
3	副教授	李宗津	男	37	江苏武进	新林院 55 号乙	
4	兼任讲师	李斛	男	32	四川大竹	北京火神庙 31 号	成家后搬出清华
5	教员	徐沛真	女	31	浙江	古月堂 18 号	
6	助教	常沙娜	女	21	浙江	胜因院 21 号	

来源：清华大学校史研究室. 清华大学史料选编：第五卷下[M]. 北京：清华大学出版社，2005：733.

　　早期的几届同学曾回忆当时上美术课的一些情况，吐露出一些当时美术课内容与授课方式的端绪。如1946年入学的第一班同学虞锦文回忆她到高庄的木工工作室里制作游戏器具：

　　　　"图书馆前小河边，有一间四面透风的小屋就是高先生的教室，学生们谁都可以在这里干活，高先生来时就随时指导。那一年校内盛行打'克朗棋'，我到木工教室就地取材做了一副'克朗棋'，做得还不错，拿到系里很受欢迎。"[1]

　　当时还在继续画人体模特，所以1947年入学的几位女生集体逃课，被李宗津和林徽因批评：

　　　　"有一次素描课要画男模特，上一班的杨秋华告诉王其明、茹竟华，于是三人决定逃课，不敢留在宿舍和图书馆，逃到静斋后面的荒岛上待了一下午。一共四个女生，少了三个，李宗津教授十分气愤，对茹、王二人说：'你们去问一问你们的老师林先生，她当年上不上人体写生课？'后来他又向林先生告了状，林先生把三个女生叫去教育了一通，说：'为了艺术，为

---

1. 虞锦文：《清华大学建筑系第1—4届毕业班纪念册》，2002。

了提高表现能力，应当去上课，大学女生那能如此封建！'"[1]

关于素描和水彩的上课情况，1949年入学的高亦兰曾在一次访谈中回忆：

> "我们当时素描、水彩还是学的，一年级学素描，二年级学水彩。我们还学木工，跟包豪斯一样。我们有一间小平房，是一个车间，高庄先生教我们。他是雕塑家。那位老先生的眼睛可厉害了，教我们用刨子刨木头，又是做毛巾架，又是做小凳子。助教是徐沛真老师，她是美术老师，后来院系调整以后，被调到别的地方去了。他们同时也是雕塑老师。当时雕塑课好像是选修课，我们也学过，用泥来塑。木工是一年级学的，当时也不是很明白，事后回过去一想，这其实就是现代主义的那套方法。"[2]

1952年，雕塑家宋泊和徐悲鸿的另一高足——曾善庆也来到清华建筑系任教。宋泊来后参与了建筑系承接的多项任务，在雕塑方面贡献颇多，1966年与郭德庵等人塑造了第一尊毛主席塑像。同年，因院系调整，高庄、李宗津、王逊（美术史）、常沙娜等人从美术组调往中央美院。次年，著名留英水彩画家、原北京市建筑专科学校教师关广志等人调来清华建筑系任教。关广志的水彩画以用色洗练，质感浑厚著称，当时有"北关南李"之称，"南李"即任教于南京工学院的李剑晨[3]。为教学需要，让学生掌握不同绘画材料的性质，关广志在清华建筑系任教时期还作水粉画示范（图9）。1953年，著名留法画家吴冠中从中央美院调来清华建筑系，同时调来的还有程国英、王之英、康寿山、郭德庵、傅尚媛、王乃壮等多位老师。清华建筑系当时似对美术教研组的编制没有硬性规定，"当时美术教研室教师的阵容，堪谓可创办一个美术学院，学生的学习兴趣自然得益于高水平的教师"（梁鸿文语）（表9）。

---

1. 茹竞华：《清华大学建筑系第1—4届毕业班纪念册》，2002。
2. 钱锋：《高亦兰教授谈清华大学早期建筑教育》，载陈伯超、刘思铎编《抢救记忆中的历史》，同济大学出版社，2018，第42—43页。
3. 《刘凤兰教授访谈》，清华大学建筑学院，2020年8月2日。

图 9　关广志水粉画（山西晋祠圣母殿写生）

来源：清华大学土木建筑系民用建筑设计美术教研组.建筑画的构图与技法[M].北京：中国工业出版社，1962.

表 9　清华大学建筑系美术教师名录

姓名	在清华工作时间	备注
李宗津	1947—1952 年	油画家
徐沛真	1948—1957 年	雕刻家
高庄（沈士庄）	1949—1952 年	雕刻家
李斛	1949—1952 年	国画家，中央大学毕业，徐悲鸿学生
王逊	1951—1952 年	美术史家
常沙娜	1951—1953 年	工艺美术
王之英	1951—1952 年	由北大建筑系调来，后调至北京建筑专科学校
宋泊	1952—1976 年退休	1976 年在清华退休
华宜玉	1952—1986 年退休	擅长水彩画，1986 年在清华退休
曾善庆	1952—1979 年	擅长水彩画
程国英	1952—1968 年去世	曾任美术教研室主任
关广志	1953—1955 年	水彩画家、油画家
吉信	1953—1958 年	
吴冠中	1953—1955 年	国画家、油画家
康寿山	1953—1976 年退休	国画家，中央大学毕业，徐悲鸿学生；1976 年在清华退休
王乃壮	1953—1994 年退休	油画，1994 年在清华退休
郭德庵	1953—1990 年退休	雕刻，1990 年在清华退休
傅尚媛	1953—1978 年	
于学信	1953—1980 年去世	
梁鸿文	1962—1984 年	擅长水彩、速写，曾在中央美院进修，曾任美术教研室主任

姓名	在清华工作时间	备注
刘凤兰	1978—2008 年退休	2008 年在清华退休
张歌明	1982—1986 年	
王忻	1982—1984 年	
程远	1984—2015 年退休	2015 年在清华退休
周宏智	1988—2017 年	
石宏建	1991—1999 年	
王晓彤	1992—1997 年	
程刚	1991 年至今	
高冬	1998 年至今	
王青春	2010 年至今	

来源：秦佑国、左川、刘凤兰等人提供。另见清华大学校史研究室. 清华大学史料选编：第五卷上 [M]. 北京：清华大学出版社，2005：525.

　　1952年院系调整完成后，各系内部成立按专业领域划分的教研组。其中建筑系主任梁思成以下，建筑设计、建筑历史、建筑工程技术和建筑美术分别以张守仪、赵正之、张昌龄和宋泊为教研组主任[1]。1956—1957年度下学期的美术教研组主任名单上是"宋泊、李宗津"，教学秘书一栏空缺。李宗津此时已在中央美院任教，可能仍兼任清华建筑系课程[2]。1959年发布的教研组主任名单，美术教研组主任改为程国英[3]，直至"文革"开始之前。

　　1953年入学的梁鸿文在1959年毕业后被送去中央美院进修，1962年返回建筑系进入美术教研室担任教学秘书，后成为教研室主任。她回忆了当时上课的情况是"大学一、二年级时，每周有4～6个学时的素描、水彩绘画基础训练"。还有她进入美术组工作后，与各位老师一同备课的情形：

1.《清华大学各系及各教研组负责同志名单（1952 年 10 月 11 日）》，载清华大学校史研究室：《清华大学史料选编（第五卷上）》，清华大学出版社，2005，第 541 页。
2.《1956—1957 年度下学期教研组名称表》，载清华大学校史研究室《清华大学史料选编（第六卷第一分册）》，清华大学出版社，2007，第 629 页。
3.《清华大学各教研组主任名单（1959 年）》，载清华大学校史研究室《清华大学史料选编（第六卷第一分册）》，清华大学出版社，2007，第 636 页。

"教研室内从中央美术学院毕业后分配到清华大学教学的年青教师都曾经是美院的高才生，特别是曾善庆老师，听说他是徐悲鸿教授两大高足之一，他们的艺术创作大多以人物为主题，被分配到建筑系教学就好比用牛刀杀鸡。……任教研室主任的程国英老师，总是平易近人地和我商量工作，帮助、鼓励我参与教学，还安排我到美院进修。因为建筑系的美术学时不长，故教学中非常重视课堂示范的作用，教师上课前都要画好示范画，并在课堂上表演作画过程，一开始就要独立上阵，每堂课对我都是压力巨大的挑战。和老师们一起备课，就是迎接困难的准备。记得在'三年困难时期'的冬天，为了取暖，我们常把石膏像或静物搬到华宜玉先生家去画范画，华先生不仅给予指导，还用她家院子里的榆树叶做好烙饼给作画的人充饥。最年长的康寿山老师是国画大师吴昌硕的弟子，她脸上永远带着慈爱的笑容，也和我一样坐在小板凳上画画备课。另一位也毕业于中央美院的于学信老师是个'大大咧咧'的积极分子，请他看画改画或帮助做什么事都总是有求必应。还有一位让我来接替她工作的付尚媛老师是个执着于'原则'的人，有时观点未必一致，但她心地善良而真诚，因有她的帮助我才有接手工作的信心。宋泊、郭德庵两位雕塑家……为教研室翻制各种石膏教具，还复制造型优美的文物器皿和菩萨、佛像，使大家无论在办公室或家里都不乏供鉴赏和画习作的艺术品。常随教师们观摩艺术展览，认真阅读画册书籍，使我增长了不少关于艺术与审美的知识。每隔一年都有一定时间轮流到山村古镇等景观丰富的地方写生作画，我曾分别和曾善庆、郭德庵、王乃壮等老师同组，回忆中有很多艰苦、惊险又十分愉快的故事，写生过程中还观摩到不同的画风和技法，每次出行都有很大收获。"

　　美术课当时主要集中在一、二年级，常常要花半天时间作画，且要占用不少课余时间。一般同学均感觉入校前"画画"方式和学校科班的训练大不相同，学习压力很大。1959年入学的马国馨曾回忆："于学信和程国英老师教我，他们都很和气，但学习中仍时时感到压力。……水彩课我有一张作业还得过2分（那张作业我现在还保留着），后来我也想了办法，画得不好就马上重来一张，在颐和园水彩实习时好几个题目都画过三四张。"[1]当时的美术教学计划中还包含一周的水彩实习，1962年入校的一位同学回忆这一经历并提到美术课教师的指导风格：

> "建筑学专业的学生有美术课，我们背个画夹走在校园里，往往引来其他专业学生羡慕的目光。我喜欢画画，高中就参加了学校的美术课外小组。我愿意上美术课。最高兴的是一周的水彩实习，在离学校不远的颐和园，每天早出晚归，不辞辛苦；中午啃啃面包馒头，有时还可以在长廊坐凳上小憩片刻，颇为惬意。……记得教我们美术的有王乃壮、康寿山、华宜玉、郭德庵、傅尚媛和梁鸿文等老师。现在知道那都是名家。例如：王乃壮老师毕业于上海美专、中央美院，深得徐悲鸿、吴作人指导，后又师从李苦禅；康寿山老师1941年毕业于中央大学的艺术系，是一名国画家；傅尚媛老师1953年毕业于中央美院绘画系，是以花卉著称的水彩画家；郭老师也毕业于中央美院，擅长雕塑、水彩；华宜玉老师毕业于中央美院，是我国享有盛名的水彩画家；梁老师本就是清华建筑学毕业，还兼任过我们的班主任。有的小事至今印象很深：梁老师辅导我素描，特别重视轮廓的准确，有时我已上了不少明暗，可因为轮廓不准，被她用橡皮一阵擦、改，擦得我心里发毛，然得益匪浅；又记得华老师在示范水彩时，用笔用水用色的精准熟练，引来同学们的啧啧赞叹。"[2]

由此可见，当时建筑系美术训练的重要标准仍是"轮廓的准确"，即"画得像"。而对于建筑系美术教研室的教师而言，以建筑和风景为对象，确乎大材小用，"牛刀杀鸡"。"如果教师对艺术创作没兴趣，才是教学研究的一个重大损失。"从梁思成主系时开始，就创造了一些机会：一方面，他鼓励教师带同学到城内的画展观摩，如关广志就曾带1951年入学的同学到中山公园参观徐悲鸿

---

1. 叶如棠、马国馨，等编《班门弄斧集：清华大学建筑系建五班（1959—1965）入学50周年纪念集》，清华大学出版社，2009。
2. 沈永祺：《大学故事》，载《原八味续集（1968—2018）：清华大学建八班毕业五十周年纪念集》。

画展；另一方面，在教学工作之余，每年安排一定时间让这些教师能到工农大众中体验生活，继续艺术创作，这对于发挥个人特长、繁荣文化艺术都有好处。例如，曾善庆老师到山东渔港体验生活，带回来一批渔民肖像和渔家劳动情境的画作，并在系里举办了展览，令全系师生耳目一新[1]。

我们可以从建筑系美术组各位教师在清华任教期间的创作，看出他们选取晋祠、鼓楼等祠庙古建筑为对象，多用水彩进行创作，也体现了一定的共同特征。这些创作，为建筑系同学学习水彩技法和掌握构图技巧提供了极佳的范本。当然，他们个人的艺术品位并不因此降低，手法并不因此雷同。关广志留学英国期间主攻水彩，擅长干画法，用小笔触叠加，取法康斯坦布尔的形体坚实；李宗津将现实主义题材与印象派的技法结合，别具一格；华宜玉最善画古建筑，细腻刻画古建筑的氛围（图10），她的画作强调表现建筑物的结构严谨、规矩和用色彩表现光影对照的鲜明、洒脱，表现坚实有力、生动准确，水分运用得当，使建筑主体置于协调的幽美环境之中；李斛在风景画中强调的整体性，成为他夜景山水的形式起点。以上并非美术组教师的全体，但建筑系教师绘画水准由此可见一斑。此外，我们也不能忽视吴冠中在建筑系短暂的教学生涯，正是从这里开始，他将绘画的落脚点转向风景，在水彩画中隐藏了对

图10 华宜玉纸本水彩《颐和园大戏台》
注释：华宜玉总结出"观察要深，多作加法；表现要简，多作减法"的作画手法。

1.梁鸿文：《画与我》，载《梁鸿文画集（2）》，清华大学出版社，2015，第168页。

现代绘画的形式探索，他将树赋予人的性格 [1]，投注浓厚的情感，成为他独具匠心的艺术风格的起点（图11）。

在20世纪60年代初清华全校总结教学经验、编写教材的大背景中，建筑系（当时已与土木系合并成为"土木建筑系"）民用建筑设计和美术教研组合编了中国第一本建筑画的教材——《建筑画的构图与技法》（图12）。

该书前言说明了建筑画以符合设计意图、追求真实为目标，但并非纯粹的写实而必须加入绘画者自己的理解和裁选，"缺乏必要的艺术上的提炼、取舍和加工，因此事实上反而不能更动人地、更真实地描绘出建筑的美和特色，来充分地反映出作者的设计意图"。这是与绘画者长期的美术训练和审美水平的提高分不开的。因此，"建筑画的表现范围和表现能力与绘画相较，虽各具有其一定的特殊性，但作为表现艺术的特性，和这一艺术形式所应具有的最基本的规律，则又是共同的。因此，对建筑画技巧进行基本训练的同时，还必须辅之以素描和水彩的学习。如果没有打好熟练的素描速写和水彩写生的基础，以及具备一般艺术理论的修养，

图11　吴冠中水彩《北京钟楼》，1954年
注释：吴冠中在清华建筑系时期的风景画，与留法时期倾向于表现主义的画法相比，显得非常工整。这种改变与他将创作热情转向风景有关，也是为了更好地适应新的教学岗位。

图12　《建筑画的构图与技法》封面

1.吴冠中：《我负丹青：吴冠中自传》，人民文学出版社，2004，第30页。

要想孤立地提高建筑画的技巧是有困难的，至少对于进一步提高也会受到很大的局限"。[1]

　　该书所选的范作，除建筑效果渲染图外，还包括杨廷宝、关广志、巫敬桓等人的水彩写生作品，这说明："学习建筑画的时候，既要注意技法的熟练，又应该注意艺术修养和鉴赏力的提高。手、眼、脑的训练是不可偏废的，必须要多画、多欣赏、多分析。"[2]这正是清华建筑系长期以来美术训练旨在达到的目的（图13、图14）。

颐和园宜芸馆后院　五零级　李承祚（69cm×52cm）
1950级学生李承祚颐和园测绘图（水彩渲染）

水彩静物　栗德祥　六六届（37.5cm×27.5cm）
1966级学生栗德祥水彩静物

水彩写生　赵元庆　六七届（25.5cm×36.5cm）
1967级学生赵元庆水彩写生

图13　清华建筑系学生美术作业1

1.《前言》，载清华大学土木建筑系民用建筑设计、美术教研组编著《建筑画的构图与技法》，中国工业出版社，1962。

2. 同上书。

钢笔画　沈继仁　六三届（66cm×25cm）

1963级学生沈继仁钢笔画

钢笔画　王家骅　六三届（81cm×41cm）

1963级学生王家骅钢笔画

钢笔画　张光华　六三届（35cm×23cm）

1963级学生张光华钢笔画

图14　清华建筑系学生美术作业2

清华礼堂局部水墨渲染　潘金华　六四届（39cm×72cm）

1964级学生潘金华清华礼堂局部水墨渲染

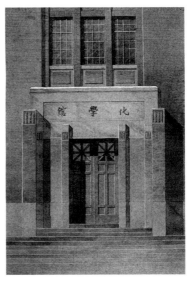

化学馆　王崇礼　六五届（29cm×40cm）

1965级学生王崇礼水彩渲染

4. 早期清华建筑系美术组教师参与的重要工程

从中华人民共和国成立开始，在建筑系（1949—1952年初为营建学系）承接的重大工程和设计任务中，美术组教师都积极配合，利用在雕塑、造型和建筑画等方面的优长，对深化和完善设计发挥了重要作用。

中华人民共和国成立之初的国徽设计是最著名的一个例子。1949年9月下旬的政协全体会上通过了国旗方案和国歌词谱，没有公布国徽方案。会后不久，政协第一届委员会决定邀请清华大学营建学系和中央美院分别组织人力对国徽方案进行设计竞赛。清华大学营建学系因此于1950年开始国徽设计竞赛工作，梁思成先生担任设计组组长，成员有林徽因、李宗津、莫宗江、朱畅中、汪国瑜、胡允敬、张昌龄和罗哲文等。清华设计组首先对我国古代的铜镜、玉璧、玉环等礼仪文物的装饰纹样及工艺效果进行了研究和借鉴，先后设计了20多个方案作比较，最后选定用齿轮、稻麦穗、五星、绶带作为题材内容，用以体现中国共产党领导下的工农联盟政权和全国人民的大团结。从中国特征的要求出发，使用红、金二色互为衬托对比，体现我国吉寿喜庆的民族色彩传统。后又根据政协国旗国徽审查小组提出的要求，把天安门作为题材的一部分加进去，用以代表五四运动发源地，并作为新中国首都北京的象征，但把天安门按建筑师的要求画成正立面图，并把五星红旗端正地放在国徽图案的正中轴线上，"庄严对称，用以体现中华民族的轩昂气质"[1]。

清华设计组在1950年6月政协一届工作会议之前，完成了设计任务，政协一届二次会议国徽审查小组就决议选定了清华大学营建学系国徽设计小组设计创作的国徽图案为中华人民共和国国徽图案。"自此以后，中央美院的同志由于他们设计的图案未能中选，也就不再参加国徽设计工作了。"[2]

此后，根据周总理提出的改进意见，将稻穗向上挺拔，营建学系国徽设计小组又重新绘制了完整图案提交政协。随后，营建学系副教授、雕塑家高庄主持完成了国徽浮雕造型的设计制作任务（图15）。当时亲历其事的青年教师朱畅中回忆：

---

1. 汪国瑜：《忆国徽的诞生》，《新清华》1984年9月25日。
2. 朱畅中：《梁先生和国徽设计》，载梁思成先生诞辰八十五周年纪念大会编《梁思成先生诞辰八十五周年纪念文集》，清华大学出版社，1986，第121—127页。

图15 1950年6月政协会议通过的国徽设计墨线图（左）及浮雕石膏模型（右）
来源：清华大学建筑学院. 匠人营国［M］. 北京：清华大学出版社：29.

　　"国徽图案被通过批准了，但设计工作并没有完全结束，还需要把国徽从平面图案做成立体浮雕模型，并且要有一定的规格大小。这个立体浮雕模型的设计塑造任务，梁先生就请当时我系副教授高庄先生来完成，并请我系雕塑老师徐沛真同志参加协助制作。

　　"高庄先生开始设计塑造国徽模型大约是在1950年6月底。开始时，中央要求很快完成国徽模型的制作。但高庄先生对国徽图案中的一些细部处理等提出不同看法，并建议在做模型的过程中加以改进。同时，他提出要延长交卷时间。梁思成先生支持高庄先生对国徽精益求精的想法。高庄先生写了一封信给毛主席，陈述了自己对国徽图案的一些看法和建议。毛主席同意了高庄先生的意见。

　　"高庄先生冒着炎热天气下的高温、怀着对祖国对党无限忠诚热爱的心情，以主人翁的政治责任感，对国徽浮雕模型设计工作，献出了自己的全部艺术才华，他夜以继日、从不间歇地去完成这项光荣而崇高的任务。他反复研究麦穗、稻穗的造型，细致地观察真的稻麦穗并加以艺术概括和程式化。我们有时看到他为了塑造一粒稻穗或麦穗，可以凝视思索几小时才动一下雕塑刀子添上一点或刮去一点。他反复探索每一条线、每一个面的形象。他那倔强和正直的心，谁也不能催促他。他对祖国神圣庄严的国徽，真是倾注了自己的全部心血。"[1]

---

1. 朱畅中：《梁先生和国徽设计》，载梁思成先生诞辰八十五周年纪念大会编《梁思成先生诞辰八十五周年纪念文集》，清华大学出版社，1986，第121—127页。

清华营建学系在1950年就开始的人民英雄纪念碑设计中也发挥了决定性作用，确定了采取高而挺拔的形象来表达人民英雄的崇高事业和伟大的功勋更为得体，并采取带有民族形式的石碑为造型，"以文勒石"，以传久远。清华美术组教师也

图16　昭陵四骏复本，展陈于清华大学建筑学院
来源：作者拍摄于2020年。

参与了设计过程，而且在创作过程中，除了借鉴西方纪念碑的典范，还结队赴西安、洛阳龙门石窟等地参观鉴赏中国古代的雕刻遗产，并将一些雕刻精品复制下来，观摩学习。现藏于清华大学建筑学院的"昭陵四骏"复本，便是那时申请制作的[1]，成为几代清华建筑系学子的共同记忆（图16）。

除了与建筑系设计教师密切配合、参与中华人民共和国的这些重大工程外，清华营建学系在梁思成、林徽因的推动和指导下，对中国传统工艺美术进行系统研究，由清华营建学系教师（林徽因、莫宗江、李宗津、高庄、王逊、常沙娜等）和北京特艺进出口有限公司联合成立"工艺美术研究小组"，与梁思成设想的营建学系五大学科方向之一的工业艺术相合。当时国内工艺美术（时称"特种工艺"）外销受阻，行业凋敝，传统工艺缺乏科学研究和总结，亦缺乏技术和艺术上的创新。在此情况下，林先生与新成立的北京特艺公司进行合作，发现景泰蓝样式陈旧，开始以景泰蓝的设计为突破口，希望通过研究进行工艺制造上的创新，从而打开国内外市场。

景泰蓝研究和设计工作由林徽因带领刚从美国归国的常沙娜、钱美华、孙君莲三位年轻人具体进行设计，营建学系参与此事的还有莫宗江、李宗津、高庄等教师。经过1949—1950年一年多的工作，改善了传统景泰蓝造型设计，做出了不少令

---

1. 吴良镛：《新中国成立后第一座丰碑设计建造中的故事》，载吴良镛：《师道师说·吴良镛卷》，东方出版社，2019。

图17　景泰蓝瓷盘，常沙娜设计、林徽因指导
来源：清华大学建筑学院. 匠人营国［M］. 北京：清华大学出版社，38.

人耳目一新的精品[1]（图17）。1952年10月2日—12日，亚洲及太平洋区域和平会议在北京举行，这是新中国举办的第一场大型国际会议。林徽因及其团队制作的景泰蓝台灯和专为和平大会新设计的丝巾、胸针、金漆套盒等也作为礼品赠送国宾。[2]

　　20世纪五六十年代，我国在公共建筑和雕塑创作上取法苏联的"社会主义现实主义"（socialist realism），以工农兵为题材的雕塑常作为建筑外部装饰的一部分，与建筑立面和造型设计紧密地结合。清华建筑系美术组有不少教师是专攻雕塑的，前期以高庄为代表，后来则由宋泊主持。清华参与的设计方案，在创作过程中非常注意与美术家合作。以1963年古巴吉隆滩国际设计竞赛为例，清华建筑系从接到设计任务开始，就组成了包括该系美术教研室3名教师在内的工作组，将雕塑作为表达纪念组群主题的重要内容进行设计和修改，配合每组方案（三把刀、胜利门等）创作了不同的形式，成型的足尺大样就留下几十个（图18）。由于有雕塑教师的密切配合，清华设计方案的完成度较之其他院校和设计单位更高，也更具特色。在全部选送出国参加竞赛的17个单位的20个方案中，清华独占2个，反映出清华当时的设计教育质量领先全国的地位[3]，也反映了美术组教师在参与教学、工程和社会服务时发挥的特殊作用。

1.《景泰蓝新图样设计工作一年总结》，载清华大学建筑学院编《建筑师林徽因》，清华大学出版社，2004，第26—29页。

2. 钱美华：《缅怀恩师——窗子内外忆徽因》，载清华大学建筑学院编《建筑师林徽因》，清华大学出版社，2004，第126页。

3. 刘亦师：《1963年古巴吉隆滩国际设计竞赛研究——兼论1960年代初我国的建筑创作与国际交流》，《建筑学报》2019年第8期，第88—95页。

图18　雕刻组对竞赛方案中古巴人民英雄群像人数、姿态等的推敲过程

来源：吉隆滩获奖方案介绍. 清华大学建筑学院资料室. 1963年。

5. 结语

建筑与绘画和雕塑一样，同属造型艺术，其基本训练也理所当然地包括素描、水彩等绘画技能，这是从文艺复兴时代就深植人心的观念和被普遍接受的实践。我国近代建筑教育的兴起与从美国宾夕法尼亚大学建筑系学成回国的第一代建筑师关系綦重，因此也深受"布扎"教育体系的影响，不论是梁思成创办的东北大学建筑系，还是背景更加复杂的中央大学建筑系，绘画在其中都占据重要地位。不可否认，审美趣味和艺术修养的提高，与长期艰苦的绘画技能的训练确有密切的关联，因此受到建筑教育家们的重视。同时，第一代建筑师中不少人都是钢笔画和水彩画大师，如杨廷宝、梁思成、童寯等，他们对建筑专业的学生们无疑是高山仰止的仿效对象。

抗日战争胜利后，梁思成创办的清华大学建筑系虽然意识到"布扎"体系的陈腐，而意图取法包豪斯体系，但其美术课仍占很大比重。在当时的经济、物质条件下，选修建筑的同学们在进入大学之前普遍缺少艺术背景和相关训练，在一定历史时期内，这种集中、高强度的素描、水彩训练对提高艺术修养，进而提高构图能力具有重要意义。尤其重要的是，素描、水彩水平的优劣是画好建筑画的根本前提，而后者对方案的整体评价影响颇大。

清华建筑系美术组就是在这种大背景下形成和发展的。创建之初，由于梁思成对美术高度重视和其对艺术水平潜移默化作用的强调，从北平艺专（后中央美院）延揽了一批各有专才的美术家，如李宗津、高庄、李斛、宋泊、康寿山、吴冠中等人，创造了良好的美术学习氛围。对于这些美术科班出身的教师而言，教建筑系学生写生或素描，无疑是"牛刀杀鸡"，因此梁思成、梁鸿文等人尽力给他们提供外出创作的机会。他们带回的作品无疑给建筑系带来清新的艺术空气，增强了当时已偏向工科发展的建筑系的艺术氛围。

但是，建筑系评价美术作业一直是以"画得像"为最高标准。美术组教师采风归来，他们投入感情的绘画作品无论对建筑系的学生还是对美术教学，都似未发挥很大作用。以吴冠中为例，虽然调入清华大学建筑系成为他艺术生涯中相当重要的一个转折点[1]，但他强调绘画形式感的艺术观念并未对建筑系的学生产生比较明显的影响。1952年后，随着院系调整和全面学习苏联"社会主义现实主义"建筑风格，清华建筑系美术组教师发生较大的人事变动，多样性不如之前，唯雕塑一门仍颇为强盛，其题材和风格也最趋于写实。除建筑渲染画外，这一时期的雕塑家是美术组中参与建筑系所承接的设计项目最深者。应该看到，同一时期，西方建筑师如柯布西耶的绘画已逐渐摆脱对绘画对象的描摹而有了很多发挥，这也促进了西方建筑教育中美术课程的进一步改革。

清华建筑教育的学制从四年制改为五年制，又改为六年制，"文革"前又改回五年制。学制的变化带来了课程安排的变动，其中美术课当然是最易受影响者，其学时数和教学内容常在变动之中。这一现象至今犹然。如何去认识清华建筑美术教育的传统，总结其特征，并结合新时代的教学条件和要求来发展，这是一个常思常新的课题。但追溯清华建筑美术教育的源头及其初期发展历史，无疑为当下和未来的改革提供了重要的参考。

感谢清华建筑系美术组刘凤兰、高冬、程刚、程远等诸老师接受访谈，以及邓可、王睿智两位同学帮助查找和核对相关资料。

---

1. 指从人物画转向风景画。

在全国博士生论坛上的报告

各位院长、各位嘉宾、参加论坛的全体博士生：

早上好！非常高兴能够有这样的一个机会在这里就博士生的学习和博士生的培养谈一点自己的看法，题目就叫漫谈。

第一，讲一讲"建筑学还是建筑术？"我们知道建筑"architecture"是一个外来的词，在《韦氏大字典》里面，它的解释是"art or science of building"，但是在《牛津字典》里面，说的是"art and science of building"。"or"和"and"，这两个字典里为什么用的不一样？没有时间详细来讨论了。但起码这两个字典都是说建筑"architecture"包括"art"和"science"。science就是科学，对于科学，我列举了这样一些跟它有关的英文描述词：knowledge，systematized，universal truths，general laws，rational，logical，study，learn，observation，test，discover……（知识、系统化的、普遍的真理、一般的定律、理性的、逻辑的、可以研究的、可以学习的、通过观察的、做了实验的、可以发现的等）。What is this and why is this? 这就是科学。那么艺术art是：skill，taste，ability，training，experience，imagination，creation，activity，expression，individual，personal……（技艺、技巧、品位、能力、训练、经验、想象力及创造力、活力、表现个性等）。正因为architecture包含了art和science，所以早年就这个词是译成"建筑术"还是"建筑学"，发生过争议。有意思的是，"艺术""美术"，甚至还有"技术"都是术，倒是architecture成了"学"，叫"建筑学"，不见了"术"，要说建筑有学问，但艺术、美术、技术也有学问，不是有"艺术学""美术学"还有"技术学"吗？我们怎么不可以先有一个"建筑术"，再有一个研究建筑术学问的"建筑术学"，也许是中文念起来比较拗口，所以大家还是说建筑学，这当然已经是调侃的话了。

我在讲课的时候曾经提到建筑师具有"匠人"特征，那就是术，具有"完人"特征，这就是学。梁先生把自己的散文集题为《拙匠随笔》："拙"是自谦，而大家称他为"哲匠"，但总是有个匠字，那就是术；然而"哲"字就表示有学问了。美国把研究学问的博士叫作PhD，Ph（Philosophy）不就是哲吗？2000多年前，古罗马维特鲁威的《建筑十书》中要求"建筑师必须擅长文笔，熟悉绘图，精通几何学，深悉历史，勤听哲学，理解音乐，对于医学亦非无知，还要通晓法律学家的论述，具有天文学的知识"，地地道道一个"完人"要求。

哈佛大学建筑学有两种博士学位，昨天哈佛的院长在这儿讲了，一种是PhD，另一种是Doctor of Design，这是一种professional的学位，不是PhD。他昨天说了，PhD是7年，念6～7年，Doctor of Design是4年，这和医学很像，在美国，8年的学习可以取得临床医师的博士，但不是PhD。哈佛有关建筑学的PhD program主要是在Science and Art（文理）学院。今天是博士生论坛的会，在座的都是博士了，但在中国不分PhD与Doctor of Design，当然我们都是PhD了。但是实际上许多建筑学的博士又都是去设计单位工作的，所以就要"术"跟"学"并举了。"术"有一个特点，是要练的，training，要有经验（experience），凡是告诉你的事情你就会做的话，那不是艺术，凡是"术"都是要训练，要有经验，等等。而"学"首先是learning，然后是study，然后做research。今天我们的博士学位是什么？名分上是PhD，但是实际上很多博士生在那儿做工程，将来要到设计单位去工作，而且我们也没有像哈佛大学那样花费7年的时间，所以好像是Doctor of Design。如果中国建筑学博士的培养能够分成这两类的话，那我们的博士论文的选题和工作就好做多了。现在都当PhD，尤其是建筑设计与理论的博士点，共有13个博士点学校，学生也比较多，选题其实是挺困难的。如果我们能够区分一下PhD和Doctor of Design，事情就好办了。但是我知道这件事情在中国目前几乎是不可能实现的，所以我们只能是"术"和"学"并举了。

第二，讲一讲"知识与修养"。知识是从事专业工作的基础，如果可能则多多益善，知识是通过学习、听课、看书被告知的，懂了也就会了，记住了固然好，记不住可以查阅书籍和资料。知识是做好专业工作的必要条件，没有知识，专业工作难以做好。

但是修养是比知识高一层次的境界。修养表现在对知识，尤其是对基础知识的理解和把握（而不仅仅是知道），是对这门学科的历史和背景、发展过程和动力、重要人物和关键事件、方法论和思维特点的认识和理解。

修养表现在对学科的整体把握和各分支的融贯，对相关知识，甚至看似无关知识的了解。修养表现在经验的积累和技术的熟练，表现在观察的敏锐、思维的敏捷、思路的开阔和见解的独到，表现在结合实际和综合处理问题的能力。

修养的提高，主动的意识和追求要比无意识的被动的积累快得多。知识结合修养可以使一个人在专业领域中得到自由，可以在复杂棘手的工程对象和问题面前萌发解决问题的灵感，产生有创新的、有特色的方案。这个时候你的专业和研究工作就成了艺术（art）。我这里说的艺术不是指研究对象是不是艺术，如果你研究的对象是艺术，也要这样做，那么你的研究工作才是艺术；如果是理工科的研究，也能这样，那么他的研究工作也成了艺术（art）。

第三，"学术研究"。尽管我们前面说到中国建筑学的博士生要"术""学"并举，但既然是PhD就必须做研究。"学术"这个中文词非常好，既有"学"，又有"术"，太巧了。不同的领域，不同的学科，理科、工科、人文学科研究是不一样的，而建筑学又介于工科和人文之间。所以博士生的选题我看了，有的好像是工科，有的就偏人文，我看大多数都偏人文。

对于理科来说，重要的是科学发现，往往可遇而不可求。做理科研究，既要有深厚的基础和修养，还要有"仰望星空"的思绪和情怀。工科强调的是什么？是技术进步和技术发明，可以有明确的技术指标和攻关目标。例如，集成电路的集成度，我比你多了一个量级，我就比你行。我发明了一种什么东西，解决了一个什么问题，或者说我有一个既定的目标，就是要让导弹上天，就是要让卫星上天，我就可以组织大规模的人力物力来攻关，这就是工科的特征。对个人来说，既要勤奋刻苦，又要有技艺和机巧。

建筑学很多都不是组织这种攻关研究的，主要是和人文学科比较相似。人文学科强调的是学术性研究，讲求"学术造诣和水平"。同样一句话，你讲跟吴良镛先生在台上讲，分量是不一样的，你或许会说"我也可以说中国的城市化如何如何"，但你讲有啥用？吴先生讲中国城市化的进程中如何如何，人家就听了，就是因为他的学术造诣和水平在那儿。人文学科很多就是这样的，学术水平不高的人讲两句话是没用的，尽管讲的也是真理，但还要看发言人的学术造诣和水平的。学术性研究必须对本领域的知识（书籍知识和社会实际）有全面的了解和把握，需要有广博的知识和学术积淀，然后你对研究的问题和对象有独特的视角和切入点，有独到的见解和观点。你所掌握的材料，你所用的资料，可能别人也都看过，尤其是做历史研究的，那些历史资料大家都知道的，问题是你能做到什么程度。你要做到意料之外、情理之中。所谓"意料之外"就是以前还没有人"如是说"，让看论文的，评议论文的同行一看你这个文章或者你这个观点，会说："哎，我以前怎么没有想到？嗯，他想到了。"这就叫意料之外。"情理之中"就是再一看，很有意思，有道理！

人文学科的学术研究的新见解和新观点，既和自然科学的发现有相同之处，好像都在于"新"，但检验和评价是不同的。科学发现是"硬"的，可以通过实验重复再现，在某种程度上是"不容置疑"的。当然，当物理学上升到哲学范畴的时候，那是有争议的。但是一般来说，自然科学或者工程技术的一些发现是"硬"的，而人文学科的新见解和新观点是"软"的，容许批评和争议。但是我的看法是，如果你的工作量做够了，你的资料是翔实的，你的论述和逻辑是"自治"的，就是自己形成一套系统，尽管有人非议，有不同的观点，你的论文依然是有价值的。我评议博士生论文，就是这个观点，你可以不同意人家论文的观点，但是他研究的这个题目资料是翔实的，他提出的观点，尤其是他的论述和逻辑演绎，是自治的，治学态度是认真严谨的、工作量是够的，就可以通过。

关于博士生的培养，我觉得最重要的是教学相长，下面谈谈我自己带博士生的经验。我不太囿于导师研究什么，学生就做什么，这一点好像跟昨天齐（康）先生讲的不太一样。齐先生说，就是要围绕我。我不是这样的，更不是为导师项目去干活。我首先是问学生想做什么，尤其还要问，你未来想干什么，然后与学生讨论来决定论文的题目，而我的博士生论文的题目很宽泛，有研究建筑声学的，当然都是前沿，一个博士生是研究轻质屋盖雨噪声的，到目前为止，全国只有他在研究，只有我们实验室在研究；一个博士生是全国第一个研究soundscape，就是声景学；还有一个博士生是华中科技大学物理系的，原来是我的硕士生，研究听觉神经中听觉信号的传递过程，论文发表在全世界物理学最高等级的杂志 *Physics Review Letters*（《物理评论快报》）上，这是3个声学的博士生。还有研究建筑工艺技术的，有研究绿色建筑评估和绿色建筑技术的，有研究建筑设计媒介与建筑发展的，有研究计算机集成建筑系统CIBS的。有研究云南民居改造的结构体系的，他是昆明理工大学的教师，原来是学结构的，在他研究期间，得到两个外国基金，两个国内基金的资助，做得非常好。还有研究中国古戏台的，在读的还有医学社会学视野下的医院设计，还有人在研究建筑伦理学，等等。不是说导师一定要比学生懂得多，重要的是导师要教给学生一种思维、一种眼界，能指出哪个方向上可能能做出东西来。

下面列举一些我想到的题目，有的还没有找到学生来做。

第一，大家对中国的人防规范有意见，做设计都碰到这类问题。这还是当年"深挖洞、广积粮"时代的人民战争的理念。那么现代战争条件下人防规范到底怎么做？

第二，人们对建筑的消防规范，也是意见很多。火灾是小概率事件，计划经济下，用严格的个体防护去防小概率事件，全社会投入的成本太高，而在美国，是通过保险制度来解决的。一旦这栋房子着火了，它是百分之百的损失了，但是保险公司会赔偿。严格个体防护投入的资金是死资金，买保险的钱是活资金，保险公司的钱可以用于投资，钱生钱的，这就是中国消防理念的问题，这就是中国的消防规范比世界上发达国家都要严得多的原因。现在，外国建筑师进入了，设计的许多大型公共建筑不符合我们的消防规范了，我们不得不应对，这叫作"性能化评估"，即找一些专家来，评估一下消防有没有问题。

第三，建筑师职业制度和建筑师法，现在中国大陆是没有建筑师法的。

第四，从林业史和生态学视角研究《营造法式》的材分制。那是我们学院的博士生坐在一起对我的博士生课程进行讨论的时候我想到的。讨论的时候，有一个人讲材分制的形式，当时他讲到一半，我说："停，停。我突然想到一个问题，材分°制不是'材'有大小吗，这些方材不都是圆木开出来的吗？树长这么大要多少年？俗话说'前人栽树，后人乘凉'，其实是前人栽树，后人造屋。那么，问题随之而来：树有成长的规律，其旺盛出材期在哪个阶段？房子还有结构的需要，民间用材大小相应于房前屋后的树长了多少年呢？这就可以从林学的角度上来探讨一下材分°制，同时也可以讨论一下帝王宫殿的大材是怎么采集来的？等等，至于后来中国的生态问题，大家都知道森林被破坏得很严重。可以从这样一个视野下去研究宋《营造法式》。"

第五，制造业的进入对建筑业的影响。现在高档一点的房子，其投资由建筑公司实施的部分已经不是很多了，大量的是专业公司。专业公司是什么？就是制造业。所以我就在想，德国的德意志制造联盟当初的目标是改进德国的工业设计和产品的质量，却催生了现代主义建筑，制造业进入建筑业，将会带来什么样的影响？我们现在的建筑业好像是工业化，实际上是施工机械化，不是真正的建筑的工业化。

第六，城市进程中如何防止大面积贫民窟的出现，我们现在做规划的，很少有人去关注贫民窟的问题。你们知道吗？深圳有1100万人口，户籍人口只有300万人，800万人是流动人口。结果我们的规划就是在那300万人的基础上在做，对这800万人，对他们的居住、生活，却通通采取拆城中村、往外推进的办法。这既是社会学的问题，也是城市规划的问题。

第七，Architecture is an art的历史含义，牵涉建筑、艺术和技术，这是我最近在《新建筑》上发表的一篇文章。在17世纪以前，艺术（art）这个词，没有美学的含义。而技术（technology）恰是systematic treatment of an art，是系统化了的art。18世纪，技术变成mechanical or industrial arts，即机械的或工业的art，还是art。直到19世纪中叶之后，technology变成应用科学知识于实际的目的。而希腊、罗马、中世纪的建筑在17世纪以前已经存在上千年了，所以当我们说Architecture is an art的时候，指的是什么？

第八，建筑与数学。好，看一下，这是我在1992年发表的文章，实际上是1990年在我们系里面做的学术报告，后来发表了，叫"建筑与数学"。文章结尾说："这些理论（非线性、混沌、分形、复杂系统等）以自然界和人类社会广泛的课题为研究对象，具有广阔的研究领域和普遍的应用范围，这些理论不仅提供了新的发现和新的论断，更重要的是表达了新的思维方法、新的认识论和新的世界观。可以预言，这些理论很快会被引入建筑理论中来，就像相对论、系统论、信息论、控制论一样，会成为新一代建筑思潮的自然哲学基础。如果说现代主义建筑运动理性主义建筑观念反映了20世纪初建立在经典数学和传统科学基础上的工业社会的自然哲学，那么，当今建筑思潮五彩纷呈的现象则折射着后工业化社会探索复杂性和多样性的自然哲学的辉光。"我非常高兴，十来年里，在我们很多博士生的论文当中，我读到了分形、混沌、非线性（设计）等现在"热"得不得了的一些领域的相关研究，我一直想找一个学生来做这方面的论文，可惜找不到。学数学的对建筑不明白，学建筑的人对数学又下不了功夫。

第九，我曾在博士生课上提到一个可以讨论的命题——建筑学的终结。即在可以预见的未来，建筑学是否还会出现像20世纪现代主义建筑对于传统建筑这样的一种革命性的跃变？我举几个不会的理由。作为建筑功能使用者的人，其生理进化的时间尺度以千年万年计，其心理的变化也是长时间尺度的，即使社会结构有所变化，在建筑功能方面，人类目前没有也无需提出革命性的需求，这是功能。随着工业革命历史任务的完成，今天的建筑材料和技术（硬技术）已经可以满足人类对建筑实用功能提出的几乎所有的要求。还有，也看不到有什么可以大规模使用的新的建筑材料。因为60亿人的建筑活动是一个大规模的物质活动，建筑材料取决于地球的资源，我们对地球资源的了解是工业革命的历史任务，当然这些材料的加工性能、加工精度、构造方式是会发展的，但是基本材料不会有什么新的东西。在社会制度，政治制度，意识形态方面也看不到有革命性变革的征兆。20世纪70年代以后，建筑思潮和流派层出不穷，但都是过眼烟云的fashion（时尚），都不能和"现代主义"建筑同日而语。建筑作为艺术，也没有出现真正基于自身内在诉求的新思想和新思潮，只是借用其他领域的思维和词语。这些就是提出"建筑学的终结"不会出现的理由。那么在今天，绿色、生态、比特、虚拟、非线性等这些新概念能否成为新的革命浪潮？我觉得这是可以讨论的一个问题，我想这个问题就是应该在博士生的水准上去讨论的一个问题。

第十，我在好多学校做过这个讲演，就是中国现代建筑如何表达中国的传统性和民族性？我再说一下，我的观点是要跳出具体的形象，如大屋顶，要跳出习用的词语，如天圆地方、天人合一、龙、凤，等等。对中国传统建筑文化和审美艺术要进行深入的批判性的研究，这是哲学意义上的批判。我提出的口号是"抽象的思辨和精神的凝练"："抽象的思辨"，即跳出具体的形象；"精神的凝练"，即到中国传统文化和传统审美中，去寻找那些能够和现代审美意识契合的精神遗产，探索能和现代审美意识契合的在精神层面上表达中国的建筑的创作之路，做到"不是"——形象上、技术上不是，而一看又"就是"——精神上、意境上就是。

最后，谈"学术精神"。这次博士论坛在清华召开，清华大学校长梅贻琦有一句名言"所谓大学者，非谓大楼之谓也，有大师之谓也"。"大师"固然要体现在其学问上，但更重要的是体现在其学术精神上。大学教师要为人师表，说到为人师表，或者评价一个教师，我们今天想到的都是这个教师工作多么勤奋努力，晚上开夜车到什么时间，有什么成果，发表了多少论文。但是我觉得这还不够，大学的教师要以人格魅力、学术修养和精神风度给学生以启发、熏陶和感染。大师们的学术精神更是一所大学的人文精神遗产。

清华大学的校训"自强不息、厚德载物"就是来自梁启超1914年以《君子》为题在清华的讲演，后来他成为清华国学研究院的导师。国学研究院的另一位导师王国维的"三境界说"是：古今成大事业，大学问者，必经历三种之境界。"昨夜西风凋碧树，独上高楼，望尽天涯路"是第一境界。"衣带渐宽终不悔，为伊消得人憔悴"是第二境界。"众里寻他千百度，蓦然回首，那人却在灯火阑珊处"是第三境界。我始终觉得这个应该作为清华人治学的传统。而陈寅恪为王国维纪念碑撰写的碑文的结尾说："惟此独立之精神，自由之思想，历千万祀，与天壤而同久，共三光而永光。"他提到的"独立之精神"和"自由之思想"更应是清华学人的人格和精神的追求，也是清华的学术精神之所在。"独立之精神，自由之思想"，实际上是现代思想，尽管他们是国学研究院的。今年暑假，我写了一首小诗，叫《清华园游人》，我写道："清华校园，每逢假日，游人如织，二校门前、清华学堂、大礼堂区，照相留影者熙熙攘攘，而近旁王国维先生碑前甚少有人。"（碑就在礼堂区旁边，二校门到礼堂区之间，旁边山坡上。）因此，我写了一首诗："二校门前客如篦，学堂礼堂入相机，不知清华精神在，静安碑下人影稀。"我希望诸位到清华来，参加博士论坛，如果你们有一点空闲的话，请你们去"海宁王静安先生纪念碑"前凭吊一下，这个碑是梁思成先生设计的，1929年落成，碑文是陈寅恪先生写的，请大家读一下那个碑文，让我们以"独立之精神，自由之思想"的学术精神共勉之。谢谢！

致教育部的信

尊敬的李岚清同志、尊敬的教育部领导：

　　作为一个大学教师和院系负责人，我想就中国的大学教育[指本、硕、博体系完备的综合性大学（university）]提出一些想法。

　　1. 硕士生定位。我认为中国大学教育改革的中心问题是硕士生的培养定位问题，这不仅是硕士生培养本身的问题，它还向下涉及本科教育，向上涉及博士生培养。硕士生的培养定位是现在这样帮着硕士导师"干活"，写论文，以培养"初级"（博士才是高级）的研究性（scientific）人才为主；还是没有具体导师，以课程学习为主，培养专（职）业性（professional）人才，同时一部分人为进入博士（PhD）做准备（上理论性的课程）。看起来，前者的要求比后者高，所以我们常常沾沾自喜说我们的硕士生水平比国外大学的好（但一到博士就不行了）。但这种模式，既使得本科的培养目标必然是专业性（professional）人才，而顾不及"为人"的教育；也使博士生的生源缺少较好的理论基础（对工科而言，是数学和物理的基础）。其好处是为教师做创收项目提供了劳动力，硕士生也就可以不交学费，还有报酬，结果是中国的研究生好念，又轻松又有钱。以前清华本科是五年甚至六年，再上研究生。顾名思义，"研究生"者，做研究也。但现在是"硕士"，英文是"master"，master无研究之意，却有"雇主""工头""大匠""教练"等意，地道的一个专业性人才；博士的英文是"PhD"，Ph是philosophy之简称，当然是做研究。

　　2. 本科教育。中国的重点大学（如清华、北大）通过高考制度把全国高分考生招收进来，"天下英才尽揽"，我们也非常想把他们培养成国家的栋梁。显然，本科四年，以培养专业人才为目标就不合适了。当我们把硕士定位在"高级"专业人才时（以区别于一般学校四年本科培养的专业人员），则本科教育就应该也有可能转变为，为培养栋梁之材打基础的"育人"教育。因为中国的中学是应试教育，这些高分录取的学生，一方面未必在"做人"方面也高于他人，另一方面也没有受到相应的"精英"教育。这个课程需要在大学本科来补。培养精英人才的本科应办成文理（science and arts）结合的教育，不仅要"素质教育"，还要"气质教育"，不仅讲"能力"，还要讲"修养"（科学修养、人文修养、艺术修养、道德修养）。只讲"素质""能力"还是有些功利的目的，是为了将来"做事"；而"气质"和"修养"是"为人"，因此需要把两方面结合起来。坦率地讲，现在各级干部大都受过高等教育，但不少人的人文修养、艺术修养乃至科学修养，都让人不敢恭维。当综合性重点大学把本科定位为文理教育时，就可以摆脱现在专业划分过细、学科领域过窄的状况，本科只按理、工、文、艺划分，这样也就为研究生培养提供了广阔背景的生源，摆脱长期以来本、硕、博在一个窄小的专业圈子里"近亲繁殖"。

3. 日常办学经费。这些年来，国家给清华、北大等重点大学的教育经费有很大的增长，绝对数量（按同等购买力计）就是和国外大学比也不算少，但按人头计算的日常办学经费（教师工资不计入）没有什么增加。于是，下拨到院系的日常办学经费根本是杯水车薪，这么一点"月规钱"让底下的院长、系主任处处捉襟见肘。而那些大块的钱（"211工程""985工程"经费），是"项目"的钱，"写不完的申请""填不完的表格"，又是"立项"又是"评审"，弄得大家把大量的时间和精力花在如何把项目"批下来"，疲于奔命；而评审和批准给钱的人，并不比系主任们更知道如何办好这个系。这种只重"过程管理"，不重"目标责任"，只通过项目审批给钱，而不大幅度增加"月规钱"放权给院系负责人的工作方法，是一种和办大学相悖的"小家子气"。

4. 创办世界一流大学。江泽民同志提出中国应把若干所大学创办成世界一流大学，清华、北大首当其冲。世界一流大学是一个"圈子"、一个"俱乐部"，一所大学能够跻身于其中，与那些世界一流大学平等地交流和对话，就意味着你是世界一流大学。当然，那些"评价指标"有些作用，但不是最重要的。要理直气壮地提"有中国特色的世界一流大学"，"中国特色"并不是会意一笑的降低标准的遁词，恰恰是跻身于世界一流大学行列的有利条件。中国是一个快速发展的大国，已经是并将进一步是全世界不可忽视的政治和经济力量。中国的现代化过程是全人类前无古人的宏大而复杂的事业。中国的人口、资源、环境、社会、"三农"、城市化进程、经济和政治体制改革、国际战略等都是世界一流大学和学者关注的问题。在这些方面开展研究，取得高水平的成果，就可以和世界一流大学平等地交流和对话。创建世界一流大学，在这些方面加大力度可以取得的效果，可能比争取在高科技方面的"创新"和"突破"要来得快、要来得好。当然，从国家的发展来看，需要高新技术上的"追赶""填补"，需要"创新""突破"，但要在科技"硬"的方面跻身于世界一流大学的行列，路要更长一些。总之，两方面要兼顾。

以上这些想法，不一定恰当。

此致
敬礼！

清华大学建筑学院　秦佑国
2002年12月12日

秦佑国　1943年12月生　中国共产党党员
清华大学 建筑学院　院长　教授
国务院学位委员会建筑学学科评议组成员
全国高等学校建筑学专业教育评估委员会主任

致建设部人教司的信 1

建设部人事教育司、全国注册建筑师委员会：

我国实行建筑师资格考试和执业注册制度已有多年。根据国际惯例，注册建筑师制度的建立需要以建筑学专业教育评估制度为基础。我国在1992年，先于注册建筑师制度的确立，即开始了高等学校建筑学专业教育评估的工作，成立了全国高等学校建筑学专业教育评估委员会，首期对清华大学、东南大学、同济大学、天津大学的建筑学专业进行了评估，确立了建筑学专业本科五年的学制，确认了通过评估的学校的建筑学专业五年制本科毕业生授予专业性学位（Professional Degree）——建筑学学士（Bachelor of Architecture）。在1995年，又建立了建筑学专业硕士教育评估制度和专业性硕士学位——建筑学硕士（Master of Architecture）。截至2002年，全国通过建筑学专业教育评估的高等院校共计24所。目前，全国约80所高等院校设有建筑学专业。

注册建筑师考试在准予参加考试人员的资格认定上，规定取得建筑学学士学位的本科毕业生，在参加建筑设计工程实践满3年后，可取得参加一级注册建筑师考试的资格；而未通过评估的学校的建筑学专业本科五年制的毕业生，须经过5年的建筑设计工程实践，才能参加考试。即同为五年制建筑学本科，通过评估的学校的毕业生的实践年限比未通过评估的学校的毕业生少2年。

但是在美国和英国，能够获准参加注册建筑师考试的人员只限于通过评估的建筑学专业的毕业生。中国的建筑教育评估制度和注册建筑师制度主要借鉴的正是美国和英国的制度。当然，在当下的中国，不让将近60所大学的建筑学专业的毕业生参加一级注册建筑师考试是不可能的。但实事求是地说，这些大学建筑学专业中的相当一部分，历史短、师资队伍和办学条件差也是事实。

为了促进未通过专业评估（和到期须复评）的学校对建筑学专业的建设，为了限制在条件不具备的情况下盲目新建建筑学专业和扩招建筑学学生，也为了有利于与国外在建筑教育上的相互承认，为了将来过渡到参加一级注册建筑师考试的人员只限于通过评估的建筑学专业毕业生这一国际惯例，有必要加大已通过评估的与未通过评估的建筑学专业的毕业生在参加一级注册建筑师考试上的差别：除了现有实践年限少两年的规定外，在考试内容和科目上也要有所差别。对取得建筑学学士学位的毕业生免考大学中已学过的知识，如基础理论、专业基础和方案设计等。可以有以下两种方案。

一种方案是，对取得建筑学学士学位的毕业生减少考试门数，从现有的9门减少为5~6门。但现有的9门考试科目中，每门都或多或少是基础理论和专业技能混在一起考，这就需要重新划分和编制考试科目。而且让未通过评估的建筑学专业的毕业生在实践5年后，再去考大学中学的基础知识，也难为他了一点。

另一种方案是，制定一种对大学所学知识的测试性考试［类似英国建筑教育体系的第二部分（Part 2）考试］，对从建筑学专业评估已通过的学校毕业并取得建筑学学士学位的毕业生可以免考，英国是六年学制取得Diploma证书学位者，免考［第二部分（Part 2）］；而其他的人（未通过评估学校的毕业生，通过评估学校的毕业生中未取得建筑学学士学位者，其他没有建筑学本科背景而目前尚允许考试的人，等等）必须通过此项考试，以证明其建筑学专业的学习水准，才能进入注册建筑师的执业资格考试。这样做，也给未通过评估学校中的优秀学生一个机会。这个考试允许在大学毕业后即可参加，考试由全国高等学校建筑学专业教育评估委员会主持，会同全国高等学校建筑学学科专业指导委员会，根据建筑学专业评估标准中的教学要求，制定考试大纲。组织出题和考试事宜仍然由全国注册建筑师考试委员会组织。这种情况下，注册建筑师考试就"一视同仁"了，所有人都一样考，但考试内容就只限于建筑师执业需要的知识和技能。

建议由建设部人事教育司召集全国注册建筑师委员会、全国高等学校建筑学专业教育评估委员会、全国高等学校建筑学学科专业指导委员会、中国建筑学会等相关人员的会议，就此问题进行讨论。

全国高等学校建筑学专业教育评估委员会

主任委员　秦佑国

2003年6月19日

致顾秉林校长的信

顾校长：

　　作为一个清华的教师和曾经的中层领导，我一直关注清华的教育和学科发展。有2个问题以前在会议上曾经提过，现在还是想向校领导书面提出，一是关于教育，一是关于学科发展。

　　中国的大学本科教育已经从精英教育转变为普通教育，大学本科毕业生已经是社会上普通的求职者、就业者。同时，清华的本科学制也改为四年，和全国所有大学一样。（以前清华的学制是五年甚至有过六年，和一般大学不一样。）另一方面，因为高考制度未变和清华声望未变，所以清华通过高考而"天下英才尽揽"的局面尽管面临激烈竞争，但基本未变。当然，清华对毕业生的未来预期（各个领域的精英骨干和领导）也没有变。清华教育的"入口现实"和"出口预期"未变，但社会形势、边界条件改变了，就需要考虑清华教育的应对之策。清华大学不能用和一般大学相同的模式和体制去应对"入口现实"和"出口预期"的与众（一般大学）不同。

　　清华大学应该尽可能地把自己的学生"高位势"地投入社会。清华通过高考从全国招收了那么多优秀人才，如果4年就让学生出去，"在手里还没有捂热"，就让学生出去在全国本科毕业生的汪洋大海中拼杀，争出头之日，杀伤力太大。应该让所有的学生（个别的除外）以研究生毕业的"位势"进入社会。也许有人说："清华现在已经是以培养研究生为主了，已经实行4+2本硕统筹了。"但实际上，一方面，还有约一半的本科生毕业后就离开清华；另一方面，本科教育和研究生教育是割裂的，推研、考试、毕业、入学、政治和外语、论文，等等，其间许多是重复的无效的事务、课程和时间，管理也是教务处管本科，研究生院管硕士、博士。

　　我想，清华可以实行六年（起码理工类的专业）一贯制，即本科不设出口，六年一贯以硕士出口。其实对于必须有足够学习年限的专业（如临床医学）来说，早就实行了多年一贯的学制，"文革"前清华工科的一些专业也实行过六年制（只不过还给本科文凭，学生"亏了"）。今天科技和社会发展了，要想在专业领域从事较高的专业性（professional）的工作，四年本科已经不够了。国际上，工程师、建筑师、甚至中小学教师等的学位背景，主流的都是硕士（或相当于硕士的证书学位Diploma），中国社会需求也正在向这方面发展。有人会说："外国不是也有本科和硕士分开的吗？"但中国的高考制度使清华能从全国高中毕业生中招收精英，国外没有，国外许多名校的许多专业甚至没有本科。国外报考大学是个人行为，中国的高考制度赋予了清华社会责任。

清华实行六年一贯制是否就不招外校本科毕业生读研？不是的，清华现在已是研究生数量超过本科生。六年一贯，本科四年，硕士二年，若本硕在校生人数相等，意味着硕士生的一半是从外面招的。

我多年来发表意见，认为中国大学教育改革的中心问题是硕士生的培养定位问题。因为它向下牵涉本科教育，向上涉及博士生培养。我认为硕士生的定位应是professional的，是专（职）业性的。Master这个词的意思，地地道道一个professional。如果硕士生这样定位，那么本科4年就可以定位为science and art，就是通识教育或者叫作文理教育。现在本科是四年制，如果把本科定位为专业性的，四年就让学生毕业，其知识面必然很窄，而且本科定位为专业性的，也就要求硕士"做研究"，只能在本专业范围内的低水平和横向项目上当"劳动力"，从而使博士生无法有好的生源。我认为，硕士培养大部分应是专业性（professional）的，毕业后到各专业领域就业，其中一部分人作为准博士培养，在本科通识教育的基础上继续加强数学、物理及哲学等人文思维方面的训练，为博士生源打下好的基础。

如果是这种定位，清华就可以实行六年一贯制：本科四年可以分为理、工、文、医、艺等大类，强调文理（science and art）教育，学生可以根据学分要求来选择课程，真正实行学分制。在最后2年硕士阶段，学生再进入相对专业的领域，其中一部分为进入博士阶段做准备。在教学和教务管理上，教务处管本科到硕士，研究生院只管博士，博士才是研究性学位。

需要向教育部声明，这不是要求增加直读研究生的名额和比例的问题，是清华要实行六年一贯的新学制。在"文革"前的计划经济下，清华尚且可以与众不同，实行五年或六年的学制；那么在今天，更应该允许清华自主办学。

第二个问题是，清华应该恢复和建设地学学科，地学学科包括地理学、地质学、气象学、海洋学、水文学等，是自然科学"数、理、化、天、地、生"六大门类中的一门。清华大学自恢复综合性大学办学宗旨以来，有了"数、理、化、生"，"天"近年来才办，但总算有了，唯独缺"地"。

而地学是清华的老学科，也是当年清华的强项。清华于1929年成立地理系，翁文灏任系主任，成立后不久，因增加地质学研究与教学而改名为地学系；1931年，建清华气象台（现在已改成天文台，并被清华新闻网发文《从姓"气"到姓"天"》加以报道）；抗日战争期间，在西南联大，北大地质学系与清华地学系合并，成立地质地理气象学系；抗日战争胜利后，在清华设地学系、气象系，地学系下设地质地理两组。中国地学界众多前辈都是出自清华或在清华任教，成就斐然、声名卓著者不少。1955年首聘的中国科学院学部委员中，地学学部共24人，清华校友占11人；之后直到1991年，又有39名清华校友当选为科学院地学学部的院士。

1952年，全国院系调整，清华地学学科被调整出去，地理系和气象系去了北大，地质系去了北京地质学院，这是清华历史的遗憾和损失。就地学学部院士人数而言，因为1952年之后清华没有了地学学科，1991年之后，清华校友当选地学部院士的只有零星的两三个人了，现在地学部共有192名院士，而数理学部才191人，技术科学学部也只有204人，可见地学在自然科学中的地位之重要，而清华没有地学，也就没有这个学科的院士。

地学对于自然科学的重要性，对于国民经济的重要性，对于国土、资源和环境的重要性，对于国家安全的重要性无需多讲，不言而喻。地学现今的学科发展表明地学不仅是传统的学科，更是一门具有广大未知领域和广阔发展前景的十分活跃的学科，人们对自己居住的地球的了解还差得很远。再说清华著名的工科中的环境、水利、建筑（城市规划和景观）等学科，甚至通信，都需要地学作为理学（论）的基础。我在10年多前就曾在校干部会上提出过此问题，后来也不止一次提到过，我不明白清华在回归到综合性大学的办学宗旨，恢复了众多文、理学科，新增了医学、美术等学科时，为什么没有恢复地学？

我觉得现在已是到了清华大学必须做出是否恢复地学学科决定的最后时刻了。清华地学的文脉——那些1952年以前在清华地学系的校友们、院士们有不少人还在，尽管最小的也已经75岁了，但现在还可以借助一些他们的力量，传承一下"香火"，如果再拖延几年，错过这个时机，"香火熄灭了"，恐怕清华就再也恢复不了地学学科了。

以上这2个问题，在我2004年年底从建筑学院院长位置上退下来后，仍然一直在我心中，不时地会想到，今天写这封信，也算是一吐为快，供您和校领导参考。

此致

敬礼！

秦佑国

2007年10月2日

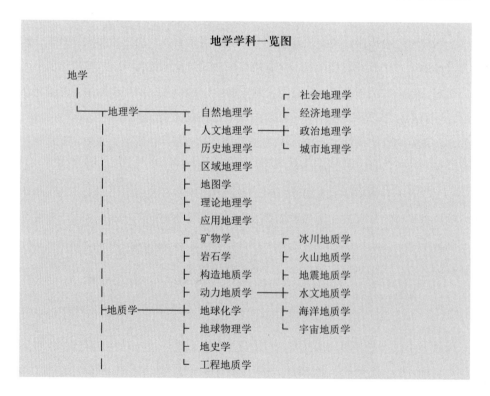

地学学科一览图

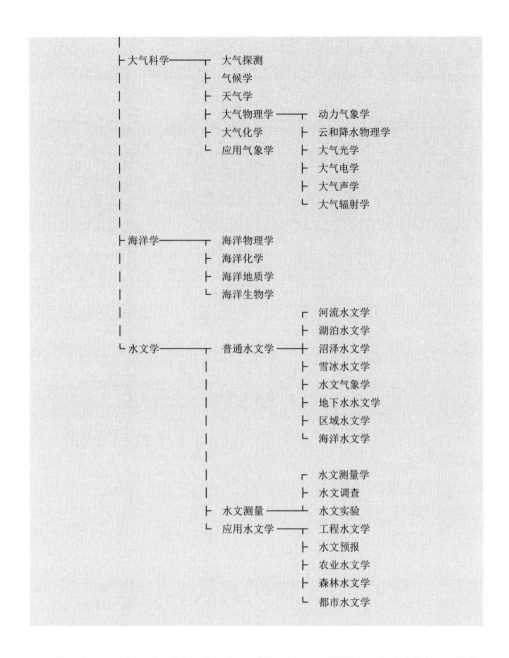

├大气科学──────大气探测
│   ├ 气候学
│   ├ 天气学
│   ├ 大气物理学──────动力气象学
│   ├ 大气化学   ├ 云和降水物理学
│   └ 应用气象学   ├ 大气光学
│   ├ 大气电学
│   ├ 大气声学
│   └ 大气辐射学
│
├海洋学──────海洋物理学
│   ├ 海洋化学
│   ├ 海洋地质学
│   └ 海洋生物学
│   ├ 河流水文学
│   ├ 湖泊水文学
└水文学──────普通水文学──────沼泽水文学
             │   ├ 雪冰水文学
             │   ├ 水文气象学
             │   ├ 地下水水文学
             │   ├ 区域水文学
             │   └ 海洋水文学
             │
             │   ├ 水文测量学
             │   ├ 水文调查
             ├ 水文测量──────水文实验
             └ 应用水文学──────工程水文学
                          ├ 水文预报
                          ├ 农业水文学
                          ├ 森林水文学
                          └ 都市水文学

注：此图从网上得到，其中只有部分二级学科列出了更详细的下一级分支学科和研究方向。对此图，网上也有争议，例如，有人指出图中没有把地理信息系统GIS列入。

致建设部人教司的信 2

建设部人事教育司与建筑学专业教育评估委员会有关的各位同志：

值此建筑学专业教育评估委员会换届之际，我想谈一件事。

全国高等学校建筑学专业教育评估委员会的成员尽管有近一半是来自建筑设计院的资深建筑师，但评估委员会的主任应由来自高等学校的有主管过建筑教育经验的人担任。因为评估委员会主任不仅仅是主持评估委员会评估过程的工作，更重要的是他要面对申请评估学校的校长和校级领导机构。一个学校的建筑学专业办得好与坏，不仅取决于建筑院系自身，更重要的是学校领导对建筑学专业的理解和支持。"以评促建"，关键在学校领导。因为建筑学专业的特殊性和社会对其的不够理解，学校领导对建筑学专业的理解和支持更显得重要。

我这些年来面对申请评估的校长和校领导很多（并不限于我作为评估视察小组成员去的学校）。我每次都要和他们谈以下内容。

建筑学（architecture）的含义——科学与艺术的结合；建筑学专业的特点——理工与人文的结合；建筑学学位是专（职）业性学位（professional degree）。

建筑学与土木、结构专业的差别；如有可能，单独成立建筑学院（这些年来我"拆"了许多土建或建筑工程学院）。

生师比要求的特殊性，不同于教育部下达的一般本科教学的生师比。

建筑学教学的特点，教育部关于本科总学时控制的规定对建筑学教学计划制订的影响；建筑学主干课程是建筑设计，从一年级贯穿到五年级的特点。

建筑设计课的教学要求：专用教室，教学方式，教师数量和教学工作量的计算。

独立建筑系（院）馆的重要性：建筑学氛围的营造，展览、展示空间，学生和教师的密切联系。

独立的图书馆的重要性：图书建设是建筑学办学的基础，建筑学的书不过时，不贬值；图书经费投入"多多益善"（西安交大校长在座谈时当场拍板，投入100万~150万元建筑图书经费）。

模型室的重要性：不在于有高档价格昂贵的数控设备，而是供学生手工制作模型的工具和器具质量要高，因为这是为了学生操作时的安全性考虑；还有模型室要有足够的空间。

建筑学教师业绩的评价和职称评定的特殊性，不同于一般工科专业；发表论文的期刊目录不仅仅看SCI、EI，还可以是我提供给国务院学位委员会建筑学学科评议组认可的期刊目录；建设部和省、部（其他部委）级建筑设计优秀奖也应该加以考虑，而不仅仅是三大奖才算数等。

建筑学一级学科的博士点在全国仅有13个学校，而土木一级学科有上百个博士点，你们校长（尤其是办有建筑学的著名大学，如上海交大、西安交大、武汉大学等大学的校长）不要压建筑系："何时拿到博士点？！"

学校要支持组织教师出国进修和引进人才，支持和国外大学（对等和对应）建立学术和人员交流机制；还有如何组织学生参加国际学生竞赛。

还有建筑教育的国际发展和评估的国际互认，如《堪培拉协议》。

……

也许一个资深建筑师也可以就这些问题与校长们去谈，但他没有主管过大学建筑教育的亲身经验，不可能谈得深刻和贴切，也难以全面回答校长们提出的有关教育和教学的种种问题；他的建筑师而非教师的身份也影响他面对大学校长谈话的影响力。

我请你们在讨论评估委员会换届问题时考虑我的意见，请在相关的会议上代念我的意见全文。

请恕我直率！我怎么想就怎么说了。

此致
敬礼！

秦佑国

2009年8月13日晚

致胡显章同志的信

胡显章同志:

那天参加文化素质核心课的讨论会,有的发言让人担忧。比如,文化素质教育就是"国学"教育、传统文化教育?国学教育就是"读经"?现在中国社会价值观的混乱和道德底线的丧失,只是因为缺乏传统文化(在有些人眼中就是儒家文化)教育吗?

我认为,人类共同的文明,艺术与科学、历史与哲学,一切真、善、美的人类普适的价值观,独立之精神与自由之思想的现代意识,以民主与法制为基础的现代政治等才是学生文化素质教育的核心。

我在网上看到一条消息:

"曾经是以全国名校华师一附中走出的'数学天才',以满分摘得国际数学奥赛金牌;高中毕业后,他被保送至北京大学;大学毕业后,他来到北京西山脚下的龙泉寺,成为一名修行居士。他就是柳智宇。柳智宇是北大'耕读社'前社长,龙泉寺与这个社团素有渊源。曾一手创办该社的北大2002级哲学系研究生邓文庆,毕业后就在这里剃度出家。"

我不希望清华也有"耕读社"这样的组织,不要出现"走火入魔"像柳智宇、邓文庆这样的学生。联想到那天会上有人介绍组织学生"读经"的情况,我担心,也许我是杞人忧天。

此致敬礼! 祝新年好!

秦佑国

2011年1月3日

| 又记 |

2015年的诗：

清华毕业女生龙泉寺坠亡

2015年12月13日，清华美院2013届毕业女生李沅宸在龙泉寺蒙眼禅修坠亡。

信仰缺失乱投医，蒙眼禅修路迷离。
精英诵佛龙泉寺，预言成真叹唏嘘。

　　2011年1月3日，我写信给学校主管学生文化素质教育的胡显章副书记，信中说到北京大学有个"耕读社"，其创办人和社长先后到龙泉寺出家。我说："我不希望清华也有'耕读社'这样的组织，不要出现'走火入魔'像柳智宇、邓文庆这样的学生。联想到那天会上有人介绍组织学生'读经'的情况，我担心，也许我是杞人忧天。"不想5年后预言成真，网上传清华北大学生在龙泉寺做"义工"的有200人，而坠亡的女生就是被组织去做"义工"。

第二篇

建筑专项技术研究

室内声学的进展

【摘　要】对室内声学的几个方面的研究进展进行了综述和讨论，包括：吸声降噪，室内声场理论，厅堂音质在物理、心理和生理声学及音质主观评价等方面的研究。

【关键词】室内声学；室内声场；厅堂音质

1. 引言

室内声学的研究对象是建筑空间内的声音传输：声音从室内的声源发出，在建筑空间中传播，并受到房间界面的吸收和反射，接收者既接收到由声源发出的直达声，也接收到房间界面的反射声。如果声源发出的声音对接收者而言是不需要的和有干扰的（如机器噪声和不想听的人声），则需要加以减弱，这就是吸声减噪问题；如果声源发出的声音是接收者需要听闻的声音（如语言、音乐），则要求听得清楚和感到动听，这就是室内音质问题。室内声学问题，首先涉及室内声场的物理方面和从声源到接收者的声音传输问题，其次是作为接收者的人对室内声场中的声音（直达声与反射声共同存在）的感知和审美问题。

2. 吸声降噪

吸声降噪主要是一个工程问题，目标是降低室内噪声级。如果不计经济成本和材料使用效率，房间界面的吸声做得越多，噪声级就降得越低。这是一个单向问题，这就使吸声降噪问题，通常不需要对室内声场的物理方面进行详细和精确的分析，白瑞纳克（Led. Beranek）提出的室内稳态声压级公式一般情况下以敷应用，而现场情况的实际分析和工程实践经验是十分重要的。如何与建筑空间、室内装修、房间功能、工作（艺）流程等现场实际情况结合，往往是设计考虑的主要因素，也是成败的关键。

新型吸声材料和构件的研制和开发，尽管并非完全是建筑声学的范畴，但吸声材料与构件的使用是建筑声学设计的重要内容。由马大猷先生首创的微穿孔板吸声结构，是吸声材料的历史性突破。近年来，复合微穿孔结构、微穿孔薄膜等的问世，表明微穿孔吸声结构还在发展，同时，厂家不断推出能够更好满足建筑要求（防火、防水、防潮、防霉、防尘、变形小、强度高、外观美）的吸声材料和构件。

对于建筑物的公共空间，如门厅、大厅、中庭、餐厅、营业厅、走廊、通道等，建筑师近年来越来越摆脱过去只顾外观装饰效果而忽视声环境的设计手法，意识到布置吸声材料和构件以降低公共空间噪声级的重要性。随着开敞式办公室在中国高档写字楼建筑中的普遍出现，开敞式办公室声环境在中国从研究走向实际工程设计。开敞式办公室的声环境要求办公人员各自打电话、接待客户和使用办公机器时，工位之间不产生干扰，并保证私密性。声学设计主要包括：吸声设计，顶棚吸声以减少顶棚将 1 个工位的声音反射到其他工位，地面处理以减少人员走动时的脚步声；隔声屏设计，每个工位都围以隔板，既用以遮挡视线，也是隔声屏障，隔板表面宜布置为吸声表面，隔板高度虽然越高隔声越好，但通常高度是以人站起来可以通视，坐下来可遮挡视线来确定的；空调噪声控制，空调噪声是稳定的连续谱背景噪声，如果空调背景噪声太低，反而使办公人员工位间的干扰声（电话声、谈话声）凸显出来，引起干扰，尤其是私密性难以保证，保持空调背景噪声在一定水平［如 50dB（A）］，可以对工位间的干扰声（电话声、谈话声）起到掩蔽作用，减少干扰，保证私密性。当然，空调噪声也不能太高，太高会引起办公人员的烦恼。

3. 室内声场理论研究

室内声场（封闭空间内的声场）研究是建筑声学乃至理论声学的经典课题。20 世纪 30 年代，马大猷先生在房间简正频率研究方面已经做出了举世瞩目的成果；20 世纪 90 年代，他连续发表了《室内声场公式》（1989）、《室内有源噪声控制》

（1993）、《室内稳态声场》（1994）；进入 21 世纪，90 岁高龄的马大猷先生继续发表论文：《复议室内稳态声场公式》（2002），《只有数学，缺少物理——莫尔斯室内受迫振动理论》（2004）。马大猷先生指出，几十年来被奉为经典的室内声场莫尔斯简正波理论是错误的，该理论只是从数学上满足波动方程和边界条件，得出的只是简正波系列，而缺乏直达声，这与物理事实不符。马大猷先生考虑室内声源（辐射球面波）和房间边界的反射与散射，提出"双声源"理论，求得了包括直达声在内的室内声场的严格理论和正确结果。近似结果与白瑞纳克统计声学的声场稳态公式基本符合。

4. 厅堂音质

现代建筑声学(室内音质)在 19 世纪末从赛宾的工作开始，经过 100 多年的时间，有了很大发展，已经能够在相当程度上指导厅堂的声学设计。在过去 100 年中，众多声学家们对厅堂声学的各方面问题用各种方法进行了研究。虽然当今厅堂声学比起 19 世纪已经有了很大进步，但是在很多方面仍然疑云重重，不能完全为人们所掌握，因此，厅堂的声学设计在很大程度上仍要依靠经验，甚至要"碰运气"。

厅堂音质与其说是科学，不如说是艺术，"Architectural Acoustics as an Art（AAAAA）"。可以用 3 件事来说明：第一，"轰动一时的失败"。20 世纪 60 年代，著名美国建筑声学家白瑞纳克有 2 件事轰动国际建筑声学界，1962 年出版了 1 部巨著 *Music，Acoustics and Architecture*，至今仍被奉为经典；而以他为声学顾问的纽约菲哈莫尼音乐厅建成后，其音质很差，成为轰动一时的失败。第二，目前最好的音乐厅都是在近代声学发展以前建成的，如 1870 年建成的维也纳音乐厅，而近代声学研究了 100 年，却没有建成 1 座音质超过以往的音乐厅。第三，音乐厅不能复制，不能在全世界各大城市都去复制一个维也纳音乐厅,让那里的人也能"享受美妙的音质"，业主不会去要求，公众不会去要求，建筑师也不会去设计。

1966 年，德国哥廷根大学的希罗德（Schroeder）写了一篇名为《建筑声学》的文章，将音乐厅音质要解决的问题分为 3 个方面:物理的、心理声学的和美学的。他这样描述这 3 个方面的问题：

（1）问题的物理方面可用一句话表示，即："给定了形状和墙壁材料已知的房间，声波在里面是怎么传播的？"

（2）问题的心理声学方面也可用一句话表示，即："给定了已知的声场，我们听到了什么？"

（3）最后，美学或优选提出的问题是："给定了一个已知的声场和要听的内容的全部信息，人们喜欢听什么样的音质？"

至今 40 年过去了，厅堂音质研究仍然围绕这 3 个方面进行，虽然取得了一些研究成果，但没有太大突破；由于计算机技术的突飞猛进，模拟和实验手段有了极大改进，开始是硬件跟不上软件的需要，而后来是硬件发展很快，现在是软件（不是指程序编制，而是理论和模型）需要突破。

4.1 物理方面的问题

关于第一个问题（物理方面），实际就是室内声场问题，但在厅堂音质中，面对的是复杂的空间形状和复杂的界面特性。百年来的研究轨迹可以用表 1 表示。

表 1　室内声场百年研究轨迹

几何声学（及统计声学）	波动声学	系统分析
20 世纪前，声线作图求反射；1898 年，赛宾提出混响公式；1911 年，Jaeger 用几何声学的统计方法导出赛宾公式	1900 年，Rayleigh，刚性界面矩形房间简正振动及简正频率数公式	
20 世纪二三十年代，导出伊林公式	20 世纪二三十年代，Schuster 和 Waetzmann，混响由简正模式的衰变构成；1936 年，均匀阻尼界面矩形房间的简正模式及衰变的解；1938—1939 年，马大猷先生对简正频率数公式进行修正，给出均匀阻尼界面矩形房间的混响解	1929 年，在厅堂内开枪诊断回声；1935 年，房间声频率传递函数提出；20 世纪 40 年代，采用电火花作声源测回声图
基于几何声学的计算机模拟	有限差分、有限元、边界元法的计算机求解	20 世纪 50 年代，房间声频率传递函数的研究；20 世纪 60 年代，厅堂脉冲响应研究；数字信号处理：FFT，相关分析，MLS 信号测量脉冲响应

在 20 世纪之前的漫长厅堂声学的发展历史中，基本上都把声音看作是声线或粒子的直线传播，而采用几何分析和统计的方法来进行研究。虽然在 20 世纪 30 年代，波动声学曾一度对几何声学提出质疑甚至要推翻它，但是到了 20 世纪 40 年代，当波动声学挣扎于如何简化以提供实际应用时，被认为"很不严密"的几何声学依然继续在厅堂音质设计实践中被广泛地应用。

但是，声音本质是一种波动现象，波动理论的研究揭示了许多几何声学无法揭示的室内声场特性。然而到了 20 世纪 40 年代，波动理论的研究就基本上走到了尽头，均匀界面矩形房间中的声场已经可以比较准确地计算，但在向更一般的情况扩展时，遇到了几乎无法克服的困难，至多只能提出形式解。虽然有人进行了进一步研究，但多是采用统计方法进行的，这与波动声学寻求严密准确的解的初衷有所偏离。

波动声学方法在室内声学研究中遇到这种困境的原因在于，在边界条件下求解波动方程的方法，只能在非常理想的情况下（规则的房间形状和简单的界面特性）才有解析解。而对于一般的房间，界面的形状（由于房间形状及家具的原因）是非常不规则的，界面的声学特性也是不均匀的，因此房间形状和边界条件无法精确地用数学公式表示，即使近似地表示出来，也很难甚至是不可能求得解析解。因此，应用波动理论只能得出近似或定性的结果，实践中直接把波动理论应用于厅堂音质设计几乎是不可能的。

20 世纪 30 年代，信号处理与系统分析首先在电信领域产生。1935 年，贝尔实验室的 Wente 最先将传输系统的概念引入室内声学，他在论文《房间的声传输特性》中写道："在室内声学的研究中，就像在电路传输工程中，我们主要对 2 点之间的信号传输感兴趣。"

系统传输特性分析不考虑系统内部的结构细节，把其看作一个"黑箱"，只通过其输入（激励）和输出（响应）来分析研究系统的传输特性。将这种方法应用到厅堂声学中，正好避开室内声场波动问题的复杂性，通过直接测量声源信号和接收点的接收信号，来获取声场特性，重点放在测量技术及结果分析。

起初，Wente 建议采用测量房间中 2 点之间的稳态频率传输曲线（即频率传递函数）来考察房间音质，并发现测得曲线的不规则性与房间的吸声量有关。

此后，一些研究者对稳态频率传输曲线起伏特征，如起伏大小、频带中峰的数目、峰的频率间隔等拟定了一些评价参数，想以此来评价房间的音质。20 世纪 50 年代，柏林技术大学的克莱默和他的 3 名学生，通过 19 个大小不等的房间的试验测量和理论分析，得出房间稳态频率传输曲线起征和伏特房间混响时间相关，稳态频率传输函数不会比混响时间给出更多的房间声场信息，3 名学生之一的希罗德（Schroeder）于 1962 年在 J.A.S.A 上发文，对此问题进行了理论回答。

脉冲信号用于厅堂声场测量，起初是为了发现回声，也可以用于验证几何声学的声线反射（前次反射）。20 世纪三四十年代，测量"回声图"并用它来分析反射声时间分布的方法被广泛地应用于声学模型及实际厅堂中。随着系统传输方法的引入和电火花脉冲声源的发明应用，室内声场脉冲响应的概念和测量应运而生。1965 年，Schroeder 提出用"脉冲积分法"测量混响时间，他所用的已经是真正波动声学意义上的脉冲响应概念了。20 世纪 70 年代，在哥廷根的实验室中，Schroeder 和他的同事们用 MLS 为声源测量脉冲响应，这种方法可以比较可靠地得到脉冲响应曲线。由于脉冲响应测量技术的进步，脉冲响应在厅堂声学中的应用范围逐渐扩展，从测得的脉冲响应中，可以得出所有的声场参数，甚至声场的方向分布也可以从双耳脉冲响应中得到。

随着计算机技术的发展，几何声学的应用更加广泛。首先是建立在几何反射定律下的声线跟踪法，然后是能为指定接收点提供反射声线的虚声源法；从界面作几何反射，到考虑界面服从朗伯定律的扩散反射；声源发出的，从没有"粗细"的一根根分离的声线，到占据一定空间角的锥体；还有用虚声源法求出低阶（近次）反射声（高阶反射非虚声源法之所能），再加上一个用声线跟踪法经过统计处理的"混响尾巴"等。目前，已开发出各种室内声场模拟的商业软件，声称可以得出要设计的厅堂的声场脉冲响应，甚至用此脉冲响应和"干"音乐卷积，可以让人身临其境聆听未来厅堂的音质效果，即所谓的"可听化"模拟技术。对建立在几何声学基础上的计算机模拟，说到具有如此的本领，恐怕已经是商业宣传了。室内声场本质是 1 个波动声学问题，用几何声学来研究，就已决定了大前提的误差，具体方法上的"改进"和计算精度的"提高"是无济于事的。几何声学对前次反射声分布（时间和空间分布）的确定是有效的，但认为脉冲响应是一根根反射来的声线，就是错误的理解了，室内声场的脉冲响应本质依然是波动声学问题，1个时域上的单位脉冲函数，在频率域上是一个广谱的白噪声，它可以在很宽的频带（理论上是全频带）上激发起房间的简正振动。拿用几何声学模拟得到的"反射声序列"当成厅堂的脉冲响应，是错误的。

计算机的高速度和大存储容量使得以前在理论上已经提出的声场波动理论的近似解法得以实现并得到发展，常用的是有限差分法、有限元法和边界元法，这些方法因为计算机的应用可以在一定精度范围内求得波动方程离散的数值解。这对小尺度的声学器件和小房间是有用的，但对于厅堂这样的大房间，简正频率密度达到每赫兹有几个甚至几十个简正频率，把它们一一计算出来有什么意义呢？厅堂音质的最终接收者是人，人耳对声音的频率、强度、时差等的分辨率和听闻心理的模糊性，不需要如此地"精确"。面对如此多的计算结果的数据，还是要回到统计处理上去，这并不比经典统计声学有多大提高。何况，用以计算的初始数据（形状、尺寸、界面声学特性等）和实际情况的误差，就足以改变具体的计算结果的数值（当然其统计特性并没有太大的不同）。所以，在厅堂中，企图"准确"计算（哪怕用大型计算机，用各种数值方法计算）简正模式，求解波动方程，既是浩大的计算量，也是没有什么价值的。依然还是回到统计的方法。

数字信号处理技术的发展，如快速傅里叶变换 FFT、相关分析、MLS 信号测量脉冲响应等，为室内声学测量分析和声场模拟提供了快速便捷的工具。

4.2 生理和心理声学方面

厅堂声学领域中最重要的转变发生在 20 世纪 50 年代，在计算机技术尚未快速和普及发展之前，声场物理问题研究难以进展的同时，研究的重心从客观物理声场转向主观听觉。人们意识到，对于厅堂音质的诸多问题，要找的答案与人耳处理声学信息的方式有关。这样，厅堂声学就超出了纯粹物理学的范围，进入了生理和心理声学的领域。换句话说，客观声场与主观听觉的关系成为研究的核心问题。这方面的研究以 1951 年的 Hass 效应为开始。以下是厅堂音质生理和心理声学研究的时间表。

1854 年，Henry 研究了反射声的"感知极限"：50ms；

1898 年，赛宾（Sabine）提出混响时间 T；

1951 年，Hass 效应；

1953 年，Thiele 提出清晰度（definition）D：50ms 前到达的声能 / 全部到达的声能；

1962 年，白瑞纳克出版 *Music，Acoustics and Architecture*，提出初始延迟间隙（initial-time-delay gap）：第一个反射声相对于直达声的延迟时间，与亲切感（intimacy）有关；

1967 年，Marshall 提出侧向反射声对音质的重要性；

1968 年，Barron 提出空间感的客观量度 S：早期；（5～80ms）侧向反射声能 / 早期（0～80ms）非侧向反射声能；

1970 年，Jordan 提出早期衰减时间 EDT；

1974 年，Abdel Alim 提出明晰度（clarity）C，用于音乐的清晰度：80ms 前到达的声能 /80ms 后到达的声能；

1976 年，Lehmann 提出了将强度指数 G 作为厅堂中响度的度量：接收点接收到的声能 / 参考点接受到的声能（dB）；

1967—1985 年，Damaske、Schroeder，Ando 等研究双耳听闻；

1985 年，安藤四一（Ando）提出双耳互相关系数 $IACC$。

4.3 音质主观评价

一个厅堂音质的客观参量可以通过声学测量获得，但音质优劣的最终评价决定于听众的主观感受。一个公认为音质优异的厅堂,肯定具有最佳的客观声学参量；然而一个具备各项最佳（设计取值）客观声学参量的厅堂，却不一定会被公认为是音质优异的大厅。原因在于音质的主观评价是多种因素综合评价的结果。首先当然与客观声学参量有关，但还与厅堂的视觉效果、舒适程度、所处的环境、演唱（奏）曲目的类别及评价者的素质、音乐修养、民族、爱好、年龄等诸多因素有关，从而使主观评价带有一定的模糊性。因此，采取何种方法能较确切地评价厅堂的音质效果，是声学设计中的一项尚待解决的课题。

白瑞纳克对厅堂音质评价进行研究，1962 年提出了认为是独立的 5 个主观参量（响度、混响感、亲切感、温暖感和环绕感），并提出相对应的客观量。在对一个厅堂进行评价时，先对于各个指标进行评分，最后加权得到厅堂音质的总分。这一方法的最大问题是加权的根据不足。

20 世纪 70 年代，德国哥廷根大学、柏林技术大学运用现代心理学的实验方法和多变量分析中的因子分析方法进行了厅堂音质研究工作。哥廷根大学利用录制的"干"信号在厅堂中重放，并在厅堂中的不同座席上用人工头进行双耳录音。用录制的信号在消声室内做听音试验，通过成对比较，提出了厅堂音质的 3 个参量：混响时间（RT），明晰度（C）和双耳听闻互相关（$IACC$）。在听音试验中总声压级不定，故这些参量中没有涉及响度。

柏林技术大学则采取不同的方法，即听音材料是柏林爱乐交响乐团在 6 个厅中的演奏录音。听音试验是通过耳机进行的，并要求听音者对各个主观指标评分，经因子分析后得出独立的参量：响度（强度指数 G）、明晰度（C）、低频混响比（BR）。结果显示，在 40 个参与听音试验的人中，明显地分成 2 组：一组对响度较敏感，而另一组则对明晰度较敏感。同时还发现，混响时间除了对响度有影响外，对音质的关系不敏感，只有在混响时间低于 1.7s 时才对音质有明显的影响。

安藤四一（Ando）在哥廷根大学通过人工合成声场模拟厅堂中的声场，合成声场中包括直达声和反射声，其中反射声的方向、强度及混响时间是可变的。实验得出决定音乐厅音质的 4 个独立参量：响度、亲切感、混响、双耳互相关 $IACC$。根据这 4 个参量，安藤四一提出了相应的音质评分方法，但由于该方法在测量时，声源特性不同和接收点位置稍有偏移对结果影响很大，因此，对应用该方法目前尚有争议。

布朗（M. Barron）组织 20 个有经验的音质评价人员，大部分为声学顾问，对英国的 11 个厅堂进行了现场评价。评价者在厅内不同的位置听音，根据问卷调查对各主观指标做出评价。最后将厅堂总的音质分成 7 个级别，从"顶级"到"很差"。结果显示，5 个音质指标，即明晰度、混响感、环绕感、亲切感和响度是相互独立的，而厅堂音质的总印象与混响、环绕感、亲切感的相关性最高。同时，也发现评价人员对于厅堂音质有不同的偏好，一部分倾向于混响感，而另一部分则倾向于亲切感。

1996 年，白瑞纳克在他的新著 *How They Sound : Concert and Opera Halls* 一书中，总结了厅堂音质过去 30 年的研究工作及对 76 个大厅的主观调查评价和实测数据分析后，提出了 7 个厅堂音质主观评价参量及相关的客观物理量，即响度（G）、混响时间（RT）、明晰度（C）、亲切感（$ITDG$）、空间感（$IACC\ LF$）、温暖感（BR）和舞台支持（STI），并提出了根据厅堂中实测客观参量值的音质综合评价法。运用这套方法对其中 37 个厅堂进行了评价，按其音质分成 3 个档次，其结果与主观调查符合较好，由此提出了各客观量的最佳设计值。这种方法，应该说是至今较为全面、可靠性较大的一种主观评价方法，但测量工作量很大，且有些指标如 *IACC* 等能够测试的单位不多，也不够成熟。

2002 年，日本学者 Sato、Sakai 和意大利学者 Prodi 尝试用上述主观评价理论，进行了现场聆听的音质评价试验；2006 年，Prodi 等人采用计算机仿真技术，对具有历史价值的歌剧院的音质进行了研究。

厅堂音质研究一直以演奏西方古典交响乐的音乐厅为主流，但即使在西方，歌剧院同样是重要的观演建筑，其音质研究相对于音乐厅开展的要少得多。歌剧院与音乐厅相比，一方面歌剧院通常以混响时间较短以适应其有歌词听闻的要求，另一方面有巨大的舞台空间，观众席往往有包厢。所以舞台空间和观众厅空间耦合问题、舞台吸收问题、包厢内听闻问题等是歌剧院音质研究的特别问题。另外，演员在舞台上，乐队在乐池内，舞台和乐池间音质平衡问题的研究成为近年来歌剧院音质研究的新进展。

针对中国音乐、戏剧与语言的特点和中国人的欣赏习惯，研究厅堂音质主观评价，近年来在国内有所开展。在剧院音质设计方面，20 世纪 90 年代针对多功能使用的国情，一些剧院尝试了可调混响的技术设计。进入 21 世纪，追随国家大剧院的建设，各地掀起了建设集歌剧院、音乐厅于一体的"大剧院"风潮，规模、设施和设备追求高标准、大而无当，但对音质设计似乎并不十分看重，也没有什么超越前人的变化。对于中国传统剧场（戏台、戏场），开始是研究中国戏剧史的学者进行过研究，后来有清华大学罗德胤的博士论文研究和同济大学王季卿自然科学基金项目的研究。

本文应《电声技术》编辑部之约，摘编自《创新与和谐——中国声学进度》一书中《建筑声学研究进展》一文。

（本文原载于《电声技术》2009 年第 8 期，第 6~10 页。）

建筑音质作为一门艺术

声音作为一种信息传递的方式，在生物之间和生物与自然界之间进行，对于人类也是如此。嘴是人类最重要的发信器官之一，耳朵是人类最重要的收信器官之一，此外人还可以借助器具，如乐器，来发出声音信息。语言和音乐在建筑环境中由发声者（声源）发出以后，受到建筑环境的作用而引起的声音变化，即建筑音质问题。这个问题不仅仅是一个纯技术性的问题，而是一个包含着十分复杂的人类主观感觉和社会学因素的问题，这方面和建筑艺术很相像。

当一个人进入一个古堡的大厅或一个幽深的山洞之中的，固然由于它们那硕大的空间和幽暗的光线会引起一种压抑神秘的感觉，而当他刚一开口，就听到隆隆的回声，恐怕也大大加强了这种气氛。据说在1967年，清华"造反派"曾把一个无辜的外地群众关在黑暗的混响室内，他在里面感到十分恐怖，这也许是"革命小将"们的"发明创造"吧。在中世纪的教堂里，那长达数秒的混响使神父的教谕和唱诗班的圣歌余音绕梁，让虔诚的信徒们听起来仿佛真是来自天国的福音。《红楼梦》中"凸碧堂品笛感凄清"一回，那呜咽悠扬的笛声，趁着明月清风，天空地静，从桂花荫里细细吹出，显得越发凄凉，使那多愁善感的林妹妹倚栏垂泪了。现在，我们都知道一个大厅，一个剧院，一个音乐厅都有着音质问题，也就是建筑环境对声音的影响问题。

如果一个房间，一个大厅仅仅用于讲演，那问题主要是听众能否听得清楚，这相对比较简单一些。但是作为音乐和戏剧演出的音乐厅和剧院，要评价它们的音质，问题就复杂多了。对于同一个音乐厅的音质评价有时如同对一个新建筑物的建筑艺术的评价一样，意见差别很大，有的说好，有的说不好，有的人可能不予置评。通常，人们对于他们接触到的音质感受是下意识的，许多人不能用确切的言辞来表达他们的感受，只有少数人能解释什么真正意味着音质是好还是坏，并能指出造成这种感觉的声音因素。在现代科学技术发展的条件下，建筑音质方面大量的研究工作，揭示了很多与音质有关的客观的物理因素，并把这些因素和主观感觉结合起来，使音质设计有了很大的预见性和明确性。但为一个大厅设计音质不能像设计一台机器、一架仪器那样能精确地加以定量评价，而且实际工作中失败的例子也屡见不鲜，即使是一些声学权威的设计也有失败的时候。典型的例子是 20 世纪 60 年代，建筑声学理论权威白瑞纳克（Leo L. Beranek）指导音质设计的纽约菲哈莫尼音乐厅建成后，音质很差，成为"轰动一时的失败"。而此前不久，他出版的巨著《音乐、声学和建筑》获得很高的声望。因此，音质设计在某种程度上还带有相当的偶然性和不确定性。

建筑音质设计在某种程度上和乐器的设计和制作类似。一个音乐厅也可以被看作一个巨大的乐器，它的形状和材料决定了它的音质。但音质设计又和乐器制作有很大的不同，厅堂是个体化生产的，不像小提琴可以形式固定不变地生产成百上千把；最好的音乐厅也不能复制，维也纳音乐厅音质首屈一指，但不能每个城市都复制一个维也纳音乐厅，让大家都能享受和维也纳音乐厅一样的音质，然而好的乐器却可以复制。虽然从纯粹声学家的角度出发，音乐厅最好都是一个模样，才是一个"最佳状态"，但建筑师从其职业性质和特点来说，总想创造一些新的、和别人不同的东西。在音乐厅和剧院设计中，建筑师和声学工作者之间往往有矛盾，而两者的协调和配合是取得设计成功与否的重要因素。

音质设计提供的产品的消费者是听众，一个厅堂音质设计的好坏最终是由所有的听众的综合评价来确定的。每个听众各自提出自己的意见，而这些意见带有各个听众的复杂的社会学和心理学背景，如听众的社会地位，文化程度，艺术修养和美学观点，甚至他的年龄和当时的心情，等等。《光明日报》曾有文章讨论剧场要不要用麦克风的问题，即演出时是否要用电声系统。天津市歌舞团舞台音响人员的一篇文章是《麦克风要推广使用》。他们从在全国各地演出的实际情况出发，谈到在许多剧场，再好的演员，加上乐队伴奏，如不用扩音器，观众很难听到好的效果。他们曾在一个仅有 700 人的小型剧场演出，作用与不用麦克风的对比试听，结果听众反映表明，还是用扩音器好。另一篇文章是中央乐团团长、著名音乐家李凌的文章，他反对使用电声。他说："一用电声，一片响亮，音质、音色、音量都改变了，许多表演家终身努力追求的独特的富有艺术魅力的细致的歌声变得模糊了，实际上取消了极细致的真切感……"2 篇文章，因作者的职业和地位不同，考虑问题的出发点不同，其观点也截然相反。孰是孰非？我想，一方面，好的演员不依靠电声，也不想用电声，则好的厅堂音质设计应当而且有可能保证上千人的大厅可以不用电声演出。另一方面，又应看到今天的电子技术和电声技术的发展，也使电声系统并非和从前那样仅仅起个性能欠佳的放大器作用，而是可以成为厅堂音质的良好助手。至于现代流行音乐歌星们的演唱，更是离不开麦克风半步。此外，用不用电声还要看听众发出的噪声的声级了，这和剧场的秩序和观众的公共道德水准有关。是否要使用麦克风这个问题反映了建筑音质问题不仅仅是个简单的技术问题，而是包括了复杂的社会因素。

正因为建筑音质的好坏最终是由听众的主观评价决定的，而听众的主观评价是由他们的美学观点制约的，所以听众美学观点的变化就会使音质设计的标准发生变化。尽管各个听众的美学观点可以互不相同，有所差别，但许多人的观点互相补充，互相制约，总会形成一个总的倾向，这个倾向具有历史的渊源，具有时代的风貌，具有民族的特点。在进行音质研究和设计时，必须注意到这几方面的因素。

从音质设计作为一门科学起直到现在，音乐厅的设计考虑的主要是演出西方古典音乐。这些作品大都是 18、19 世纪的产物，且不说反映这些作品本身特点的美学观点是当时历史条件的产物，就是当时这些作品的演出也是在当时的具有那个时代建筑特点的剧场中进行的。无论是作曲家，演员和乐队都习惯了那种建筑环境，甚至不少作曲家是有意识地考虑了剧场环境的影响，听众也是在这种环境中欣赏演出的，长期的耳濡目染，形成了传统的欣赏习惯和审美观点。以上所述也就回答了"为什么音质最好的音乐厅还是近代声学诞生之前的音乐厅"这个问题，维也纳音乐厅是 1870 年建成的。

但历史在发展，时代前进了。古典音乐虽然还被许多人留恋赞赏，但在西方音乐厅中今天往往是一些中年人和老年人在欣赏它了，而青年人都热衷于什么"蓬普"（pop）、"爵士"（jazz）、"摇滚"（rock 'n' roll）等流行音乐，乐器也大量采用电子乐器，如电子 Bass（贝斯）、电子吉他、电子钢琴及电子合成器。尽管有人对这些东西看不惯，斥之为浅薄轻浮，无聊颓废，但是形成了一股潮流，不仅席卷着西方世界，而且这些年也在中国流行。既然是潮流，就必然泥沙俱下，鱼龙混杂，但它却是不以个人意志为转移的现实。回避是不行的，只能正视它。在国外，许多著名乐队也去演奏它们，而且这些流行音乐对传统音乐也产生着影响，所以近年来，不少音乐厅的设计开始考虑到这些音乐的演出了。

至于因为音乐作品的风格不同而要求不同的建筑音质，这早就为许多声学家提到。例如，Kuhl 经过调查研究提出，对于莫扎特的交响乐和斯特拉文斯基的作品最合适的混响时间为 1.5 秒，而对于勃拉姆斯的交响乐是 2.1 秒。例如，对于巴赫，其教堂音乐的作品要求较长的混响时间，而巴洛克式音乐作品要求的混响时间要短些。有些近代音乐厅，如英国皇家节日音乐厅，设计目标是较高的清晰度，其混响时间较短，主要原因是考虑到近代音乐作品渐趋细致和复杂。至于现代流行音乐往往以对强烈复杂节奏的追求取代对优美旋律的表现，这对音质设计也提出了不同的要求。

厅堂音质的要求还受听众习惯的制约，而这些习惯是长期形成的一种"惰性"。例如，在西欧，教堂内的混响时间很长，尤其是中世纪的哥特式教堂，达到 6～8 秒以上，巴洛克式教堂也常常具有 4 秒的混响时间，在这样长的混响时间下，不可能有良好的语言清晰度。如果对较好的语言清晰度和合唱及风琴音乐各自所需的混响时间取个折中，则混响时间应在 2 秒左右。但西方建筑的实践经验证明，这对教堂肯定是不满意的，混响时间太短了。这就说明，听众的声学要求有时受到习惯的影响比理性的评价更为强烈。

至于因为民族的不同，音乐审美观点有所不同，从而对建筑音质的要求有所不同，这是显而易见的。同样对于音乐厅，欧美国家的声学家一般认为最佳混响时间在 2 秒左右，而日本提出的是 1.6 秒左右。这个差别可能正是日本和欧美各国在民族音乐和听觉习惯上的差别。中国的民族音乐和戏剧与欧美不同，中国的传统乐器与西洋乐器不同，历史上中国音乐和戏剧演出场所的建筑环境和欧美也不相同，因为中国建筑的梁柱体系不能提供很大的无视线遮挡的空间，中国的音乐和戏剧演出大多数是在露天和半露天情况下进行的，这就形成了中国人的听觉习惯和评价标准。随着现代社会中国际交往的增多和传播媒介的发展，这种习惯和标准发生着变化，但民族的传统和特点都具有巨大的历史"惰性"，即继承性和延续性，所以在进行建筑音质研究和设计时还是要考虑中国的民族和传统特点。

建筑音质是声学这门科学中最古老的分支，但也是发展最缓慢的分支，这是因为声学的其他分支主要和声波的物理现象打交道，随着现代科学技术的发展，这些物理现象的内在规律也越来越清楚，而且可以高度精确地加以定量的描述和分析，但建筑音质却具有二重性：一方面它和声音传播的物理过程有关，和建筑环境的客观参数如形状、大小、材料性能等有关，具有一般技术科学的特点；另一方面，它和人的主观感觉有关，和人的审美观点有关，对这方面的研究，要进行大量的社会调查，要对人的听觉生理和心理进行研究，而正是这后一方面造成了建筑音质研究上的重重困难。建筑音质发展的历史也说明，只要和人的主观感觉有关的研究获得了某种突破，建筑音质的研究就有较大的前进。所以从某种意义上讲，建筑音质的进展最终取决于生理声学和心理声学的发展及人们审美观点的发展。建筑音质与其说是一门科学，不如说是一门艺术。

又及：

英文题目是"Architectural Acoustic as an Art"，每个词都是字母"A"打头，简写之就是"AAAAA"，5个A。我讲建筑声学课，讲到厅堂音质，就会说到5个A。简要地归结为"三个事例"和"三个方面"：

三个事例：

（1）轰动一时的失败

20世纪60年代，著名美国建筑声学家白瑞纳克有两件事轰动国际建筑声学界：一是1962年出版了自己的一部巨著 *Music，Acoustics and Architecture*（《音乐、声学和建筑》），一本关于音乐厅音质的权威著作。二是以他为声学顾问的纽约林肯中心菲哈莫尼音乐厅建成后，音质很差，成为轰动一时的失败。

（2）最好的音乐厅都是近代声学发展以前建成的

从赛宾1898年开始的近代声学研究，已经持续了120年，发表的研究成果汗牛充栋，但世界上公认音质最好的音乐厅都是在这之前建成的。如奥地利维也纳音乐厅建于1870年。

（3）乐器可以复制，而音乐厅不可以复制

维也纳音乐厅音质再好，也不能每个城市都复制一个维也纳音乐厅，让大家都能享受和维也纳音乐厅一样的音质。

三个方面：

德国哥廷根大学的 Schroeder 教授将厅堂音质问题归结为三个方面。

（1）物理方面：给定了形状和界面材料的房间里，声波在其间是如何传播的？

（2）心理方面：给定了已知的声场，人们在其间听到了什么？

（3）美学方面：给定了已知的声场和可听内容的全部信息，人们喜欢什么样的音质？

2018 年 5 月于清华大学

| 后记 |

这是秦佑国先生给弟子李国棋的著作《厅堂音质设计研究》的序的主体内容。1978 年 10 月，秦先生在离开清华 10 年后，回来读研究生，研究方向是建筑声学，但还属于建筑学专业 21 个研究生之一，上了吴焕加先生开的"现代建筑引论"课。吴先生要求学生每人交 2 篇读书报告，《建筑音质作为一门艺术》是秦先生提交的 2 篇报告之一。在此基础上，修改成为这篇序。

在这篇文章前，还有"序言"的一段开篇介绍："李国棋是我的博士生，在清华大学学习期间是我国（大陆）第一个研究'声景学'（soundscape）的。他自 1990 年起至 2010 年，历时 20 年从筹建到竣工，到剧场演出运行，一直在国家大剧院舞台技术部负责声学方面的工作。在国家大剧院建成运行数年后，他到北京工业大学建筑与城市规划学院任教，多年来在剧场音质设计方面积累了大量的工程设计实践和科学技术研究的经验和成果。现在结集出版，要我为他的书写一个序言。我把我的一篇未发表过的文字作为'代序'。"

声景学的范畴

【摘　要】论文首先讨论了声景（soundscape）学的缘起。然后从人、环境和声音三者的关系界定传统的景观学（landscape architecture）、建筑声学（building acoustics）和心理声学（psychology acoustics）的定义；在与传统学科比较基础上，界定了声景学的范畴：（1）研究人通过视觉对环境的美学感知过程中，声音的作用，即在传统的（不考虑声音和听觉感知的）景观学中引进声音及听觉感知；（2）研究人在审美地倾听声音时，环境景观的作用；（3）研究具有文化和历史意义的自然环境和人文环境中声音遗产的保护和留存。

【关键词】声景；声景学；声音生态学

一、声景（soundscape）学的缘起

Soundscape（声景）的概念由加拿大音乐家 R.Murray Schafer 在 20 世纪 60 年代末 70 年代初提出。起初是指 "The Music of the Environment"（环境中的音乐），即在自然和城乡环境中，从审美角度和文化角度值得欣赏和记忆的声音。他和其研究小组调查了温哥华的"环境中的音乐"，出版了 *The Vancouver Soundscape* 一书，并在加拿大 CBC Ideas 广播电台开设了 "Canada Soundscape" 的广播节目。1975 年，Schafer 在欧洲巡回作学术报告，并采集了欧洲城市和乡村的 Soundscape 样本，出版了 *European Sound Diary* 和 *Five Village Soundscape*，从而把 Soundscape 推广到欧洲。正因为 Soundscape 主要是指自然环境（包括乡村的田园环境）中的声音，所以又被称为 "Acoustic Ecology"（声音生态学）。1978 年，Barry Truax 出版了 *Handbook for Acoustic Ecology*。

随着声景研究在世界各国的推广，同时也随着参与研究的学者学术背景的不断多样化，声景学的范畴逐渐扩大。例如，有人认为，环境中的声音有美好的，也有噪声，声景研究既要保持好的，也要消除差的，所以环境噪声问题也可以纳入声景（学）范畴。如英国成立的 "Right to Quiet Society"（安静权协会）。

日本在 Soundscape 研究方面大有后来居上的态势。Soundscape 在日本被译为"音风景"，1993 年成立了日本 Soundscape 研究会，其宗旨是让更多的人关心自己周围存在的声音，进而关心听声音的环境。在重视声音的同时，考察遗存的声音，以及各种声音的历史、环境、文化内涵等。研究会曾会同日本环境厅大气保全局主办了"评选日本音风景 100 项"的民众参与活动。日本声景研究开展得很活跃，岩宫真一郎所著的《声音生态学》对 Soundscape 进行了较为全面的阐述。

中国（大陆）最早进行 Soundscape 研究的是李国棋，他在留学日本期间，曾在岩宫真一郎的指导下进行过 Soundscape 的研究。他回国后，于 2001 年在国内开始 Soundscape 的研究。此后，他于 2001 年向北京市教委申请"Soundscape ——声音景观的研究与应用"课题立项，获得批准，并同时作为他博士论文的选题开展了深入研究。

二、声景学的范畴

Soundscape 由 Sound（声）和 Scape（景）构成，是借鉴 Landscape 而来。Landscape 在中文里被译成"景观"或者直译成"地景"。Landscape Architecture 的中文被译成"景观学"或"景观建筑学""风景园林学"，是一个传统学科领域。所以，Soundscape 可以被译为"声音景观"，简称"声景"，作为一个学科领域，可称为"声景学"。

尽管 Soundscape 的概念从提出到现在已有 30 多年，开展研究的国家与学者不断增加，方兴未艾。但是对 Soundscape 的理解和研究范畴的界定并没有统一，这也是必然的。一个新学科的出现是相对于现有学科而言的，也正是在与传统学科的差异中确立自己的。本文试图从人、声音、环境三者之间的关系，通过与相关传统学科的比较来界定声景学的范畴（图 1）。

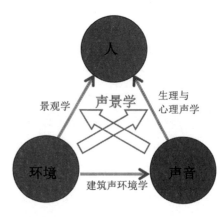

图 1　声景学概念

在人—环境关系中，传统的 Landscape Architecture（景观学）研究人通过视觉感知，对自然环境和人工环境的审美体验，通常不考虑听觉对环境中声音的感知。所以这是一个"无声"的视觉审美，是一个"寂静"的景观，好比是一张照片、一部无声电影。景观建筑师（landscape architect）在做景观规划和景观设计时，通常只是考虑视觉形象，画出表现图。

但人在观看环境景观时，在欣赏风景时，不仅仅是眼睛在看，耳朵也在听。人对环境的审美体验是视觉感知和听觉感知协同完成的。缺少了听觉，只有视觉，其美学意境是不完整的。"姑苏城外寒山寺，夜半钟声到客船"，若没有了钟声，其美学意境、文学意境就差远了。所以，Soundscape（声景学）的研究范畴之一就是在传统 Landscape（景观学）的人对环境的视觉审美中，如何考虑声音，包括自然声音与人文声音（具有人文含义的声音）及其听觉感知的作用和影响，它涉及视觉景观与"在场"声音在审美上配合和协同关系的研究，进而在景观规划和设计中进行声景的规划和设计。至于通过电声设备给不同现实环境在不同时段配置背景音乐和背景声音，也有人将其纳入声景设计的范畴；但对电影和电视画面（虚拟场景和环境）进行配音配乐恐怕不应属于声景范畴。

在人—声音关系中，传统的生理和心理声学（Psychology Acoustics）研究人的听觉机理，以及声音作为一个物理刺激如何引起人的感觉和知觉反应，它以作用于人耳的声音作为起点，不涉及环境，也不涉及声音的文化与审美内容。语言声学和音乐声学则主要研究以声音为媒体传播的信息和音乐美学，也不涉及环境。

但人在倾听声音和欣赏音乐时，其审美感觉并不仅仅取决于听觉的感知，还和"在场"的环境及对其的视觉感知有关，人对声音的审美体验是听觉感知和视觉感知协同完成的。所以，声景学的另一个研究范畴是，研究人与声音的关系中环境的影响，且主要是人以审美目的倾听时，"在场"环境的影响。例如，在音乐厅中听吹笛者的演奏，在音响设备前听 CD 播放的笛声，与在月光下隔着一汪池水倾听从花丛中传来的笛声（《红楼梦》第七十六回"凸碧堂品笛感凄清"），以及在乡间田埂上听从牛背上牧童吹出的笛声，感受显然不同。至于在音乐 VCD、DVD 和卡拉 OK 中为音乐和歌声配上画面，也是虚拟场景和环境，也不应属于声景学的范畴。

在声音—环境关系中，传统的建筑声学（Building Acoustics）及环境声学

（Environmental Acoustics）主要研究构成环境的物质材料、物质实体和空间的声学特性（如吸声、隔声、反射等），声音以物理声波的方式在环境中的传播（吸收、衰减、扩散、透射等），以及声音从声源辐射后传播到接受者（人）处产生的物理特性变化（强度、频谱、延时、混响等）及其引起的人听感的变化。它不涉及环境的视觉特性（景观），不涉及声音的文化与审美内容。

但在这个充满各种声音的地球上，对环境声音的评价，不只是一个分贝数多高、频谱成分如何的问题，也不只是噪声干扰和环境安静与否的问题，还应包括审美的、人文的评价。"蝉噪林愈静，鸟鸣山更幽"，用物理的环境噪声级是评价不出在有蝉鸣（声级可达 80dB）和鸟叫的环境中，反而感到"林静"和"山幽"的主观感受的。同样，英国的研究者在欧洲城市声景调查中发现，历史街区中长期以来形成的街市"噪声"已成为居民生活不可或缺的一部分，倘若听不到这种声音，人们会有失落感。

因此，声景学的另一个重要研究范畴是从文化的、社会的、历史的角度，即从人文的角度研究环境中的声音，并对具有丰富历史和地域文化内涵的声音——"声音遗产"，加以保护、留存和记录。其中伴随自然环境和人文环境存在的声音遗产的保护最为重要。声音遗产保护最重要的是保护产生和传递这些声音的环境和生活形态，而不是简单地用录音机去记录下这些声音，保存在博物馆和档案馆中。然而，随着全球化和现代化的急速发展，留在人们美好记忆中的声音正在迅速地消失。

三、结论

声景（Soundscape）学是从审美的角度和人文的角度研究环境中的声音；研究人在观看环境景观时，在场声音及其听觉感知的作用；研究人在倾听声音时，在场环境及其视觉感知的作用；研究伴随自然环境和人文环境存在的声音遗产的保护、留存与记录。

参考文献

[1] 李国棋. 声景研究和声景设计 [D]. 北京：清华大学，2004.

（本文原载于《建筑学报》，2005 年第 1 期，第 45~46 页。）

绿色建筑的中国特点

【摘　要】论文首先综述了绿色建筑的含义和国际上绿色建筑的评估标准。指出中国绿色建筑的实施和评估必须考虑中国地区差异大、人口多、资源紧缺等的国情，必须实事求是、因地制宜，采用适用技术策略，兼顾全局利益和局部利益。论文针对中国国情，阐述了中国绿色建筑实施中特有的一些问题。

【关键词】绿色建筑；生态建筑

1. 绿色建筑的含义和评估

现代建筑对环境问题的响应是从 20 世纪六七十年代的太阳能建筑、节能建筑开始的。随着人们对全球生态环境的普遍关注和可持续发展思想的广泛深入，建筑的响应从能源方面扩展到全面审视建筑活动对全球生态环境，周边生态环境和居住者所生活的环境的影响，这是"空间"上的全面性；同时，这种全面性审视还包括"时间"上的全面性，即审视建筑的"全寿命"影响，包括原材料开采、运输与加工、建造、使用、维修、改造和拆除等各个环节。

能够较好地对环境问题做出响应的建筑或是致力于这种响应的建筑被称为"生态建筑""绿色建筑""可持续发展建筑"。讨论这 3 种名称上的差异，并做出"孰是孰非"的结论，其实并不重要，而归纳确定它们的内涵，既是可能的，也是需要的。

尽管对"绿色建筑"的内涵有各式各样的列举，范围有宽有窄，但基本上是围绕三个主题：一、减少对地球资源与环境的负荷和影响；二、创造健康、舒适的生活环境；三、与周围自然环境相和谐。

围绕推广和规范绿色建筑的目标，自 20 世纪 90 年代以来，许多国家和地区发展了各自的绿色建筑标准和评估体系。例如，英国 BREEM 评估体系、美国 LEED 绿色建筑评估体系、15 个国家协商的 GBC 绿色建筑挑战体系、日本建筑环境效率综合评估体系 CASBEE、德国生态建筑导则 LNB、澳大利亚建筑环境评价体系 NABERS、加拿大的 BEPAC、挪威的 Eco Profile、法国的 ESCALE 以及中国香港的 HK-BEAM、中国台湾的《绿建筑解说与评估》等。

各国绿色建筑评估标准关注的一些共同点包括：

• 减少 CO_2 排放（从建筑材料生产和回收再用，从节约化石能源消耗量）；

• 减少（或禁止）可能破坏臭氧层的化学物的使用；

• 减少资源（尤其是能源、水资源、土地资源）的耗用；

• 材料回收和再利用，垃圾的收集和再生利用，污水处理和回用；

• 创造健康舒适的居住环境，重点在室内空气质量、自然通风、自然采光和建筑隔声。

2. 绿色建筑必须考虑中国国情

"绿色"概念，也就是可持续发展概念本身就强调实事求是和因地制宜。中国是一个发展中的大国，人口数量巨大，国土与资源有限，按温家宝总理的计算和说法：再小的消耗乘上 13 亿人就是巨大的量，再大的产量和储量被 13 亿人除就是很小的量。所以在中国发展绿色建筑、制定标准和进行评估必须考虑中国国情。

2.1 因地制宜和适宜技术

中国是一个幅员广大的国家，地区差异十分巨大。从南到北，从东到西，气候条件、地理环境、自然资源、城乡发展与经济发展、生活水平与社会习俗等都有着巨大的差异，中国是全世界各大国中地区差异最大的国家。同时，这些年来，社会阶层的分化造成了对建筑、住区和住宅的不同需求和因此而不同的建筑标准。

因此，一方面，在生态技术策略上就要考虑"因地制宜"，在传统技术策略、中低技术策略、高新技术策略中采用适宜技术策略；另一方面，在评估时也必须因地制宜、实事求是，宜作纵向比较，看发展，横向比较要在相同或相近条件下进行。那种盲目地搬用外国标准、采用外国评估体系进行房地产开发项目的"绿色策划"和"绿色评估"是不可取的，其目的恐怕主要在于广告宣传。

2.2 兼顾全局利益和局部利益

绿色建筑既要考虑对全国范围乃至全球范围的环境影响，如节约耕地、节约水资源、建筑材料生产的能源消耗和 CO_2 排放量等，也要使开发商和使用者受益。前者对开发商和使用者无直接利益关系，须要通过制定法规来加以控制，同时要有政策上的调节和支持，不能只靠公众的"觉悟"来保证，当然，公民的环境意识和公共道德始终是整个工作的基础。

兼顾使用者和开发商的利益，既是推进绿色建筑的直接动力，也是为使用者提供健康舒适的居住和工作环境。当然，在开发商与使用者之间也有利益兼顾的问题。因为我国房地产市场和购房者尚不成熟，开发商往往喜欢炒"概念"，找"卖点"，做表面文章；而不成熟的购房者也不懂"真货""实货"。但随着市场的成熟和先期购房者入住的反馈，事情将向"货真价实"、讲究实效方向转化。

3. 由中国国情所决定的一些特有的问题

3.1 居住模式

目前及在可以预见的未来，中国城市居民大部分要居住在公寓式集合住宅楼内，而不会像欧美发达国家大部分住在独立式或联排式的小住宅内。在生态住宅设计时，两者显然不同。

3.2 能源结构

我国在今后相当长的时期内，在大多数城市，能源结构中主要还是燃煤。这是因为人类尚未开发出可以取代化石能源的新能源。而在中国的化石能源中，石油和天然气的储量不可能满足需要，更不可能依赖于进口，而中国的煤储量大大超过石油和天然气，因此舍煤而改用油、气，在北京、上海等特大城市可以，但在一般城市中（即使是大城市），也要慎改；不能像西宁市那样搞"拔烟囱工程"，由环保局组织专门队伍，把市区 660 个燃煤的供暖锅炉房的烟囱强行拔掉，要求改烧天然气，致使入冬以后，一些居民小区不能供暖。采暖技术的改进，必须与建筑围护结构热工性能技术相匹配。例如，采用电低谷时间低电价的电采暖设备，只有在高热容量和热惰性的围护结构以及高密闭性的门窗条件下，才能保证在用电高峰期不开电源时室内的温度不下降太多。现在，对于许多电采暖的商品房，住户普遍反映采暖费用太高。北京为了在二环以内取消烧煤，甚至在大杂院平房区推行电采暖，居民（大多数是低收入者）承受不了，又烧起了煤饼炉，政府只好采取延长用电低谷时段 2 小时和给低保户补贴的措施，但仍无济于事。

3.3 二次装修

新建住宅住户二次装修问题也是一个中国现阶段住房供给体系带来的问题。刚刚建好的新房子，居民入住时都要进行装修，拆除、废弃尚未使用过的建筑构件、设备和管线，造成了极大的材料、人工和经济浪费，甚至对房屋安全造成隐患。

3.4 绿色建材

黏土砖，就地取材，价格低。但因为烧制黏土砖取土，要毁坏耕地，中国人均耕地面积很少，保护耕地非常重要和迫切，因此要限制和禁止实心黏土砖的使用。

木材本来是无污染的可持续发展的绿色建材，但我国森林资源遭到恶性破坏，只砍不种，多砍少种，滥采滥伐，既使木材生产难以为继，更严重破坏生态环境，以致不得不限制木材的使用。而北美和北欧国家把森林当作产业来经营，已形成木材生产的良性循环，普遍采用木结构住宅。

混凝土，生产时耗能多，污染大，建筑物拆毁时难回收，废弃物难自然降解，是不"绿色"的建材，但现阶段因为经济和技术因素，还不得不大量使用。

钢材，从建筑材料全寿命周期的观点看，钢材具有性能（代）价比高，使用中无污染，回用和回收率高等绿色建材的特点，但目前国内试点的钢结构住宅存在的核心问题是造价高。仔细分析，这并非是由于钢结构主体造价很高引起的，其价格是高在：大量的连接配件、按现行的消防规范的防火措施、装配化的新型墙体材料等。有一种观念认为钢结构建筑就应该工厂化、装配化程度高，就应该采用新型轻质墙体，减少湿作业。这是一条在劳动力价格高的发达国家的技术路线，而中国的国情是劳动力多而且便宜，中国推广钢结构是从生态观点出发，并不一定是为了节约劳动力。

3.5 草坪

从大连开始，在中国大地上刮起了一股"大草坪"风。现行的从国外引进草种的草地，既不耐踩踏（只能看，不允许进入，失去了可在其上进行户外活动的功能），又消耗了大量的浇灌用水（尤其是干旱少雨和水资源紧缺的地区，问题更严重），而且草地的生态效益很小，甚至是负面的。解决的途径是：一方面，要严格限制草地尤其是没有乔灌木的大草坪；另一方面，是通过植物和生物工程技术培育合适的草种，开发耐踩踏的草地，同时开发节水的种植技术和灌溉技术。

3.6 人工湿地

中国许多城市对河流进行"硬化"，把自然河流改造成混凝土的大水槽，对湖泊水塘也采取人工砌筑的驳岸，居住区内的水景也是"硬化"的水池、喷泉。所有这些，一方面失去了天然水景观的自然美，另一方面"硬化"会造成水生生物生态平衡的破坏。国内外的研究证明，具有生物多样性的湿地，其生态价值远远大于净水面。在住宅区规划和景观设计时，可以营造人工湿地，以取代"硬化"的水景，可以使住区水景趋于自然，同时可以作为中水和雨水深度处理的措施。人工湿地技术包括池底和边坡防渗漏、水底和岸畔植物种植层，水生生物选种与培育、水体补给和溢流、水体净化和水质保障等。

3.7 住宅分户墙隔声

住户间隔声不好，在近年来有相当的普遍性，居民反映强烈。墙体的隔声性能遵循"质量定律"。瑞典规定，公寓式住宅分户墙必须采用厚度不小于 25cm 的混凝土墙，不是结构要求，是隔声要求。过去多层住宅的分户墙大多为 24 砖墙，双面抹灰，550kg/m²，计权隔声量约为52dB，住户是满意的。我国近年来为了保护耕地资源，限制并淘汰实心黏土砖的使用，采用轻质墙体材料和结构。但这对墙体隔声带来了不利影响。由单一材料、单层结构做成轻质墙体，计权隔声量普遍低于40dB，不能用作分户墙。不能为了追求减轻墙体重量而置隔墙的隔声要求于不顾。在进行住宅设计时，建筑设计应和结构设计协调，使分户墙是承重的厚重墙体。同时，在墙体施工时应避免施工孔洞。如果分户墙不可避免地要使用轻质填充墙，则需要采用双层墙或复合结构，保证隔声性能满足标准要求。

3.8 楼板撞击声隔声

楼板撞击声隔声性能不好也是住宅中长期以来普遍存在的问题。但是住房私有化和住户室内装修的发展，为改善楼板撞击声性能带来了机会：家庭人口结构变化和生活水平的提高，撞击声干扰有所降低；新材料的使用有可能降低撞击声干扰，地毯、木地板能起到改善撞击声的作用，而石材和瓷砖地面作用不大；最简单的办法是楼上住户铺地毯，但解决的是他对楼下的干扰，受惠的是他人而不是自己。在欧洲国家的集合住宅中普遍采用"浮筑楼面"的做法。"浮筑楼面"有很好的撞击声隔声性能，能保证楼面撞击声达到一级标准，所增加的投资与中、高档商品住宅的售价相比可以接受，但要增加5～7cm的楼板层高度。在高层复式户型住宅中，把卧室布置在自家的客厅层之下，可以减轻上下两户的干扰。但住户对"下楼睡觉"的观念可能难以接受。

（本文原载于中国建筑学会建筑物理分会、东南大学建筑学院编《绿色建筑与建筑物理：第九届全国建筑物理学术会议论文集》，中国建筑工业出版社，2004，第9~11页。）

| 后记 |

2004年10月，第五届全国建筑物理学术会议在南京东南大学召开，会议的主题是"绿色建筑与建筑物理"，这篇文章是会议主旨报告，被出版的会议论文集收录。在同时举行的中国建筑学会建筑物理分会理事会上，我当选理事长。

清华大学建筑学院与全国工商联住宅产业商会等单位合作于2001年9月出版了《中国生态住宅技术评估手册》，并在其后出版了修订版。该书从小区环境规划设计、能源与环境、室内环境质量、小区水环境、材料与资源5个方面对生态住区和生态住宅的评估列出了详细的条目和评分。

在国家科技部和北京市科委领导和支持下，清华大学建筑学院等8个单位在2004年完成了《绿色奥运建筑评估体系》。该体系针对北京2008年奥运会场地规划和场馆与运动员村建设分4个阶段（规划阶段、设计阶段、施工阶段和竣工运行阶段），提出绿色奥运建筑的评估标准、方法与程序。

2004年7月8日，在清华大学建筑学院召开"十五"国家科技攻关项目"绿色建筑关键技术研究"正式启动大会。该项目由8个课题组成：

1. 绿色建筑规划设计导则和评估体系研究；

2. 绿色建筑的结构体系与评价方法研究；

3. 绿色建材技术与分析评价方法研究；

4. 降低建筑水耗的综合关键技术研究；

5. 降低建筑能耗的综合关键技术研究；

6. 绿色建筑室内环境控制与改善技术；

7. 绿色建筑绿化配套技术研究；

8. 绿色建筑技术集成实验平台建设。

2005年6月，建设部在北京主办"国际智能与绿色建筑技术大会"，我以《中国国情下的绿色建筑》参会并作报告，被评为优秀论文，收录在出版的会议文集中。与这篇文章相比，增加了以下内容。

节约土地与居住模式　众所周知，"人多地少"是中国的国情，因此节约土地是国家一再强调的政策。"发展节地节能住宅"已被胡锦涛同志在中央工作会上的讲话中提到。因此，中国目前及在可以预见的未来，大部分城市居民要居住在公寓式集合住宅楼内，而不会像欧美发达国家那样大部分住在独立式或联排式的小住宅内。但是节约土地不仅仅是建筑物占地少、建筑密度大和人口密度大一些的问题，还需要从"Foot Print"（生态足迹）和"土地生态价值"方面来思考。

"Foot Print"指把地球资源储量和产量按地球土地面积分配，一个城市或一个地域的人按一种生活方式生活时，其人均的资源（包括能源）消耗需要多少地球土地面积来供给。显然，一个美国大城市人的"Foot Print"要比非洲农村人的"Foot Print"大得多。市区每户500m²的豪华高层公寓，并不比郊区的低层住宅"节地"。

从耕作条件和单位产量看，耕地有好坏之分；从生态条件和生态价值看，土地有优劣之分。评价一个建设项目对一块土地资源的影响要看结果，即这块土地的生态总价值是提高了，还是降低了，而不能仅仅看建筑物占了多少地。要鼓励建设项目利用荒地、劣地，要通过项目建设提高所在场地的生态价值，而不是"建设性地破坏"。

北京周围的坡地和荒地的资源量是很大的。但是为什么没有去用呢？因为现在的模式是让房地产商搞开发，盖房出售。房地产商去郊区，哪个地方环境好、景观好（即生态价值高），他就去那里开发，这样建的房子可以卖个好价钱，但结果往往造成对周边环境和景观的建设性破坏。但是，如果把荒地、坡地、劣地通过政策卖给城里个人（当然是中高收入者），所有权也给他，通过他自己建房住家，这样，环境就可以变好，原有劣地的生态价值可以提高。至于基础设施，政府出售土地就有了钱，用售地的钱修基础设施就行了。

还有，在人均GDP很高的大城市周边，因为难以保留人均GDP很低的农耕生产，并考虑要改善环境，而推行"退田还林"政策和计划时，与其政府给补贴让农民去种树，不如把一些土地划成小块，出售给个人建自住的住宅。政府制定规划，限制容积率，限制占地面积，规定绿化要求。用20%～30%的地建房，剩下70%～80%的地让住家去种树，去绿化，这种作法与让农民用100%的地种树相比，绿化效果只会好不会差。还有，可以在有条件的地区采取太阳能利用、风能利用、中水回用、雨水利用、屋面绿化、垂直绿化等行之有效的生态化措施，而在城里高层住宅却很难做。这些生态和环境方面的正面效益可以平衡占用土地的负面影响。再者，住户的庭院绿化是一种消费行为，还可以为农民提供就业机会；而政府给补贴让农民去种树，是一种行政措施，政府既要花钱，又难以保证绿化效果。

室内空气质量检测技术及规范　室内空气质量已引起广泛重视，建设部也出台了相关的标准，但如何准确检测住宅的室内空气质量却存在许多问题。住宅室内空气质量标准限定的污染物浓度是很低的，远远低于工业生产中劳动保护标准限定的浓度，而且常常是多种化学污染物同时存在，所以对检测仪器的灵敏度和精度要求很高，也要求严格的规范化的检测程序和技术监督。但是，因为市场需求大，目前出现了许多检测单位和私营公司，而对他们缺乏资质管理和技术监督，导致问题很多。在同一住宅内，不同的检测单位和人员的检测结果相差很大。因此，迫切需要建立由国家技术监督部门监管的室内空气质量检测体系，包括检测精度的标准源及精度传递规程、检测单位和人员的资质认定、检测仪器的鉴定规程、现场测试规范等。

《建筑热环境》序

清华大学建筑学院的建筑物理课程教材分成三册，即《建筑热环境》《建筑声环境》《建筑光环境》，出版已有十几年了。其间，前两册已出过第 2 版，这次是对《建筑热环境》的重写，作者变了，内容也作了大量的补充和修改，可以算作一本新书了。

这几年，清华大学建筑学院对建筑学专业的技术类课程教学进行了改革，提出技术类课程要建筑（architecture）化和人文性讲授，并安排建筑设计的年轻教师讲授技术类课程，建筑热工亦如此要求，这时旧有的教材，包括全国统编的教材就难以适应。这就是这次重新编写《建筑热环境》一书的缘起。

建筑的本原是人类原始居民为了躲风雨、避寒暑，适应气候而建造的"遮蔽所"（shelter），使建筑内的微气候适合人的生存与生活，这就是建筑为人提供的"热环境"。然而地球上各地的气候差异很大，但人作为一个体温恒定的动物，全世界的人类对冷暖的生理感觉和要求却相差很小，这就造成了世界各地建筑的气候策略的不同，再加上建筑材料（又间接与气候有关）和社会发展的差异，导致了世界各地建筑的地方性。建筑与气候的关系、建筑的气候策略应该纳入建筑热环境学科的范畴。

由于气候的严酷，当只通过建筑物被动式的（passive）防护难以满足人们的生存和生活的要求时，主动式（active）的技术就被采用，如生火取暖早在几十万年前就被原始人类使用。但是，良好的被动式措施，如保温、隔热、蓄热、通风等，一方面可以改善建筑内的热环境，另一方面当不得不采用主动式技术时，可以减少其消耗，实质上就是能源的消耗。上述原理在主动式技术高度发达的今天，即采用了现代暖通空调设备系统的时代，依然如此。所以，研究建筑及其围护结构的热工性能是建筑热环境学科的传统的知识范畴，而和建筑节能联系起来，和被动式太阳能利用结合起来，则是建筑热环境学科需要扩展的方向。

建筑热环境关系到人的生存和生活，既有生理之必要，又要生活之舒适。事关生存是必须要做的，而事关舒适人们是可以"将就"的，热舒适的参数是可以有变化范围的，自然气候形成的室外热环境本来就有寒暑之分。人作为自然界的一种生物，几十万年以来在自然气候条件下进化，进化过程的时间尺度以千万年计，而近百年来技术和社会生产力的急速发展，可以采用人工环境技术为建筑室内造出一年四季恒温恒湿的"理想"的热环境，舒适可能是舒适了，但健康吗？生物进化的长时间尺度与技术进步的短时间尺度能匹配吗？那种依赖人工环境技术而抹杀建筑气候特征的"放之四海而皆可"的玻璃幕墙大楼合理吗？我们有理由提出疑问。舒适不等于健康！热舒适研究一直是建筑热环境重要的前沿研究领域，作为一本本科教材不可能深入讲述，但给学生一个思考的空间，还是需要的。

建筑学专业学生的知识结构和思维特点要求该课程更多地结合建筑学的特点，注重基本概念和原理的理解，注重总体的综合性把握，提供较多的工程范例和相关的设计作品，这都是本书编写中关注的方面。

因为进行这样的教学改革时间不长，作者在这个领域中工作的时间也不长，作为一种新的尝试，还不成熟，有待于今后在教学实践中检验和改进，也欢迎学界的批评和指正。

秦佑国

2005 年 1 月

于清华大学建筑学院

（本文原载于刘念雄、秦佑国 :《建筑热环境》, 清华大学出版社，2005。）

绿色奥运与宜居北京

2001 年 7 月 13 日，北京在与众多申办城市的竞争中赢得了 2008 年奥林匹克运动会的举办权，中国政府做出了绿色奥运的承诺。2005 年 1 月 27 日，国务院正式批复《北京城市总体规划（2004 年—2020 年）》，提出北京的城市目标之一是宜居城市。宜居城市和绿色奥运的目标是一致的，"绿色奥运"是建设宜居城市的契机和近期的行动。

一、绿色概念的提出

（一）资源和环境的严峻态势

随着人类在地球上的急速繁衍和人类物质活动规模的加速膨胀，人类对环境的影响已扩展到地球尺度，引起了全球性的环境危机，如温室效应、酸雨、臭氧层破坏、气候异常、热带雨林破坏、荒漠化、物种灭绝等，再加上能源危机、水资源短缺的阴影，使得居住在同一个星球上的人类不得不重新审视自己的生活方式。

1. 有限的地球资源

在我们人类生存的地球上，可以开发利用的资源是有限的，许多资源是不可再生的；而且，对资源的开发利用还会产生对自然的破坏和对环境的污染。

21 世纪，人类面临的最大挑战正是人类自己。全球在 2000 年消耗掉已发现全球煤储存的 0.5%，天然气储存的 1.6%，石油储存的 3%。从 1980 年到 2001 年，石油每年消耗的增长达到 22%，煤增长达到 27%，天然气增长达到 71%。石油、煤和天然气的全球储存是有限的，按现在的能源消耗速度，在未来 100 年内，这些不可再生的能源将会消耗殆尽。

另一个严峻的问题是，伴随化石能源消耗，大量的 CO_2 和氮氧化合气体（NO_x）

释放到地球大气层中。大气层中 CO_2 的增加会产生"温室效应",将更多太阳辐射热量禁锢在地球表面,从而使大气和地球表面平均温度增高,导致严重的全球环境问题和生态平衡改变。同时,有害的氢氧化合气体会改变大气层的气体成分,破坏全球气候的稳定。

2. 全球环境问题

全球环境状况在过去 30 年里持续恶化,如果国际社会不迅速采取有效措施,人类未来的发展与生存将会面临巨大威胁。联合国环境规划署组织 1000 多名科学家联合撰写的《全球环境展望—3》(*Global Environment Outlook GEO-3*)的报告,对 1972—2002 年 30 年间的全球环境状况进行了评估,并对未来 30 年的环境发展趋势进行了预测。

报告认为,人类无节制地开发和破坏自然资源是导致全球环境恶化的重要原因,其中包括温室气体和污染物的排放、乱砍滥伐森林、对湿地和滩涂的过度开发及缺乏规划的城市建设等。报告指出:全球人口在过去 30 年间增长了60%,2002 年比 1972 年增加 22.2 亿人,而用以养活 60 亿人的土地资源却日趋紧缺;过去 30 年间,森林砍伐趋势仍在继续,20 世纪 90 年代,全球森林面积净减少 9400 万 hm^2;过去的 30 年里,物种减少与灭绝已经成为重要的环境问题,大约有 24%(1130 种)的哺乳动物和 12%(1183 种)的鸟类面临威胁;全球约有 1/3 的人生活在中度和高度缺水地区,大约有 80 个国家严重缺水,11 亿人缺乏安全的饮用水,24 亿人缺少足够的卫生设施,缺乏安全的水供给和卫生设施导致了上亿人患上与水有关的疾病,每年至少造成 500 万人死亡;在过去的几十年里,酸性降水成为一个备受关注的问题,由于湖水酸化,斯堪的纳维亚半岛上的成千上万个湖泊的鱼类大量减少,酸性降水对欧洲森林造成破坏;大气层中 CO_2 的含量不断增加,导致温室效应,即全球变暖;臭氧层的破坏现在已经达到创纪录的水平,尤其是在南极地区,这个问题最近也出现在北极地区。人口高速增长、人口密度不断增加、移民、无计划的城市化、环境退化和可能的全球环境变化,导致人类和环境不断受到自然灾害的影响。受灾的人口从 20 世纪 80 年代平均每年1.47 亿人,上升到 20 世纪 90 年代的每年 2.11 亿人。报告对未来的展望并不乐观:"未来的 30 年将和过去的 30 年同样重要。随着对资源需求的大幅增加,原有的矛盾仍将存在，新的挑战也会不断出现，在很多情况下，资源已经处于十分脆弱的状态，地区之间及不同问题之间相互作用的变化不断加快和程度的不断增大，使得人们更难以对未来充满信心。"

联合国环境署正在组织编写第 4 份《全球环境展望—4》，预计在 2007 年公布。

（二）"可持续发展"的提出

20 世纪开始的环境问题是全球面临的中心难题。环境问题的实质是现代文明同生态系统之间的尖锐冲突，环境问题体现了所谓"人类中心"价值观的困境。长期以来，一味追求经济增长造成的环境问题，使得我们赖以生存的地球及建立在资源消耗上的文明正面临着危难。接踵而至的全球性环境问题让人开始思考人类是否能在这个地球上继续生存与发展下去。在总结自身发展历程后，一种新的发展模式被提出，这就是"可持续发展"。"持续"一词的英文是 sustain，来自拉丁语 sustenere，意思是"维持下去"或"保持继续提高"。"可持续发展"（sustainable development）在国际文件中最早出现于 1980 年的《世界自然保护大纲》中。真正把"可持续发展"概念提到国际议程并使这一概念在全世界得到普及的是 1987 年联合国环境与发展世界委员会（The World Commission on Environment and Development）发表的《我们共同的未来》（*Our Common Future*）一书（又被称为《布伦特兰报告》）。书中正式提出了"可持续发展"的概念："既满足当代人的需要，又不对后代人满足其需要的能力构成危害的发展。"这个概念里包含了"可持续发展"的公平性原则（fairness）、持续性原则（sustainable）、共同性原则（common）。1992 年 6 月 3 日—14 日，巴西里约热内卢举行的联合国环境与发展大会（又称地球首脑会议）提出了《21 世纪议程》，"可持续发展"被广泛接受并成为总体战略。

"可持续发展"虽然起源于环境保护问题，但作为一个指导人类走向 21 世纪的发展理论，已经超越了单纯的环境保护。它将环境问题与发展问题结合在一起，成为一个全面性战略。

"可持续发展"亦已成为我国的基本国策。1994 年 3 月 25 日，国务院第 16 次常务会议审议通过的《中国 21 世纪议程》，是我国政府为贯彻联合国环境与发展大会的精神，在中国实现"可持续发展"的行动纲领，对在中国实施"可持续发展"

的政策进行了全面阐述（表1）。

表1　有关可持续发展战略的大事记

时间	事件
18 世纪	西方工业革命开始
19 世纪	林木的"可持续产量"研究开始进行
1872 年	英国的史密斯在工业城市发现酸雨
20 世纪初	渔业的"可持续产量"研究开始进行
20 世纪 30 年代—60 年代	公害事件不断在欧、美、日出现
1962 年	美国的 R. 卡逊的著作《寂静的春天》出版
1970 年	美国 2000 多万人上街游行要求保护环境
1972 年	罗马俱乐部的《增长的极限》出版 联合国人类环境会议在斯德哥尔摩举行，通过了《人类环境宣言》及行动计划 联合国环境署（UNEP）成立
1974 年	联合国人类住宅会议（HABITAT）在温哥华举行
1980 年	国家自然保护同盟（IUCN）、世界野生生物基金会（WWF）发表《世界自然资源保护大纲》 美国政府《公元 2000 年的地球》出版
1981 年	美国世界观察研究所所长布朗的《建设一个可持续发展的社会》出版
1984 年	联合国成立世界环境与发展委员会（WCED）
1985 年	联合国环境署（UNEP）缔结保护臭氧层的《维也纳公约》
1987 年	世界环境与发展委员会（WCED）通过了《东京宣言》，并公布《我们共同的未来》，提出可持续发展的定义和一系列以此为中心的建议 联合国环境署（UNEP）通过关于臭氧层的《蒙特利尔议定书》
1988 年	联合国环境署（UNEP）及世界气象组织（WMO）设置"政府间气候变化委员会"（IPCC）
1989 年	69 个国家的环境部长聚集荷兰，就大气污染和气候变化问题发表《诺德威克宣言》 第 44 届联合国大会通过第 228 号决议，决定筹备联合国环境与发展会议（UNCED） 联合国环境署（UNEP）通过《控制危险废物越境转移及其处置的巴塞尔公约》（1992 年生效）
1990 年	联合国环境与发展会议（UNCED）第 1 次筹备会议在内罗毕召开（第 2、3 次在日内瓦，第 4 次在纽约）
1991 年	世界银行、联合国环境署、联合国发展署设立"全球环境基金"（GEF） 《气候变化框架公约》《生物多样性公约》开始第 1 次谈判 在北京召开的发展中国家环境与发展部长级会议通过《北京宣言》
1992 年	联合国环境与发展大会，即里约地球峰会，在巴西里约热内卢召开，通过《里约宣言》和《21 世纪议程》和《森林问题原则声明》，《气候变化框架公约》和《生物多样性公约》开会签字

时间	事件
1993 年	《巴塞尔公约》第 1 次缔约方会议召开
	中国环境与发展国际委员会成立
	《中国环境与发展十大对策》发表
	联合国可持续发展委员会（UNCSD）第 1 次年会，分批评议《21 世纪议程》有关领域的进展
1994 年	《中国 21 世纪议程》发表
	《生物多样性公约》第 1 次缔约方会议召开
	《蒙特利尔议定书》第 6 次缔约方会议，确定中国为正式成员
1995 年	《联合国气候变化框架公约》第 1 次缔约国会议召开
	《荒漠化公约》谈判结束，开会签字
1996 年	联合国第 2 次人类住区会议在伊斯坦布尔召开
	《巴塞尔公约》《生物多样性公约》《气候变化框架公约》《蒙特利尔议定书》、联合国可持续发展委员会等继续召开会议
1997 年	联合国可持续发展委员会第 5 次年会，联大特别会议将对《21 世纪议程》5 年来的进展作综合评议
	《联合国气候变化框架公约》第 3 次缔约国会议于 1997 年 12 月 10 日在京都通过《京都议定书》
2002 年	联合国环境署（UNEP）发布《全球环境展望－3》
2005 年	2005 年 2 月 16 日，《京都议定书》正式生效，全球 141 个国家和地区签署议定书，全球温室气体排放量最大的美国未参加会议

内容来源：马光，等. 环境与可持续发展导论 [M]. 北京：科学出版社，2000.

（三）"绿色"概念

"绿色"概念最早是对接近自然、生产制造过程无污染的一种描述，首先被冠到食品之上，进而逐渐涉及产品包装制造、城市交通方式选择、能源等领域，乃至于建筑领域。逐渐地，"绿色"概念除了强调自身无污染之外，还关注到了对环境的影响。尽管最早的"绿色"概念并非等同于可持续发展概念，但是伴随着近 20 年的发展，现在人们已经逐渐达成共识，"绿色"概念就是可持续发展概念的一种"平民化"的描述，便于推广和易于被人们接受。

以建筑为例，有"生态建筑""绿色建筑""可持续发展建筑"的种种名称，尽管有人在做三者定义的区分和相互关系的研究，但这并不重要，实际上国际上也有不同的叫法：美国叫"绿色建筑"（Green Building），英国有称"生态住宅"（EcoHomes）的，日本有称"环境共生住宅"的。对社会大众来说，这是一个约定俗成的事，用"绿色"，形象且易上口。其实三者的理念和目标是相同的：减少资源与能源的消耗和对环境的冲击；与周边的生态环境相和谐；创造健康舒适的生活环境。

至于把"绿色住宅区"理解为绿化得很好的小区，把"绿色"等同于"绿化"，这个理解就狭隘了，是一种误解。

二、绿色奥运

（一）奥运环保的要求

体育运动作为人类的社会活动之一，对环境也会产生一定的影响，如为修建高尔夫球场和滑雪场而砍伐大片森林，为举办各种大型体育赛会（特别是举办奥运会和洲际运动会）而不惜毁坏大片森林农田和绿地，大兴土木修建体育设施，等等。这种对环境造成严重破坏的例子屡见不鲜。伴随着 20 世纪六七十年代世界范围内环保意识开始觉醒及随后"绿色运动"的蓬勃发展，人们开始反思是否要以破坏环境为代价去求得体育运动的发展。现在,国际社会已达成共识：各种体育运动的开展及运动会的筹办，应尊重环境，与环境保持协调一致，从而保证体育的可持续发展，寻求环境与发展的平衡点，最终促进社会的可持续发展。国际奥委会从 20 世纪 70 年代开始提出环保方面的要求，并将环境保护逐渐政策化。1991 年，国际奥委会在对《奥林匹克宪章》做修改时，增加了一项新条款，即提出申办奥运会的所有城市必须提交一份环保计划。1996 年，国际奥委会正式成立了环境委员会，明确了环境保护是奥林匹克运动中不可缺少的主要部分，环保被列为现代奥运会的主题之一，成为继运动和文化之后奥林匹克运动的第三大领域[1]。

现代奥林匹克运动自 1896 年诞生至今已经走过了将近 110 年的历史，其间曾

---

1. 伯文：《走近绿色奥运》，《绿色中国》2005年第15期。

一度步履维艰，险些在 1976 年的加拿大蒙特利尔奥运会上画上句号。当时，蒙特利尔市政府兴建了大批比赛场馆，投资比最初预算超了 10 倍，不仅背上了沉重的债务包袱，而且破坏了环境。那批新建场馆在奥运会结束后也变成了累赘，30 年后的今天，它们绝大多数仍处于闲置状态，每年都要耗费大量的维护费用。因此，奥运环保绝非局限于场馆建设和服务设施多使用环保材料和环保科技这样肤浅的层面，其中心内涵是要实现"可持续性发展"。

（二）悉尼和雅典

2000 年第 27 届悉尼奥运会成为公认的绿色奥运的真正实施，他们不仅明确提出了"绿色奥运"的口号，而且确实在众多领域遵循了环保原则，包括保护红树林和濒危的 2 种青蛙的活动，成为传世佳话。

悉尼奥运会主会场位于霍姆布什湾，这里在一个世纪前是一片动植物资源丰富的湿地中的林地，19 世纪末被排干作为工业和农业用地，随着后来的开发，最终变成遭受严重污染和破坏的工业垃圾堆放场。借奥运会之机，州政府投入 1.37 亿澳元对这一地区进行治理，填垫洼地、清运有毒垃圾、将无毒垃圾深埋并改造为 3 座植物覆盖的山冈，使这里焕然一新[1]。

悉尼奥运村的地理位置具有利用太阳能和风能的优势。采用的太阳能设施每年产生约 100 万 kW·h 的电能。悉尼奥运村中最引人注目的是通向主体育场步道一侧的一排太阳能塔。

这些供电设施能够满足全部体育场馆的照明需求。此外，奥运村能源主要来自天然气，而且在设计中多采用自然采光、自然通风和高效照明，使得 CO_2 减排量达 500 万 t。奥运会后，这一区城 665 户居民的日常生活中主要由太阳能供给用电和热水，减少了温室气体排放。居民日常所用能源中只有 50% 属于非再生能源[2]。

悉尼的大多数场馆设计非常简洁，尽量节约材料，而且设计非常灵活，以便

---

1. Ben Boer：《悉尼绿色奥运：推动可持续发展》，《中国高新技术企业》2005年第4期。
2. 同上。

改变其用途时容易拆卸而不造成浪费。永久性建筑及构件大都考虑其寿命要长，尽量减少维修和维护；临时性建筑则考虑能满足使用要求即可，不过多使用高档材料。悉尼奥运村还成为澳大利亚在水资源利用方面的样板。奥运村内建有一座具有反渗透、离子交换等功能的再生水处理中心，这项工程既能够确保奥运会的全部用水，还可节水。雨水和废水被有效回收处理，用于灌溉及厕所冲洗[1]。

废弃物的回收利用也是悉尼奥运工程建设的一大亮点。其中，2000 年奥运会主会场建设使用了 22 万 m³ 其他建筑拆除时留下的废料，国际射击中心 90% 的建设木材都来自废物回收再利用。整个悉尼奥运村的建设废弃物利用率达到 94%，并且最终避免了 77% 的废弃物进入掩埋式垃圾处理场。

悉尼奥运会虽被称为第一届真正的绿色奥运会，但因策划不周，仍留下了众多遗憾。澳大利亚绿色和平组织奥运会事务负责人布莱尔·帕里斯女士对新闻界说，虽然奥运会组织者在环保方面取得了突出的成绩，但不足之处仍然是"令人失望也是不必要的"，在 10 分制标准中只能打 6 分，在 ABCD 制中是 C，也就是"铜牌"。她说，悉尼奥运会在环保方面的不足体现在几个方面：没有就奥林匹克公园所在的霍姆布什湾及罗德半岛等地的有毒废品制订清扫计划；在比赛场馆采用了不利于环境的空调和制冷设施；没有尽最大可能减少汽车污染。她还谈到，悉尼街头出售的冰激凌仍采用塑料包装，这也不符合相关的废品处理策略。她认为，他们评定的"铜牌"意味着组织者在绿色奥运的标准上刚刚够线。这届奥运会本应很好地展示解决环境问题的方法，可组织者仅使它保持了"绿色"的称号[2]。

至于 2004 年第 28 届雅典奥运会，希腊政府和雅典奥组委确实采取了一些有效的环保措施。例如，扩建地铁系统、减少近 20 万辆私家车，改造部分不符合环保标准的工厂、减少污染，奥运村建筑采用节能环保材料等。尽管如此，一些权威的国际环保组织认为，雅典并未达到绿色奥运的要求，在奥运会迈向可持续发展的进程中，雅典奥运会留下了一个巨大的空白。世界自然基金会对雅典奥运会

---

1. Ben Boer：《悉尼绿色奥运：推动可持续发展》，《中国高新技术企业》2005 年第 4 期。
2. 同上。

进行了综合生态指数评估，在总分为 4 分的环保一项中，雅典只得到 0.77 分；其中，绿色技术和保护生态环境规划两项指标均为 0 分[1]。

雅典奥运会在绿色能源利用和节水方面遭受了最多的指责，同时也留下了奢华的坏名声。雅典奥组委原先计划所有奥运设施在奥运期间使用的电力都为绿色能源，实际并未做到。但事实上，作为太阳能利用非常普及（很多普通家庭都使用太阳能热水器）的城市，奥运村和奥运场馆却鲜有利用太阳能的设施。希腊在风力发电方面具有优势，但是也没有在奥运场馆地区采用风力发电。相反地，整个奥运村全部安装空调，增加了城市能源负荷与环境污染[2]。

雅典奥运会体育场虽然设计新颖气派，但是雅典环境基金会执行主任托尼·迪亚曼蒂迪斯却指出，这些场馆在设计和建造时没有考虑环保，既未使用环保材料，也未使用太阳能等环保技术。同时，由于新建了不少奥运赛场，而不是充分利用现有场馆设施，雅典周围山区的生态环境遭到了不同程度的破坏。

环保组织和媒体普遍认为雅典奥运会在环保方面唯一值得肯定的是改善了公共交通，修建了轻轨和地铁等交通网络，减少了街道上私家车的流量，因此减少了空气污染，也改善了交通状况。

在限制车辆出行、减少尾气污染方面，雅典人可谓煞费苦心。为了最大限度地减少出租车进出奥运场馆的次数，鼓励人们乘坐大型公共交通工具去看比赛，雅典人制定了一项政策，无论路途远近，乘客在搭乘出租车抵离场馆区时，都应向司机额外支付 3 欧元作为司机的奖金。很多人不太愿意多花 3 欧元去坐出租车。这是因为，地铁和公共汽车都是免费乘坐的。

虽然雅典奥运会的环境保护工作饱受非议，但是北京市政府和北京奥组委在雅典奥运会期间派出的考察人员仍然从另外一些侧面找到了值得我们学习的经验。北京奥组委环境活动部在雅典实习 3 个月后说，雅典奥运会采用的垃圾回收系统做得非常出色，他们注重细节的态度也值得钦佩[3]。

---

1. Ben Boer：《悉尼绿色奥运：推动可持续发展》，《中国高新技术企业》2005年第4期。
2. 谢戎彬：《雅典离举办"绿色奥运"尚有差距》，《中国高新技术企业》2005年第4期。
3. 同上。

（三）北京 —— 绿色奥运的承诺

1. 中国的承诺和北京的保证

从蒙特利尔夏季奥运会到都灵冬奥会，北京奥运会的组织者能从正反两面汲取众多环保经验和教训。

与青山绿水、森林环抱的蒙特利尔、悉尼、利勒哈默尔和都灵等奥运会举办城市相比，北京的自然条件较差而污染又较为严重，因此北京承担着前所未有的环保重担。

2001 年北京向国际奥委会提交的《申办报告》中，在环境保护部分介绍说：北京市政府正在实施投资高达 56 亿美元的 1998—2002 年的环境保护计划，2003—2007 年计划继续投资 66 亿美元改善环境。《申办报告》承诺：到 2007 年，北京地区的清洁能源使用率将达到 80%；奥运村的空调和取暖均以清洁能源为主，洗浴热水和照明将部分使用太阳能和风能；北京已经开始实施将山区林木覆盖率提高到 70% 的生态改善计划；北京还将全面实施水环境管理，2007 年全市污水总处理能力达到 268 万 t/d，处理率达 90%，处理后的污水重新利用率将达到 40% ～ 50%[1]。

北京在 2001 年 7 月 13 日赢得了 2008 年奥运会的承办权。2002 年 3 月 28 日，北京市人民政府和第 29 届奥运会组委会在北京举行新闻发布会，公布了《北京奥运行动规划》（以下简称《规划》）。其中明确"办好 2008 年北京奥运会，坚持绿色奥运、科技奥运、人文奥运的理念具有十分重要的意义"。《规划》阐述了绿色奥运的含义和目标："把环境保护作为奥运设施规划和建设的首要条件，制定严格的生态环境标准和系统的保障制度；广泛采用环保技术和手段，大规模多方位地推进环境治理、城乡绿化美化和环保产业发展；增强全社会的环保意识，鼓励公众自觉选择绿色消费，积极参与各项改善生态环境的活动，大幅提高首都环境质量，建设生态城市。"[2]

---

1. 罗乔欣：《北京，为绿色奥运不懈努力》，《北京日报》奥运特刊，2005年6月22日。
2. 同上。

绿色奥运生态环境的建设目标是："建设北京高标准的生态环境体系、高效益的绿色产业体系、高水平森林资源安全保障体系；构筑山区、平原和城市隔离地区的绿色生态屏障，形成山区青山环抱、平原林带交错、市区乔灌草有机结合的森林环绕的自然生态景观，创造人与自然、奥运与自然、城市与自然的和谐，实现一流生态城市的目标。"[1]

2. 巨大的挑战

实现绿色奥运对北京是巨大的挑战。北京的城市建设、生态环境、大气污染、城市交通、水资源等诸多方面的现状还存在许多问题，尽管北京市这些年来做了巨大的努力，但形势依然严峻。

（1）大气污染的困境

北京的大气污染一直为人们诟病，2006年春季沙尘暴的频繁光顾更是雪上加霜。但北京近年来，例如2005年春天，也有过连续十几天的"蓝天白云"，要说在这些日子里，炉子也在烧，汽车也在跑，污染物排放量与别的日子是一样的，为什么会"蓝天白云"呢？因为北京的大气污染状况和气象条件密切相关，只要北京处于静风气象和上空出现逆温层，空气质量必然很差；反之，高空有风，污染物能扩散，就是"蓝天白云"。北京沙尘暴的源头是内蒙古自治区和蒙古国的沙漠，千百年来都是如此。虽然近几十年来，扩大的农牧生产造成了一些荒漠化，但近年来的退田还牧、草场恢复和防护林带建设，又使这些状况有所改善。就沙尘暴的产生而言，人为的影响还是小的，北京沙尘暴"去年少、今年多"仍然是气象条件每年随机性变化的结果。

（2）交通问题的挑战

近年来，北京日益严重的"堵车"现象成了人们普遍关注的焦点，专家学者的观点和建议纷呈，政府也做出了巨大的努力，但随着每年20多万辆汽车的增加，交通状况仍难以改善。尽管通过交通管制可以解决奥运会举行期间的交通问题，但不能不承认，市区交通问题的确是对北京城市建设和发展的巨大挑战。北京交通深层次的问题是城市定位和规划问题。

---

1. 北京市环保局网站：http://www.bjepb.gov.cn/default.asp。

第一，北京的旧城是一个历史名城，旧城的格局是一个农耕社会下的帝王都城。现在却要在一个明清旧城格局上，去发展一个 21 世纪的现代化大都市，两者难以匹配。

第二，在北京，一个单位就用墙围成一个大院，外人不能进入，也不能穿行，把城市划分成一个个"孤岛"，造成北京的路网密度很稀。

第三，近 100 万人居住在新建的北四环、北五环的望京、天通苑和回龙观小区，而上班却在城里。大量的人员早上进城上班，晚上回去睡觉，造成城市中人员大规模的移动。

当然，北京公共交通系统尤其是地铁系统的不够发达，地面交通的行人、自行车和机动车混合，也是北京交通问题产生的原因。

（3）卫生死角影响城市形象

近年来，由于政府的重视和投入的增加，社会和民众的关注和参与，使得北京的城市面貌发生了巨大的变化，卫生状况有了显著的改善。但在偏僻的地段，在平房大杂院区及城乡结合带，甚至在主要街道的背后，还存在一些卫生和环境的死角。这些死角一方面是困扰所在地的卫生环境问题，另一方面也破坏了北京城市的整体形象。应该说，大面上的 90% 的工作在某种程度上好完成，而剩下的卫生死角的消除倒是具有很大的难度，是很大的挑战。

三、宜居城市

（一）宜居城市目标的提出

2005 年 1 月 27 日，国务院正式批复了《北京城市总体规划（2004 年—2020 年）》。此次总体规划将北京的城市目标明确为"国家首都、国际城市、文化名城、宜居城市"。这个总体规划未提"经济中心"，而"宜居城市"首次跃入了人们的眼帘。北京市规划委员会副总规划师谈绪祥说："在制定新的北京城市总体规划时，对要不要写上'经济中心'有很多争议，最终决定不再写上'经济中心'。""北京不是不发展经济，而是怎么发展。"谈绪祥说，"新的规划提出应坚持以经济建设为中心，走科技含量高、资源消耗低、环境污染少、人力资源优势得到充分发挥的新型工业化道路。"[1]

北京过去执行的总体规划是 1993 年经国务院批准的《北京城市总体规划（1991 年—2010 年）》。这个规划确定的 2010 年完成的大部分发展目标都已经提前实现，但新的问题也开始不断涌现：城市中心区过度聚集，交通拥堵日趋严重，环境污染依然严重，历史文化名城保护压力巨大，等等。北京在经济社会快速发展的同时，面临着多方面的制约。

必须用可持续发展的理念和科学发展观来重新审视北京的城市建设和发展，根据北京的资源（尤其是水资源）条件和环境承载能力来确定发展目标，在"国家首都、国际城市、文化名城"的定位下，建设一座宜居城市。

新总规对北京空间布局进行了重大调整，过去"单中心""摊大饼"式的发展格局将变成"两轴—两带—多中心"的城市空间结构。"两轴"指沿东西长安街延长线的东西轴和沿北京旧城中轴线延长线的南北轴。"两带"指疏导首都经济发展方向的通州、顺义区域的"东部发展带"和以创建宜居城市生态屏障为目标的昌平、延庆区域的"西部生态带"。同时，建设中关村高科技核心区、奥林匹克中心区、中央商务区等多个城市职能中心。

根据这个规划，北京将建设几个 50 万以上人口的"新城"。这些"新城"都要有产业支撑，居民当地就业，基础设施、服务设施、行政建制、管理模式都按"城市"而不是"居住区"设置。到 2020 年，北京的总人口为 1800 万人，而北京中心地区人口规模将争取从现在的 650 万人调减到 540 万人。

中国科学院和中国工程院院士吴良镛教授认为，宜居城市不是单独提出来的，而是与政治、文化中心等一起提出来的，作为一个城市，要有良好的居住环境。北京的交通、生态、设施等离宜居城市还有距离，宜居城市是努力的目标。

显然，宜居城市是一个综合的概念，包括社会、经济、人文、环境等诸多方面，但环境是重要的评判因素。本文讨论的只是宜居城市的环境因素。

《商务周刊》和零点公司联合于 2004 年年底，采用多阶段随机抽样方式，对北京、上海、广州、武汉、成都、沈阳、西安、济南、大连、厦门 10 个城市的

---

1. 罗乔欣：《北京，为绿色奥运不懈努力》，《北京日报》奥运特刊，2005年6月22日。

18 ~ 60 岁的 3212 名城市居民进行了入户访问，请被访者谈对宜居城市的要求。分别有 47.9%、46.1% 和 43.9% 的受访者认为，交通方便快捷、城市干净整洁无污染和空气质量好是成为宜居城市的必要条件。重视上述条件的人数，明显高于重视经济发展水平、社会治安状况、社会保障水平等其他条件的人数。调查者通过进一步分析发现，居民的文化层次越高，对于环境因素越看重。

宜居城市的提出，和绿色奥运是相互匹配的。宜居城市是绿色奥运的目标，绿色奥运是建设宜居城市的契机。

（二）和谐的自然和生态环境

北京地处华北大平原的北端，三面群山拱卫，成为天然屏障。南面的平原土地肥沃、农业发达。境内有永定河、潮白河、玉泉河、沙河等河流流过，还有众多的小湖泊。北京的气候属于南温带湿润季风大陆性气候，平均年降水量约 630mm，雨量适中。这样的地理位置和自然条件吸引了前燕、大燕、金、元、明、清等朝代或政权在北京建都。

目前，北京通过建立自然保护区、林业绿化、水源保护、野生动物保护、水利保护、乡镇企业环保、渔业环保等方面的管理机构和执法网络，对城市生态体系的植被、绿化和生物多样性进行保护和提升。全市已建成 18 个自然保护区、26 处风景名胜区和 15 个森林公园，已划定 3 个地表水水源保护区、5 大风沙危害区和水土流失重点防治区。为了保护生物多样性，北京一方面建立自然保护区，另一方面还对部分濒危动植物进行有效的迁地保护。其中植物迁地保护场所主要有 3 个，共有植物近 8000 种；动物迁地保护基地主要有 3 个，共有保护动物 600 余种[1]。

（三）清洁的城市环境

清洁的城市环境是宜居城市的重要方面，其中清洁的大气环境是第一位的。北京的大气污染主要由燃煤烟尘、汽车尾气、工地扬尘、工业排放等造成。

---

1. 北京市环保局网站：http://www.bjepb.gov.cn/default.asp。

近年来，北京市通过改造燃煤锅炉显著减少了煤烟型污染；通过更加严格的施工现场环境保护标准，加强了对工地扬尘污染、运输车辆遗洒等的检查与控制，减少了扬尘污染；通过对冶金、建材、电力行业等重点排污大户开展专项检查并颁布实施了《建材、冶金行业及其他工业炉窑大气污染物排放标准》，减少了工业污染[1]。为了减少机动车对大气的污染，北京市将分批淘汰老旧柴油公交车，出租车也将按照欧盟排放标准进行更新。据国家环保总局消息，北京 2008 年前有望实施欧Ⅳ标准[2]。

污水和垃圾的处理也是城市环保的重要内容。新建的清河污水处理厂二期工程及卢沟桥污水处理厂等设施，使得北京城区污水处理能力大为增强。通过对马草河、水衙沟、丰草河、造玉沟、旱河截污工程加大河道治理力度，从根本上改善了水质。同时，积极推广再生水利用，以 2004 年为例，全年农业、工业、社区及市政方面利用再生水 2 亿 m^3。

目前，北京市市区垃圾无害化处理率达到了 93%，还建成了北京市第一座具有先进技术水平的医疗废物集中处理厂——南宫医疗废物处理厂，其各项指标均达到国内先进水平。

安静的生活环境也是宜居的要求。为有效防治噪声污染，北京市采取了一系列措施，发布并实施了《北京市人民政府关于维护施工秩序减少施工噪声扰民的通知》《关于我市道路两侧新建建筑采用隔声窗的通知》《关于防止机动车防盗报警器噪声扰民的通告》等规定。2005 年，北京市又启动了环境噪声地方法立法工作，进一步加强了对噪声污染的管理，努力为市民创造一个安静的环境。2000 年以来，全市昼间道路交通噪声一直符合国家标准，昼间区域环境噪声处于较高水平，工业噪声污染已基本得到治理，噪声污染日趋严重的局面初步得到控制。

（四）顺畅的城市交通

以奥运会为契机，北京将全面推进交通建设与管理的现代化进程，力争在

---

1. 海淀区环境保护局网站：http://www.bjhd.gov.cn/huanbaojudoc/index.htm。
2. 罗乔欣：《北京，为绿色奥运不懈努力》，《北京日报》奥运特刊，2005年6月22日。

2008 年初步实现交通现代化、交通设施服务水平与交通状况达到现代化国际大都市的中等发达水平。其主要目标包括[1]以下内容。

第一，初步建成国内与国际航空枢纽与陆上交通枢纽。

第二，拥有功能结构较为完整的城市道路网格，其能力可适应 250 万～280 万辆机动车保有量水平。

第三，城市交通结构有较大改善，以快速轨道交通为骨干、地面公共电汽车为主体的公共客运体系承担总出行量的份额提高到 40% 以上。

第四，初步完成现代化物流系统，物资运输的集约化与专业化水平接近国际一流水准，初步实现运力调度与组织、配载服务、运输信息服务的智能化管理。

第五，基本实现道路交通管理的智能化。保证奥运会期间，运动员、教练员及奥运官员由驻地到比赛场馆耗时不超过 30min；在奥林匹克交通优先路线上，平均车速不低于 60km/h。

（五）有保障的公共卫生系统

北京的公共卫生资源在全国来说是最优越的，居民的主要健康指标也位居全国前列。但是，2003 年的"非典"疫情，暴露出了北京市公共卫生体系存在的一些比较严重的缺陷，主要包括：公共卫生投入不足；突发性公共卫生事件应急反应机制不健全；公共卫生基础设施比较薄弱；公共卫生执法工作不到位；农村卫生工作相对薄弱等。

通过分析这些暴露出来的问题，北京公共卫生将建立一个机制、四个体系，即突发公共卫生事件应急机制和疾病预防控制体系、公共卫生应急医疗救治体系、公共卫生信息体系和卫生监督执法体系。北京市政府将加大对卫生事业的投入力度，完善公共卫生和医疗服务体系，提高疾病预防和医疗救治服务能力，扩大覆盖面，加强农民和城市低收入者的医疗卫生保障[2]。

---

1. 郭继孚：《对〈北京奥运交通规划〉的几点认识》，《交通运输系统工程与信息》2003年第3期。
2. 张天蔚，杨凤立：《非典暴露缺陷：北京将建公共卫生应急机制》，《北京青年报》2003年11月21日。

四、绿色奥运建筑标准及评估体系

（一）绿色建筑评估

在城市的建筑领域，全世界对环境问题的响应是从 20 世纪六七十年代的太阳能建筑、节能建筑开始的。1974 年在温哥华召开的联合国首届人类住宅会议提出了"以持续发展的方式提供住房、基础设施和服务"的目标，相继成立了联合国人居委员会和联合国人居中心，先后提出了"反映可持续发展原则的人类住区政策建议"和"持续性住宅区"发展的规划、设计、建造和管理模式的具体建议。

随着人们对全球生态环境的普遍关注和可持续发展思想的广泛深入，绿色建筑的响应从能源方面扩展到全面审视建筑活动对全球生态环境、周边生态环境和居住者所生活的环境的影响。这是"空间"上的全面性；同时，这种全面性审视还包括"时间"上的全面性，即审视建筑的"全寿命"影响，包括原材料开采、运输与加工、建造、使用、维修、改造和拆除等各个环节。

许多国家，尤其是发达国家都结合本国国情制定了有关绿色建筑评估的体系和标准，以界定绿色建筑的定义和目标，规范绿色建筑内容，制定标准和评估程序，由此推动绿色建筑的发展。国际上比较著名和有影响力的绿色建筑评估体系如下。

美国：LEED——绿色建筑协会制定的绿色建筑评估体系；英国：BREEAM——建筑研究中心制定的建筑环境影响评估体系；15 个国家在加拿大制定的 CBC——绿色建筑挑战体系；日本：CASBEE——建筑环境影响综合评估体系；我国香港、台湾也相继推出绿色建筑评估体系。

为了在奥运场馆规划设计和建设中贯彻绿色奥运的宗旨，中国科技部和北京市支持清华大学建筑学院等 9 个单位开展了"绿色奥运建筑标准和评估体系研究"。

（二）绿色奥运建筑评估内容

"绿色奥运建筑标准及评估体系研究"以落实绿色奥运承诺为目标，制定奥运园区与场馆建设的绿色化标准，研究开发针对这一标准的科学的、可操作的评价方法和评估体系，探索发展绿色建筑的途径，进而为在全国推行绿色建筑提供参考与示范作用。

该项研究评估分 4 个阶段进行：规划阶段、设计阶段、施工阶段、调试验收与运行管理阶段。各阶段评估内容简述如下。

1. 规划阶段

- 场地选址：城市总体规划；防灾、减灾；建设用地；水系与地貌；生态环境；场地环境质量；现有交通和市政基础设施。

- 总体规划环境影响评价：土地规划；地下水；水系；生物多样性；电磁污染；噪声污染；日照；室外热舒适和热岛效应；风环境；文物保护。

- 交通规划：交通网络；公共交通；停车；人流组织。

- 绿化：原有绿化；绿化率。

- 能源规划：能源转换效率；对城市能源系统的冲击；可再生能源和新能源；能源消耗的环境影响。

- 资源利用：设施数量与规模；材料消耗总量；现有建筑利用；赛后利用；固体废弃物处置。

- 水环境系统：用水规划；给水、排水系统；污、废水处理与回用；雨水利用；绿化与景观用水；湿地。

2. 设计阶段

- 建筑设计：建筑规模、容积与面积控制；结构材料选择；建筑主体节能；室内热环境；自然采光；日照；隔声与噪声控制；自然通风；建筑可适应性。

- 室外工程设计：场地工程；绿化和园林工程；道路工程；室外照明；光污染控制。

- 材料与资源利用：资源消耗；能源消耗；环境影响；本地化；旧建筑材料利用；固体废弃物处理。

- 能源消耗及其对环境影响：冷热源和能量转换系统；能源输配系统；部分负荷、部分空间条件下的可用性；新风热回收技术；其他用能系统；照明系统节能；能源设备计量、监测与控制；可再生能源利用；能源系统对环境影响；

空调制冷设备中工质的使用。

• 水环境系统：饮用水深度处理；污废水处理及资源化；再生水回用；雨水利用；绿化与景观用水；设备与器材。

• 室内空气质量：室内自然通风；空调通风系统；装饰装修材料无害化；排风与换气。

3. 施工阶段

• 施工的环境影响：场地土壤环境；大气环境影响；施工噪声；水污染；光污染；周边区域的安全影响；古树名木与文物保护。

• 能源利用与管理：降低施工能耗；施工用能优化。

• 材料与资源：材料节约利用；材料合理选择；资源再利用；就地取材。

• 水资源：施工节约用水；水资源的利用。

• 人员安全与健康。

4. 调试验收与运行管理阶段（现场考察和测试项目建成后的实际状况）

• 室外环境：对周边生态环境的影响；原生环境保护和改善；室外热舒适与热岛效应；室外风环境；环境噪声；环境振动；室外照明；大气质量；道路工程及交通状况。

• 室内环境：室内空气质量；室内声环境；光环境；热舒适性。

• 能源消耗：能源效率；再生能源使用。

• 水系统：用水量；水质；再生水利用；雨水利用。

• 绿色管理与节能管理。

（三）勤俭办奥运

在"绿色奥运建筑标准及评估体系研究"中明确提出"勤俭办奥运"和"赛后利用"的原则：奥运建设应坚持勤俭节约的原则，充分体现可持续发展的理念。场馆设施应既能保证举办奥运会的需要，又可在奥运会后被持续有效地利用。优先使用城市已有的场馆设施。技术特点相近的比赛项目共享场馆设施。兴建新场馆设施必须以奥运会后的实际需要为前提。对必须建设的场馆设施论证其规模和标准。赛后不需要的固定设施尽可能建造临时设施，临时设施可异地循环再利用。

五、绿色奥运行动

（一）政府的行动

为了实现绿色奥运的承诺，中央政府及北京市政府采取了一系列的措施来改善北京的环境。

第一，北京市与北京奥组委编制了《北京奥运行动规划》《生态和环境保护规划》，提出将环境保护作为奥运设施规划和建设的首要条件，制定严格的生态环境标准和系统的保障制度；广泛采用环保技术和手段，大规模多方位地推进环境治理、城乡绿化美化和环保产业发展；增强全社会的环保意识，鼓励公众自觉选择绿色消费，积极参与各项改善生态环境的活动，大幅提高首都环境质量，建设生态城市[1]。

北京奥组委还编制了《绿色奥运理念与实践》《环境管理体系手册》《奥运工程环保指南》《奥运工程绿色施工指南》《北京奥运会饭店服务环保指南》等文件。

北京市还重新修订了《2010年城市发展与环境保护计划》，把实现环境保护目标的时间由2010年提前到2007年。通过广泛采用清洁能源、建设三大绿色屏障和实施"绿色奥运行动计划""环境意识计划"等措施来保证这个目标的实现[2]。

第二，加强基础设施建设，坚持城乡统筹、适度超前、增量建设与存量改造并重，着力抓好以综合交通、能源供应、水资源保障和信息通信为主体的基础设施建设。优先发展公共交通，轨道交通运营里程达到270km，中心城公共交通出行比例达到40%，实现全部行政村通公共汽车。加强公路建设与改造，实现公路网覆盖全市所有村镇。加快城乡电网改造，加快燃气热电厂、天然气管线建设。积极协助建设新气源工程，推动天然气管网向新城和重点城镇发展。推进可再生能源的开发利用，搞好能源储备和应急体系建设。完成南水北调北京段工程，新建中心城5座污水处理厂。

---

1. 罗乔欣：《北京，为绿色奥运不懈努力》，《北京日报》奥运特刊，2005年6月22日。
2. 张玉生：《"绿色奥运、科技奥运、人文奥运"的理性思考》，《河北体育学院学报》2002年第16期。

第三，采取更加严格有力的措施，控制污染物排放总量，改善能源结构，城市空气质量基本达到国家标准，市区空气质量二级和好于二级天数达到 65%。为了改善北京的大气污染状况，国务院正式决定首钢搬迁，力争在 2008 年就完成搬迁。如果没有完成搬迁，2007 年削减首钢的产量，2008 年举办奥运会时全面停工。除了首钢，东南郊工业区的一些重点污染企业也被列入了调整搬迁的计划中。除此之外，根据《北京市工业当前退出部分生产能力、工艺和产品目录（2005 年—2006 年）》，将逐步淘汰一些耗费能源高，污染排放大，环境污染重的行业。通过这几年的努力，北京的空气污染状况有了较大的改善，全年二级和好于二级的天气（称为"蓝天"）数，1998 年只有 104 天，而 2003 年为 224 天，2004 年为 229 天，2005 年为 234 天。2006 年，北京市政府承诺全年的"蓝天"目标为 238 天。

第四，开展水资源保护和各流域水环境污染防治，实现六环路以内主要河湖水体基本还清，中心城、新城和中心镇污水处理率达到 90%。加强固体废物污染防治，建设一批生活垃圾和危险废物处理设施，危险废物实现安全处置，中心城和新城生活垃圾无害化处理率达到 99% 以上，农村地区达到 80%。防治噪声和电磁辐射、放射性污染。继续抓好山区生态屏障、绿化隔离地区、绿色走廊和农田林网建设，不断扩大城市绿色空间，进一步提高绿化美化水平。全市林木覆盖率达到 53%，城市绿化覆盖率达到 45%。整治 80 个"城中村"，新建和改建公厕 1445 座，建设 100 条特色园林大街。

第五，通过对《北京城市总体规划（2004 年—2020 年）》的实行，对北京市空间结构和城市功能布局进行战略性调整（即向"两轴—两带—多中心"的多元城市结构发展），全面推进交通建设与管理的现代化进程，改善北京城市交通状况。北京要新建 8 条地铁，开通 650 条公交线路，市区民用停车位增加 150 万个，扩建首都机场，建设第三条跑道和 90 万 m^2 的第三候机楼。"公交优先策略""需求管理策略"及"智能交通（组织管理）策略"将成为北京迎接奥运交通战略的基本路线。

2006 年 3 月，王岐山市长在政府工作报告中指出："2005 年，城市建设步伐加快，服务能力显著提升。累计完成基础设施投资 2260 亿元，比'九五'时期增长 63.5%。制定实施《北京交通发展纲要》,优化结构,挖掘存量,着力缓解交通拥堵,轨道交通建设全面提速,路网系统更趋完善。首都机场扩建、南水北调北京段工程等重点项目开工建设。能源结构得到改善,2005 年用电量达到 507.1 亿 kW·h,天然气使用量为 31.7 亿 m³,集中供热面积达 3.3 亿 m²。坚持不懈地推进污染治理和生态建设,市区空气质量二级和好于二级天数达到 64.1%,城八区和郊区城镇污水处理率分别达到 70% 和 40%,城八区和郊区生活垃圾无害化处理率分别达到 95.2% 和 46.6%,林木覆盖率、绿化覆盖率进一步提高。积极推进城市环境建设,治理城市河湖,改造公厕,整治'城中村',市容市貌不断改善。制定实施历史文化名城保护规划和条例,加大文物保护和修缮力度,世界文化遗产得到积极保护。全面排查、坚决消除各类安全隐患,制定突发公共事件总体应急预案,建立市区两级应急指挥系统,公共安全管理显著加强。"

(二)公众参与

在《奥林匹克宪章》中有明确阐述:"教育每一个与奥林匹克相关的人认识到可持续发展的重要性。"奥运会在北京举办,社会各界、各行各业都与奥运会相关。近几年,北京市政府、企业和市民的绿色奥运意识逐步提高,参与保护环境行动的积极性高涨。

北京奥申委和 20 家在京的环保民间组织共同制订了《绿色奥运行动计划》,该计划包括增加绿色植被、改善交通、节水节能及减少污染物排放等多方面内容。

奥组委成立宣讲团,编制了宣传材料,拍摄了宣传片,开通了网络频道,开展多项主题活动,进入社区、学校、企事业单位广泛宣传绿色奥运理念,号召公众行动起来,选择绿色生活,支持绿色奥运[1]。

奥组委举办了用废报纸换环保笔和环保纸的"绿色梦想,彩绘奥运"的活动,全市小学生踊跃报名参加。

---

1. 奥组委网站:http://www.beijing-2008.org/73/21/homepage 211612173.shtml。

北京奥组委号召为节约能源，夏季把空调调高 1℃，冬季调低 1℃。这一建议立即得到了 88 家奥运会的签约饭店的积极响应，推动了全市宾馆饭店的节能工作。配合北京市发改委的"绿色照明工程"活动，鼓励签约饭店选用节能灯具，更换白炽灯，部分签约饭店采购了高效照明光源产品 2 万多只、节电器 10 台。

在北京市环保宣传教育中心的组织下，北京交通台 1039 汽车俱乐部、搜狐汽车车友会、自然之友等几十家民间社团，向北京的汽车拥有者和驾驶者发出倡议：每月少开一天车。一月之中，可以选择节假日的任何一天，或乘坐公共交通工具或骑自行车，汽车停放一天，污染物少排放一些，为首都多一个蓝天，目前已有近 10 万会员参与了这项公益活动。

（三）场馆的建设

北京奥运会要新建场馆 12 个、改扩建场馆 11 个、建设临时场馆 8 个，还要建设国家会议中心、奥运村、奥林匹克森林公园、媒体村、数字北京大厦 5 个相关设施。

在奥运园区和场馆规划设计和建设中，体现绿色奥运宗旨，贯彻生态环保策略，采用适宜和高新技术。

奥林匹克公园规划的中选方案在北京中轴线延伸的终点没有按照原来的设想布置超高层大楼，而是以大面积的森林公园作为北京中轴线的结束。森林公园以自然形态植被、水系和地形为主，有利于培育生物多样性。森林公园因为五环路穿过而被分成南北两区，于是横跨五环路规划修建供生物迁徙的"生物廊道"，沟通南北两区。

北京奥组委将通过对奥运场馆在建筑节能、园林绿化、噪声防治等方面的具体要求，最大限度减少奥运场馆对常规能源的消耗，推广新技术的应用，由此带动北京市能源结构的调整，减少全市的环境污染。

场馆设计将大力推进新能源和新材料的应用，部分新建场馆中应用一批太阳能光伏发电照明装置和太阳能光热设备，在部分区域采用可再生材料和新型材料制作家具、设备、器具等。

奥运会的主场馆——国家体育场（"鸟巢"）的 12 个主通道上方，将安装容量达 130kW 的太阳能光伏发电系统。奥林匹克公园中心区路灯、景观灯将使用太阳能光电系统。运动员村将全面采用太阳能光热系统供应日常洗浴用水。

在水资源保护和利用方面，丰台垒球场在建设过程中，采用中水处理及采集雨水等灌溉草坪的技术，并在建筑材料上选取绿色环保材料。奥林匹克公园采用高品质中水回用和先进的水质保持处理技术，该公园与五棵松文化体育中心等设计都采用了水资源综合利用系统。

北京奥组委与奥科委将围绕奥运会环保需求，开展电动汽车相关技术研究与推广，并进行新型清洁汽车的开发与生产。

北京向世界做出了绿色奥运的承诺，这是对北京巨大的挑战，也是北京的历史机遇。绿色奥运计划的全面实施，必将极大地推动北京的城市发展和建设沿着可持续发展的道路前进，改善北京的环境状况，实现宜居城市的目标。绿色奥运也将成为中国可持续发展历程上的一个里程碑。

说明：本文编写时参考了许多资料，包括网络上的资料，难以一一列举，在此一并感谢。

（本文原载于中共北京市委组织部、北京市人事局、北京市科学技术委员会编《"新北京、新奥运"知识讲座》，北京出版社，2006，第135~168页。）

| 后记 |

2001年，北京申办2008年奥运会成功，中国提出了"绿色奥运、科技奥运、人文奥运"的口号。在国家科技部和北京市科委支持下，由清华大学建筑学院主持，共9个单位合作，承担了"十五"重大科技项目"绿色奥运建筑评估体系研究"，研究成果在2003年8月出版，即《绿色奥运建筑评估体系》。2004年2月，出版《绿色奥运建筑实施指南》，2005年获北京市科技奖一等奖（秦佑国排名第一）。2006年，中共北京市委组织部、北京市人事局、北京市科学技术委员会联合组织编写了奥运宣传手册《"新北京、新奥运"知识讲座》，约我撰写了其中的第四章"绿色奥运与宜居北京"，手册由北京出版社出版，本文就是摘录这部分内容。

建筑与数学

一、数学的定义和发展

"数学是研究现实世界的空间形式和数量关系的科学"（恩格斯《反杜林论》）。恩格斯在论述数学是现实世界的反映，产生于人类的实际需要的同时，也指出："这些材料表现于非常抽象的形式之中。"100 多年来现代数学的发展，一方面使数学具有更高的抽象程度，另一方面数学对象的推广已经越出了传统的对数量关系和空间形式的理解范围，数学不仅研究直接从现实世界抽象出来的数量关系和空间形式，而且研究那些运用数学已经形成的概念和理论为基础定义和推理演绎出来的关系和形式。因此，可以把客观世界和主观世界中的数量关系和结构关系作为数学的对象，空间形式被看作是结构关系的一个方面。

数学的历史发展通常被划分成初等数学、高等数学和现代数学 3 个阶段。公元前 7 ～公元前 5 世纪以前，人类发展漫长的历史时期是数学的萌芽阶段，公元前 5 ～公元 17 世纪为初等数学阶段；17 世纪初～19 世纪末为高等数学阶段；从19 世纪末开始，数学进入现代数学阶段。

在初等数学阶段，数学的对象是常量和简单几何形体。这个时期数学的基本成果——初等代数和欧几里得几何（初等几何）成为现在中学数学课程的主要内容。

在高等数学阶段，以笛卡尔建立解析几何为起点，微积分的建立是这一阶段最显赫的成就和标志。高等数学的对象是变量及其函数。研究变量和函数的数学领域被称为分析。在这一时期，与解析几何同时还产生了几何的另一分支——射影几何，并产生了数学的重要的新领域——概率论。

现代数学阶段以康托尔建立集合论为起点。20 世纪以后，用公理化体系和结构观念来统观数学成为现代数学的明显标志。现代数学的对象是一般的集合和各种抽象的逻辑上可能的形式和关系。现代数学阶段以其三大基础领域——几何、代数和分析中的深刻变化作为开端。非欧几何的产生和多维空间概念的形成，使

"空间"这个概念已经超越了物质世界现实空间的含义，获得了新的更广泛的意义。代数的对象从传统的数扩展到具有更为普遍性质的量以至结构和系统，如向量、矩阵、群、环、域、线性空间等。数学分析的对象从变量扩展到变化的函数，从变量空间扩展到函数空间。集合论的产生和数理逻辑的研究促使数学家从数学、逻辑和哲学上考虑数学的本质和基础。

形成于 20 世纪 30 年代的布尔巴基学派提出用"结构"的观点来统观数学，按照"结构"的不同及其联系对数学加以分类和重建。"结构"观点对现代数学的发展有巨大而深刻的影响。在现代数学发展过程中，老的数学部门以新的原则、思想和成果丰富着自己，仍在继续发展中；同时伴随着现代物理学、工程技术科学、经济学等的发展，也引起应用数学和一些新的数学领域的产生和发展，如统计学、运筹学、信息论、控制论、系统论、计算数学，等等。

二、科学的数学化

英国数学家、哲学家怀特海（A. N. Whitehead）在 1939 年所作的"数学与善"的讲演中曾经预言："在人类思想领域里，具有压倒性的新情况将是数学地理解问题占统治地位。"现代科学发展中日益深刻的数学化趋势验证着怀特海的预言。一门科学从定性描述进入定量分析往往是这门科学达到比较成熟阶段的重要标志。马克思认为："科学只有在成功地运用数学时，才算达到了真正完善的地位。"数学是科学的语言、计算的方法和思维的工具。现代世界意外地发现，数学被成功地运用到极其不同的各个科学领域。联合国教科文组织出版的《世界数学教育的新动向》中指出："在人类社会的任何领域里，最近和将来都不可避免地利用数量计算、逻辑推导和数学化模型。在传统的物理学和工程学以外，生物科学、社会科学、经营管理学、人文科学和日常生活都要以各数学分支及它们的相互结合为工具，加之统计的和计算机的模型化，数学还将渗透到人文科学里最近发现的新课题。"人类智力活动中未受数学科学的影响而大为改观的领域已寥寥无几了。

在看到数学对科学发展的巨大作用的同时，也应该看到科学对数学发展的反作用。如果说在过去一些科学中数学的应用"几乎为零"，这一方面说明它们利用数学的条件还不完备，另一方面则是"进入"这些科学的数学也不完备。现代科学的数学化不是把现成的数学理论简单地搬用到某门科学中去，而是要创造性地使之适应这门科学的需要，或者为这门科学创立数学理论。

三、现代数学的发展趋势

现代科学正在向复杂性进军。科学对复杂性的探索导致数学越出了传统的概念和对象而发生着深刻的变化。

从单个或少数变量到多变量，从低维空间到高维空间。这表示数学模型中包含的因素和参数的数量大大增加，复杂性也大大增加，并产生了一些质的变化。与此相应发展起来一些数学中的新学科，如多线性代数、多复变函数、多元统计分析，等等。最近十几年来，具有不必是整数的分数维（fractal dimension）的几何对象——分形（fractals）引起了广泛的兴趣。

从线性问题到非线性问题。线性化的数学模型是研究局部范围和平缓变化过程所采用的通常是简化了的模型，而要研究大范围、大变化、大挠动、高速度、强作用力等情形的问题，就要涉及非线性现象。非线性问题通常具有对初始条件、边界条件和外界挠动敏感的特征，即这些因素的微小变化会引起结果很大的改变。非线性问题已成为当前数学研究的一个主要内容。

从连续、稳定到间断、突变和不稳定。事物在经过一段连续变化以后发生突变，从一种状态跳跃到另一种状态，描述这种突变现象的新的数学学科称为"突变论"（Catastrophe Theory）。

从平衡的、守恒的、可逆的到非平衡的、耗散的、不可逆的，从决定性的、有序的、周期性的、对称的到随机的、无序的、非周期性的、对称破缺的。而对非线性、非平衡动力系统的深入研究，又揭示出远离平衡态的隐藏在随机性和无序中的分叉（bifurcation）和混沌（chaos）现象。突变、分叉、混沌、分数维再加上奇异吸引子（strange attractors）、孤立子（soliton）等体现复杂性的现象已成为当今数学、力学、物理学、生物和生命科学乃至经济学、社会学等科学的热门研究课题。

从确定到模糊。作为现代数学基础的集合论，对一个元素是否属于一个集合是完全确定的，但对自然界和人类社会中许多现象的描述往往不具有明确的界限，而只有模糊的外沿。1965 年，美国数学家扎德赫（L. Zadeh）建立起"模糊集合"，标志着模糊（fuzzy）数学的诞生。模糊数学发展很快，已渗透到许多数学分支中去，它对自然界和社会中的模糊现象作定量的研究，具有广泛的实际意义。

四、建筑与数学

数学起源于人类的生活和生产活动，而建筑活动是人类生存的基本活动之一。如果数的概念和算术运算还不能说主要起源于人类的建筑活动，那么几何学的产生则是和建筑活动密切相关的。几何学（Geometry）这个词就来自古埃及的"测地术"，它是为在尼罗河水泛滥后丈量地界而产生的。自然界中常见的简单几何形状是圆、球、圆柱，如太阳、月亮、植物茎干、果实等，而几乎找不到矩形和立方体。矩形和立方体是人类的创造，而这正是和建筑活动有关的，因为方形可以不留间隙地四方连续地延展或划分，立方体可以平稳地堆垒和架设。金字塔在如此巨大的尺度下做到精确的正四棱锥，充分显示了古埃及人的几何能力。希腊人在发展欧几里得几何的同时，写下了建筑史上最辉煌的一页。希腊建筑的美在很大程度上取决于尺度和比例，"帕提农给我们带来确实的真理和高度数学规律的感受。"（勒·柯布西耶）中国建筑木结构有着严谨完整的模数系统，达到了高度的标准化和通用性。李允鉌先生在他著名的《华夏意匠》一书中对此有高度的评价："至今为止，世界上真正实现过建筑设计标准化和模数化的只有中国的传统建筑，……这一点不能不说是中国建筑技术上的一项最重要的成就。"模数系统从数学上讲是按某种比例和规律组合成的数系。中国古建筑模数系统的数学蕴含还有待发掘。

在建筑发展史上，从中世纪进入工业文明后，以数学分析为基础的力学的发展促成了结构工程和建筑设计的专业分化，以射影几何为基础的画法几何和阴影透视的运用促成了近代建筑学的产生，按照制图原理和规则绘制表达设计意图的图纸成了近代建筑师的职业技能，工程图纸成了建筑活动（设计、施工、使用等）的主要信息载体和交流媒介。

有意思的是，当数学（通过力学）促成了工程师和建筑师分道扬镳以后，数学在工程领域纵横驰骋，而在建筑设计领域几乎无用武之地。工程师和数学的关系日趋密切，而建筑师却成了数学的"弃儿"，建筑师对数学也不屑一顾。当工程师向世界展示了水晶宫、世界博览会机械馆、埃菲尔铁塔的时候，"这些国立（建筑）学校"出来的建筑师，"他们的建筑概念还停留在鸽子相吻那种装饰阶段"（勒•柯布西耶《走向新建筑》）。勒•柯布西耶高度称赞了工程师的美学："工程师作出了建筑，因为他们采用了数学计算，那是从自然法则中推导出来的"；"按公式工作的工程师使用几何形体，用几何学来满足我们的眼睛，用数学来满足我们的理智，他们的工作就是良好的艺术"；"数学的精确性与大胆的幻想结合起来，说确切些，就是美"。他认为，"工程师的美学与建筑艺术本来是相互依赖、相互联系的事情"；装饰是"初级的满足"，"是多余的东西，是农民的爱好"，而比例和尺度上的成功是"到达更高级的满足（数学）"，是"有修养的爱好"。《走向新建筑》的译者吴景祥先生在译序中写道："勒•柯布西耶建筑思想的形成和发展与近代科学技术的进步有密切的关系。"这句话道出了整个现代建筑运动的时代和社会背景。

从勒•柯布西耶的著作中，看到的并不是数学的具体运用，而是渗透在其中的一种思想，一种修养，一种对数学与建筑关系深刻的洞察。这对一个建筑师来说恰恰是最重要的。在新建筑运动之初，除了传统的应用以外，数学还不能被广泛和具体地应用于建筑学，还不能成为建筑师的工具和方法。和其他工程技术科学相比，建筑对数学的响应有较大的延时。建筑有着深厚的历史沉积，有着广泛的技术和艺术结合的内容，惰性很大。刚从传统中摆脱出来的新建筑学还没有发展到具备应用数学的条件和对数学的具体需要。当然，另一方面是数学的发展还没有达到能运用于建筑学领域的程度，这一点和人文科学相似。

但是，随着现代数学的发展，随着现代科学技术的发展，随着现代建筑学的发展，形势已经发生并正在发生着变化。吴良镛先生在《广义建筑学》一书中，曾引用法国作家福楼拜的预言："越往前进，艺术越要科学化，同时科学也要艺术化，两者从基底分手，回头又在塔尖结合。"吴先生指出："事实上这种趋势是客观存在的，中外不少学者利用建筑学与自然科学、社会科学的交叉和现代科学的方法论，正循此方向努力。"科学和艺术结合的桥梁是数学。

今天，一方面，建筑学已由传统的含义发展为现代的"广义建筑学"。建筑学的范围从单体建筑设计扩展到建筑群设计、室内外空间和环境设计、绿化和园林景观设计、城市设计、城市规划、村镇规划、区域规划，等等；现代建筑学面对着一个高速发展却又问题丛生的世界，环境、生态、人口、社会、经济、能源、信息等都是建筑师（包括规划师）需要了解和处理的问题；相关的知识领域也从传统的建筑学领域大大扩展，并和社会科学、自然科学的许多学科领域交叉融合，形成如建筑美学、建筑史学、建筑心理学、环境行为学、城市社会学、建筑经济学、城市人口和经济、建筑生态学、建筑气候学、城市地理学、建筑物理学、建筑节能与太阳能利用、建筑防灾、城市管理和立法、建筑设计方法论、计算机辅助建筑设计、建筑和城市信息系统等现代建筑学的分支科学；建筑活动日益成为内容庞大、因素众多、结构复杂的巨系统（large scale system）；巨大的资金、技术、人才和物力的投入，引起对建筑活动的经济效益和社会、环境效益的高度重视。以上种种表明，建筑学对数学的需要和运用日益具备了条件。另一方面，现代数学的发展，现代数学向社会科学的渗入，电子计算机的飞速发展和广泛应用，使数学开始具备应用于建筑学的条件。本来在基底分开的两者，开始有在塔尖结合的趋势。

五、数学在建筑学领域中的应用

初等数学、解析几何、线性代数、微积分等作为数学教育的基本内容，既是每一个受过高等教育的人所应具有的基本数学修养，也是建筑学知识领域中许多学科（如力学、画法几何、建筑结构和材料、建筑物理、建筑经济、计算机辅助设计等）的数学基础和规划设计中需要使用的数学方法。

现代建筑学注重人、建筑、环境的关系，注重功能，注重社会。在研究这些问题并运用到规划和设计中去时，需要做调查研究和实验观察。在调查方法设计、实验设计、数据和结果处理分析中，都需要运用概率论和统计学的知识和方法。常用的有频率和分布的统计和图示，算术平均数、中位数和众数的计算，加权平均数的计算，全距、标准差和平均差的计算，方差分析，相关分析，回归分析和经验公式确定，参数估计和假设检验等。随着计算机的运用而迅速发展起来的多因素统计分析是处理分析众多对象（客体）的多种现象（属性、表现、反应等）复杂关系的有力工具，如在多种因素中确定主要因素的主因素分析，对多个因素重要性及其权重排序的分析，根据多种表现对众多对象进行评价、分类和判别的综合评价、聚类分析和模式识别等。而模糊数学概念的引入使得多因素分析可以应用于以往那些没有明确界限、难以定量而只能用语言描述的现象。多因素分析可以应用于建筑学中的心理、行为、社会、人口、环境、经济等方面的研究，可用于建筑评价、方案论证、可行性研究、效益预测、建筑和城市形制变化及分类研究等诸多方面。除了多因素分析，还有一个可以一提的方法是蒙特卡罗法(Monte Carlo Method)，又称统计模拟法，它是在计算机上对随机现象进行模拟研究及用统计试验方法对确定现象给出近似解。建筑和城市中包含有大量的随机现象，如人流、车流、气象、灾害等，蒙特卡罗法可以用来对这些现象进行模拟。举个简单的例子，某地有甲乙2个场所，来的人有1/2的可能去甲场所，1/3的可能去乙场所，1/6的可能两者均不去。这个过程可以用掷骰子来模拟（蒙特卡罗本是有名的赌城），掷一次骰子表示人员到达一次，掷出的是 $1 \sim 3$ 点表示来人去甲场所，4、5两点表示去乙场所，6点则两者均不去。当然，"骰子"可由计算机来"掷"。在计算机上产生（0，1）区间上均匀分布的随机数，每产生一个随机数如果小于0.5，表示去甲场所，在 $0.5 \sim 0.8333$ 表示去乙场所，大于0.8333表示两者均不去。至于人流陆续到达的过程（通常满足泊松分布）也是可以模拟的。

第二次世界大战中为研究军事决策而出现的运筹学（Operational Research），在战后获得迅速发展，形成了一门内容广泛的应用数学学科。运筹学研究决策、筹划、管理过程中，根据所研究问题的目标要求，通过数学分析和运算，做出合理的决策和统筹安排，以达到经济有效地使用人力物力的目的。运筹学的主要分支有规划论（Programming）（包括线性规划、非线性规划、动态规划等）、排队论（Queuing Theory）、决策论（Decising Theory）、对策论（又称博弈论）（Game Theory）、网络分析（Network Analysis）、价值分析（Value Analysis）等。从这些分支的名称就可以看出运筹学在建筑领域可以有广泛的应用，如应用于城市规划、城市管理、土地利用、交通和市政工程、建设项目可行性研究和决策、建筑策划、建筑经济分析、工程计划和管理等方面。国内一些院校已把运筹学列为城市规划专业硕士研究生的学位课程。

方兴未艾的计算机辅助设计（CAD）技术正在极大地改变着建筑设计的工作手段和方法，使建筑师从俯身图板的手工作业方式中摆脱出来。CAD技术的数学基础是计算几何学，这门学科研究几何图形和几何空间的数学表示，即如何用数学和符号编码来表示图和形（也包括表示光、影、色彩、质感、纹理等），研究它们的变换，如平移、比例、旋转、投影、反射、透视等。计算几何学是建立在解析几何、射影几何、拓扑学、矩阵运算和变换、线性代数、计算数学等学科的原理和方法的基础上的。当然，并非要求每个建筑师都去学习和掌握CAD的数学基础，而是会使用已经编制好的CAD软件，但是知道一些原理和常识是不无裨益的。需要指出的是，计算机辅助设计不仅仅是而且可能不主要是图形的表现和图纸的绘制，而是包括设计方面的内容，如设计条件的分析和综合，设计方案的生成，方案的分析和优化，设计变更和纠错，各设计工种的配合，资料和信息的存储、检索和共享，等等。这就涉及数据库技术、最优化技术、模式语言、模式识别、逻辑运算、专家系统、人工智能等广泛的知识领域，而数学总是它们的基础。

现代建筑活动的规模和复杂程度与日俱增，建筑设计和城市规划需要考虑的因素和满足的条件也越来越多，深化设计方法论的研究是很重要的。英国朴次茅斯理工大学建筑学院院长勃罗德彭特（G. Broadbent）在所著的《建筑设计与人文科学》一书中对"设计方法的历史发展和新设计过程"作了长篇的论述。书中写道："20世纪60年代初期，系统工程学、人类工程学、运筹学、信息论和控制论，还有现代数学及计算技术都以高度发展的形式供建筑理论家所用。……从这些源泉中涌现出的'设计方法'已有权形成自己的独立学科。……新数学及一些统计学对发展新的设计方法的影响之大几乎为所有其他学科之总和。"中国建筑工业出版社在20世纪80年代出版了"现代设计方法"丛书，书中也贯穿着现代数学方法和系统论、控制论、信息论的理论。20世纪50年代提出的系统动态（力）学（System Dynamics）在系统论、控制论、信息论、决策理论、计算机模拟等基础上已发展成一门研究复杂反馈系统动态行为的方法学，被广泛地应用于国民经济计划、工农业生产、人口、环境、能源、交通、区域和城市规划等各类问题的研究中。

成书于1973年的《建筑设计与人文科学》在"新数学"一章中介绍了拓扑学

（Topology）、图论（Graph Theory）和集合论（Set Theory）。拓扑学研究几何图形和空间在一对一的双方连续变换下不变的性质，这种性质被称为拓扑性质，但它不包括尺寸、角度和比例。有人戏称拓扑学为"橡皮几何"。画在橡皮膜上的图形，当橡皮膜变形时，只要不破裂，不把本来不相连的地方连接，则图形的有些性质还是不变的。如曲线的闭合性、点的相邻性、曲线的相交性、封闭空间的里外之分，等等。在拓扑变换下，一个圆可以变成四边形、三角形、任意闭合曲线；一个球可以变成立方体、多面体和被"捏成"任意形状。但球不能变换成轮胎，因为轮胎中间有个"洞"。要把球变换成轮胎，要么把球面"捅破"，要么把球"搓成"长条，两端再"粘"起来，这两种做法已不是拓扑变换。在拓扑学上，球和轮胎是"不同胚"的。同样，一个单体建筑与中间有天井的四合院也是"不同胚"的。拓扑学中有一些重要或基本的原理：欧拉关系——任意三维实体的角点（V）、棱边（E）和面（F）的数目之间存在着基本关系：$V - E + F = 2$；约当定理——从封闭曲线（或围面）的内部到达外部（或从外部到内部）的路径必和边界相交奇数次；四色原理——任何一张复杂的地图最多只要 4 种颜色就可以区分不同的国家。拓扑学对建筑设计的空间组合具有启发性，例如四色原理就隐含着 4 个以上空间彼此直接相通是不可能的这一结论。图论研究由路径和节点集合起来的图形关系。把房间（或是建筑物）表示为节点，把它们之间的联系（门、走廊、道路等）或相互关系表示为路径，这在建筑设计和规划中已用于交通、人流、作业流程和功能关系等的分析之中。

作为现代数学基础的集合论，基本原理已经纳入中学教学课程。集合论的基本术语，如集合、子集、交、并、非等已常见于建筑理论文献中。

20 世纪 70 年代以来，现代数学发展是向复杂性、非线性进军，在自然科学中促成了一些重大的理论发现，这些理论通过数学又迅速向生物和生命科学、社会和人文科学渗透。其中最重要的有被称为"新三论"的突变论（Catastrophe Theory）、协同论（Synergetics）、耗散结构理论（Theory of Dissipative Structure）和近年来十分热门的分形（Fractals）理论、混沌（Chaos）理论。混沌理论被许多学者认为是可以和相对论、量子力学相提并论的 20 世纪最重要的科学发现。

突变论研究渐变的影响因素和运动过程如何导致整个事物发生突然的、急剧的变化；协同论注意的是宏观状态发生性质变化的系统，要回答是否存在与构成系统的各个部分无关的并决定着各种自组织过程的一般原理；耗散结构理论指出，一个远离平衡状态的开放系统（不论其是力学的、物理的、化学的、生物的系统，还是社会的、经济的系统），通过不断地与外界交换物质和能量，在外界条件的变化达到一定的阈值时，可能从原先的无序状态转变为有序状态。

分形理论研究传统几何学不能描述的复杂的几何形状，如云彩、树木、山川地貌、粗糙表面、材料孔隙、血管系统等自然界的复杂形状和表达复杂事物的抽象的复杂图像，揭示出这些复杂形状中的"自相似"特性，分形几何学在计算机上展现出绚丽多彩的分形图像，已被引入艺术领域。

混沌理论以表面上看起来杂然无序的现象作为研究对象，揭示貌似无序而实为有序的事物的规律。混沌现象产生于确定性的系统，这与概率论和随机过程讨论的对象不同，系统对初始条件的微小变化十分敏感，初始的小挠动会导致系统状态很大的分离，系统演化具有非周期性。著名混沌学家郝柏林对混沌的定义是："混沌是非周期性的有序性。"混沌现象是普遍存在的现象，在自然科学、社会科学、工程技术等各种学科领域中都吸引了许多研究人员。

分形和混沌的研究仍处于初始阶段，基础研究和应用研究方兴未艾，期待着更广阔的前景。

这些新的科学理论具有共同的特点。正如著名的未来学学者、《第三次浪潮》的作者托夫勒在为普里高津所著的《从混沌到有序》一书所撰写的前言中所说，"机器时代的传统科学倾向于强调稳定、有序、均匀和平衡。它最关心的是封闭系统和线性关系，其中小的输入总是产生小的结果"。而新的科学"把注意力转向了现实世界的那些方面：无序、不稳定、多样性、不平衡、非线性关系（小的输入可以引起大的结果）及瞬时性——对时间流的高度敏感性。这些方面标志着今天加速了的社会变化"。这些理论以自然界和人类社会广泛的课题为研究对象，具有广阔的研究领域和普遍的应用范围。这些理论不仅提供了新的发现和新的论断，更重要的是传达了新的思维方法、新的认识论和新的世界观。可以预言，这些理论很快会被引入建筑理论中来，就像相对论、系统论、信息论、控制论一样，会成为新一代建筑思潮的自然哲学基础。如果说现代建筑运动的理性主义建筑观念反映了本世纪初建立在经典数学和传统科学基础上的工业社会的自然哲学，那么，当今建筑思潮五彩纷呈的现象则折射着后工业化社会探索复杂性和多样性的自然哲学的辉光。

参考文献

[1] A.D. 亚历山大洛夫，等. 数学：它的内容、方法和意义［M］. 北京：科学出版社，1984.

[2] 邓东皋，孙小礼，张祖贵. 数学与文化［M］. 北京：北京大学出版社，1990.

[3] 美国数学的现在和未来［M］. 周仲良，郭镜明，译. 上海：复旦大学出版社，1986.

[4] 孙小礼，杜珣. 数学的现代发展与数学教育［J］. 科技导报，1991（7）.

[5] G. 勃罗德彭特. 建筑设计与人文科学［M］. 北京：中国建筑工业出版社，1990.

[6] 勒·柯布西耶. 走向新建筑［M］. 北京：中国建筑工业出版社，1984.

[7] 吴良镛. 广义建筑学［M］. 北京：清华大学出版社，1989.

[8] D.D. 贝尼斯. 文科数学：概念与应用［M］. 北京：科学普及出版社，1989.

[9] Gleick J. 混沌学传奇［M］. 卢侃，孙建华，编译. 上海：上海翻译出版公司，1991.

（本文原载于胡绍学编《建筑学研究论文集》，中国建筑工业出版社，1996，第156~161页。）

| 后记 |

本文源自作者1990年12月在清华大学建筑学院的学术报告，1993年发表在中国建筑学会主编的《建筑师学术、职业、信息手册》，1996年收录于清华大学建筑学院建系五十周年学术论文集之《建筑学研究论文集》。

我于1978年回清华读建筑声学研究生，导师车世光先生对我说："我们清华搞建筑物理的老师，都是建筑学出身，数理底子差，你也是建筑学出身，能否改变这种状况？"于是我研究生期间就"猛攻"数学和物理，先后选了线性代数、复变函数、概率统计、数理方程、有限元、理论声学、电子电路、计算机程序语言等课程。我是建筑系第一个使用电子计算机的（晶体管的D130，在土木系机房），也是全国最早做计算机声场模拟的，用的是Apple II。

1985年，当时的建筑系主管教学的副系主任高亦兰先生找到我，说："学校教高等数学的老师反映，建筑系的学生不好好学，有的不来上课，有的课堂上不好好听讲。"高先生让我给同学们讲一次课，关于数学对建筑学学习的作用。我讲了几点：一、大家能考上清华，说明高中数理课程都学得很好，这是你们的长处，丢了很可惜。二、建筑学专业学的那点儿高等数学，只是17、18世纪的知识，今天作为一个大学生，应该懂得其基本原理和思维方法。三、如果你们只是本科毕业就去设计院工作，不好好上课也能过下去，历来大家都这样；但如果你想读研究生，搞学术研究，数学绝对是有用的。

我还去和学校数学教研组讨论，对建筑学的教学内容做一些调整，压缩微积分内容，增加数理统计。马淑文老师主动提出由她来教建筑系学生，"文革"前20世纪60年代，她教过建筑系的高等数学。她说，她就要退休了，退休前再到建筑系来讲一回。一学期课程结束后，我去见她，她感慨地说："原来现在高等数学在建筑系不是主课了。看到学生头天晚上熬夜画图，一早赶来上课，迟到和打瞌睡，很可怜。"

1987年，我给建筑系三年级学生上计算机辅助建筑设计CAAD的课，讲的主要内容是数学、计算机的发展对建筑的作用。1990年，我就以"数学、计算机与建筑"为题做了我晋升教授时的学术报告。1992年，中国建筑学会主持编写《建筑师学术、职业、信息手册》，高亦兰先生是编委会成员，她向执行主编顾孟潮建议，手册中应该有数学方面的内容，并推荐由我来写。于是我在原来编写"人类工程学"一节之外，又编写了"建筑与数学"。该书在1993年出版。

20年来，我一直不能忘怀这个论题。我在1999年开设"建筑技术概论"课和2000年在大连理工建筑系做 "建筑技术的建筑理解"（Architecture Learning on Building Technology）讲座时就讲到，"数学是一个受过高等教育者的文化修养"，并列举了数学在建筑学中的应用：

抽象——数学最重要的本质特点；

用图形图像和数字表达观点和问题；

模数和比例是按一定规则的数序；

图形和空间的拓扑特性；

误差理论与精度控制：制造业与建筑业的分野；

概率和统计是社会调查研究的重要工具；

运筹学、线性规划用于城市和交通规划；

可行性研究、经济分析等需要数学；

以射影几何为基础的画法几何和阴影透视的运用促成了近代建筑学的产生；

数学及在其基础上的力学促成了建筑结构的现代发展；

"数学美"——勒·柯布西耶说的"数学的精确性与大胆的幻想结合起来，就是美"；

"混沌""分形"等新数学概念已被引入最新的建筑理论。

前些年，又加上：

计算机技术和微分几何结合为建筑造型和空间构成提供了新的技术支持——非线性设计、参数化设计。

2011年，我为中央美术学院建筑学院的本科生开设了"建筑数学"课。2012年，我为清华大学建筑学专业本科生另开了"建筑数学"课（吸收了2个年轻教师合教）。

物质、精神与建筑进展

　　影响建筑发展的因素是什么？对于这个问题，长期以来众说纷纭、莫衷一是。有的说功能决定一切，有的说技术决定一切，有的说建筑是时代精神的反映，等等。但归根结底，总可以分成物质因素和精神因素两大类。

　　首先，建筑作为人类生产活动和社会活动的一种保障手段，总是为一定的目的和用途而设计建造的，这就是功能。它包含了物质方面的要求，也包含了精神方面的要求。前者指提供一定的围蔽空间以供人在其中有效地进行生活和生产。大量的生活服务性建筑、行政办公建筑和生产性建筑，其功能主要是物质方面的，它们当然也要满足某种精神方面的要求，但相对来说次要一些。后者指建筑能满足人们物质方面的要求的同时，还要作用于人的官感，主要是视觉，从而起到满足人们某种精神要求的作用，尤其是对于一些纪念性建筑、大型公共建筑、风景和园林建筑、装饰性建筑及宗教性建筑，这种精神要求往往显得十分重要，有时甚至占主导地位。

　　功能，无论是物质方面的还是精神方面的，作为建筑的用途和目的，无疑对建筑具有极为重要的意义。随着社会的发展，人类的社会活动和生产活动的领域越来越广，深度越来越深，这对建筑的发展起着巨大的作用。在资本主义近代大工业生产出现以前，当千百万农民在中世纪的田野上扶着木犁艰难地耕耘时，当工匠们在幽暗的作坊里精心制作着金银饰器时，只有那哥特式教堂的尖顶指向灰蓝的天空，经历了近千年的风风雨雨，显得斑斑驳驳。建筑的发展也和社会的发展一样沉重而缓慢，几十年，上百年，也看不出什么变化，仿佛凝滞不前。当工业革命的汽笛刺破黎明的沉寂，历史就像被上了发条，急速地转动起来，近代大工业好像变魔术似的，一下子把许许多多新东西抛了出来：蒸汽机、纺织机、高炉、火车、轮船、电灯、汽车……这一切都要求房子！要求建筑！于是工厂和城市一个个就像从地下冒了出来，建筑以前所未有的速度向前奔跑。

　　社会的需要具有最大的创造力。当伦敦第一届世界博览会需要一个空旷明亮便于拆卸的展览馆时，就会有"水晶宫"被创造出来，哪怕它是由一个园艺师设计的，而许多建筑师的方案在竞赛中名落孙山。当成千上万人涌进工厂做工和机关办公时，城市公寓住宅就应运而生。社会需要的洪流既带来了许许多多新东西、新创造，也把一切有意无意阻碍束缚这一洪流的陈规旧习冲破。

当社会向建筑提出它的要求的时候，它并不是在向建筑伸手乞讨，它在提出要求的同时，也提供了实现这些要求的物质技术条件：材料、设备、结构和施工技术，等等。这些物质技术条件也是影响建筑发展的重大因素，而其中似乎材料显得更为重要。在人类发展史上，某种材料的使用甚至成了划分历史时期的标志，如石器时代、青铜时代、铁器时代。建筑作为一个物质的东西是由各种各样的材料构成的，它们是建筑赖以存在的实体，也是结构和施工处理的对象，离开了材料——物质，这些就成了名副其实的"空中楼阁"。

在没有石材，没有森林，却有着烈日和泥巴的美索不达米亚平原上，巴比伦人用土坯盖起了宫殿。在盛产石材的希腊，人们用石作柱，用石作梁，用石作板，建起了享誉千古的帕提农神庙。当罗马的贵族和僧侣们齐集在万神庙中时，穹窿和拱券技术使小块的零散石料集合成数十米跨度的空间。当明清的皇帝和大臣们在太和殿举行盛典时，是中华民族的炎黄子孙用陶瓦和木材盖起这巍峨的宫殿。从东亚到西欧，从北非到南美，虽然古代的人们在各地用各种材料盖出了各种不同的建筑，但他们都有一个共同特点，就是他们采用的材料主要是自然界自生的，是未经人类充分加工的三种原生之材：土、石、木。"大兴土木""土木工程"等词汇也正是由此而来。古时候"就地取材"的做法固然是一种至今尚要赞许的美德，但从另外一方面来看，不正反映了这些建筑材料粗笨简陋、不值得远途搬运以互通有无吗？不也正是反映了古代交通运输之困难吗？然而这些都被近代文明克服了。随着钢材、水泥、玻璃等材料的大量涌现，建筑创造手段空前地丰富起来。钢材的普遍运用使百层高楼得以实现，使百米跨度的建筑轻而易举地被建成。而混凝土的可塑性使建筑的形状几乎可以随心所欲。大片的玻璃和轻质隔墙配合着钢结构造成了和以往完全不同的空间形象，而现代的交通运输手段和世界范围内的技术交流使得采用外地、外国的材料成为可能，现代科学技术也日益提供着新的材料。而当一种性能优越的建筑材料出现，且能以低廉价格大规模生产时，建筑就必然会发生一次革命。

从上面的叙述可以看到，物质技术因素对于建筑发展具有巨大的作用。但我们如果仅仅看到这一点，那还不够，还不足以把握建筑发展的特殊规律。尽管在文学、美术、音乐和建筑这四大艺术中，建筑与其他三者的区别正是建筑的物质技术因素，但把建筑和其他工业技术部门区分开来的却又是建筑的精神因素，即艺术方面的内容。如果仅仅把建筑的发展归因于功能（指物质方面的要求）、材料、结构和施工等物质技术因素，那建筑就成了住人的机器了，和其他工业技术部门没有什么区别，这就无法解释建筑发展中的许多特殊问题。例如，为什么资本主义早期建筑会回溯千年抬出古罗马的亡灵？为什么同样是用石头作材料，同处于奴隶制生产方式的古埃及和古希腊的建筑有迥然不同的特点？为什么同是具有现代工业的美国和日本，其建筑会有所不同？这些问题主要应从建筑的精神因素方面去找原因。在说明这个问题之前，还需要就建筑区别于其他工业技术的另一个特点说几句。建筑是为人类的生产活动和社会活动提供"掩蔽所"的，因为人类活动，尤其在现代，是极其广泛的、各式各样的，这就带来了建筑也具有极大的多样性，建筑的种类之多，彼此千差万别，这是其他工业技术产品无法比拟的。另外，人类活动对建筑提出的要求本身具有很大的灵活性和适应性。为满足人类的某种活动，如居住，建筑可以提供各种各样的方案，设想一下全世界有多少住宅彼此互不相同！而反过来，一种建筑形式（空间）又可以适应人类不同的活动要求。一幢沿街的房子，今天可以作住宅，明天可以作商店，后天又可以作为手工作坊。人类对建筑的要求是非常能"凑合"的，是有很大弹性的。而建筑也有很强的适应能力，有通用性。这是建筑和其他工业技术、自然科学部门很大的不同。正因为建筑具有极大的灵活性和多样性，从而使建筑设计具有极大的自由度，就使建筑有包含艺术创作因素的可能性。如果建筑设计像设计一台机床、一台计算机、一枚导弹那样有着严格的、精确定量的技术要求和设计目标，那只能得到为数甚少的方案和大同小异的形状，那么建筑也就千篇一律了，谈不上太多的艺术因素了。另外一方面，建筑以其巨大的体量在凡是有人类活动的地方到处耸立着，作用于人们的视觉官感，这就不能不考虑它们所引起人们的美学感受到底如何。一本小说、一幅画、一首乐曲不好，不令人喜欢，可以丢在一边不看、不听，但一幢房子立在那儿往往使人非看不可。这就是建筑要具有艺术因素（即精神方面的因素）的必要性。

建筑所包含的艺术因素这一方面，是受人们艺术观点制约的。人们的艺术观既包含着受社会性（历史性、阶级性、民族性等）内容制约的美学观点，也包含着不依赖社会因素而相对独立的视觉审美规律和形象思维规律，如构图规律、色彩规律、空间组合规律，等等。这些规律主要取决于人们生理和心理活动的特点。达耳德对"模仿规律"，达尔文和泰纳对"对立原理"在人的审美概念中的巨大作用都有过精辟的论述。使用现代科学理论和技术实验手段对这些规律加以研究，特别是对人的视觉功能与脑功能的研究，已经揭示并更将进一步揭示这些规律的奥秘，这无疑会对建筑艺术产生影响，这方面还有大量的问题需要去研究、去探索。

人类生理和心理上的审美规律只是为人类提供了先天的审美能力，但后天形成什么样的美学观点都取决于社会的影响。影响建筑艺术发展最主要的因素是来自社会方面的。首先，是和建立在一定生产力基础上的生产关系相联系的社会意识，在古代和中世纪主要是宗教意识。例如，和封建主义生产关系相联系的教会神学是中世纪哥特式建筑的灵魂，意大利文艺复兴的建筑艺术是新兴资产阶级人文主义的反映，法国古典主义建筑是和法国资本主义萌芽时期的资产阶级唯理主义密切相关的。其次，是建立在一定生产关系上的政治形态。例如，同是奴隶制社会的古埃及和古希腊，前者是绝对君权的国家形式和专制主义的政治形态，而后者是奴隶主民主制的城邦国家，所以尽管两者都用石头建造，都盖供宗教活动用的神庙，但是两者形成的建筑艺术风格却截然不同，前者神秘、威严、压抑，后者开朗、典雅、明快。最后，民族传统和地方特点也是影响建筑艺术的极为重要的社会因素，这就是同是封建社会时期的中国建筑、印度建筑、欧洲建筑之所以不同的原因之一，也是同样具有现代工业的美国和日本，其建筑有所不同的原因。当然，各个民族的民族传统的不同，也主要是各个民族在历史发展中政治、宗教、意识、道德、社会结构、家庭组成及生活习俗上的不同。影响建筑艺术发展的社会因素是很多的，但主要是上述这三方面。而各个国家、各个民族、各个地区之间的交流、渗透、融合、征服和同化等又使这些因素变得极为错综复杂。

法国美学家泰纳在《艺术哲学》一书中写道："艺术是由人们的心理创造的，

而人们的心理是随他们的境况而变化的。"但他揭示的境况只是限于社会意识、道德、宗教、政治法律、风俗人情，等等，属于上层建筑范畴，而这些上层建筑因素又是受什么制约的呢？他没有论述。普列汉诺夫在《论艺术》一书中阐明了这个问题："它的境况归根到底是受它的生产力状况和它的生产关系制约的。"古希腊那种典雅圣洁的艺术形象，使数千年后的崇拜者们赞叹不已，但这正如一个成人在回忆天真的童年生活一样，尽管陶醉神往于一时，但终究带着一种惋惜的心情看到，光阴已一去不复返了，希腊建筑所藉以建立起来的那种社会经济基础，即生产力状况和生产关系已经一去不复返了，人类天真的童年已经过去，帕提农也只是作为一种圣迹让后世凭吊！

我们一方面要看到艺术最终受到社会经济基础的制约，另一方面也要看到这种制约是非常复杂的，非常微妙的。如果说艺术在原始社会中还是比较直截了当地和生产劳动相联系的话（普列汉诺夫对此做了详细的论证），那么随着生产力的发展，社会不断地前进，这种联系就逐渐显得相当模糊，似隐似现，扑朔迷离了。这是因为影响艺术的那些上层建筑因素，如意识、道德、宗教、法律等，虽然都根植在经济基础的土壤上，但它们有相当好的独立性。当它们从经济的土壤中长出来后，虽然和"土壤"有着千丝万缕的联系，但它们自身都有各自的发展规律，而且相互之间又有着错综复杂的影响，同时对经济基础也有一定的反作用。即使在旧的经济基础改变以后，它们也并不立即消亡，一朝之间就变成了"崭新的一页"。这些社会因素具有很大的"惰性"，也就是传统性、习惯性、继承性。尤其像建筑艺术这种很难有确切的思想内容和政治含义的艺术更具有很大的延续性。正因为精神因素的发展是十分复杂的，所以历史的发展有时呈现出某种轮回现象。欧洲的新兴资产阶级为了抵御和反对中世纪的宗教神学，甚至到古希腊和古罗马的兵库中去寻找武器，请出历史的亡灵来为现实服务，文艺复兴、古典主义都是这些亡灵的影子。但历史的反复不是简单的重复，不是复辟倒退，而是一种前进，一种螺旋式的上升，当它在水平投影上回到原来地点时，都已经处在一个新的高度了。

正像种类繁多、体态各异的古老的生物化石反映了那个地质年代地球表面的自然环境一样，人类社会的各个时代也都在他们的一种"化石"——建筑物上留下那个时代深深的印迹。尽管当时的人们对建筑的看法多么不同，各种建筑物又是多么千差万别,但好像气体分子的布朗运动那样,各个分子的运动尽管各不相同,方向和速度都是随机的,但从客观来看都有一种总的倾向。一个时代的建筑从总体上、从宏观上来看,反映了那个时代的物质技术和社会精神的特征。"艺术家的创作和群众的鉴赏是自发的、自由的,表面上和一阵风一样变幻莫测,但它也和风一样是有许多确切的条件和固定的规律的……每个人在趣味的某个方面的空缺,由别人趣味的不同方面加以补足,许多成见在互相冲突之下获得平衡,这种连续而相互的补充,逐渐使最后的意见更接近事实。"(摘自《艺术哲学》)

在当今 20 世纪,建筑活动空前活跃,各种建筑千姿百态,无奇不有,各种建筑观点、建筑流派,如田园派、未来派、立体派、表现主义、构成主义、新古典主义、新建筑、国际式建筑、后现代主义等,各抒己见、互相争辩、互相对立,使我们这些本时代的人眼花缭乱、目不暇接,感到孰是孰非,难以判断。但当我们的子孙在几十年后,上百年后,乃至几百年后来回首这些 20 世纪的往事,那就像站在高山之巅看那滔滔的长江,尽管有迂回曲折,但总的趋势都是向东!

| 后记 |

1978年10月,我在离开清华10年后,回来读研究生,研究方向是建筑声学,但还属于建筑学专业21个研究生之一,上了吴焕加先生开的"现代建筑引论"课。吴先生要求学生每人交2篇读书报告,这是我交的2篇报告之一。

说实在的,我当时对建筑历史的了解,还是20世纪60年代在清华上学时建筑史课程的内容。"中国古代建筑史"是梁思成先生讲的,"外国建筑史"是陈志华先生讲的,没有近现代建筑史的课程。建筑史的观点带有那个时代的特征,如历史唯物主义、经济基础决定上层建筑、阶级分析等。对外国现代主义建筑的认识,在大学时看到的文章还是批判其是"资本主义的",但对巴塞罗那博览会德国馆、落水别墅、美国驻印度大使馆等作品是赞赏的。毕业后10年,我没有接触建筑史,更不知国际上建筑的发展,只有三线工厂建厂的实践,尽管有十年"文革"引起的意识形态方面的反思,但对建筑史的基本理解和观点还是大学时接受的。

吴焕加先生的课一方面为我们"补了现代主义建筑这堂课",另一方面又讲述了现代主义建筑的蜕变和后现代建筑的产生,"填补了十年空白"。

在这篇读书报告中,可以看出我当时的建筑史观,也表现了"无知者无畏"的"张扬"。但文中不少看法,甚至语句,在30年后我开设的面向全校本科生的文化素质核心课"建筑的文化理解"中依然出现。

从 "HI-SKILL" 到 "HI-TECH"

密斯·凡·德·罗（Mies van der Rohe）说过："Architecture begins where two bricks are carefully joined together.（建筑开始于两块砖被仔细地连接在一起。）"

弗朗西斯科·达尔·考（Francisco Dal Co）对此话的评论是："Our attention should not fall on the curious, reductive image of the 'two bricks'，but on what is required for their joining to create something architecturally significant: 'carefully' is the key word here." —Figures of Architecture and Thought，1990

这段话的意思是说，对密斯的话，不要把注意力放在"两块砖"上，而是在于两块砖如何连接能产生建筑（architecture）上的意义。此时，"仔细地"（carefully）是关键词。

1个中文词汇"建筑"对应于英文里的3个词:如说"建筑史""建筑艺术""中国建筑"时，可用"architecture"；如说"建筑技术""建筑材料""这个建筑很好看"时，可用"building"；如说"建筑公司"时，可用"construction"。"building"一般对应实体、个体、功能性、物质属性；"architecture"一般对应于概念、集合、艺术性、人文属性（表1）。

表1 词义辨析

	英文解释	中文解释
Architec-ture	art and science of building；design or style of building（牛津字典）	建筑的科学与艺术；建筑的设计或风格
	Architecture belongs to science, technology and art（梁思成）	建筑⊂（科学∪技术∪艺术）
Art	the work of man, human skill	人工之物，技艺，技巧
	the creation or expression of what is beautiful	美的创造或表达
Skill	ability to do something expertly and well	技艺，技巧，技能
Technology	mechanical or industrial arts	工艺，工艺学
	the application of scientific knowledge to practical purposes in particular field	技术，应用科学

"Hi-Skill"是笔者的杜撰，表示人的（或手工的）精湛的技艺。

"Hi-Tech"在科技界和公众的语言中表示高科技、高新技术，如信息技术、宇航技术、基因工程等。而在建筑学界则是指一种建筑流派，常用机械加工工艺制作精致的建筑（或结构）构件和节点。所以，"Hi-Tech"虽然已被译成"高技派"而在中国建筑界被广泛习用，但本意乃是"高工艺"。

需要"skill"的人工之物，通常就是艺术（品），而不管是不是"美观"，它并不取决于观看者的审美观点和欣赏与否。尤其是对原始艺术和土著艺术。

在古代，建筑师和匠人（常常是分不开的）以精湛的手工技艺（Hi-Skill）使经典建筑具有不朽的艺术价值（图1～图3）。

2万名工匠用了22年时间建成的泰姬·玛哈尔是人类历史的文化和艺术瑰宝。当我们站在泰姬陵前，既陶醉于其优美的形象，也惊叹于工匠精湛的技艺。在雅典卫城的伊瑞克提翁神庙，在欧陆的哥特大教堂，在北京的天坛祈年殿，都会有相同的审美体验。再试想，如果泰

图1

图2

图3

姬陵不是用洁白的大理石镶嵌宝石和彩石建成，而是用灰泥抹面，尽管外形不改变，但其艺术价值会有天壤之别。

图 4

世界各地的乡土建筑是由工匠以传统的技艺建造的，同样具有艺术魅力（图 4、图 5）。

"Hi-Skill"表现出对材料的理解和把握。匠人们以手工作业的方式，长年累月地和石材、木材、砖瓦打交道，练就了娴熟的技艺，积累了丰富的经验，并通过师徒相授，一代代传承下去。

"Hi-Skill"体现人性化的尺度。手工工艺以人工所达之力，人体所触之距，人

图 5

性所欲之美作业于加工和建造对象，自然地体现出人的尺度。即使体量十分巨大的罗马神庙、哥特教堂，也有近人尺度的细部。

17 世纪，法国的一个医生兼建筑师克劳德·佩罗（Claude Perrault）提出有两种建筑美：positive beauty（positive 的词义：实在的、确实的、肯定的、积极的、绝对的、正的）和 arbitrary beauty（arbitrary 的词义：武断的、专制的、独裁的、随意的、任意的）。

他把材质、工艺归结于 positive beauty，把形式、风格归结于 arbitrary beauty。

肯尼思·弗兰普敦（Kenneth Frampton）在《建构文化研究》（*Studies in Tectonic Culture*）中写道："Positive beauty may be seen to be tectonic in as much as it is based on material substance and geometrical order."他把"positive beauty"看作"tectonic"（建构）的，是基于材料实体和几何秩序；而把 style（风格）看作 atectonic（非建构）的。

所谓 Tectonic Culture（建构文化），可以被理解为建筑材料、构造和工艺技术如何反映和体现社会文化与建筑艺术。

工业革命开创了人类用工业制造工艺代替手工技艺的新时代，这也是现代主义建筑区别于传统建筑的显著特征之一。

在变革之初，工艺和材料改变了，但形式和审美观却有延续性。

工业工艺初期的粗陋和工业产品的缺乏设计，曾遭到试图复兴手工艺的"工艺美术运动"的诟病。但是一方面，工业工艺本身在批判中不断改进，另一方面，以工业工艺为背景的现代审美观也逐渐成为社会的主流——现代主义终于诞生了。

现代主义建筑艺术有两个基础：现代艺术和机器美学。

现代艺术强调形式和创意——"有意味的形式（significant form）"，而轻视技艺的长期和刻苦的训练，欣赏者"心领神会"，一般人"不知所云"，批评者认为是"现代社会急功近利价值观的反映"。

作为现代主义建筑美学基础之一的机器美学（machine aesthetic）被勒·柯布西耶推崇："今天没有人再否认那个从现代工业创作中产生出来的美学。"（勒·柯布西耶，《新精神》，1920 年 10 月）

工业制造工艺和手工技艺相比，擅长于简单几何形体的高精度加工，平直、光洁、准确复制是其特长。

传统建筑繁缛的装饰从某种意义上讲是遮掩手工工艺对精确加工的技术弱势。而传统建筑的曲线和细部也难以被工业工艺模仿。

现代建筑中的精品也体现出很高的技艺。例如，斯东（E.Stone）设计的美国驻印度大使馆，其花格式外墙，可以让人联想到斋浦尔城堡精美的大理石透雕漏窗。让·努维尔（Jean Nouvel）设计的巴黎阿拉伯研究中心也是突出的一例（图 6、图 7）。

现在许多建筑缺少体现技艺的细部，即使是一些很著名的建筑也是如此。我在印度德里慕名去看巴哈伊礼拜堂时，从远处看去，其莲花的外形倒也吸引人。

图6

图7

但近前一看，缺少细部，施工亦粗，很感失望，与泰姬陵不可同日而语。

随着后工业社会的来临，现代主义建筑艺术的两个基础——现代艺术和机器美学受到挑战。

"艺术永远不可能现代，艺术永恒地回归起源。"——克莱尔《论美术的现状》

"现在是我们重新回到人性，并让人的尺度成为我们一切行动的标准的时候了。"——吉迪翁

寻求传统技艺的再现和体现是对上述挑战的一种回答。例如博塔、莫尼欧、琼斯等人的一些作品。关肇邺先生在清华大学理学院工程中，外墙用红砖清水墙，仔细地设计了砖的排列和砌筑（图8、图9）。

图8

图9

以更高的工艺水平来设计和"制造"建筑，尤其以精致的节点和精细的加工来体现高超的技艺，是对挑战的另一种回答，这在"Hi-Tech"建筑中集中体现（图10、图11）。

图10

图11

清水混凝土从勒·柯布西耶的粗野主义演变到安藤忠雄等的细致工艺。了解现代工艺，能够把握建筑的细部和构造节点是建筑师的基本功。槇文彦说过："能够把握细部是建筑师成熟的标志。"

当今中国，我们在建筑上已经丢失了传统的手工技艺，却还停留在手工操作的技术水平，没有进入工业制造的现代工艺阶段。"粗糙，没有细部，不耐看，不能近看，不能细看"是普遍的现象。

长期以来，中国的建筑设计，就建筑艺术而言，只着重空间与形式的创作，而对构造设计仅着眼于解决具体的功能要求（防水、保温、牢固等），且常常套用标准图，却忽略了节点构造（tectonic）的设计。要说前者，其实主要应该是施工单位的事，而后者却是建筑师进行建筑创作的重要内容。建筑师应该进行节点构造的造型设计、工艺和材料设计，即相当于工艺作品的艺术设计。只有这样，建筑才具有 positive beauty，才可以近看，可以细看，才耐看。要说现阶段中国建筑与国外的差距，这个方面可能是最主要的。

当我国从粗放的短缺经济向扩大需求的社会主义市场经济转变时，当中国加入 WTO 后面临激烈的国际竞争时，中国需要呼唤"精致性"设计！

解决这个问题既需要转变建筑师的观念和工作，也需要从建筑教育开始，同时也需要业主和领导不一味要求"形式新颖"。此外，设计费的提高也是对"精致性"设计必要的补偿。

在昆明，新建的仿古商业街的建筑局部，由建筑师设计的用混凝土仿造的梁枋柱很粗笨，比例尺度失当，亦无细部；而由工匠制作的木刻门窗格扇却很是精致。

北京香山植物园玻璃温室的造型创意和对生态学的考虑不无新意，亦有对"Hi-Tech"的追求，外墙由制造商提供的"点接式"玻璃幕墙还是能够体现较高的工艺技术水平的，但进入室内看到设计和加工的钢结构，令人失望。又据玻璃幕墙公司诉说，屋顶的上千块玻璃尺寸均不相同，也和图纸尺寸有较大误差，只能现场逐一量度加工（图 12）。

近年来，中国开始要发展钢结构建筑，但要发展现代钢结构，光靠结构工程师不成，必须还要依靠建筑师来解决形式和建筑构造问题，同时还需要工业设计和机械工艺工程师做节点与构件设计和加工工艺设计。

我们已经到了必须变革整个建筑业基本技术体系的时候了。

在可以预见的未来，作为工业革命产物的现代建筑材料的主体——钢材（包括铝合金等金属材料）、混凝土、玻璃和传统建筑材料（木材、砖、石）不会

图12

被取代。而这些材料的性能改进、加工工艺、构造方法、施工技术会发展。建筑师对此应有清楚的认识和专业的把握。

当建筑师在计算机上非常方便地画出复杂的装饰图样，计算机控制的雕刻机可以在 1/300、1/500 的模型上作精细的刻画时，精致的装饰又开始出现在建筑的立面上（图 13）。

Hi-Tech 与生态建筑结合是新的发展趋势。几个当年以"Hi-Tech"著称的大师如福斯特、罗杰斯、皮亚诺，以及格雷姆肖、赫尔佐格、杨经文等都有这方面的作品问世。

计算机辅助设计 CAD 和计算机集成制造系统 CIMS 开创了新时代的工业制造体系和工艺水平，必将对新世纪的建筑产生影响。

我们能否设想将来计算机集成建造系统 CICS 的诞生？

图 13

计算机控制的制造工艺能否体现人工技艺？

"住房是居住的机器"，勒·柯布西耶的这一句名言表达了 20 世纪 20 年代现代主义建筑思潮强调功能、推崇工业文明和机器美学的新观念。尽管在 20 世纪 70 年代遭到了后现代的批判，但今天，在新的时代和技术发展的条件下，对这句话是否可以有新的理解呢？

（本文原载于《世界建筑》，2002 年第 1 期，第 68 ~ 71 页。）

| 后记 |

这篇文章的起源是 2001 年 6 月在清华大学由美术学院主办的"艺术与科学国际学术研讨会"（第一届）上我以英文发表和宣读的论文 From 'Hi-skill' to 'Hi-tech'。2001 年 12 月，中国建筑学会年会暨国际学术讨论会召开。此前，中国建筑学会秘书长窦以德告诉我，学会想邀请我就这个方面做一个大会主题报告。我就以《从 Hi-Skill 到 Hi-Tech》为题做了报告，提出"中国需要呼唤'精致性'设计！""我们已经到了必须变革整个建筑业基本技术体系的时候了。"我完成报告后从台上下来，马国馨和窦以德过来称赞我的报告，窦以德说："这个问题大

家也都有所议论，你今天在理论上做了系统的论述。"年后，《建筑学报》向我约稿，但此前《世界建筑》就把我的讲演稿要走了。文章发表在《世界建筑》2002年第1期上。后来在《建筑学报》2003年第1期上以"中国建筑呼唤精致性"做了进一步的阐述。

我对建筑这个方面的关注，是在20世纪90年代后期，当时感到中国建筑设计主要关注的是风格和形式，却对建造的工艺技术不够重视，后受到肯尼思•弗兰普敦（Kenneth Frampton）的书 *Studies in Tectonic Culture* 的影响，更加关注这方面的问题。2000年，受北京市建筑设计院（以下简称"北京院"）邀请，参加该院"新千年发展"座谈会，会上我提到："北京院是全国著名的大院，能否在建筑设计中关注细部设计和工艺技术方面起带头作用？"我还在肯定优点的同时，对香山植物园钢管结构的工艺设计和建造的粗糙提出了批评意见。过了一段时间，在北京院工作的我的大学同学遇见我，说："你知道你走了之后，我们院年轻人怎么说你的？秦先生太匠气！"2005年，我遇到北京院的总建筑师，也是我的学长何玉如，谈起这件事，他说："现在可大不一样了，人人案头都是厚厚的四大本一套的辽宁科学技术出版社2000年翻译出版的日本彰国社出版的《建筑细部集成》。"

后来，我把这方面的内容，发展成"建筑、艺术与技术"的讲课。

建筑技术概论

前言

    清华大学建筑学院从 1999 年开始，在建筑学专业本科一年级下学期后半段，开设了"建筑技术概论"课。7 次课堂讲座，每周 1 次。第一讲是"概论"的"概论"，讲述建筑技术的范畴，建筑技术与建筑发展的关系，建筑师与建筑技术，以期初入建筑之门的学生能对建筑技术有一个概念性的认识，从而对建筑和建筑学有一个全面的理解。同时，作为教师，我也想探索建筑学专业里建筑技术课程的教学改革。讲课是以 Power Point 图文混编的电子文件，通过投影仪投射到屏幕上进行课堂讲授。这里辑录的是文字部分，而 100 多张图片限于篇幅和版面就略去了。其他 6 讲分别是建筑结构、建筑材料与构造、建筑物理环境、生态建筑概念、建筑安全与防护、建筑设备系统。

建筑

    功能要求的物质空间与社会文化的形象载体的结合。

    由人工建造的具有能"容纳"人类在其间生活所需空间的围蔽物。

    梁思成：建筑⊂（科学∪技术∪艺术）

    中文"建筑"对应于英文：architecture

                          building

                          construction

    Building：实体、个体、功能性、物质属性。

    Architecture：概念、集合、艺术性、人文属性。

建筑的构成因素

- 满足人类在其间活动的空间几何特征:形状、尺寸、方位、位置及相互关系等;
- 形成人类审美感觉的空间艺术特性;
- 建筑的社会经济属性:国民经济、投资、人口、土地、资源、能源、环境、生态、城市、产业、交通、政策、法规、管理、文物保护、文化传统等。
- "围蔽"建筑空间的物质实体:

  * 组成物质实体的建筑材料;

  * 保持建筑空间,承受和传递荷载的建筑结构——建筑的"骨骼";

  * "贴附"在"骨骼"上的建筑围护层和装修、装饰:

  建筑结构的保护层;

  建筑空间的防护层(防水、防潮、保温、隔热、隔声、采光);

  满足使用要求和审美要求的饰面层(地面、墙面、顶棚);

  用于建筑室内外空间之间"沟通"的门和窗。

- 满足人类生理要求的健康、舒适、安全的环境:

  建筑气候环境;

  建筑物理(热、声、光)环境;

  室内空气质量;

  建筑防火和防灾;

  建筑卫生和防疫;

  建筑绿化环境。

- 生产性建筑应满足工艺对建筑环境的要求。
- 建筑功能保障的设备系统:

  运输系统:电梯、自动扶梯、自动步道;

  能源供给系统:供电、供燃气等;

  卫生设备;

  供水系统:冷水、热水、中水;

  排污系统:排水、垃圾;

广播、电视、通信和信息系统；

保安监控系统。

- 建筑环境保障的设备系统：

采暖系统；

通风系统；

空调系统；

照明系统；

消防系统。

建筑技术科学的范畴

建筑学专业的学生需要学习的，与建筑师工作有关的，与建筑及其学科发展有关的科学技术知识。一方面，为了掌握将来作为建筑师工作时必需的专业技能，另一方面，提高自身对建筑的认识和修养。

建筑设计媒介技术；

建筑材料；

建筑结构；

建筑构造和工艺；

建筑物理环境；

建筑设备系统；

建筑节能；

建筑安全和防护。

数学是一种修养

数学是大学生的一种文化修养；

抽象——数学最重要的本质特点；

用图形图像和数字表达观点和问题的能力；

模数和比例是按一定规则的数序；

图形的拓扑特性；

误差理论：建筑业与制造业的分野；

概率和统计是社会科学重要的工具；

可行性研究、经济分析等需要数学；

数学及在其基础上的力学的发展促成了建筑和结构的专业分工；

"数学美"——勒·柯布西耶说："数学的精确性与大胆的幻想结合起来，就是美"；

"混沌""分形"等新数学概念已被引入最新的建筑理论。

抽象——数学最重要的本质特点

毕达哥拉斯说："万物皆数。"

"数学是研究现实世界的空间形式和数量关系的科学""这些材料表现于非常抽象的形式之中"。——恩格斯《反杜林论》

古希腊人在数学上建立了完备的公理体系，形成了定型的公理演绎系统，《几何原理》是人类智慧发展史的丰碑；同时，他们不承认无理数，对"无限"存疑虑等，偏废了算术和代数。

在古代中国，数学的算法化和实用性的倾向十分明显，是以问题为中心的算法体系，在代数学的各种算法上有高度发展，但也限制了形式逻辑和演绎思想的产生和发展。

古希腊建筑——形，平面，立面；

中国建筑——数，构造，剖面。

勒·柯布西耶那著名的人体比例图中所标注的数字，构成斐波那契数列：前两项之和等于第三项。

"至今为止，世界上真正实现过建筑设计标准化和模数化的只有中国传统建筑。"——李允鉌《华夏意匠》

图形的拓扑特性：被戏称为"橡皮几何"，几何图形在不割裂和不粘接条件下，做任意变形（也就是不考虑其形状和大小）而不改变的特性。

勒·柯布西耶高度称赞了工程师的美学："按公式工作的工程师使用几何形体，

用几何学来满足我们的眼睛，用数学来满足我们的理智，他们的工作就是良好的艺术。"他还说："数学的精确性与大胆的幻想结合起来，说确切些，就是美。"他认为，装饰是"初级的满足"，"是多余的东西，是农民的爱好"，而比例和尺度上的成功是"到达更高级的满足（数学）"，是"有修养的爱好"。"帕提农给我们带来确实的真理和高度数学规律的感受。"

建筑设计媒介技术

建筑艺术不同于绘画和雕塑，作品是建筑师事先设计的，制作（施工）是随后由他人完成的。于是就有设计信息的表达和传递的问题。当然，建筑师也不能在创作过程中对作品有实物的感受和体验，只能在头脑中想象和在设计媒介中推敲。

设计媒介：语言、文字、图形、符号、模型（包括实物）、技艺传承。

设计信息交流需要以"共同的知识背景"为前提。

- 古代：设计媒介表达的粗糙性和传递的局限性，共同的知识背景是"对象"，建筑师的"完人"特性和"匠人"特性，建筑体型的简单性和形式的模式化和持续性。

- 近代：投影几何和透视画法，制图标准和工程图纸，图纸复制（蓝图）技术。设计信息表达的精确性和传递的方便性，共同的知识背景是"规则"。多种专业人员的合作和配合，建筑师和工程师的分工，设计和施工的分工。建筑形式的复杂化和多样化。

  建立在投影几何基础上以纸为介质的二维工程图纸，难以表达复杂的不规则的三维空间和形状，且手工制图效率低。

  同时会使设计者的设计思路和过程陷入"先设计平面，再'竖'立面，再'切'剖面"的套路，面对着二维的图纸，做着二维的设计，而忽视了建筑及其空间始终是三维的。

- 现在：CAD 发展迅猛，取消了图板，复杂三维空间的造型能力，逼真的虚拟现实技术，网络的传递能力。但目前"规则"还没有根本性的改变，期待着未来。

建筑材料

建筑师对建筑材料的使用是通过建筑构造设计进行的。

建筑材料的性能如下：

- 物理力学性能：重量、强度、变形、加工性能、传热、透明、透光、反射、隔声、吸声、透水、吸湿等；

- 稳定性和耐久性：风化、老化、剥落、锈蚀、防腐、耐火、耐湿、干缩、褪色等；

- 外观特性：光滑度、色彩、纹理、质感、尺度、形状规整性和尺寸的精确性等；

- 污染性：气体挥发、粉尘、放射性、微生物滋生等。

建筑材料的获取与运输方式的社会成本如下：

- 建筑材料和气候的地区性差异是形成古代不同区域文明建筑特点的物质因素和环境因素。

- 工业革命后，建筑材料的大规模工业化生产，钢材、水泥、玻璃等的广泛应用，交通运输的发达，是现代建筑产生和发展的物质生产因素。

建筑结构

- 建筑结构是建筑的"骨骼"，是建筑空间"围蔽"体的支撑系统。

- 建筑结构的作用是把建筑受到的荷载（重力、风力、地震力、设备动力）最终传到地基去。

- 建筑结构在荷载作用下要有足够的强度，不被破坏；要有一定的刚度，变形小；强度和刚度（尤其是强度）要有安全储备：安全系数。

- 建筑物的屋盖形状可以三维变化，丰富多彩，"奇形怪状"；墙体可以在平面上"曲折"，而在竖直方向通常是直立的，且多是柱面；而楼层只能是水平的，人们需要在上面活动。——地球引力的制约。

- 建筑结构体系的形状及其"包络"空间对建筑体形起着决定性的作用。结构具有巨大的建筑表现力。

- 建筑结构是结构材料的力学性能的应用，不同材料的建筑结构具有不同的形式特点，对建筑形式和风格具有很大的影响。

建筑师与建筑结构

- 古代，建筑师和结构工程师是合一的，建筑设计包含了结构在内，结构的安全由经验保证。
- 数学和力学及材料科学的发展，促使了结构科学计算的发展，加之设计媒介的发展，建筑师和结构工程师开始分工。
- 建筑师需要学习力学和结构工程的基础知识，把握建筑结构的基本原理，在建筑方案构思时进行结构构思，在建筑设计阶段与结构工程师配合。
- 建筑师在结构专业的理论深度和计算能力上可以远不及结构工程师，但在思考结构问题的广度上和总体构思上应当领先于结构工程师。

"当清晰的结构得到精确的表现时，它就升华为建筑艺术。"——Mies van der Rohe（密斯·凡·德·罗）

技艺和工艺

Mies van der Rohe（密斯·凡·德·罗）："Architecture begins where two bricks are carefully joined together."（建筑开始于两块砖被仔细地连接在一起。）

需要"skill"的人工之物，通常就是艺术（品），而不管是不是"美观"，它并不取决于观看者的审美观点和欣赏与否。对原始艺术和土著艺术尤其如此。

古代，建筑师和匠人（常常是分不开的）以精湛的手工技艺（"Hi-Skill"）使经典建筑具有不朽的艺术价值。

世界各地的乡土建筑是由工匠以传统的技艺建造的，同样具有艺术魅力。

"Hi-Skill"表现出对材料的理解和把握。匠人们以手工作业的方式，长年累月地和石材、木材、砖瓦打交道，练就了娴熟的技艺，积累了丰富的经验，并通过师徒相授，一代代传承下去。

"Hi-Skill"体现人性化的尺度。手工工艺以人工所达之力，人体所触之距，人性所欲之美作业于加工和建造对象，自然地体现出人的尺度。

17世纪，法国的一个医生兼建筑师 Claude Perrault 提出有两种建筑美：positive beauty（positive 的词义：实在的、确实的、肯定的、积极的、绝对的、正的）；arbitrary beauty（arbitrary 的词义：武断的、专制的、独裁的、随意的、任意的）。他把材质、工艺归结于 positive beauty，把形式、风格归结于 arbitrary beauty。

工业革命开创了人类用工业制造工艺代替手工技艺的新时代，这也是现代主义建筑区别于传统建筑的显著特征之一。

现代主义建筑艺术有两个基础：现代艺术和机器美学。

现代艺术强调形式和创意（"有意味的形式 significant form"），而轻视技艺的长期和刻苦的训练，欣赏者"心领神会"，一般人"不知所云"，批评者认为是"现代社会急功近利价值观的反映"。

作为现代主义建筑美学基础之一的机器美学（machine aesthetic）被勒·柯布西耶推崇：

"今天没有人再否认那个从现代工业创作中产生出来的美学。"——勒·柯布西耶《新精神》，1920年10月

工业制造工艺和手工技艺相比，擅长于简单几何形体的高精度加工，平直、光洁、准确复制是其特长。

现代建筑中的精品也体现出很高的技艺。

现在许多建筑缺少体现技艺的细部，即使是一些很著名的建筑。

随着后工业社会的来临，现代主义建筑艺术的两个基础——现代艺术和机器美学受到挑战。

"艺术永远不可能现代，艺术永恒地回归起源。"——克莱尔《论美术的现状》

"现在是我们重新回到人性，并让人的尺度成为我们一切行动的标准的时候了。"——Giedion（吉迪翁）

寻求传统技艺的再现和体现是对上述挑战的一种回答。

以更高的工艺水平来设计和"制造"建筑，尤其以精致的节点和精细的加工来体现高超的技艺，是对挑战的另一种回答，这在"Hi-Tech"建筑中集中体现。

了解现代工艺，能够把握建筑的细部和构造节点是建筑师的基本功。

槙文彦说："能够把握细部是建筑师成熟的标志。"

在可以预见的未来，作为工业革命产物的现代建筑材料的主体——钢材（包括铝合金等金属材料）、混凝土、玻璃和传统建筑材料（木材、砖、石）不会被取代。而这些材料的性能改进、加工工艺、构造方法、施工技术会发展。建筑师对此应有清楚的认识和专业的把握。

Hi-Tech 与生态建筑结合是新的发展趋势。几个当年以"Hi-Tech"著称的大师如福斯特、罗杰斯、皮亚诺，以及格雷姆肖、赫尔佐格、杨经文等都有这方面的作品问世。

计算机辅助设计 CAD 和计算机集成制造系统 CIMS 开创了新时代的工业制造体系和工艺水平，必将对新世纪的建筑产生影响。

我们能否设想将来"计算机集成建造系统"CICS 的诞生？

计算机控制的制造工艺能否体现人工技艺？

"住房是居住的机器"，勒·柯布西耶的这一句名言表达了 20 世纪 20 年代现代主义建筑思潮强调功能、推崇工业文明和机器美学的新观念。尽管在 20 世纪 70 年代遭到了后现代的批判，但今天，在新的时代和技术发展的条件下，对这句话是否可以有新的理解呢？

环境

与主体（主题）相关联的——"环"

具有空间展延性的事物——"境"

建筑物理环境

主体——人；主题——居住；

物理环境——大气（空气）的物理特性和在大气（空气）中传播的物理现象：温度、湿度、流动、热辐射、光辐射、声波、电磁辐射等。

自然环境

地球——4 个"sphere"：

↑↓ Lithosphere 岩土圈　Atmosphere 大气圈

Hydrosphere 水圈　　Biosphere 生物圈

人工环境

建筑与城市　　建筑热环境

建筑光环境

建筑声环境

建筑物理环境的目标

在一定技术经济条件下保证人类的生存、健康、舒适、效率。

生存是先决条件。事关生存是一定要做的。

舒适≠健康。只是舒适，人是很可"将就"的。加之建筑空间对功能的适应性，才给了建筑创作巨大的灵活性。

气候

气候：某一地区多年的天气特征，由太阳辐射、大气环流、地面性质等相互作用决定。

气候参数：气温、风向和风速、降雨、湿度、日照、气压、雷暴、云量、蒸发等。

物候特征：不同的气候会对地貌、动植物的形态产生影响。因此，可以用典型的地貌、动植物的形态来表征某种气候，如热带雨林气候、荒漠草原气候、极地冰原气候等。

全球气候分区　Climatic Zones

极地气候	沙漠气候	热带草原气候
山地气候	寒带针叶林气候	稀树草原气候
海洋性西海岸气候	大陆性气候	地中海气候
亚热带气候	热带雨林气候	

中国气候分区

东北严寒区、华北寒冷区、华中夏热冬冷区、华南炎热区、云贵温和区、青藏高寒区、西北干寒区。

人类与气候

人类文明在很大程度上依赖于最近 1 万年以来相对稳定的气候状况。

大自然为人类提供了阳光、空气和水，以及生存所需的其他必要条件。但自然环境也有其严酷的一面：极地气温有时达 –40°C；撒哈拉沙漠的某些地区会连续 5 年无降雨。

人类文明在四季分明、气候温和的中低纬度带最为发达，呈现多样化的发展。

"遮蔽所"（shelter）

建筑是人类为了抵御自然气候的严酷而建造的"遮蔽所"（shelter），使室内的微气候（micro climate）适合人类的生存。

人类在抵御自然气候的严酷（尤其是寒冷）时，第一道防线是衣服（包括被褥），而建筑是第二道防线，因而给了建筑一定的"宽容度"。

建筑适应气候

地球上各个地区巨大的气候差异，在现代人工环境技术尚未出现的时代，在现在还未能采用这些技术的地区，造成了建筑巨大的地区差异。

"在深层结构的层次上，气候条件决定了文化和它的表达方式，它的习俗和礼仪。在本源的意义上，气候是神话之源泉。"——肯尼斯·弗兰普顿

气候作用于建筑的 3 个层次如下：

- 气候因素（日照、降水、风、温度、湿度等）直接影响建筑的功能、形式、维护结构等。
- 气候因素影响水源、土壤、植被等其他地理因素，并与之共同作用于建筑。
- 气候影响人的生理、心理因素，并体现为不同地域在风俗习惯、宗教信仰、社会审美等方面的差异性，最终间接影响到建筑本身。

气候决定论

"自然条件只决定如此如此的事情是不能有的，如彼如彼的事情是可以有的，但不能规定哪些事情是非有不可的。要懂得如此者何以如此，如彼者何以如彼，

必得拿历史来补充。"——Robert Lowie（罗伯特·路威）《文明与野蛮》

事关生存（survival）是必定要做的，而只关系到舒适（comfort），人类很可以"将就"。

"遮蔽"与"阻隔"的平衡

建筑这个"遮蔽所"又不同程度地阻隔了自然气候对人有益的作用：温暖的阳光、充足的光线、新鲜的空气、柔和的清风、美丽的景色……

如何在"遮蔽"与"阻隔"这对矛盾中求取平衡，是人类如何建筑"遮蔽所"的重要考虑，而发展技术措施来解决这个矛盾是推动建筑发展的动力。

人工环境技术

为了使建筑中的微气候更加适合人类的生活，也为了克服建筑带来的与自然阻隔的缺点，人们发展了改善室内环境的技术措施：从原始的生火取暖、点灯照明到现代化的采暖、通风、空调和照明系统，而这些都需要消耗能源。

现代人工环境技术的消极作用

现代人工环境技术的发展产生了世界建筑趋同化的消极作用；

极短历史时期内技术急速发展与人类生理进化过程的矛盾；

能源危机与环境恶化等引起了反思。

太阳与日照

影响太阳方位角和高度角的 3 个因素：

（1）观测点所在的地理纬度；

（2）季节，即一年中的月份和日期；

（3）时间，即一日中的当地真太阳时。

建筑日照设计

目的：取得必要的日照（日照标准）；

防止过量的日照（遮阳）。

日照时数：建筑遮挡造成的实际日照时数的减少是建筑日照设计的主要考虑

方面——建筑物自身遮挡，建筑物之间的遮挡。

日照间距

对日照的不同要求，使北京的住宅平面与深圳和香港大不相同；

日照的要求往往对住宅小区规划、容积率和住宅楼型起着决定性的作用。

热舒适与建筑热环境

人体的热平衡和热舒适。

影响热舒适的环境因素有空气温度、相对湿度、空气流动、环境热辐射等，而这些参数与气候条件和建筑物的热工性能和热工系统密切相关。

建筑热工设计

建筑布局和朝向设计，建筑平面和体型设计；

建筑围护结构（外墙、屋盖、门窗、地面等）的热工设计（保温、隔热、遮阳、防结露等）；

自然通风设计。

光与人的视觉特性

光的物理特性；

人对光的感觉。

建筑光环境设计

天然采光设计；

室内照明设计；

室外照明与城市照明设计和规划；

照明节能：绿色照明。

光与影的殿堂

阳光不仅是生命的源泉，也是建筑的灵魂。

城市光污染

玻璃幕墙造成的反射眩光；

不适当的城市照明对居民的干扰。

建筑声环境

声音的物理特性；

人耳的听觉特性。

声源—传声途径—接收者

室内音质设计：保证声音信息（语言、音乐）交流的质量。

建筑环境噪声控制：保证建筑环境的安静要求。

建筑师与建筑物理环境

保证建筑物理环境的良好性能是建筑师的本职工作；

建筑师要确定建筑物理环境的性能及其指标；

建筑师要尽量通过建筑设计而不是单纯依靠设备系统的"提供"和"补救"来保证良好的建筑物理环境；

下述设计工作是建筑师的职责而没有其他专业人员来完成（当然可以去咨询）：日照和遮阳设计，建筑维护结构的保温隔热和防水、防湿、防结露，自然通风，天然采光，建筑隔声等；

建筑师要在以下设计工作中和其他专业人员配合（若较简单也可以自己去完成）：供暖和空调、机械通风、人工照明、厅堂音质、噪声控制工程等。

建筑物理环境技术是与建筑耗能紧密相连的，所以建筑节能和节能建筑是建筑师的工作，也是当今建筑的热点。健康、舒适的建筑物理环境也是生态建筑的目标。

对建筑物理环境的关注，也是建筑艺术创作的源泉。

室内空气质量和建筑卫生学

建筑装修材料挥发有害化学气体和尘埃；

生活燃料在室内燃烧产生的 CO 和氮氧化物等有害气体，厨房油烟也含有有害物质；

放射性污染：建筑材料的放射性，氡气；

生物污染：空调综合征、军团病，公共建筑中的疾病传染；

解决途径：绿色建材，无毒装修，自然通风，油烟排除，充足的日照，医院、餐厅的卫生防护等。这些都和建筑设计有关，是建筑师的工作范畴。

工业建筑中的劳动保护也和建筑卫生学密切相关。

建筑防火（消防）

建筑防火的原则与相应的建筑设计措施：

防止火点的发生——控制火源和易燃物的使用与存放；

火点发生后的及时扑救——火灾感应监测系统和自动扑救系统；

火点发生后防止成灾——建筑装修采用不燃材料；

火灾扑救系统——各种消防设备和消防系统；

火灾发生后防止蔓延——防火分区，防火间距；

保证建筑结构在火灾中能维持足够时间——结构耐火等级，结构防火保护层；

防止建筑材料燃烧时产生有毒气体——建筑材料选用；

烟气的排除——防烟和排烟设计及设备系统；

人员的疏散——警报系统，疏散路线、疏散距离和疏散通道设计，疏散引导标志，暂时避难层；

消防救护——消防通道，消防电梯，消防供水。

科学技术与建筑的关系

科学技术通过二种途径对建筑发生影响：

第一种途径是科学技术本身在建筑中的直接应用，推进建筑技术科学的发展；

第二种途径是科学技术发展改变人类的社会生活方式，间接地影响建筑发展。

在直接应用于建筑的科学技术中，建筑师涉及的主要有三类：设计媒介技术，建筑材料及建筑结构和构造，建筑"系统"（设备系统和技术系统）。

在前工业时期，科学技术与建筑被简单而近乎完美地统一在一起。当时的巨匠们身兼艺术家、建筑师、工程师甚至是数学家于一身。

近代科学的产生和工业革命带来了世界范围的急速变化，形成了新的工业文明。

建筑学的滞后性和建筑师的惰性使得建筑师被时代远远地抛在后面。但是工业文明最终主导了新建筑学的产生。借助这种文明的力量，现代主义可以理直气壮地与传统建筑告别了。

新的建筑学当然要有新的思维方式。现代科学思维被融入建筑学之中，建筑设计的宗旨从单纯的追求美发展到追求问题（包括美学问题在内）的合理解决（problem solving），建筑学也不再只是一门艺术，而同时是一门科学。

20世纪60年代以来，现代科学技术发展出现了两个巨大的变化：一个是对科学技术（工业文明）的反思；另一个是信息技术的突飞猛进。

对科学技术的反思主要集中在以下两个方面。

一方面是，科学技术的强劲发展迫使人文学者批评地反思这种发展的社会后果。后现代主义建筑理论可以看成是人文思潮对科学技术的反思在建筑领域内的一种反应。

另一方面是，对科学技术发展在自然界的后果的反思。能源危机、生态破坏、环境污染、温室效应等引起了全世界的严重关注。可持续发展建筑是这种反思在建筑领域内的反应。

始于20世纪60年代的信息革命，在世纪之交显示出它将与工业革命具有同样的威力。以计算机技术和通信技术为核心的信息技术已经开始并必将对建筑产生深刻的影响。

"无论何时何地，一个建筑物的普遍规律，它所必须满足的功能要求、建筑技术、建筑结构和艺术处理，所有这一切，都构成一个统一的整体。只有对复杂的建筑问题持肤浅的观点，才会把这个整体划分为相互分离的技术方面和艺术方面。建筑是，而且必须是技术与艺术的综合体，而并非是技术加艺术。"——奈尔维

结束语

"建筑"地思考建筑科学技术；

"人文"地思考建筑科学技术；

"哲学"地思考建筑科学技术。

建筑学——科学与艺术结合；

建筑教育——理工和人文结合；

建筑技术也是建筑创作的元素和内容；

建筑技术也是建筑创作灵感的启迪和来源；

建筑技术也是建筑艺术和建筑美的体现和表达。

* 本文是根据讲课提纲整理的。

（本文原载于《建筑学报》，2002 年第 7 期，第 4 ~ 8 页、第 68 页。）

| 后记 |

这篇文章发表在《建筑学报》2002年第7期，在该文的"前言"中已经说明：清华建筑学院在本科一年级下学期为学生开设了"建筑技术概论"课，这篇文章是我讲第一讲的"讲课提纲"。这门课是1999年春季学期开设的，在1999年9月昆明召开的全国建筑院系院长、系主任会上，我讲了清华开设这门课的目的和大致内容。

参与这门课讲课的先后有秦佑国、王丽娜、季元振、姜涌、袁镔、朱颖心、宋晔皓等。我讲三讲或四讲：第一讲"绪论——建筑技术与建筑"，第二讲"建筑结构与建筑"，第三讲"建筑物理环境"，第四讲"建筑设计媒介技术"。还有姜涌讲"建筑、构造、建筑师"，宋晔皓讲"绿色建筑"，朱颖心讲两讲——"建筑与建筑设备"和"建筑设计与能源环境"。这门课还在继续，但安排在了二年级上学期。

中国建筑呼唤精致性设计

"Less is more."（少即是多。）密斯·凡·德·罗这句话在建筑界人人皆知。但他还说过一句话："Architecture begins where two bricks are carefully joined together."（建筑开始于两块砖被仔细地连接在一起。）

弗朗西斯科·达尔·考（Francesco Dal Co）对此话的解读是："Our attention should not fall on the curious, reductive image of the 'two bricks', but on what is required for their joining to create something architecturally significant: 'carefully' is the key word here." —— Figures of Architecture and Thought, 1990

这段话的意思是说，对密斯的话，不要把注意力放在"两块砖"上，而是在于两块砖如何连接能产生建筑（architecture）上的意义。此时，"仔细地"（carefully）是关键的词。

把密斯的这两句话放在一起，可以说体现了现代主义建筑的精髓，也是密斯设计作品的显著特征：摈弃繁琐的附加的装饰，采用高水准的加工工艺，追求精致的节点构造（carefully joined）。

但是，前一句话"Less is more"在 20 世纪六七十年代遭到了后现代主义的猛烈批评，这段历史在建筑界可谓人所共知。然而后一句话却没有人会提出疑义，因为这句话可以说是一个"普遍真理"。这是因为建筑艺术、建筑美的表达，无论古今中外，都是和"carefully"的建造联系在一起，总是在当时当地的技术和工艺条件下要求精致地建造。

17 世纪，法国的一个医生兼建筑师、法兰西院士 Claude Perrault 提出有两种建筑美：positive beauty（positive 的词义：实在的、确实的、肯定的、积极的、绝对的、正的）和 arbitrary beauty（arbitrary 的词义：武断的、专制的、独裁的、随意的、任意的）。他把材质、工艺归结于 positive beauty，把形式、风格归结于 arbitrary beauty。

肯尼思·弗兰普敦（Kenneth Frampton）在 *Studies in Tectonic Culture* 中写

道："Positive beauty may be seen to be tectonic in as much as it is based on material substance and geometrical order." 他把 "positive beauty" 看作 "tectonic"（建构）的，是基于材料实体和几何秩序；而把 style（风格）看作 atectonic（非建构）的。

所谓 Tectonic Culture（建构文化）可以被理解为建筑材料、构造和工艺技术如何反映和体现社会文化与建筑艺术。

建筑的 "arbitrary beauty"，即从风格、形式所体现的建筑艺术，可以随时代、地域、民族、社会与文化而变化，甚至在一个时代可以对以前的建筑风格、形式提出批判和加以否定，但建立在 "carefully" 工艺技术基础上的 "positive beauty" 却可能是永久的。

古代，建筑师和匠人（常常是分不开的）以精湛的手工技艺（Hi-Skill）使经典建筑具有不朽的艺术价值。

2 万名工匠花费了 22 年时间建成的泰姬·玛哈尔是人类历史上的文化和艺术瑰宝。当我们站在泰姬陵前，既陶醉于其优美的形象，也惊叹于工匠精湛的技艺。在雅典卫城的伊瑞克提翁神庙，在欧陆的哥特大教堂，在北京的天坛祈年殿，都会有相同的审美体验。

工业革命开创了人类用工业制造工艺代替手工技艺的新时代，这也是现代建筑区别于传统建筑的显著特征之一。

工业制造工艺和手工技艺相比，擅长于简单几何形体的高精度加工，平直、光洁、准确复制是其特长。

现代建筑中的精品体现出工业制造工艺的精致，密斯·凡·德·罗的作品是最好的代表。当他的 "Less is more" 一度受到批评和冷落时，他追求的节点设计和工艺技术的精致性，却被 "Hi-Tech" 继承和发扬。而现今当红的 "极简主义" 似乎又把密斯请了回来。

"Hi-Tech" 之 "Tech" 是 technology 的缩写，查一下字典，technology 的第一释义是 mechanical or industrial arts（工艺，工艺学）。所以，"Hi-Tech" 虽然已被译成 "高技派" 而在中国建筑界被广泛习用，但本意乃是 "高工艺"。

盖房子好比做服装，那些明星建筑师们引导风格潮流的作品，好比在 T 型台上模特儿展示的时装，形式创新必然是首要的。但社会对 "时装" 的需要毕竟是少量的，由绝大多数建筑师设计建造的绝大多数房子是"服装"而非"时装"。时装表达的是"arbitrary beauty"，而选材精良、做工精湛的高档西服展现的是"positive beauty"，至于那些粗制滥造却又新奇特异或仿效欧美时尚的东西，只能是廉价的地摊货。遗憾的是，许多领导、业主和开发商们就是要"洋"、要"标志性"、要"形式新颖""与众不同"，他们总是要"时装"，以至于在中国大地上，到处充斥着这种"地摊货"式的建筑。

中国当前的情况是，我们在建筑上已经丢失了传统的手工技艺，却还停留在手工操作的技术水平，没有进入工业制造的现代工艺阶段。"粗糙，没有细部，不耐看，不能近看，不能细看"是普遍的现象。

中国建筑需要呼唤"精致"设计！（图1）

解决这个问题需要转变建筑师的观念和工作。

长期以来，中国的建筑设计，就建筑艺术而言，只着重空间与形式的创作，而对构造设计仅着眼于解决具体的功能要求（防水、保温、牢固等），且常常套用标准图，却忽略了节点构造（tectonic）的设计。要说前者，其实主要应该是施工单位的事，而后者却是建筑师进行建筑创作的重要内容。建筑师应该进行节点构造的造型设计、工艺和材料设计，即相当于工艺作品的艺术设计。只有这样，建筑才具有 positive beauty，才可以近看，可以细看，才耐看。要说现阶段中国建筑与国外的差距，这个方面可能是最主要的。

槙文彦说过："能够把握细部是建筑师成熟的标志。"

随着现代工业制造技术的迅速提高和对建筑业的进入，盖房子已越来越从机械化的现场施工向工业工艺控制下的工厂制造过渡，建筑设计越来越需要和工业设计相结合，而中国的建筑师还缺乏这方面的教育背景和知识结构。

了解现代工艺，能够把握建筑的细部和构造节点的工业制造工艺是现代建筑师的需要。

要改变在设计院中对建筑设计人员重方案设计、轻技术设计的看法。能把技术设计做得非常漂亮的人应该是宝贵的需要加以稳定的人才，一支高水平的技术设计队伍是需要长期实践积累和磨合才能形成的，这是一个设计单位能够达到和保持高水准的基础，也是建立长久品牌的重要因素。倒是"杀方案"的人在某种

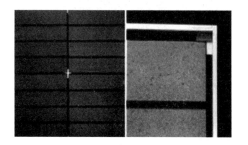

图1

程度上是可以流动的。

要建立建筑师对工程进行监理的制度，赋予建筑师维护已经以合约方式确定的设计不被随意改动的权利。那种业主认为"我出了钱，付了设计费，我愿意怎么改，你管不着"的看法是不对的，建筑和其他商品不一样，不是你花钱买了就你自己看和用的，建筑有公众性，建筑师要为公众负责，也正因为建筑有公众性，建筑师设计的建筑还关系到他的专业声誉，关系到他以后的客源，所以，建筑师有维护自己的设计不被随意改动的权利。要尽快制定建筑师法，明确建筑师的职责和权利。

同时，需要对建筑教育进行改革。

首先，要在设计课教学中，通过设计课教师的表率作用教导学生正确地全面地理解建筑和建筑艺术，在教学内容和教学要求上，增设和增加 detail design 和 tectonic 的概念与实践，训练学生对建筑细部和构造节点的造型、尺度、材料、颜色、质感、工艺技术的体验把握和设计能力。

要根本性地改革现有的建筑构造课教学，从 building 进入 architecture，从 construct 进入 tectonic，从 drawing 进入 design，从"土建"工艺技术进入机械工艺技术，从以毫米为单位进入 0.01mm 的精度。

此外，设计费的提高也是对"精致性"设计必要的补偿。

可喜的是，近年来我国的设计单位和设计人员越来越多地开始关注这个问题，一些新一代建筑师在自己的创作中体现了这方面的追求。

在可以预见的未来，作为工业革命产物的现代建筑材料的主体——钢材（包括铝合金等金属材料）、混凝土、玻璃和传统建筑材料（木材、砖、石）不会被取代。而这些材料的性能改进、加工工艺、构造方法、施工技术会发展。建筑师对此应有清楚的认识和专业的把握。

我们已经到了必须变革整个建筑业基本技术体系的时候了。

（本文原载于《建筑学报》，2003 年第 1 期，第 20～21 页。）

这篇文章发表在《建筑学报》2003年第1期，是与《从"HI-SKILL"到"HI-TECH"》一文（《世界建筑》2002年第1期）相近的内容。标题直接提出"中国建筑呼唤精致性设计"。

现代主义这堂课要补！

我说三点。

第一点，中国近现代建筑的发展史没有真正经历现代主义建筑发展阶段。中国建筑在 20 世纪 20 年代到 50 年代有很大的发展，但确实没有真正经历过现代主义建筑发展。1949 年以前，没有来得及发展；1949 年以后，我们是一个封闭的社会，国际上在发展的时候，我们又没有发展，所以叫未能发展；20 世纪 80 年代初，中国打开国门的时候，发现已经是后现代了，现代主义已经被宣布"死亡"了，我们又错过了时机。所以我认为，现代主义建筑发展阶段的缺失，对中国建筑和中国建筑教育已经产生并将继续产生深远的影响。

中国今天的建筑史缺了现代主义这个阶段，这堂课要不要补？我总觉得这堂课是要补的。所以我就想，中国建筑需要现代主义复兴。这不是简单地把 20 世纪 20 年代的东西拣过来用在今天，不是这个概念；其实我说的这个问题是我们的全社会对建筑的认识，全社会对现代主义的认识。为什么我们会看到我们有很多审美趣味低下的建筑，一会儿"欧陆风情"，一会儿这个，一会儿那个。其实，这也正好证明了整个社会的意识形态、社会的审美、社会物质技术条件没有达到，我说的补课或者复兴是在这样一个含义上进行的。现代主义是工业革命的产物，是工业工艺取代手工工艺等，在我们今天，在我们中国是不是已经完成了中国工业革命的任务呢？有人说我们已经进入信息化社会，但中国是非常特殊的，一边是信息化社会的革命，另一边是工业革命很多基本的东西都还没有完成。一方面，我们已经进入了 21 世纪的意识形态，另一方面，农耕社会封建的意识形态还存在。在这样一个情况下，我提出了中国建筑需要现代主义复兴。

第二点，大家都知道，有一个人——亨廷顿，哈佛大学教授——写了一本非常非常著名的书，叫《文明的冲突》。他在书里面用了一个图来描述发展中国家的现代化过程，图的横坐标叫现代化，纵坐标叫西方化。亨廷顿说，一些民族主义者（我们称为爱国主义的学者），在发展中国家，非常希望走一条和横轴平行的一条路，要现代化而不要西方化；而殖民主义者说，你们发展中国家不要现代化，应该先西方化，是平行于垂直轴的。亨廷顿说，实际上发展中国家在现代化过程中，只能走一条斜线，也就是说不可避免地在现代化过程中间要有西方化的问题。因为现在的发达国家都是西方国家，发展中国家搞现代化的过程当中不可避免地会西方化，只是斜率的情况不同，有的强调本土化多一点，斜率可能走得低一点，有的走得高一点。但是他后来又说，光看到这一条，即这条斜线怎样走还不行，最重要的是看到，当发展中国家的现代化到达一定的程度，综合国力达到一定程度的时候，它一定会召唤原来自己传统的文化和民族的文化，这时候这条曲线，随着现代化往前走，西方化就会减弱，它走了一条曲线，这就是他认识的"文明的冲突"，就是从这儿来的。其实中国的很多很多现象，不同的人争议不同的观点，都可以在这张图里找出你想要的轨迹。

第三点，中国建筑要呼唤精致性设计。今天，很多人过多把着眼点放在形式上，形式纷繁复杂，就是因为我们没有经过现代主义这样的阶段，我们忽略了建筑中另外一种美学问题。我曾经引用过17世纪法国建筑师佩罗的一个观点（他是一个医生又是建筑师，法兰西院士），他说建筑有2种美：一种美是"positive beauty"，positive的词义是确实的、肯定的、实在的、正的；还有一种美是"arbitrary beauty"，arbitrary的意思是武断的、专横的、随意的、任意的。他把材质或者工艺技术归结为第一种美"positive beauty"，把形式和风格归结为第二种美"arbitrary beauty"。从风格形式体现出来的建筑艺术会随着时代、地域、民族、社会、文化变化而变化，甚至一个时代可以对以前的建筑风格、建筑形式提出批评，也可以加以否定。但是建立在工艺技术基础上，或者被称为精致的设计和精致建造的基础上的positive beauty，却可能是永久的。盖房子或者做建筑有点像做服装，这是我的观点。就是，在T型台上表演的那些时装，也是明星建筑师要领导这个潮流，他强调的是形式、风格，是"arbitrary beauty"，这当然是需要的；但是这个社会对时装的需求是很少的，最重要的是服装，绝大多数的建筑师所做的绝大多数的设计是服装，不是时装。因为时装展现的是一种形式，一种风格，一种流派。如果做服装，选材精良，裁剪很合适，做工很精致，这种服装也是非常高档的，这展示的是"positive beauty"，另外一种美。中国当前主要的问题，就是在工艺技术上设计和施工建造的粗糙。还是拿服装做例子，没有很好的料子，做工很粗糙，又追求奇奇怪怪的东西，这种服装是什么，我称它为地摊货。地摊上卖的哪一件都挺花哨，花哨得很，中国建筑当前最大的问题就是充斥着"地摊货"。我们领导的着眼点，所喜欢的，对建筑的理解就是对地摊货的理解，这是最大的问题。我觉得要改变，要提倡一种精致性的设计和精致性的建造。

（本文原载于《中关村》2003年第2期，第106～116页。）

| 后记 |

这是我在《中关村》杂志社2003年4月举办的一次有关当代中国建筑座谈会上的发言，后被整理发表在《中关村》2003年第2期。

《托马斯·赫尔佐格：建筑 + 技术》序言

　　《托马斯·赫尔佐格：建筑 + 技术》是为了配合 2001 年 12 月在法兰克福的德国建筑博物馆举办的"托马斯·赫尔佐格：建筑 + 技术"展览而专门编辑的。该展览一开幕便引起了巨大的反响。随后，这个展览又在罗马获得了公众的好评。按计划，在中国北京展览之后还将赴中国香港、日本东京及世界更大范围的巡回展出。

　　赫尔佐格先生是德国著名的建筑师和建筑学教授，他以关注技术，注重生态而享誉国际建筑界。他的建筑作品具有很高的工艺技术水平，体现了德国人讲究技艺、精益求精的传统。现代主义大师密斯·凡·德·罗也是德国人，他曾说过："Architecture begins where two bricks are carefully joined together."（建筑开始于两块砖被仔细地连接在一起。）这句话里，"两块砖连接在一起"不是主要的，关键在于"仔细地"（carefully）连接而产生 architecture 的意义。17 世纪的法国建筑师 Claude Perrault 提出有两种建筑美：positive beauty 和 arbitrary beauty。他把材质、工艺归结于 positive beauty，把形式、风格归结于 arbitrary beauty。建筑的 arbitrary beauty，即从风格、形式所体现的建筑艺术，可以随时代、地域、社会而变化，甚至在一个时代可以对以前的建筑风格、形式提出批判和加以否定，但建立在 "carefully" 工艺技术基础上的 positive beauty 却可能是永久的。赫尔佐格先生的作品体现了密斯·凡·德·罗追求精致性的精神，表达了建筑的 positive beauty。1999 年 6 月，赫尔佐格先生在清华大学建筑学院做学术报告，会后我陪同他和夫人参观校园。赫尔佐格先生介绍他夫人，说她是一个工业设计家，他自己设计的建筑中许多细部节点是他夫人协助设计并亲自到工厂监制的。

　　赫尔佐格先生作品的另一个重要特点是，建立在高水准工艺技术基础上的生态设计精神和生态建筑技术。无论是小住宅还是展览大厅，都出色地运用了生态理念和生态技术。他在太阳能利用和节能建筑设计方面的研究成果得到了广泛的好评。他的作品将生态技术与建筑创作完美地结合起来，这些极富个性的作品既体现了设计者建筑创作的想象和激情，也正是对生态建筑技术的恰当把握和娴熟运用，使得其作品既出乎人们的意料之外，却又在情理之中。在可持续发展成为世界主流的今日，赫尔佐格先生的研究工作和设计作品尤其显示出其远见卓识。

本书还介绍了赫尔佐格先生指导博士生进行的研究工作，这些横跨建筑学、物理学、工艺学等学科领域的研究成果复杂而精密，为建筑提供了远超出凭感觉设计所能达到的生态效益。这些研究成果向我们展示了建筑学中新的领域和新的研究方法，而这些正是我们多年来孜孜以求的。

中国目前正处于建筑与城市的高速发展时期，依目前我国的能源储备、水土资源、发展速度和人口规模，我们的建筑设计和城市规划必须走可持续发展之路，建筑师必须关注建筑和城市的生态问题。另外，我国的建筑迫切需要改变粗放的现状，提高设计和建造质量，提高工艺技术水准和科学技术含量。我们需要整合建筑与生态环境，整合建筑设计与技术，《托马斯·赫尔佐格：建筑＋技术》一书是一个很好的借鉴。

秦佑国

教授，院长

清华大学建筑学院

2002 年 12 月

（本文原载于英格伯格·弗拉格等编《托马斯·赫尔佐格：建筑＋技术》，中国建筑工业出版社，2003）

| 后记 |

托马斯·赫尔佐格是德国慕尼黑工业大学建筑系主任，他把建筑技术、生态理念结合到建筑创作中，在国际上赢得了很高的学术声望，被国际建筑师协会（UIA）授予应用技术奖。2002年，赫尔佐格将其设计作品以"建筑＋技术"为题，在世界各地巡回展出，中国一站在北京国家图书馆举办。在展览之后，出版了中文版的《托马斯·赫尔佐格：建筑＋技术》，我应约写了该书的序言。赫尔佐格先生与清华建筑学院交往很多，自2003年起被聘为清华大学建筑学院客座教授至今。

计算机集成建筑系统（CIBS）[1]的构想

秦佑国　韩慧卿　俞传飞

【提　要】本文提出了一个整合的计算机集成建筑系统（CIBS）的构想，从计算机集成建筑信息系统（CIBIS）、计算机集成建筑建造系统（CIBCS）、计算机集成建筑制造系统（CIBMS）和计算机集成建筑管理系统（CIBAS）四方面，提出相应的原则性和建设性意见。

【关键词】建筑系统；计算机集成；设计信息；建造；现代制造；建筑管理

　　继第一次技术革命和产业革命——工业革命和第二次技术革命——电力革命之后，人类进入第三次技术和第二次产业革命——信息技术革命。数字化技术的兴起和普及给人类社会带来了全方位的冲击，改变着人们的生活方式，也改变着生产方式。在建筑领域的影响主要有两个方面：一方面，计算机和网络对人们生活方式的改变，必将影响所有这一切的发生场所和物质容器——建筑的本身。另一方面，工业时代建筑的现代主义变革，有相应的工业体系作为支撑，从而完成了由传统的手工工艺体系向工业建造体系的本质性转变。现在，面对信息时代，在数字化技术的支持下，需要一个新的建筑技术体系，来完成建筑领域的又一次本质性转变。

　　但是，相对于方兴未艾的计算机集成制造系统（Computer Integrated Manufacture System，CIMS）在工业制造领域的发展，在建筑领域，总体上数字化技术对建筑的设计、建造和管理的渗透和影响所应该和将要发生的根本性和整体性变化，尚未得到系统的研究。如果以建筑信息及其载体为主线，将建筑设计、建筑施工建造、建筑产品制造、建筑运营管理贯穿起来，做一个整体性系统性的（而不是分散割裂的）历史回顾和现状分析，就会发现存在的亟待解决的问题。

---

1. CIBS, Computer Interpreted Building System.

随着建筑 CAD 软件的不断升级与普及和个人计算机（PC）性能的提高与价格的降低，建筑设计"甩掉图板"的目标早已完成，设计信息的数字化似乎也已经实现。但是，在大多数情况下，各类数字化的设计信息仍然只是传统图纸媒介成果的电子对应物，设计人员仍然按照以往的建筑制图规范和规则，以屏幕代替图板和纸，用键盘和鼠标代替绘图笔，绘制着和以往并没有什么差别的设计图。这个问题在我国建筑行业尤其突出。各个设计阶段，出于各种要求与目的生成的设计数字信息仍然是割裂的（如平、立、剖面图形与材料、做法的文字和数据并没有链接），简单地服务于单一对象和工程阶段（如给业主看的渲染图、动画、各专业设计间的信息交互、交给施工单位的工程图纸等）。不难发现，计算机、数据库和网络等数字化媒介所特有的高效性、交互性、集成性、海量存储、远程传输等所具有的巨大潜力，至少在建筑信息系统方面还远未充分发挥，建筑设计信息系统尚未发生与计算机和信息技术相匹配的根本性变革。

我国建筑业的现状，一方面是精湛的传统技艺的丢失，另一方面是现代工业制造工艺的缺失，建筑业的"工业化"实际上还主要是施工的机械化。随着现代工业制造工艺的发展，随着国外建筑设计和建筑工程公司在中国实施的工程项目日渐增多，随着对建筑质量和标准要求的提高，人们越来越认识到中国的建筑与世界发达国家的差距，主要不在于建筑设计形式上的"新颖"和"创意"，而是在于设计和建造上的粗糙，中国建筑需要呼唤精致性设计和精致性建造。这当然涉及体制、市场等各个方面，但变革中国建筑业基本技术体系，已经到时候了，要从与施工作业机械化匹配的技术体系，转变为以现代工业制造工艺为基础的技术体系，进而在计算机、数据库、网络等数字技术支持下发展计算机集成建造系统。

发达国家由于历经了长期的工业发展，在现代建造及制造工业技术方面相对发展完备，当代数字化技术支持下的计算机集成制造系统（CIMS），在机械和工业产品制造领域已发展多年，在建筑材料与构件加工、建筑部件制造、新型结构体系的研发和设计等领域的应用也已初露端倪。从福斯特、罗杰斯、皮亚诺的"Hi-Tech"建筑中结构和节点的精制的加工工艺，到盖里的任意曲面的玻璃幕墙和埃森曼的自由空间形体，都可以看出这一趋势。但是，这种趋势仍有待于成熟的规则标准和系统的理论框架的建立。

传统建筑依赖于匠人的手工艺技艺，所蕴含和体现出来的美学，因为手工技艺的个性和强烈的地域特征及传承性，它是自然的、人性的；工业革命开创了用工业制造工艺代替手工技艺的新时代，这也是现代建筑区别于传统建筑的显著特征之一。工业制造工艺和手工技艺相比，擅长于简单几何形体的高精度加工，平直、光洁、准确复制是其特长。近代大工业生产体系，使人们体验到流水线上的标准化和可复制性及机械加工的精确性所带来的另一种美学——"机器美学"，这种美学相对而言是"无个性"的，是机械的。当前的数字化技术则使得在工业制造的精确与高效中具有更大的自由度，"柔性制造""个性生产"，有可能在工业制造中体现个性化的技艺，即它既依赖于机械的加工，更依赖于人的设计创意；它既有加工的精确，也具有形式的多样。从传统机械加工的平直、光洁到计算机控制下的自由形状和复杂曲面，这种新的美学呈现了一种新的方向。

在可以预见的未来，作为工业革命产物的现代建筑材料的主体——钢材（包括铝合金等金属材料）、混凝土、玻璃和传统建筑材料（木材、砖、石等）不会被取代。而这些材料的性能改进、加工工艺、构造方法、施工技术会发展，所有这些都与数字化技术的发展密切相关。

建筑物从竣工投入使用便进入其生命周期的一个新阶段。通常设计与建造的时间只占一幢建筑生命周期的 10% 不到，而建筑使用阶段的管理业务存在于建筑生命周期 90% 的时间里。随着建筑的标准和设施的提高，建筑使用阶段的管理费用已大大超过建造费用。在发达国家初露端倪的计算机辅助设施管理（Computer Aided Facilities Management，CAFM），把设计和建造阶段的建筑信息有效地介入建筑的使用阶段，而不再是放在档案室的以施工图为底本的竣工蓝图。业主和建筑管理人员可以根据他们自己的知识背景、专业背景和管理业务的需要，通过计算机，在友好的界面下方便地使用建筑信息，从而达到提高管理质量和管理效率，节约能耗和资源，降低管理费用的目的。

基于以上的背景分析，我们提出整合的"计算机集成建筑系统"（Computer Interpreted Building System，CIBS）的构想，它包括四个子系统：计算机集成建筑信息系统（Computer Integrated Building Information System，CIBIS），计算机集成建筑建造系统（Computer Integrated Building Construction System，CIBCS），计算机集成建筑制造系统（Computer Integrated Building Manufacture System，CIBMS）和计算机集成建筑管理系统（Computer Integrated Building Administration System，CIBAS）。它们分别针对建筑设计信息媒介尚未根本性变革，传统建造方式与现代制造工艺的矛盾，在使用阶段运营管理中建筑信息的有效应用等问题，提出相应的建设性和前瞻性的构想。

一、计算机集成建筑信息系统（CIBIS）

将各专业人员（建筑师、结构工程师、设备工程师、经济师等）和各工程阶段（前期策划、方案设计、技术设计、施工建造、设备安装、竣工运营等）所收集、设计、运用、修改的建筑信息（建筑空间和实体的信息、图形与符号的表达信息、文字与语言的描述信息等）按通用的规范化的标准和规则，集成为全方位的相互关联的动态高效的建筑信息系统，从而改变目前电脑工具只是对传统设计图纸和设计说明的简单替代，改变由此带来的数字化设计信息在各专业人员和各工程阶段之间，在图形表达信息和文字描述信息之间孤立割裂的现状。对于 CIBIS 可以有以下构想：

- 各专业人员、各工程阶段通用的建筑信息标准和规范；
- 建筑空间和实体的信息、图形与符号的表达信息、文字与语言的描述信息的关联整合和动态链接；
- 友好的人际交互界面，为不同的用户和不同的功能目的提供相应的响应。

二、计算机集成建筑制造系统（CIBMS）

针对建筑材料加工和构件部件制造越来越多地从传统的建筑公司现场施工，转向按工业制造工艺在工厂生产的发展趋势，按照制造业界的计算机集成制造系统（CIMS）的概念，设想在建筑业内把计算机集成建筑信息系统（CIBIS）与现代工业制造联系起来，将建筑设计、产品设计、工艺设计、市场订货、质量控制、反馈调整、产品配送、现场安装等一系列过程加以整合，发展为计算机集成建筑制造系统（CIBMS）。在提高工作效率和建筑质量，灵活及时应对市场的同时，可望凭借数字化技术的"柔性制造""个性生产"，在工业制造中体现个性化的技艺，重新找回缺失于大工业生产体系中的人性化的美学价值，为发展后工业社会的建筑艺术风格确立技术基础。

对于 CIBMS 可以有以下构想：

- 建筑设计与现代工业制造的关系，计算机集成建筑信息系统（CIBIS）与计算机集成建筑制造系统（CIBMS）的关联；
- 建筑业基本技术体系从大工业时代（中国在某种程度上还处于施工机械化阶段）向信息时代的转变，新的基本技术体系的探索；
- 计算机集成建筑制造系统（CIBMS）可能带来建筑师的知识结构和专业技能的调整，带来建筑美学发展的新趋势。

三、计算机集成建筑建造系统（CIBCS）

运用系统工程方法和物流管理、并行工程等概念，把计算机集成建筑信息系统（CIBIS）与现代工程组织管理系统联系起来，将建筑设计、技术设计、施工组织设计、场地准备、采购订货、物流配送、施工进度与质量控制、设计洽商与修改、资金运行与造价控制等一系列过程加以整合，发展为计算机集成建筑建造系统（CIBCS）。

对于 CIBCS 可以有以下构想：

- 建筑设计（专业与阶段）信息与建筑施工（专业与阶段）的交互与整合，计算机集成建筑信息系统（CIBIS）与计算机集成建筑建造系统（CIBCS）的关联；
- "虚拟建造"的概念和技术实现。根据建筑设计信息，模拟建筑物建造的动态过程，三维虚拟现实（VR）的建筑实体的施工进程显示与技术性资料信息的实时链接；
- 物流管理的数字化和系统化。

四、计算机集成建筑管理系统（CIBAS）

把计算机集成建筑信息系统（CIBIS）与计算机辅助设施管理（CAFM）结合起来，整合成计算机集成建筑管理系统（CIBAS），把设计和建造阶段的建筑信息有效地介入建筑的使用阶段，通过数字化信息手段和建筑智能化系统，与建筑运营及设施管理紧密结合。使建筑业务贯穿建筑的整个生命周期，在设计、建造、管理和使用之间建立起有机的联系。

对于CIBAS可以有以下构想：

• 计算机集成建筑信息系统与建筑智能化系统的整合；

• 建筑运营管理的数字化集成；

• 计算机集成建筑管理系统下的可持续发展策略（节能、节水、室内环境质量控制等）。

计算机集成建筑系统（包含四个子系统）的关键是作为整个系统基础的建筑信息数字化集成，从根本上和整体上变革现有的建筑信息构成方式和割裂状态，提出为各专业人员、各工程阶段所通用的建筑信息标准和规范的方案，实现各种类型与各种形式建筑信息的关联整合和动态链接。在此基础上，最终实现四个子系统的整合和各专业间的协调。

与制造业相比，建筑业具有其自身的特点。例如，必不可少的现场施工和作业，不可避免的低技术的存在，每个建筑物（标准化住宅例外）都与他者不同，巨大的尺度和材料种类与用量，多专业、多工种的组织与协调等，这就使得计算机集成建筑系统（CIBS），不可能也不应该简单地"移植"制造业的计算机集成制造系统（CIMS），而需要根据建筑业的特点和内在规律，构建自身的系统。

计算机集成建筑系统（CIBS）不是计算机和数字化技术在建筑业目前常规应用的简单提高，而是对数字化背景下建筑设计、建造和运营的深层变化及其动因进行系统性思考，从根本上涉及建筑业的基本技术体系、行业组织和运营机制的变革。

它不仅是技术性的，也是文化性的。现代主义建筑以工业时代为背景，当进入信息时代，建筑必然会发生"与时俱进"的变化。数字化技术为发展信息社会的建筑艺术风格确立技术基础，同时也会带来建筑师的知识结构和专业技能的调整。

它是视野广阔的综合性构想，是着眼整体的基础性构想，也是超前于当前技术发展和试图把握未来趋势的前瞻性构想。

参考文献

[1] Architecture for the future［M］. Paris：Finest S.A./Editions Pierre TERRAIL,1996.

[2] FRAMPTON K. Studies in tectonic culture［M］. Cambridge，Mass：The MIT Press，1995.

[3] BERTOL D，FOELL D. Designing digital space：an architect's guide to virtual reality［M］. New York：John Wiley & Sons Inc.，1997.

[4] WEISBAR P. Digital space：designing virtual environment［M］. McGraw-Hill Companies Inc.，1998.

[5] MARTEGANI P，MONTENEGRO R. 数位化设计：工业设计产品的新疆域［M］. 陈珍诚，译. 台北：台湾旭营文化事业有限公司，2002.

[6] 白英彩，唐冶文，余巍. 计算机集成制造系统：CIMS 概论［M］. 北京：清华大学出版社,1997.

[7] 王润孝. 先进制造系统［M］. 西安：西北工业大学出版社，2001.

[8] 刘育东. 数码建筑［M］. 大连：大连理工大学出版社，2002.

[9] 徐伟，陈震，等. 建筑工程施工的智能方法［M］. 上海：同济大学出版社，1997.

[10] 秦佑国. 从 "HI-SKILL" 到 "HI-TECH"［J］. 建筑与地域文化国际研讨会暨中国建筑学会 2001 年学术年会论文集，2001；世界建筑，2002（1）.

[11] 秦佑国，周榕. 建筑信息中介系统与设计范式的演变［J］. 建筑学报，2001（6）.

[12] 秦佑国. 建筑技术概论［J］. 建筑学报，2002（7）.

[13] 秦佑国. 中国建筑呼唤精致性设计［J］. 建筑学报，2003（1）.

[14] 张利. 建筑师视野中的计算机［D］. 北京：清华大学，1999.

[15] 张利. 从 CAAD 到 Cyberspace：信息时代的建筑与建筑设计［M］. 南京：东南大学出版社，2001.

[16] 俞传飞. 分化与整合：数字化背景（前景）下的建筑及其设计［D］. 南京：东南大学，2002.

[17] 白静. 建筑设计媒介的发展及其影响［D］. 北京：清华大学，2002.

（本文原载于《建筑学报》，2003 年 8 月，第 41 ~ 43 页。）

建筑、艺术与技术

【摘　要】从词源学的角度讨论了"建筑 architecture""艺术 art"和"技术 technology"的原意及其历史演变。艺术一词的原意是人工之物、技艺与技巧，技术的原意是系统化了的 art 和机械的或工业的 arts。那种把技术和艺术对立起来，重艺术、轻技术，重建筑形式、轻建筑技术的倾向，实在是对艺术和技术的误读。技术包含科学和艺术两个层面。建筑实质上是一种技术，是按照科学的和艺术的原理与规则把物质的材料建造成房子（building）。所以建筑才被解释为建造房屋的科学与艺术。在建筑、艺术和技术三者之间，技术是科学与艺术在建筑上结合的桥梁。

【关键词】建筑；艺术；技术

中文"建筑"一词有多义性，对应着英文三个词——architecture、building、construction，正好是 a、b、c 三个字母打头的英文词。architecture 突出的是概念、集合、艺术性、人文属性，如中国传统建筑——Chinese traditional architecture，20世纪现代建筑——Modern architecture in 20th century；building 通常指实体、个体、功能性、物质属性，如这个建筑很漂亮——This building is beautiful，建筑技术——building technology；而中文的"建筑公司""建筑工人""建筑工地"中的"建筑"一词则指施工"construction"了。

对于 architecture 一词，牛津字典的释义是 art and science of building；design or style of building（建造房屋的艺术与科学，房屋的设计或风格）。

正因为 architecture 包含了 art 和 science，所以早年就这个词该被译成"建筑术"还是"建筑学"，发生过争议。有意思的是艺术、美术、还有技术都是"术"，倒是 architecture 成了"学"，叫"建筑学"，不见了"术"。要说建筑有学问，但艺术、美术、技术也有学问，不是有"艺术学""美术学"，还有"技术学"吗？怎么不可以先有个"建筑术"，再有个研究"建筑术"学问的"建筑术学"？也许四个字的名词，中文念起来拗口，还是"建筑学"吧？（这当然是调侃的说法了。）

我于 1999 年归纳总结，提出了"清华建筑教育思想"（十条），其中三条是：建筑学——科学与艺术的结合；建筑教育——理工与人文的结合；建筑教学——基本功训练（skill training）与建筑理解（architecture learning）结合，也就是说 architecture 既有"术"也有"学"，建筑教育培养建筑师要"术""学"并举。我在讲课时还提到建筑师具有"匠人"特征和"完人"特征。梁思成先生将自己的散文集题名为《拙匠随笔》，"拙"是自谦，而大家称他是"哲匠"，但总是有个"匠"字。然而，"哲"字就表示有学问了，美国把研究学问的博士叫作 PhD, Ph 就是"哲（学）"。2000 年前，古罗马的维特鲁威在《建筑十书》中要求："建筑师必须擅长文笔，熟悉绘图，精通几何学，深悉历史，勤听哲学，理解音乐，对于医学亦非无知，通晓法律学家的论述，具有天文学的知识。"建筑师要懂多少学问呀，真是"完人"！。

至于建筑学学生的"术"的训练，在中国建筑教育界长期以来都主要是指美术，指画画，如素描、水彩、钢笔画、草图、渲染图等。但近年来随着"tectonic"一词的进入，以"建构"为名称的，要学生动手"建造"的设计课，逐渐在各大学的建筑学专业教学中推行，如清华大学、南京大学、东南大学等。这是一个十分可喜的变化和改进。

但要真正理解建筑 architecture 的"术"的含义，还需要对"艺术"（art）和"技术"（technology）两个词做深入的讨论。在中国，大多数人对外文词的理解，都是根据中文译词的字面望文生义地去解读，常常和原文的含义差得太多，成了误读。典型的是 20 世纪 80 年代把后现代（Post-modern）中的 context 一词译为"文脉"，于是望文生义地演绎成"文化之脉络"，弄得当时的中国建筑界著文和设计说明书中言必称"文脉"，于是大楼上纷纷加上琉璃瓦、小亭子，或是传统符号、变形手法。正因为如此，准确的理解和讨论一下 architecture、art 和 technology 的含义和关系是有必要的，毕竟我们现在的建筑教育和建筑设计是舶来品，还是需要了解源头的含义和理解。

architecture 一词上面已经说了，下面来看 art（中文译为艺术）和 technology（中文译为技术）在英文字典中怎么释义：

art 一词，牛津字典的释义为：

the work of man, human skill（人工之物，人的技艺、技巧）；

the creation or expression of what is beautiful（美的创造和表达）。

但是，art 一词具有美学的含义，即上面的第二条词义，开始得较晚。在西方，古典的意义上，对艺术（art）一词的解释与现代对艺术（art）界定的涵义是不同的。从古希腊时代到 18 世纪前，艺术（art）一词是指人工制作任何一件产品（the work of man）所需要掌握的技艺（skill）。无论是一幅画、一件衣服、一条木船，甚至一次演讲所使用的技巧，都可被称为艺术。其制成品被称为艺术品。因此，从历史的角度出发，艺术包含了技能和技艺的涵义[1]。

所以，在西方古代就有的"Architecture is an art"（建筑是一门艺术）这句话，但并不是我们今天理解的房子（或设计）的美观和形式有创意等。要知道，在希腊、罗马和哥特建筑早已存在的年代，art 一词还没有美学的含义，指的是技艺、技巧和人工之物。这些建筑被称为伟大的艺术，是因为它们是匠人们精湛的技艺和技巧（Hi-skill）的产物（注：Hi-skill 是笔者杜撰的一个词）[2]。正是中世纪的工匠们几十年、上百年前仆后继地精雕细刻，才使得哥特大教堂成为人类文明史上永垂不朽的艺术瑰宝。当然，那个时代并不是没有审美，但不是用 art 一词指代的。

到了 20 世纪，现代艺术越来越演变成有意味的形式（significant form），强调创意，以至于轻视和忽略技艺、技巧的长期而艰辛的训练。当把一个现成的小便斗放到美术馆展台上，标上一个"泉"字，就大功告成了艺术，只剩下"创意"和搬动小便斗的劳动而没有一点技艺和技巧了。我不否认杜尚的创意和对现代艺术发展的开创性作用，但这与"Architecture is an art"的 art 相去太远了！建筑不是纯艺术，审美（现在可能加上审丑）不是它唯一的目的。巨大的物质实体的建造和被赋予的功能要求，使建筑不能只是一个惊人的创意而别无其他。

但时代毕竟前进了，工业革命使得房子的建造逐步从手工技艺走向工业工艺，这时，有一个词经常出现了，就是 technology（技术）。

技术 technology 的释义为：

systematic treatment of an art（系统化了的 art）；

mechanical or industrial arts（机械的或工业的 arts，工艺，工艺学）；

the application of scientific knowledge to practical purposes in particular field（科学知识在一个具体的领域中的实际应用）。

从上述词义的解释中可以看出，在古典的意义上，technology 指的是对 art 技艺做有系统研究的描述，或者描述某一种特殊技艺。其最接近的词源为希腊文 tekhnologia、现代拉丁文 technologia，意指有系统的处理。其词根为希腊文 tekhe-，指一种技艺或工艺[1]，这是上述第一条释义。在 18 世纪初期，technology 是"对于技艺的描述，尤其是对机械（the Mechanical）的描述"[1]，即上述第二条释义。Technology 专指实用技艺（practical arts）主要是在 19 世纪中叶[1]，即演变成与知识和科学有关联的上述第三条释义。

当我们理解了 technology 的前两条含义，尤其是第二条含义，再看看蓬皮杜中心的立面结构和构造，就知道 Hi-Tech 所指的并不是中文译文"高技（派）"望文生义的什么高（新）技术，而是 High 的机械或工业的艺术（mechanical or industrial arts），Hi-Tech 应该被译为"高工艺"才准确。（我和罗小未教授谈过此意见。）

所以，技术（technology）是和艺术（art）紧密关联的，原本是 systematic treatment of an art（系统化了的 art），逐渐演变为 mechanical or industrial arts（机械或工业工艺或工艺学），后来和科学 science 发生关联：the application of scientific knowledge（科学知识的实际应用）。在技术（technology）含义演变的过程中，艺术（art）也在演变，逐渐有了美学的涵义。但在此之前，建筑已经存在了几千年了。如果我们不能了解 architecture、art 和 technology 三个词的古典含义及其相互关系，我们就不能真正理解建筑史！

一部欧洲的建筑史是有两条发展脉络的。一条是源于古希腊古典建筑，建立在毕达哥拉斯（"万物皆数也"）、柏拉图（强调比例的美）和亚里士多德（"美是由度量和秩序所组成的"）的哲学基础上，讲究比例的和谐与理想美。后来被文艺复兴的大师们所继承，并通过柱式的规定（帕拉迪奥的《建筑四书》和维尼奥拉《五种柱式规范》）和"典范"建筑的示例（坦比哀多的圆厅别墅）形成规范。尽管研究和规定的柱式主要是古罗马建筑，但美学的基础乃是源自古希腊。经过 17 世纪的古典主义，并演化为学院派的 Beaux Arts（布扎）体系。20 世纪后半叶，以后现代（Post-modern）为开端的林林总总的各种主义，尽管与古典主义的审美原则相去甚远，但都以建筑形式作为审美的主体，依然是这条脉络的延续。

另一条是源自古罗马，并在中世纪哥特建筑中围绕着工艺技术发展的脉络达到辉煌的高峰。古罗马建筑的历史成就不在于它对古希腊柱式的继承和发展，而在于建立在拱券技术和混凝土材料基础上的宏大的建筑尺度和精良的建造技术。尽管维特鲁威《建筑十书》中规定了柱式，也谈到比例的美，但该书主要的内容是提出"坚固、适用、美观"的建筑原则和阐述大量建筑和建造技术。哥特建筑是中世纪的工匠们精湛技艺和技术的结晶，他们发明了骨架券、尖拱和飞扶壁技术，创造出一种新的石结构体系，近似框架结构，大大缩减了墙体的面积，"瘦骨嶙峋"、高耸峻峭，配上彩色镶嵌玻璃，通透明亮，色彩斑斓。哥特教堂的建造技术和雕刻技艺也是无与伦比的高超。"建筑是凝固的音乐"原本是对哥特大教堂的赞美。文艺复兴早期，阿尔伯蒂《论建筑》一书的内容和伯鲁乃列斯基的佛罗伦萨大教堂穹顶的建造还是有技术的体现，而后期的帕拉第奥已经陷入形式的规范。而18世纪的哥特复兴只剩形式了。真正延续这条脉络的是1851年的伦敦水晶宫、1889年的巴黎机械馆和埃菲尔铁塔。20世纪20年代出现并持续到六七十年代的现代主义建筑（modernism architecture）也是这条脉络。后现代好像要中断这条线，但Hi-Tech异军突起，把这条"技术"的脉络推进到新的历史高度。

尽管我们今天是在现代意义上去理解艺术和技术，但两者之间仍然存在着密切的关联，而不是我们许多人（包括建筑学的学生和专业人士）理解的对立性和割裂性。目前，在中国建筑设计和教育界，把技术和艺术对立起来，重艺术、轻技术，重建筑形式、轻建筑技术的倾向还十分普遍，这实在是对艺术（art）和技术（technology）的误读。

技术（technology）包含科学（science）和艺术（art）两个层面，兼具双重特征。可以说，技术是应用科学（知识）的艺术（技艺），从这个意义上讲，建筑实质上是一种技术，是按照科学（science）的和艺术（art）的原理与规则，把物质的材料建造成房子（building）。所以建筑（architecture）才被解释为建造房屋的科学与艺术（science and art of building）。在建筑（architecture）、艺术（art）和科学（science）三者之间，技术是科学与艺术在建筑上结合的桥梁。

那么，建筑的艺术（art）和技术（technology）与建筑的美是什么关系呢？17世纪法国的一个建筑师兼医生、法兰西院士克劳德·佩劳（Claude Perrault），提出有两种建筑美：positive beauty（positive的词义：实在的、确实的、肯定的、积极的、绝对的、正的）；arbitrary beauty（arbitrary 的词义：武断的、专制的、独裁的、随意的、任意的）[3]。他把材质、工艺技术归结于 positive beauty；把形式、风格归结于 arbitrary beauty。

建筑的 arbitrary beauty，即从风格、形式所体现的建筑美，可以随时代、地域、民族、社会与文化而变化，甚至在一个时代可以对以前的建筑风格、形式提出批判和加以否定，但 positive beauty 却是永久的。它与建造者的技艺（skill）、建造的技术（technology）及建造的精心（carefully）有关。关于精心（carefully）地建造，现代主义建筑大师密斯·凡·德·罗说过一句话，"Architecture begins where two bricks are carefully joined together.（建筑开始于两块砖被仔细地连接在一起。）"。对这句话，意大利建筑史学者弗朗西斯科·达尔·考（Francesco Dal Co）评论说："对密斯的这句话，不要把注意力放在两块砖上，而是在于两块砖如何连接能产生 architecture 上的意义。"此时，精心（carefully）是关键的词。

长期以来，中国的建筑设计就建筑艺术而言，只着重空间与形式的创作，却忽略了 tectonic 设计和建造的工艺技术。我们在建筑上已经丢失了传统的手工技艺，却又没有进入工业制造的现代工艺阶段，建筑粗糙，没有细部，不能近看，不能细看，不耐看，缺少 positive beauty。要说现阶段中国建筑与国外的差距，这个方面可能是最主要的。中国建筑需要呼唤精致性！[4]

中国建筑学人需要深入准确地理解建筑、艺术和技术（architecture、art and technology）的含义和关系。

参考文献

[1] 雷蒙·威廉斯 R. 关键词：文化与社会的词汇［M］. 刘建基，译. 北京：生活·读书·新知三联书店，2005.

[2] 秦佑国. 从"HI-SKILL"到"HI-TECH"［J］. 世界建筑，2002（1）：68-71.

[3] FRAMPTON K. Studies in Tectonic Culture［M］. Cambridge，Mass：The MIT Press，1995.

[4] 秦佑国. 中国建筑呼唤精致性设计［J］. 建筑学报，2003（1）：20-21.

（本文原载于《新建筑》，2009 年第 3 期，第 115 ~ 117 页。）

建筑信息中介系统与设计范式的演变

秦佑国　周榕

【提　要】从术语中介、图纸中介到数字化中介，建筑信息中介系统的演变与设计范式的发展之间存在紧密的互动关系。随着数字化全息中介系统在建筑中的全面应用，建立在图纸中介基础上的现行设计范式必将面临挑战和变革。

【关键词】建筑信息中介系统；设计范式；数字化全息中介

设计范式，是指一段历史时期内，大多数建筑师及建筑从业人员所公认和采用的设计原则、价值取向、美学标准、操作流程、组织模式、行为规范、技术手段及工作方法。设计范式具有相对的稳定性和隐蔽性，它能够在一定的时空区间内对建筑设计人员起到潜移默化的持续指导作用。

设计范式的演变，是一个复杂的研究课题，它受到时代环境、文化背景、社会思潮、大众心理、时尚趣味和技术发展等多种因素的共同作用。本文着重从建筑营造过程中的信息中介系统的层面，来分析其对建筑设计范式的影响。

一、术语中介系统与模式化设计范式

早期的建筑营造，主要借助语言与文字来构成信息中介（intermedia），建筑的构思意念通过口中言语和纸上笔墨在协作者之间交流传递。时至今日，在许多偏远落后地区仍可见到这种信息中介的遗迹，建筑工匠不用一张图纸，仅凭口说手比就可以盖房起楼而无偏谬之虞。翻检史料，计成、李渔等大匠名家有关造园筑室的文字连篇累牍、摹画入微，却并无几张完备的图谱存世，可见他们当年的"胸中丘壑"原也不是用"总平面图"之类的中介形式昭于世人的。

然而，对于建筑所包含的复杂的空间信息和物质信息，语言与文字中介系统显然无法细致描述与精确传递，由于技术手段的制约，只能采用一种降低信息交换成本的妥协策略，即为了传递一部分重要信息，不得不放弃大部分次要信息的简化策略。信息中介系统的简单结构必然导致相应设计范式的简化，因此，建立在语言文字中介系统上的设计范式的唯一出路，就是"模式化"与"标准化"，这在中西方古典建筑的发展历程中，都表现出了惊人的一致性。

模式化与标准化的显著优越性，是能够起到最大程度上缩减信息量的作用。建筑模式的定型与普及，可以省略建设过程中绝大多数的冗余信息传递；而在建筑学习过程中，学徒工匠获取模式化建筑信息的成本是一次性的，边际成本则随其每一次的建造实践递减。

建筑型制的模式化为建筑师设计信息的表达提供了一个简单化途径。例如，《园冶》中谈到"宜亭斯亭，宜榭斯榭"，这里的"亭""榭"都已成为通行的模式，具体的型制匠人们早已了然于胸，"主人"（建筑师）只需给出亭榭的空间定位信息和大致的体量信息就足够了，而不必在具体的形式细节上殚精竭虑、纠缠不清。这样，经由模式化而达成的建筑信息的高度简化，就使得"信息传播频带"很窄的语言文字中介系统，在较大规模的建筑单体及群体营建中仍能应付裕如。

建筑构件的标准化则是减少工匠之间信息交换量的最佳解决方案。中国传统的木构建筑，采用以斗口为模数的标准构件。清工部《工程做法则例》卷二十八《斗科各项尺寸做法》，开宗明义就做了如下的明确规定："凡算斗科上升、斗、拱、翘等件长短、高厚尺寸，俱以平身科迎面安翘昂斗口宽尺寸为法核算。"[1]这意味着只需交换一个斗口尺寸的极少信息量，就可以让工匠们在营造过程中配合无间，毫厘不爽，其匠心机杼，令人观止。

同样，在语言文字的中介时代，西方古典建筑也发展出了以柱式为基础的模式化、标准化体系。由此看来，受相似的信息中介系统制约，中西方古典建筑的设计范式可谓殊途同归；在其支配下，中西方古典建筑的面貌均呈现出模式化的格局：不追求形式上的变化出新，而是在有限模式的反复推敲组合中趋向自我完善。

设计范式的模式化与标准化，对于语言文字中介系统明显的反作用，就是形

---

1. 马炳坚：《中国古建筑木作营造技术》，科学出版社，1991，第245页。

成了大量的建筑口诀、歌诀，以及文字化的建筑范本："人之四角枋子随，明缝枋子丁字倍，葫芦套在山瓜柱，相拉金枋不用揲。……"[1]，这样的歌诀正是经过提炼浓缩、整理定型后的语言中介，随着师徒之间的口耳相授而薪尽火传，成为相当长一段时间里一定地域内建筑营造的规范，甚或至今仍余音不绝。而规矩森严的《营造法式》《清式营造则例》一类落实在纸上的"官方文件"，对于中国封建社会古典建筑型制的影响更是不言自明。

无论口诀还是法式，其特征都是术语系统的高度复杂与完备：中西方古典建筑体系中，均对建筑构件做了不厌其烦的分类和命名，从中国木构建筑的斗拱到西方古典建筑的柱式名称，其细致与周到程度堪称登峰造极；梁思成先生总结的《清式营造则例》中的术语，经整理后仍有 500 余项，即此便可窥见一斑。

建筑术语，可以视作语言化的"信息包"或"信息集合"，是将大量相关信息"压缩"而成的不同的"信息模块"。对外，它起到了行业保护的作用；对内，则解决了较大的信息量在较窄的信息频带上运行通畅的问题。（这类似于计算机网络终端之间压缩文件包的传递过程）。术语系统，是建筑营造中规范化的语言文字中介系统。术语建构的庞多分类与统一秩序，反映出系统的成熟与稳定；而术语系统的没落，则标志着一个建筑时代和一种设计范式的终结。

二、图纸中介与理性主义设计范式

从考古发现来看，人类文明进程中图画的历史远远早于文字的历史，人类对于建筑的描画亦是源远流长。史料显示：公元前 1440 年古埃及德比斯（Thebes）城司库忒胡泰涅费（Tehutynefer）住宅的壁画（图 1）上，就已出现类似建筑剖面图的画法，尽管该图并未按准确比例绘制，但仍生动表达了建筑物的空间、结构关系。从中山国古墓出土的"兆域图"铜版分析，中国至迟在战国时期就已经出现按比例（尽管纵横两向度是非等比关系）绘制的简化的建筑平面图。

尽管将建筑形象以图形信息传递的方法由来已久，但在建筑营造中却迟迟未

---

1. 梁思成：《清式营造则例》，中国建筑工业出版社，1981，第147页"拉扯歌"。

图1　古埃及德比斯城忒胡泰涅费住宅的壁画，公元前1440年

资料来源：Marvin T.,Isabelle H., Architecture, From Prehistory to Postmodernism, Harry N. Abrams, B. V., The Netherlands, 1986. p65

能发展出完善普及的图形中介系统。究其原因，主要是由于技术制约而造成的信息物化及传播成本的居高不下。在图形中介系统的发展上曾经存在过三大障碍：介质障碍、工具障碍和信息复制障碍。解决这些障碍的唯一途径在于技术进步，历史上每一次的技术进步都导致信息成本的大幅下降。

公元105年，蔡伦发明造纸术，其技术于公元12世纪前后传入欧洲，但直到15世纪中叶，才因活字印刷的引入而在全欧流行。至此，西方建筑师们终于找到了用以代替价格高昂的羊皮纸（Parchment）、牛皮纸（Vellum），便于携带保存的廉价绘图介质。

翻检建筑史，不难发现一个有趣的现象：造纸术传入欧洲与意大利文艺复兴建筑的勃兴，在时间上首尾相衔；而后者的鼎盛期又紧随前者在欧洲的普及脚步，这或许并不只是一种巧合。事实上，目前存世的最早的建筑师亲笔图稿，恰恰绘制于15世纪中后期（图2）。可以推测，正是由于纸张的物美价廉，才为建筑设计大量采用图形中介提供了可能，而直观的图形辅助，又大大激活了建筑师们的创作灵感（图3），进而催生了一个异彩纷呈的新建筑时代。（同理，文艺复兴时期绘画艺术的突飞猛进，也与纸的引入息息相关。）文艺复兴之后，西方建筑才真正建立起有关建筑"构图"的理论体系及形式美原则，这些"形式关怀"无不以图纸中介为基础，纸介质于此功莫大焉。

图2 意大利文艺复兴建筑家吉乌里阿诺·达·桑加罗（Giuliano da Sangallo, 1445—1516）手绘立面设计图
资料来源：Peter Murray, Renaissance Architecture, Electa Editrice, Milano, 1978. p50

图3 达·芬奇绘制的建筑草图手稿
资料来源：Peter Murray, Renaissance Architecture, Electa Editrice, Milano, 1978. p65

　　中国古代，虽然很早就发明了纸张，却一直使用毛笔作为书写和绘图工具。尽管有"界尺"的辅助，但毛笔的自身局限性，使其注定无法精确、高效地绘制图纸，这一工具障碍，直接导致了中国古代建筑图式语言的先天不足及发展缓慢，而始终以术语中介系统主导建筑营造[1]。

---

1. 事实上，在中国古代，以毛笔界尺精确绘制出建筑图纸往往被视为某种"神技"。《玉壶清话》卷二载逸闻一则足以佐证："郭忠恕画殿阁重复之状，梓人较之，毫厘无差。太宗闻其名，诏授监丞。将建开宝寺塔，浙匠喻皓料一十三层，郭以所造小样末底一级折而计之，至上层，余一尺五寸，杀收不得，谓皓曰：'宜审之。'皓因数夕不寐，以尺数之，果如其言。黎明，叩其门，长跪以谢。"（引自陈高华：《宋辽金画家史料》，文物出版社，1984。）

在西方，从古希腊的圆头小毛刷，到古罗马时期的铁针和苇根，书写和绘图工具不断演变。公元6世纪，西班牙神学家圣艾希多（St. Isidore of Seville）发明了翎毛笔（Quill Pen），从此在西方世界沿用了将近1300年。翎毛笔在建筑制图上显然比毛笔更有优越性，绘图速度快、准确性高，因此，当介质障碍问题解决之后，欧洲建筑师很快便在设计中引入了图纸中介。1803年，英国工程师Bryan Donkin制造了第一支获得专利权的钢笔，并迅速风靡一时，从此，建筑制图进入了规范化时代。

1840年，英国天文学家和化学家赫歇耳爵士（Sir John Herschel）发明了蓝图复制技术，这是建筑图纸中介系统发展的重要里程碑，其意义不亚于毕昇的活字印刷术在文字信息传播系统中的应用。它极大降低了图形信息的复制传播成本，使图纸中介得以贯穿从设计到施工的整个建设过程，为其取代术语中介系统并最终盛行于世奠定了基础；大而言之，也为现代建筑运动提前做好了技术准备。

图纸中介系统取代术语中介系统，是建筑发展史上的一大进步。在术语中介时代，略为复杂的建筑，就必须运用负反馈式的"试错法"（Trial and Error）施工，一旦出错便推倒重来，建设过程往往积年累月、浪费惊人。而"纸上建筑"则可预先避免许多错漏，从而缩短建设周期并降低成本。较之术语中介，图纸中介系统传递信息更准确、直观、丰富、更具备度量依据，从而使从设计到施工的建筑全过程均纳入了一个更加精确规范的可控轨道。

然而，图纸化毕竟意味着抽象化，也即对三维信息的二维简化。尽管与术语中介系统相比，图纸中介有更显著的优越性和适用性，为建筑的形式创造提供了更广阔的空间，但其对建筑信息简化处理的自身局限性，从一开始，就规定了大多数建筑师只能采用理性主义建筑的创作方向。

理性主义建筑的基础，是欧几里得几何体系。它最常使用的图式语言，是建立在直角坐标系统上的直线形、定角度，以及半径受控的圆弧；其模数制数据，均属有理整数范围。从图纸中介的特点来看，唯其如此，才可能将三维的复杂空间关系投影成二维的易于理解的三视图；从信息成本的角度分析，这意味着大量的空间信息可简化为很少的简单数据，易于在图纸上标注或按比例量取，也易于施工定位，建筑的信息成本很低。而非理性主义的建筑形式，则很难进行图纸转化，三维空间信息的二维转化操作困难且成本高昂。

于此我们看到，建筑的信息中介系统再次制约了建筑师的设计范式：自图纸中介广泛应用以来，建筑形式虽然历经了翻天覆地的变化，但除了极少数非理性主义建筑"异类"（如西班牙建筑师高迪的作品）之外，仍然是理性主义主流建筑一统天下。可以说，近现代通行的建筑美学标准，几乎无一不建立在图纸中介的基础之上：比例、尺度、轴线、序列、节奏、韵律、均衡、秩序、协调等，其潜在目的无非是在图纸中介系统框架内尽可能降低信息成本的同时，又能保证形式上的趣味和愉悦。从这个角度审视整个现代建筑运动，似乎有一只"看不见的手"操纵着无形的直尺、三角板和圆规，早已在"纸"上为它描制好了简洁而理性的前进轨迹。

三、数字化中介与新游戏规则

如果说，图纸中介系统的确立曾经是建筑发展史上一大进步的话，那么，在21世纪的今天，图纸中介已经成为建筑系统内部信息交换的"瓶颈"。随着建筑形式的日趋复杂和花样翻新，二维图纸对于三维空间信息的传达逐渐力不从心，不得不借助越来越复杂的数据标注来扩充其信息容量。绘图与数字标注工作，已繁难到了无以复加的地步。实践中，一个稍为复杂的设计，就会造成制图工作倍增。非常规性方案的图纸量更是惊人，动辄几千张施工图，仍然表达不清全部的设计意图，却使信息成本大幅上扬。一方面，建筑师苦于图纸表述的困难，而不得不放弃或简化设计构思的例子屡见不鲜；另一方面，图面的繁难也给施工人员造成了巨大的认读理解障碍。由此可见，图纸中介系统已经不能满足建筑发展的内在要求，因此，建筑领域内，一场信息中介系统的新技术革命以及由此引发的建筑设计与施工的范式革命势在必行。

从"样式雷"的"烫样"，到现代数控机床制造的建筑模型，建筑师们一直试图寻找一种能够直观反映建筑空间关系的信息中介。然而，缩微的建筑模型难以真实地传递三维信息，并且不可标注及精确度量，始终无法在实践中取代图纸中介系统。实际上，无论是语言文字还是图纸模型，都是不完备的信息中介，其发展历程，就是信息数据的传递由简略到丰富、由缺省趋向完备的过程。

随着计算机辅助设计技术的发展，建筑信息在完全数字化基础上的传输成为可能。建筑的数字化中介系统，是一种"全息（全信息）中介系统"，它有着以往任何信息中介系统无法比拟的优越性：首先，"全息"意味着有关建筑设计的全部信息，即不仅包含建筑的体量形态、三维坐标等空间信息，以及材质、色彩等实体信息，还包括建筑的结构形式、系统配置、人居生态环境、能量交换、运行管理等综合技术信息。这些信息，不仅可在屏幕上反映成任意视点的二维图像，也可利用虚拟现实技术（Virtual Reality）而历幻似真，直观表达三维实境；其次，在数字化中介系统中，信息拾取随心所欲，数据度量快捷精确；最后，数字化信息的复制传播迅速、无损耗，信息成本极低，且保存、携带轻松便易。这一切，均大大优越于现行的图纸中介系统。

然而，目前CAAD技术应用的一大误区，就是未能充分认识到：数字化、全息化的建筑信息传播方式是对传统图纸化信息传递的一场颠覆性革命，而一味让数字化中介去遵从图纸中介时代所订立的游戏规则。尽管CAAD技术已发展多年，但其着眼点仍然停留在如何利用计算机让图纸效果更完善、图纸修改更方便、图纸绘制更轻松，数字化中介的全信息传播优势不仅未能充分发挥，反因迁就图纸规范而削足适履。大多数建筑师仅仅将鼠标看成是笔的延伸，将计算机屏幕视作图纸的模拟，所谓的"无（图）板设计"实为将图板转移入电脑，用数字化技术去达到图纸中介的效果，这就如让星球大战采用古代阵法，在麦当劳沿袭清宫礼仪，实为买椟还珠的短视陋见。

要在建筑业全面普及数字化中介系统，就必须超越既存的图纸中介范型，在行业内建立新的游戏规则。

首先，应着力推行建设过程的"无纸化"：现有的计算机技术，已完全可以制造出价格合理的便携式数字化全息读取装置，藉此装置，可根据需要随时快速查询建筑信息，辅以网络技术可实现双向反馈调节，从而大大提高各建设环节间的信息交换效率，打通建筑业内的"信息瓶颈"。考虑边际成本因素，无纸化信息成本亦远低于目前的图纸成本，颇具经济优势。

其次，从发展趋势来看，建筑业将向精密制造业转型，比照"计算机集成制造系统（CIMS）"在未来制造业中的统治地位，可以预计，"计算机集成建造系统（CICS）"也势必将在未来的建筑业中占据主导优势。建筑施工完全由计算机系统控制，建筑师设计的"数字版"的虚拟建筑与落成后的真实建筑之间，将通过计算机实现彻底的数字化对接，依赖于信息中介系统达成的人与人之间的信息交换也将减少到最低程度。类似的情形在飞机、汽车等机械制造业中早已出现[1]。

正如术语在图纸中介时代的命运一样，习用的图纸规范在数字化时代亦会迅速消亡。建筑师因而可从大量繁重、琐屑、重复性的绘图劳动中解脱出来，将宝贵的时间精力投入真正的创造性工作中去。

信息中介系统对设计可能性的制约，经过一代又一代建筑师的心理积淀，形成了有关创作方向上强大的集体无意识。因此，相对于信息中介系统的进步，设计范式具有明显的滞后性：从术语中介到图纸中介，再到数字化中介莫不如此。尽管这样，我们仍不难发现，随着CAAD技术的发展，处于萌芽状态的数字化中介系统已经开始对建筑师的设计范式产生积极的影响。

例如，计算机渲染图对于材料质感、建筑细部的表现力，远远超过了手工表现图，它的流行，在设计实践中大大促进了材料处理和细部设计的深化，对建筑的精雕细琢很快成为一时风尚。又如，CAAD的一项简单功能——图形的"拷贝阵列"，令绘图工作中大量不胜其烦的重复劳动变得易如弹指。因此，在近几年落成的新建筑中，重复使用某一复杂度较高的建筑母题的现象俯拾皆是。

主动采用新颖的数字化技术，引入新的信息中介系统辅助设计，成为许多建筑师突破传统设计范式束缚进行创新的取胜法宝。在"中国国家大剧院"竞赛（第二轮）方案设计中，日本建筑师矶崎新使用了原用于飞机、汽车造型设计的"活动曲面"设计软件，来推敲"混和式壳膜结构"屋顶特殊的连续曲面形态，这种创新形式依靠传统的图纸中介和普通的CAAD技术是根本无法实现的。美国建筑界领军人物弗兰克·盖里重要的"秘密武器"之一，就是原用于法国航空制造业中的计算机系统Catia Program与空间数字化仪，它们使建筑师案头的模型创

---

1. 参见加博尔·博亚尔：《CAD 在建筑领域——为什么几千名汽车设计师比 100 万建筑师在 CAD 上消费更多》，《世界建筑》1999 年第 6 期。

造工作即时而准确地（15分钟内）转换为三维坐标数据，从而有效地突破了传统中介手段对于设计可能性的强大制约。应该说，正是凭借着这种脱离图纸束缚的数字化工具，盖里才可能树立起一种独特的个人设计范式：无论其追求偶然性切入设计的工作程序，抑或其汪洋恣肆的形式语言，都是对建立在图纸中介之上的理性主义设计范式的颠覆。盖里的成功是一个范例，昭示出数字化时代设计范式演变的可能方向：个性化、复杂化、有机化、自由化、多样化，等等。或许，未来的设计范式并非今天可以想象，毕竟，对于数字化中介系统为建筑设计提供的广阔天地与自由王国，任何大胆的预言都将显得谨小慎微。

从高度简化的信息交换到数字化全信息传播，一部建筑史恰是人类文明进步的缩影。在这部历史中，建筑师的创作空间因信息中介手段的变革不断拓展，人类建筑的面貌，也因之更加异彩纷呈。值此世纪之交、千禧更替，温故知新，大有裨益。

说明：本文所引资料除特别注明外，均引自国际互联网相关站点以及 Microsoft Encarta Encyclopedia 99. 1993—1998，Microsoft Corporation.

（本文原载于《建筑学报》，2001 年第 6 期，第 28 ～ 31 页。）

| 后记 |

这篇文章发表在《建筑学报》2001年第6期。

2000年的一天上午，周榕来我办公室，我与他谈到我近年来想到的一个问题——设计媒介。这是此前参加一次本科学生班级座谈会，学生讨论建筑与其他艺术如绘画、雕塑的不同，主要说建筑是空间、时间的艺术。当时，我说道："建筑不同于绘画和雕塑还有一个方面，绘画和雕塑更多地是艺术家自己完成的，而建筑的设计和建造不是个人能完成的。建筑作品是建筑师事先设计，制作（施工）是随后由他人完成的。于是就有设计信息的表达和传递的问题。"后来，我就在我开设的"建筑技术概论"课中论述了"建筑设计媒介"，提到：

"建筑设计媒介有语言、文字、图形、符号、模型，技艺传承。

"设计信息交流需要以'共同的知识背景'为前提。

"正因为古代设计媒介表达的粗糙性和传递的局限性，就要求建筑师具有'完人'特性和'匠人'特性，并形成建筑平面的简单性与结构构造和技艺的复杂性、形式的模式化和持续性。

"中世纪之后，建筑图形媒介随着中国造纸术的传播和纸的大量运用，渐渐在实践和理论中有了较大的发展。文艺复兴时期及之后的透视学、投影几何、画法几何等方法的建立，更为图形媒介的表达提供了有力手段。

"工业革命后，工程制图规则的建立和蓝图复制技术的发明，进一步推进了设计建造过程中建筑制图的大量运用。这时，共同的知识背景从'对象'变为'规则'（建立在投影几何和画法几何基础上的工程制图规则）。

"近代：投影几何和透视画法，制图标准和工程图纸，图纸复制（蓝图）技术，使得设计信息表达的精确性和传递的方便性，多种专业人员的合作和配合，建筑师和工程师的分工，设计和施工的分工，建筑形式的复杂化和多样化成为可能。"

但是"建立在投影几何基础上以纸为介质的二维工程图纸，难以表达复杂的不规则的三维空间和形状，且手工制图效率低"。

"数字媒介是利用计算机对语言、图形、模型等传统媒介进行数字化的表达方式，数字媒介在建筑设计建造过程中的运用，被称为建筑数字媒介。在广泛采用CAAD和其他数字媒介技术下，建筑数字媒介不仅完全达到和超越了传统图形和模型媒介对建筑空间及形式的表达能力和表达精度，而且第四代、第五代计算机正力图使自己具有识别问题、理解问题、解决问题的能力。"

我和周榕一直谈到下午1点，他说："秦先生，我自认为建筑的各个方面我都还知晓，但这个方面我怎么没有想到呢。我要把你今天说的好好想想，整理出一篇文章来。"他真是一个文章快手，不到2个月，他就把这篇文章交给了我，我看把我的名字写在前面，就说："文章是你写的，应该你署名在前。"他说："文章的源起是你的那次谈话，观点是你的，理应你在前。"

我让我的博士生白静（1999年9月读博）把这个课题作为他博士论文的选题，他用了近3年的时间完成，论文题目是《建筑设计媒介的发展及其影响》，2002年12月答辩通过，被评为清华大学优秀博士论文。

第三篇

建筑与社会、文化

关于重建圆明园的意见

首先声明，我不是研究圆明园的专家，只是在今年6月圆明园学会、中国文物学会在清华大学召开的关于重建圆明园的讨论会上，作为东道主单位的成员参加会议时，发表了不同的意见。一些新闻单位把我不同意重建圆明园的观点刊登和广播出来，使我卷入了这场重建圆明园的争论。我认为不能在圆明园遗址上重建圆明园的理由有七条：

第一，圆明园遗址不仅记录着中国近代史上的一个重大事件——1860年英法联军火烧圆明园，更记录着1840年鸦片战争以来，帝国主义列强侵略中国的罪行和末代封建王朝清政府的腐败无能。圆明园被英法联军焚烧这件事，在中国近代史上的地位和重要性，要超过历史上曾经有过的一个圆明园。如果圆明园没有被外国侵略者焚烧，而是另一个什么园或什么宫殿被烧，在书写中国近代史时，圆明园至多作为清代的建筑和文化中的一个皇家园林被提到一下，而不会具有像现在这样的历史地位。其实今天关于是否重建圆明园的争论，也恰恰反映了这一点，同意重建和不同意重建的双方看重的都是"英法联军火烧圆明园"这一点，都是要让圆明园来反映历史，争论的是以"保护遗址"来反映，还是以"重建"来反映。

第二，圆明园遗址是文物。但其文物价值主要不在于是历史上一代名园的遗址，而是记录英法联军罪行的被焚毁的圆明园的遗址。文物不能被破坏。如果在遗址上重建圆明园，就必然破坏遗址。原有建筑物上部焚毁了，遗址就是原有建筑的基础。在上面重建，必然破坏原有基础，而且新盖的建筑物也掩盖了遗址。

第三，当今世界上对文物建筑的保护，主张保持原物的现状（但不是保持现场现有的状况，对掩盖和可能损害原物的现场要清理和整治），而不是重修、重建、当然还需要做继续保存下去的维护和修理工作。文物建筑的文化历史价值，不仅仅在于它当初是什么样子，也包括它经历的历史沧桑，不仅仅是起点，还包括过程。埃及金字塔、希腊帕提农神庙、罗马大斗兽场都没有重修，没有恢复原来的样子，狮身人面像的鼻子被入侵者的大炮轰去了一块，也没有去补。

第四，从美学价值来讲，尤其是经历了这么重大历史变故的遗址，给人一种苍凉、悲怆之感，一种肃默的凭吊感，一种沉重的历史感，这也是一种美学的意境和价值。面对残柱断壁，令人浮想联翩，遗址留下了很大的让人想象的空间。从美学上讲，留下空间让人想象比一览无遗地"直白"要好。巴黎卢浮宫的维纳斯雕像，手臂断失了，许多人想给她"重建"，但都不能使人满意，是这个雕像没有手臂吗？当然有。如果当初挖出来时就有手臂，是不是就不美了呢？也不是。但实际上挖出来时就断了臂，现在陈列在那里，给参观的人留下了想象的空间。为什么读《三国演义》《水浒传》的小说会有很大的艺术感受，而看改编的电影电视总感到不满意，原因是多方面的，但原因之一是读小说有很大的想象空间，而真的让你看到实物的形象，感觉反而差了。圆明园遗址也是这样，要是真的重建起来，今天的（而不是一百多年前的）人们看了之后，也许会感到："噢！圆明园也就是这个样子，和颐和园也差不多。"何况现在的古建水平也许还达不到颐和园那么高的水准。

　　第五，重建圆明园，还有一个和颐和园的关系问题。圆明园就在颐和园旁边，颐和园是真文物，已被列为世界文化遗产，重建的圆明园只能是一个"假古董"，两个放在一起，是"以假乱真"呢？还是"重复建设"呢？当初的圆明园比颐和园大多了，即使把圆明园全部重建了，恢复了"昔日的辉煌"，但今天重建的圆明园和颐和园这个"真古董"相比，其文化历史价值肯定差远了。当然在1000年后，也许会被相提并论，因为到那时，两者前后只相差100多年，对于1000年后的人来说，都可以是文物了。但今天不行，200、300年后也不行。

　　第六，现在的管理体制和管理水平、社会的文化和道德水准、古建的施工水平和材料等都不具备把圆明园重建得有"康乾时代的建筑水平"（罗哲文等专家要求），也不具备把其管理好的水平，现在圆明园公园的状况就是一面镜子，什么"图腾公园""游乐场"全进来了。在远瀛观残柱前有一个黄色铁皮屋顶的售货亭，旁边还有2个检票亭，大煞风景，破坏气氛。（一天，我在议论不该在这儿建售货亭时，一个管理人员恰好听到，立刻说："我这里一天卖货的钱比东门卖的门票钱还多。"）现在又放了一个纪念香港回归的大鼎，尺度太大，放的也不是地方。

　　第七，重建圆明园很可能演变成商业操作。当年呼吁抢救圆明园，苦于没有钱，今天要重建圆明园，"钱不成问题，海内外许多人想出钱"。但为什么现在重建圆明园就有人出钱，甚至人有要"承包"呢？因为这些人看到了重建圆明园的商业利益，钱是要还的，投资是要回报的，我决不怀疑重建圆明园可以赚钱，甚至可以成倍地赚钱。但若是有赚钱的动机，恐怕"重建"就不会是"恢复康乾时代的建筑水准"，而是变成20世纪90年代的"人造景点"。深圳的人造景点、建起一个"锦绣中华"，赚够了钱，参观的人少了，就再建一个"民俗村"，后来又建"世界公园"。人造景点在若干年后没有效益了，可以拆了、改了，圆明园能这样干吗？不是"钱不成问题"吗？那就请作为公益和慈善行为，无偿捐赠来抢救保护圆明园遗址吧！

我不同意重建圆明园，并不是维持现状（现在圆明园的状况），而是把圆明园建成一个遗址公园。

首先遵照江泽民同志的讲话去做，"围起来，把里面的住户迁出去，管理好"，听说海淀区和圆明园管理处在北京市政府支持下，已经开始清理圆明园中的住户和外来人口，对圆明园环境进行整治。

然后整理和恢复圆明园的山形水系，调整现有的绿化，将那些和圆明园原有风格和布局不相配的杂树进行更换。更重要的工作是清理圆明园的建筑遗址，在清理中要特别注意尽量不要扰动、搬移，只求"显露"。很好地规划和设计园中的道路和必要的配套设施，这也要求进行学术上的研究和专业性的设计。

总之，是把圆明园建成一个遗址公园，而不是在原址上重建圆明园。何况先建遗址公园，并不妨碍将来也许可能重建，留下了可以进一步论证的时间和空间。将来有一天大家达成共识，有了充分的理由，需要重建圆明园，可以在遗址公园上建嘛。如果现在在论证不充分、意见分歧很大的情况下，匆匆忙忙地重建，遗址一旦破坏，就无可挽回了。

后记：就在本文写就的当天，有位青年作家采访我，告诉了我一个消息：现在有人发起向英、法两国政府索赔，要求赔偿英法联军焚烧圆明园的损失，用赔偿的钱重建圆明园，并要求归还被掠夺去的文物。他问我的看法，我当即表示，从民族感情和爱国主义出发，我举双手赞成。如果索赔成功，这又是一个可以载入史册的重大历史事件。即使索赔不成功，若此事件演变成声势浩大的民众运动或演变成中国与英、法两国政府之间关于历史责任的追诉，也会成为重大的历史事件。这时，索赔这件事的历史重要性又远大于圆明园本身。历史需要的是用重建的圆明园作为载体来记载中国成功地向英、法两国索赔的历史事件。但我不是政治家，也不是国际关系研究者，对国际关系如何处理，对国家间的历史责任如何追诉，不能发表意见。

（本文原载于《建筑学报》，1999 年第 3 期，第 52 ~ 53 页。）

| 又记 |

我不同意重建圆明园的意见，还被《瞭望》周刊刊载，被北京电台、纽约时报、美国有线电视新闻网（Cable News Network，CNN）、加拿大国家电视台等媒体报道。

从那时以来，每隔几年，总有"重建圆明园"的意见见诸媒体。2012年，在清华建筑学院召开"数字圆明园"学术讨论会，我应邀参加听会。上午，有一位院士发言，提出要重建圆明园，我即举手要求发言，说我不同意重建圆明园。中间茶歇时间，我回办公室打印了我1999年在《建筑学报》发表的这篇文章，并复印了10份，在会场散发。中午休息，我又做了一个4页的ppt。在下午开会时，我又要求发言，放了这4张片子。

欧洲许多城市在"二战"遭到轰炸后，按原样重建。如德累斯顿、科隆。（轰炸后和重建后的图片）

柏林威廉教堂保留轰炸后残骸，不重建，在其旁边建新的教堂。（旧教堂残骸与新建教堂并置的图片）

唐山大地震，灾后重建新唐山，不按原样重建。（地震废墟和新唐山的照片）

被维苏威火山喷发毁灭的庞贝城需要重建再现古罗马的辉煌吗？（庞贝遗址照片）

放完片子，我说："以上4个案例有重建的，有不重建的，有按原样重建的，有不按原样新建的，无需详述理由和理论，凭一个有文化修养的人的'直觉'就可做出判断。"

上海浦西城市中心区开发建设失控

　　三四年没有来上海，而不久前一个多月内却来了 2 次。我感到上海这几年城市建设速度真是快，城市面貌变化太大了。参加浦东国际机场方案评审的情景还记忆犹新，而这次来看到一座现代化的大型机场已经投入使用。

　　上次来，从外白渡桥畔的上海大厦顶上眺望，浦东开发建设已具规模，隔江望去，高楼大厦林立。但也看到浦西城市中心区已有不少建成或在建的高层建筑，当时已经有了一些担心。这次来上海，从新锦江饭店楼上看到的是成百上千的高层建筑在浦西上海城市中心区杂乱地拔地而起，再从淮海路、延安路、西藏路、南京路经过，感到浦西的开发建设失控了。上海作为一个极具特色的历史文化名城的城市肌理和尺度正在被破坏，一个曾经和巴黎、伦敦、纽约齐名的"远东明珠""东方巴黎"的城市风貌和特色正在逐渐丧失。以前从个体建筑设计上觉得改革开放以来上海的建筑（所谓的海派）比北京的（京派）要好一些，但是现在从城市建设来看，上海也在重复着北京的失误和遗憾；而看着这上千幢相当一部分是模仿多于创作、拼凑多于构思的"急就章"的高层建筑，也没有感到上海的建筑比北京强多少。

　　回京后，从书架上取出一本由日本横滨市建筑局和上海市规划局合编的 1992 年 3 月出版的《上海历史建筑导游》，上海市规划局局长在发行词中写道："上海是国家批准的历史文化名城之一，……上海自 1843 年开港至 20 世纪 40 年代的 100 多年里，在发展近代城市的过程中，通过中西文化交融逐步繁衍形成的瑰丽多姿的近代建筑，是上海区别于中国其他历史文化名城的主要特点。迄今保留的不同时期不同风格的历史建筑约有 1000 幢。"上海市市长在卷首致辞中也写道："在城市现代化建设中保护好历史留下的有重要科学文化价值的优秀近代建筑是我们面临的课题。"我想，把书中重点选择的 110 幢近代建筑保护下来是不成问题的，进而把1000 多幢中的大部分保护下来也是可以做到的，这也是许多人都可以认可的事。但形成上海历史文化名城特色和风貌的决不仅仅是这 1000 多幢建筑，而是城市总体的形态构成，城市街区的肌理与尺度，数量更多的普通建筑和成片的里弄住宅。这些是与那 1000 多幢优秀近代建筑共存的历史背景和场所环境，即通常所说的 context。当城市的形态、肌理、尺度被破坏了，城市原有的特色和风貌也就丧失了。

如果当初对浦西城市中心区像巴黎和柏林市区那样采取保护性开发建设和更新改造，对新建建筑物限制高度，而把高层建筑群建到浦东去，或在浦西城市边缘地带规划新的高层建筑集中区，上海城市中心区的历史特色和传统风貌就可以保存下来。现在这样做法，尽管可以得开发引资速度快之一时之利，但可能造成不可挽回的历史性损失。

（本文原载于《时代建筑》，2000 年第 1 期，第 47 页。）

| 后记 |

这篇短文是应《时代建筑》主编支文军先生邀请，在新千年到来之时，对上海城市建设谈谈看法而写的，刊登在《时代建筑》2000 年第 1 期。

1943 年，我出生在上海，童年时家在新乐路，记得秋天曾跟着弄堂里的大孩子去哈同花园（当时已经废弃）捉蟋蟀，后来这里建成中苏友好大厦。那时的延安路不宽，两边高大的法国梧桐形成林荫道。

1999 年，我应邀来上海参加上海解放五十周年十大建筑评选。从虹桥机场乘车，沿延安路高架，看到中苏友好大厦"掉在下面"，车过大世界时，大世界门前儿时觉得很高大的塔，成了"小玩意儿"。还有人民广场及其附近的新建筑，尺度过大，使得国际饭店（上海人叫"廿四层楼"）等南京路上著名的老建筑"相形见绌"；淮海路（小时候叫霞飞路）两旁也是新楼高耸，失去了原有宜人的尺度和优雅的风格。我在评选会上和也是评委的上海规划局局长谈起这些情况，他也知道，他也不满意，但他说，上海是各区的区政府主政，市规划局管不了。

不久，我又来一次上海，站在上海设计院新楼顶上，俯瞰着那一片旧石库门住宅区，一半拆平，一半还在，当时就对唐玉恩（我的大学同学，上海院总建筑师）说，这一半能否不拆。

居住密度与人居环境的思考

疫病传播与居住密度

2003 年的 SARS（非典型肺炎）暴发主要发生在大城市，而香港发生大规模社区感染的淘大花园又是在居住密度极高的住区，这就首先引发了住区的建筑密度、人口密度与 SARS 传染的关系问题。

疫病在社区中的传染是人与人之间的传染，从统计学上讲，居住密度大，势必造成交叉感染的概率和疫病发病的风险大。但具体的被感染了的个例，都有各自的传染途径，如果其途径被切断，则不会发生感染。在前不久一次有北京、上海、香港、成都四地房地产商、经济学家和建筑界专家参加的电话会议上，香港方面对淘大花园社区感染的原因是居住密度大持谨慎的保留态度，认为尚没有足够的科学证据。所以，需要从流行病学、公共卫生学、卫生统计学出发，结合历史经验和事例调查，做出疫病风险评估，再结合住区规划，将疫病传播与居住密度关系的分析建立在较为坚实的科学基础上。

但问题的另一方面是，SARS 所引起的住房消费社会心理的变化。SARS 在大城市肆虐、在人口密度大的社区暴发和近距离接触传染的事实，加之媒体和小道消息的渲染，就像 SARS 所引起的社会恐慌心理一样，SARS 对居民的住房消费心理和房地产商的决策心理都会产生很大的影响，从而发生变化。其中有理性的成分，也有非理性的成分。SARS 流行以来，郊区别墅（独立式住宅）、联排式住宅（Town House），低密度住区，"板式"住宅楼等都热销，反映了购房者对低密度、新鲜空气、充足阳光、良好通风的认同。

"人多地少"的再思考

高密度的居住条件不好，其实即使没有 SARS 大家也知道，看到那密集的高层住宅小区，感到就像把人搁在货架上一样，一家一家的人就像被装在那个格子里，这不是人性化的东西。谁都向往那种低密度的住宅区，但一想到中国"人多地少"的国情，又好像只能无可奈何地苦笑。

"人多地少"的确是中国的国情，但随着社会经济的发展，要做新的思考。

第一，以前讲"人多地少"是"养活"问题，是担心中国的耕地。生产的粮食能不能养活中国的15亿到16亿人。1994年，美国"世界观察研究所"的布朗发表了一个世情报告，即《谁来养活中国》。为此，1996年中国政府发表了《中国的粮食问题》白皮书，说中国人能养活自己。从1996年之后，中国的粮食生产状况证明了这一点。现在"人多地少"已经从"养活"问题转化为"就业"问题，中国的土地容纳不了8亿农民的劳动，大量的农村剩余劳动力的出路成为首要问题。农村温饱问题（养活问题）解决后，是富裕问题，要致富。所以城市化就成了必然的趋势，农民需要往城市里流动。

第二，"人多地少"不就是人口密度大吗？世界上人口密度大的国家不少，许多都还是发达国家。中国人口密度最大的地区在长江三角洲和珠江三角洲，在东部沿海地区，恰恰是这个地区经济最发达，而且还在吸引大量的"流动人口"进入，人口还在增加，密度还在增加。当然，如果当初听了马寅初先生的话，较早就控制人口，现在中国人口少几个亿，事情要好办得多。但是，如果我们的人口真的少了几个亿，长三角、珠三角的人口密度是不是就会减下来？也不可能。只要中国的地域差距存在，长三角和珠三角的人口集聚效应仍然会有，就必然会有人往这边流。直到地域差异缩小到一定程度，人口分布才可能在"无形的手指挥下"重新调整。

第三，人均GDP空间分布梯度问题。为什么在欧美大城市周围看不到农田，不是因为他们土地多，而是一个人均GDP空间分布梯度问题。在市场经济和土地私有制下，不可能在人均GDP很高（地价也很高）的城市市区附近，保留人均GDP很低的农田生产。中国以前搞城乡二元结构，城市户口和农民户口严格区分，维持城市郊区的农业生产。然而这个二元结构的限制，逐渐限制不了了。大城市周围的农村土地，当地农民自己不种，雇外地人来种，自己盖房子不是自己住，而是用以出租，农民充分知道他自己那地方的价值，这就造成了所谓的"城中村"

问题。中国大城市的发展必然也和国外相似，当北京、上海的人均 GDP 增加得很高的时候，不可能还让市区周围去种粮食，靠城市边缘保留农田来解决粮食（包括蔬菜）问题是没有必要的，也是不可能的。

"退田还林"的思考

几年前，北京市周围的农田不种粮食，改为种树，纳入国家"退田还林"计划。当时我就想，让农民去种树，GDP 能比种粮高吗？给他补贴就能种好树吗？能否设想采取下述政策：把一些土地划成小块，出售给个人，所有权也给他，他自己建自住的住宅，不是房地产开发。政府制定规划，限制容积率，限制占地面积，规定绿化要求。我相信住户的绿化会比农民种树好。用 20%～30% 的地建房，剩下 70%～80% 的地让住家去种树，去绿化，可能比让农民用 100% 的地种树绿化效果好。还可以有条件进行太阳能利用，这在城里高层住宅中做不了；此外，住宅总是要用水的，用过的水可以回用来浇灌绿化，同时渗透到地下去，补给地下水，而城里高层住宅用过的水只能排到下水道去；还有一些在国外绿色住宅中行之有效的生态化措施，如屋面绿化、垂直绿化、雨水利用等也可以推广。这些生态和环境方面的正面效益可以平衡占用土地的负面影响。

"劣地"利用。上述的做法，并不一定全部要用真正好的农田，北京周围的坡地和荒地的资源量是很大的，但是为什么没有去用呢？因为现在的模式是让房地产商搞开发，盖房出售。房地产商去郊区，哪个地方环境好，景观好，他就去哪里开发，这样建的房子可以卖个好价钱，结果往往造成对周边环境和景观的建设性破坏。但是，如果把荒地、坡地、劣地通过政策卖给个人，所有权也给他，通过他自己建房住家，这样，环境就可以变好，原有劣地的生态价值可以提高。至于基础设施，政府出售土地就有了钱，用售地的钱修基础设施就行了。"二战"后欧洲一些国家就是这么做的。最后房子也盖出来了，基础设施也做了。他们的基础设施，实际上就是下水系统，还有道路系统，其他基础设施不应该让住户和政府出钱。这个地方有住户，要用电，电力公司就会来拉电线；要用电话，电话公司就会来；要用水，自来水公司也会来。这里有消费，公司就会来投资建设。但是我们现在不是这样，我们现在所有这一切都要房地产开发商来兴建，投资最后都摊在住户的房价里面。居民自己掏钱建变电站，无偿交给供电局，电费还照样交，这不合理。

总之，对于低密度居住和居住郊区化，不能就事论事，不能定式思维，许多问题需要再思考。

（本文原载于《建设科技》，2004年第2期，第34～35页。）

中国现代建筑的中国表达

无需表达的表达

春节过后，学院 12 位师生前往拉斯维加斯，参与该市的旧城更新计划。到达后的第三天，忽然见到几栋高层住宅楼耸立在路旁，很像中国近年来房地产开发中盖的住宅楼（图 1），尽管这几栋楼外表没有任何中国建筑的符号，甚至也很现代，但一看就像中国的。在美国拉斯维加斯盖的高层住宅楼怎么像中国的？我很觉诧异。回国后，一个偶然的机会得知，那是北京天鸿集团在拉斯维加斯的房地产开发项目，这才恍然大悟。建筑总是不可避免地要打上社会和时代的烙印，在当今中国大地上的建筑，就不可避免地带有中国特征，哪怕是刻意求洋的"欧陆经典""美国原版"，都脱不了中国味。图 2 中的小住宅（在中国叫别墅）说是 copy（复制）的美国原版，但是，且不说把"小住宅"称为"别墅"已是反映出"中国特色"，那用混凝土结构替代原有的木结构带来的外表差异，那为建筑师所忽略的围墙柱墩，图片左下角那根未被埋入地下的水管，都昭示着这房子是中国的。

图 1　拉斯维加斯某高层住宅　　图 2　"美国原版"的别墅

所以说，中国现代（的）建筑，尤其是作为城乡"背景"的大多数建筑，无需特意表达，已就自然地、必然地表达着中国。本文指出这一点，但不是讨论这一点。

"中国现代建筑的中国表达"是指传统性、民族性的表达，而问题是：是否需要表达？如何来表达？

百年探索

近百年来，就此问题，争论不休，各种做法，未能令人满意。中国的房子盖了千千万，却没有出现世界级的建筑大师和现代作品。当然，原因并不全在（甚至主要不在）建筑师方面。但，是摆脱传统性、民族性的表达，还是需要传统性、民族性的表达，才能使中国现代建筑立于世界之林？如果需要，这近百年的探索为什么没有成功？未来的路又在何方？

中国（近）现代建筑始于何年，姑且不论。这里以 1900 年（一个新世纪的开始）作为行文的起点。这一年，义和团"扶清灭洋"，八国联军打进北京，又一个不平等条约签订，全中国四万万人，每人赔一两白银。每一场战争和冲突过后，冲突的双方都要做出调整，战败方调整可能大一些，战胜方调整可能小一些。1900 年以后，一方面清政府推行"新政运动"，废科举、兴学堂，旧衙门改新政府等，这时的学堂建筑（如北洋大学堂、清华学堂）和政府建筑（如大理院、陆军部、资政院）都采用西洋建筑形式，并扩展到普通民用和商业建筑，这个趋势在清王朝被推翻之后继续存在。另一方面，欧美教会吸取"民教冲突"的教训，在中国加强"基督教本土化"，一个突出的表现是各地教会学校和教会医院的建筑采用中国传统"大屋顶"的形式，尽管设计者是外国建筑师。最有意思的是清华大学和燕京大学，两个大学毗邻，先后由一个建筑师——美国建筑师 H. K. 墨菲规划设计，清华大学是国立大学，采用的是西洋古典建筑风格（图 3），燕京大学是教会大学，采用的是中国传统建筑风格（图 4）。许多著名的教会大学，如协和医学院（图 5）、辅仁大学、金陵大学、湘雅医学院、华西医学院等都采用中国传统建筑风格。

到 20 世纪 20 年代中期，一方面，五四运动前后的思想启蒙运动（对德先生和赛先生——民主和科学的召唤）转向民族救亡运动，另一方面，第一次世界大

图 3 清华大学礼堂

图 4 燕京大学规划图

图 5 协和医学院

战使中国的知识精英看到了西方世界也非理想榜样，这就促使了民族主义思想的高涨。在此背景下，政府和公共建筑开始采用中国传统建筑形式，典型的是 1925 年吕彦直设计的中山陵和 1927 年美国建筑师 Moller 设计的北京图书馆（图 6），而且有意思的是两者都是通过国际设计竞赛中选的。

图 6　北京图书馆

但是，普遍的变化出现在北伐战争以后国民党统一中国的 1928—1937 年这 10 年中。日本帝国主义对中国的觊觎，中国经济建设的发展，激起了强烈的民族情感，

图 7　上海市政府

加之蒋介石本人对孔孟之道的推崇，"中国本位""民族本位""中国固有之形式"成为一时的口号。许多重要的政府和公共建筑普遍采用中国传统建筑形式，如上海市政府大楼（1933 年　董大酉，图 7）、武汉大学（1933 年　开尔斯）、南京国民党党史馆（1935 年　杨廷宝）、南京中央博物院（1936 年　徐敬直）等。这一时期中国建筑的民族形式虽然和教会大学、教会医院建筑的中国式在形式上相同，但背景和出发点却很不相同，不宜混为一谈。

在这一时期，还有两件事需要提到。一是一批在海外学习建筑的中国留学生先后回国，并在建筑教育和建筑设计领域逐渐占据重要地位，同时用现代学术方法系统研究中国传统建筑。二是中国建筑传统性和民族性的表达在主要采用"大屋顶"形式之外，发展出另一种方式：建筑的形制是西洋的，而装饰图案和建筑细部是中国传统的和民族的，如梁思成先生于 1929 年设计的吉林大学校舍和北京仁立地毯行（1932年），杨廷宝先生设计的北京交通银行（1931年，图8），还有南京国民政府外交部大楼（1934年 赵深、童寯），南京国民大会堂（1936年 奚福泉），上海中国银行（1936年 陆谦受）等。

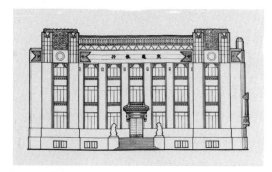

图8 北京交通银行

正因为这条民族形式之路的兴起和发展有着中国人希冀彰显中国传统文化和立于世界民族之林的心结，所以在抗日战争胜利后继续发展，以至在1949年中华人民共和国成立之后：一方面在国民党退缩而占的台湾继续发展（图9）；一方面在共产党领导的大陆以"社会主义的内容、民族的形式"发展（图10）。尽管在1955年受赫鲁晓夫批判斯大林时期复古主义建筑的影响，在中国也掀起了批判以梁思成为代表的"复古主义""大屋顶"的运动，但时间不长，随着中苏两党分歧的扩大，这一运动不了了之。在1958年设计、1959年建成的国庆工程中，民族形式又被唤起。

图9 台湾圆山饭店

图10 北京友谊宾馆

一个可以思考的问题：

1911年的政权更迭（清王朝变更为中华民国），并没有引起建筑风格上的剧变，1900年后政府和公用建筑采用西洋风格的倾向一直延伸到20世纪20年代中期。

1949 年的政权更迭（中华民国变更为中华人民共和国），也没有终止 20 世纪 30 年代在民族主义背景下产生的"大屋顶""民族形式"。

两次政权更迭在政治上讲，都是翻天覆地的变化，但都未引起建筑风格的剧变。1959 年国庆工程的民族形式有新的发展：一是把"西洋建筑的形制，中国传统的装饰和细部"这一表达方式，发展到臻于完美的地步，人民大会堂已经成为一代典范，革命历史博物馆的门廊也因更多地体现出中国传统建筑特征而被后来普遍仿照（图 11）；二是传统屋顶

图 11　国庆工程之一

的使用，4 个采用中国传统屋顶的国庆工程建筑——民族文化宫、中国美术馆、农业展览馆、北京火车站（图 12）无一例外地都采用相对不显沉重的攒尖顶而不是庑殿顶和歇山顶，可能也因为攒尖顶四面对称，容易和平面方形的塔楼建筑配合。

20 世纪 60 年代之前，中国现代建筑传统性、民族性的表达，固然有其社会政治的背景，但建筑师是出于民族情感自愿地进行探索，而且他们都具有很好的对中国传统建筑的理解和传统文化的修养。所以，设计的作品形式地道，比例尺度把握较好，品位也较高。

为什么传统性和民族性的表达会集中体现在屋顶的形式中？回答当然是大屋顶最能体现中国传统建筑的特征。事实上，不仅是中国传统建筑，其他国家和民族的传统建筑中最能体现其特征的也在屋顶，如俄罗斯的"洋葱头"屋顶、伊斯兰的穹顶、泰国佛寺和宫殿的屋顶、印尼的船形屋顶等。

但是，为什么屋顶就最能体现民族和地方特征呢？因为屋顶"不上人"！建

图12 国庆工程之二

筑中屋顶受功能制约最小，屋顶形状可以三维变化、丰富多彩、奇形怪状；墙体可以在平面上曲折，而在竖直方向通常是直立的，个别也有倾斜的，但往往又都是屋面的延伸；而楼层只能是水平的，人们需要在上面活动。有位哲学家说过："建筑是地球引力的艺术。"正因为屋顶受功能制约最小，屋顶形状可以变化，所以集中体现民族和地域的传统特征。

现代建筑与传统建筑固然有材料和结构上的不同，但最大的不同在于功能，所以在现代建筑上采用传统形式，势必采用对功能影响最小而又最有传统特征的屋顶。

同样，建筑的装饰和细部受功能制约也很小，也最具有民族和地域的传统特征。

所以，中国现代建筑传统性、民族性的表达主要是"大屋顶"和装饰与细部的民族形式的借用。

其实，当今中国的"欧风"建筑，也主要是屋顶和装饰与细部的模仿。

"文化大革命"期间，尽管采取了历史虚无主义的态度对传统文化进行"大

批判"，但"中国是世界革命
的中心"依然透着民族主义的
情绪。这时期出现了一股盛行
的风气——形象比附和概念附
会。正面当然是指"革命象征"，
反面的则是被揭露为"含沙射
影"，多少人因此而被批斗。
在这股风下，以致出现要把
西红柿改名为"永红柿"的荒
谬。建筑设计中，也出现了头
顶火炬（西洋式的，而非中国
火把）象征"星星之火可以燎
原"，并因为风向难定，火焰
只好冲天（图 13）的实例；至
于南京长江大桥桥头堡的"三

图 13　长沙火车站

面红旗"，虽然也是此风的背景，但形象与比例尺度的把握较好。

　　形制像林肯纪念堂，柱廊像革命历史博物馆的毛主席纪念堂和简化大屋顶、
吸收民居特点的北京（国家）图书馆这两座由老一代建筑师主持的国家级建筑，
分别采用了两种传统性、民族性的表达方式，可以看作 1959 年的国庆工程年代的
延续，它们的落成标志着一个时代的结束。

　　20 世纪 80 年代初，当中国打开封闭了 30 年的大门时，发现已错过了发展
现代主义建筑的时机，现代主义已被宣布"死亡"，中国建筑师面对的已是 Post-
Modern，后现代了！现代主义建筑历史阶段的缺失对中国建筑和建筑教育已经产
生并将继续产生深刻的影响（这个论题，我在许多场合谈过，不在本文展开）。

　　20 世纪 80 年代，一些建筑师企图摆脱直接搬用中国传统建筑的形式（主要
是屋顶的形式），在后现代思潮的影响下，借用"符号""变形"的设计手法，以"文
脉"（context）的理念，尝试中国传统的后现代表达，其中不乏较好的作品。最突
出的是贝聿铭先生在香山饭店设计中对中国传统性、民族性表达的尝试（图 14）。

图 14　北京香山饭店

　　但 20 世纪中国建筑的发展缺失现代主义这一历史阶段，作为对现代主义批判的"后现代"，在中国也就失去了批判的依据，而更多的是在中国产生了负面影响：建筑设计中理性的丧失、创作思想和批评准则的混乱、形式主义和拼贴手法的充斥、格调低下的建筑的泛滥……而且这些负面影响并未随后现代退出历史舞台而在中国终止。

　　20 世纪 80 年代末到 90 年代中，北京在"夺回古都风貌"口号下出现的"夺风"建筑，高楼顶上加上小亭子，不伦不类，固然有"长官意志"在内，但其理论依据借助于"文脉"（一个对 context 不准确的中国式翻译）。

　　需要指出的，这些"夺风"建筑和 1955 年批判的"复古主义""大屋顶"建筑不能等同看待。开始于 20 世纪 20 年代末，延续到 20 世纪 50 年代初的"大屋顶"建筑是设计者怀着民族情感自愿设计的；而 20 世纪 80 年代末到 90 年代初的北京"夺风"建筑，建筑师是不愿意设计成这样的，他们对中国传统建筑和传统文化的功底比老一代人也差多了。所以这些建筑大多无美观可言。

　　随着北京市长陈希同的倒台，"夺风"建筑再无人问津，但是"欧风"建筑却乘着 20 世纪 90 年代中兴起的房地产大潮席卷了全国。

　　但是，在 20 世纪 90 年代中期后，伴随着"文化热"，风水、谶语、吉兆、口彩被当成传统文化，被上至政府领导、社会精英下到普通民众普遍地信奉，在这种理性丧失的社会背景下，加之设计招投标的普遍和设计市场竞争的加剧，"文化大革命"中产生的"形象比附"和"概念附会",更改了"革命"的词语,换上了"文化"的包装,在设计方案的说明中和评标会上的介绍中滔滔不绝:什么"天人合一""天圆地方""阴阳和合""大鹏展翅",什么"龙""凤""蝴蝶"……,以至于外国建筑师进入中国也不能免俗:奥运规划中弯曲的水,被说成象征着龙;卡洛斯设计的郑州艺术中心声称像蝴蝶;美国建筑师投标武汉机场新候机楼,形象是来自"九头鸟"等。人们对建筑的评价,也以"像什么"为标准,且不说领导、开发商和民众,就是专业人士有时也如此评说。国家大剧院的实施方案,赞同者说成是浮在水面上的珍珠,反对者说像个××(不提罢了,总之很难听)。打着传统文化的旗号,一些格调低下的世俗和庸俗建筑,甚至赤裸裸地宣扬铜臭的恶俗建筑也粉墨登场。例如,北京附近的"福禄寿三星"旅馆,邯郸郊外耸立在山顶的巨大金元宝(此山原称笔架山,笔架与元宝相似,依俗称更名为元宝山,立金元宝于山顶),直接以铜钱为形的沈阳方圆大厦(图15)。

图15 某些格调低下的建筑

这股以中国传统文化中的糟粕的沉渣泛起和世风低俗、金钱与权力泛滥为背景的，不从建筑学的基本原理和形式规则出发，致力于"形象比附"和"概念附会"的歪风，极大地降低了中国建筑的品位，损害了中国建筑设计的健康发展。然而在建筑界、建筑评论界却鲜有批评及评论，令人遗憾，也值得深思。

中国传统文化的批判性认识

无需讳言，现代日本产生了一些世界级的建筑师，在他们的设计作品中又渗透着日本精神。原因当然是多方面的，但日本的传统文化比较"纯粹"（也许从旁观者来看，其主导为上层文化），且没有因现代化过程而中断（这个过程中没有发生革命）。另外，日本传统文化较为强调精神性——"菊花与刀"、禅宗思想、茶道、花道、枯山水……，显得简约、抽象，与现代艺术与审美容易契合。

中国传统文化比较"杂"，而且百年来的多次革命又造成中断和混乱。一次"彻底的否定"带来的是一次"矫枉过正"的泛起；一代受过传统文化教育的人，在"大批判"后尚有几分清醒，一代传统文化教育缺失的人，在沉渣泛起、鱼龙混杂的时候，却缺少甄别的能力。

中国传统文化比较"杂"，可以荷花为例。"出污泥而不染""留得残荷听雨声"是文人文化；"步步莲花""莲座""莲云"是佛教文化；而在年画中的"和（荷）合""连（莲）生贵子""连（莲）年有余"是民俗文化。所以需要对中国传统文化作批判性（哲学意义上的批判性）的认识。

中国文化的重要特点是宗教精神淡泊，重今世，讲实用。梁漱溟说过："但中国人却是世界上唯一淡于宗教、远于宗教，可称为'非宗教的民族'。"

被"独尊"的儒家，讲伦理、纲常，重治国、治家，乃经世之学，故又称儒"术"。

佛教的哲理——佛学太深奥，与民众和普通僧尼的佛事相去甚远，老百姓求神拜佛是求实效。道家和道教的差别也是如此。

风水（堪舆术）的核心是趋吉避凶、荫佑子孙，是十分功利的。与巫术近，与宗教远。

只有一些仕途不顺的文人会"寄情山水"、接受"老庄"思想，国破家亡的后主、流臣会唱出绝世的悲歌。

古代中国的数学也与古希腊不同，算法化和实用性的倾向十分明显，以问题为中心的算法体系高度发展（鸡兔同笼、韩信点兵等），却限制了形式逻辑和演绎思想的产生和发展。

王国维说过："我国人之特质，实际的也，通俗的也；西洋人之特质，思辨的也，科学的也，长于抽象而精于分类。"

葛兆光在《古代中国社会与文化十讲》中指出，中国古代存在两个信仰世界：

"中国宗教，无论是佛教还是道教，实际上都有两种不同的信仰世界：一个是属于高文化水准的信仰者的信仰，这些信仰是由道理、学说为基础的，人们追求宗教中的精神世界，希望借助宗教的信仰使自己的生活拥有超越脱俗的境界；一个是为数众多的普通人的信仰，这个信仰是以能不能灵验，有没有实际用处为基础，信仰者希望宗教可以为自己解决现实生活中的问题，给自己释危解困，求得福祉。"

大传统与小传统，这种区别也可以叫作"上层文化和下层文化，正统文化和民间文化，学者文化和通俗文化，科层文化和世俗文化"的差异。

就中国传统建筑而言，官式的宫殿及庙宇建筑，专制与等级性太强，官气太重，有压抑感。而且在装饰装修上也透着俗，尤其是晚清时期，可称为"官俗"。

一般民间建筑掺杂着大量世俗文化，格调较高的苏州民居和徽州民居也只是儒家的耕读与孝悌思想。

文人园林格调倒是不低，但又限于缩尺地模仿自然山水，缺少抽象审美。

总的看来，中国传统建筑物质性和具象性审美多，精神性和抽象性审美少。这和中国传统文化特点相通。

但是，中国传统文化中存在可以和现代艺术和审美契合的精神遗产，尤其是先秦诸子的哲学、佛教的禅宗、历代文人美学三个方面值得研究。（当然，在政治思想、意识形态、科学技术等等方面的遗产十分丰富，但不是本文关注的方面。）

冯友兰在《中国哲学简史》中对先秦诸子的背景做了归纳：

儒家者流盖出于文士，墨家者流盖出于武士，

道家者流盖出于隐者，名家者流盖出于辨者，

阴阳家者流盖出于方士，法家者流盖出于法述之士。

他在书中写道：“儒家学说是社会组织的哲学，所以也是日常生活的哲学。儒家强调人的社会责任，但是道家强调人的内部自然自发的东西。”他认为，“儒家以艺术为道德教育的工具”，道家“对于精神自由运动的赞美；对于自然的理想化，使得中国的艺术大师们受到深刻的启示”。他引述诺斯罗普（Northrop）的话，认为在道家学说中，“则是不定的或未区分的审美连续体的概念构成了哲学内容”。

对于禅宗，冯友兰称其为“静默的哲学”。“禅宗是中国佛教的一支，真正是佛学和道家哲学最精妙之处的结合。”“禅宗是佛教的一个宗派，可是对中国哲学、文学、艺术的影响，却是深远的。”

中国历代文人美学，主要表现在关于诗词书画的论著中。这方面古代的著述很多，但近代国学大师王国维的《人间词话》很值得阅读。王国维先生集中国古典学术与西方近代哲学研究于一身，追求思辨哲理和美学，“伟大之形而上学，高严之论理学，与纯粹之美学，此吾人所酷嗜也”。

王国维在《人间词话》中首倡“境界”：

“言气质、言格律、言神韵，不如言境界。有境界，本也。气质、格律、神韵末也。有境界而三者随之矣。”

“故能写真景物、真感情者，谓之有境界。否则谓之无境界。”

“有有我之境。”“有无我之境。”

他提到，“词忌用代字”，写景抒情须“不隔”。

王国维先生的美学观点对建筑审美同样适用。

结语

1996 年年底，出版了一本轰动世界且争议激烈的书《文明的冲突》，作者亨廷顿在书中用一个图示（图 16）描述发展中国家现代化的过程，横坐标是现代化，纵坐标是西方化。民族主义者希望只现代化，不要西方化，沿平行于横轴的方向前进；殖民主义者希望只西方化，不要现代化，沿平行于纵轴的方向前进；而作者认为发展中国家在现代化的过程中，不可避免地会发生西方化，也就是沿一条斜线发展；但他接着说，光看到这一点还不够，当这个发展中国家的现代化达到一定程度后，其必然要召唤自己的传统文化和民族精神，此后随着其现代化的进一步发展，西方化会降低，走一条先升后降的曲线。

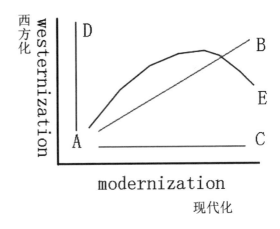

图16　发展中国家现代道路

尽管对亨廷顿全书的观点和结论很有争议，但这张言简意赅的图示足显他深刻的战略洞察力和历史概括力。近百年来中国现代建筑走过的路及其各种观点，都可以在图中找到轨迹。而且可以相信，在不久的未来，当中国的现代化达到一定程度后，中国建筑必然要召唤传统文化和民族精神，但不会是也不应该是历史的重演。

中国现代建筑的传统性与民族性的表达，需要跳出具体的形象，跳出习用的词语，在对中国传统建筑文化和审美意识进行深入的批判性（哲学意义上的批判）认识的基础上，要作抽象的思辨和精神的凝练，探索能和现代建筑艺术和审美意识契合的在精神层面上表达中国的建筑创作之路。做到：

"不是"：形象上、技术上不是；

"就是"：精神上、意境上就是。

王国维在《人间词话》中提到，

古今之成大事业、大学问者，必经过三种之境界：

昨夜西风凋碧树。独上高楼，望尽天涯路。

衣带渐宽终不悔，为伊消得人憔悴。

众里寻他千百度，蓦然回首，那人却在，灯火阑珊处。

探索中国现代建筑的传统性、民族性的表达，也需经过这三种境界。

（本文原载于《建筑学报》，2004年第6期，第20～23页。）

| 后记 |

2000年，我应罗马大学的邀请前往意大利作4周的学术访问。为此，我准备了一个讲演"BEIJING 100 YEARS：Modernization process of an ancient capital，Clash and blend of traditional and foreign cultures"（北京百年——一个古都的现代化进程，传统文化与外来文化的冲突与交融），展示了1900年以来100年间北京城市形态与建筑风格的演变，罗马大学建筑系教授们很感兴趣，且讨论热烈。

后来，我觉得要把中国百年建筑风格演变说清楚，只讲北京还不够，需要扩大。还有，百年间中国现代建筑形式风格一直围绕着中国文化的传统性和民族性如何体现和表达，就此问题我想表达我的看法和观点。于是做了题为"中国现代建筑的中国表达"的ppt演示文件，做了几次讲座。这篇文章就是根据讲稿写成的，发表在《建筑学报》2004年第6期。此后，我在许多场合做过这个讲座，其间对内容有适当的调整与补充。

增加了一些历史材料。例如，1900年以后，"官民一心，力事改良，官工如各处部院，皆拆旧建新，私工如商铺之房有将大赤金门面拆去，改建洋式样者。"[1]罗马教廷派驻中国的代表传教士刚恒毅说："建筑术对我们传教的人，不只是美术问题，而实是吾人传教的一种方法，我们既在中国宣传福音，理应采用中国艺术，才能表现吾人尊重和爱好这广大民族的文化、智慧的传统。采用中国艺术，也正是肯定了天主教的大公精神。"[2]梁思成先生对中山陵的评价："屋顶及门部则为中国式。祭堂之后，墓室上作圆顶，为纯粹西式作风。故中山陵墓虽西式成分较重，然实为近代国人设计以古代式样应用于新建筑之嚆矢，适足以象征我民族复兴之始也。"[3]"1929年'首都计划'提出：'要以采用中国固有之形式为最宜，而公署及公共建筑物尤当尽量采用'"[4]"1929年10月征集上海市政府设计图案时提出：'建筑式样为一国文化精神所寄，故各国建筑，皆有表示其国民性之特点。近来中国建筑，侵有欧美之趋势，应力加校正，以尽提倡本国文化之责任。市政府建筑采

---

1. 王槐荫：《北平市木业谭》，《北平市木业同业公会月刊》1935年第10期。
2. 傅朝卿：《中国古典样式新建筑》，天南书局，1993，第95页。
3. 梁思成：《中国建筑史》，百花文艺出版社，1998，第354页。
4. 国都设计技术专员办事处编《首都计划》第六章"建筑式样的选择"，1929。

用中国格式，足示市民以矜式。'"[1]等。

对1959年之后及"文化大革命"期间，补充了："其后的20年，先后经历了'困难时期''设计革命'（干打垒精神、低标准）、'三线建设'（散、山、洞）。'文化大革命'期间，除了广州的广交会建筑、北京外交用建筑等，没有什么重要的建筑。""'文化大革命'期间，出现了一股盛行的风气——形象比附和概念附会。建筑设计也出现'双塔七层寓意纪念二七'，头顶火炬象征'星星之火可以燎原'，南京长江大桥桥头堡'三面红旗'。成都拆除老皇城，建毛泽东思想胜利万岁展览馆，应用'数字隐喻'：三忠于、四无限、九大、二十三条、八一、七一、12月26日。"

在批判那些"丑陋建筑"之后，又写道："而许多建筑师本意上并不愿意这样，并不喜欢这些低俗的东西，但又不得不揣摩领导和业主的心思，投其所好，这实在是一种悲哀。"

删去关于"传统性和民族性的表达为什么会集中体现在屋顶形式和细部装饰上"的3段文字。

在"中国传统文化的批判性认识"小标题下，增写了："对中国传统文化研究，切忌把古代文献中的片言只语（或'格言'）拿到现代语境中，望文生义地做现代意义的演绎。"

删去了日本和中国传统文化比较的文字，增加了对中国传统建筑的批判性认识："中国传统建筑的建造几乎没有学者的参与，是工匠们完成的。尽管有工官制度，但官员的工作主要是民夫的征召、材料的筹备、工匠的管理。工匠的特点是技艺的传承，往往还是家族的传承，如数代为清宫营造工作的'样式雷''算房高'。加之中国传统社会的社会体制和意识形态的'超稳定性'，中国传统建筑有很强的传承性、稳定性、模式化，总体上看演进很慢，变化不大。""中国传统建筑的千年发展，从汉唐到清朝，审美和艺术方面呈现的是'退化'。从结构和斗拱的演变，屋顶和挑檐的变化，装饰和陈设的变化，审美品位和艺术表现从'高古'变向'低俗'，从'简约'变向'繁琐'，从'自然'变向'堆砌'，从'潇洒大

---

1. 上海市中心区域建设委员会编《上海市政府征求图案》，1930，第1页。

气'变向'刻板雕琢'"。

对于"风水",增写了如下文字：

"风水不是科学。今天有些人研究风水，认为风水是讲'人与自然和谐'，相宅选址具有生态学的理念，是科学。其实风水的那些东西都是农耕社会人们没有力量改造自然条件带来的限制，加之人们流动性小，几百年在一个地方居住，积累起来的对居住环境适应自然的生活经验。世界上任何一个国家，在农耕社会阶段都有类似的生活经验。这些当然有合理的成分。今天的生态学、气象学、地理学、环境科学、景观学和建筑物理学等对居住环境的研究远比风水深入和明晰。科学地研究风水并不等于风水是科学。风水是一种文化现象，更多地加入了迷信的色彩，尤其是堪舆术，讲的主要是'阴宅'，即坟地选址，荫佑子孙。古代正统的文人都不相信风水。

"风水堪舆术（以及其他迷信）利用了中国人追求功利和'宁可信其有，不可信其无'的处世哲学，把没有相关性和因果关系的事件联系在一起，作个性的（而不是普遍性的）解释。与巫术近，与宗教远。

"区分迷信与宗教并不难：凡是以一时、一事、一己之利而祈求超自然的力量（相信神灵、法术和仪式），那是迷信；而宗教是一个人一辈子的心灵上的信仰。"

在近几年的讲座中，增加了对北京3座外国建筑师设计的建筑——国家大剧院、CCTV大楼和奥运会主场馆"鸟巢"的评价。并讲到自己与安德鲁和库哈斯的接触与谈话。

库哈斯在清华座谈时说："我的设计是根据中国国情设计的。"他还说过："我们给你们的，就是你们中国想要的。""我如果在欧美设计一个电视总部大楼，不会这样设计。""但是你们中央电视台是要代表中央的，代表国家的，要有代表性，要雄伟，要宏大。我的方案很满足你们的要求。"

我向他发问："众所周知，悉尼歌剧院作为歌剧院功能并非很好，结构不合理，预算超了好多倍，工期拖了十几年，但它是20世纪杰出的建筑。库哈斯先生，您是否想在北京建一个类似悉尼的悉尼歌剧院这样的建筑？如果您回答是，您要接着回答，北京需要不需要；如果您回答不是，那您要回答，为什么结构如此不合理，造价如此之高。"

他想了一会儿，回答说："不是，也是。"他说："北京作为一个世界著名的历史文化名城，已经有了代表北京的标志性建筑——故宫、天门广场、长城，不需要新的，就像巴黎、罗马，不需要。……但CCTV大楼建在北京CBD，在CBD几百栋高楼中，我就是landmark，与其让别人做，为什么不让我做！"

讲座最后，还举出一些我认为比较好的案例：姚仁喜的台中"养慧学苑"，李晓东的"丽江会馆"和"桥上小学"，周凯的"冯骥才文学馆"，严迅奇的"上海九间堂"，还有万科第五园。对澳大利亚建筑师设计的台湾日月潭"涵碧楼"我写道：

"为什么一个外国建筑师可以设计出这样一个既现代又很具中国传统文化意境的建筑呢？因为他首先是一个很好的现代的建筑师，有很好的建筑学基本原则的造诣和现代审美、现代设计的品位。当他跨文化来到异国他乡，能够敏锐地找到中国传统文化精神中那些可以和现代审美品位、现代设计理念相契合的因素和意境，融合到他的设计中。倒是中国人自己，身在中国传统文化中，往往被纷繁复杂的表象所左右，对于泥沙俱下、林林总总的传统'遗产'，良莠不辨，难以适从，不能从传统文化中跳脱出来。企图用'形象比附、概念附会、谐音转义、数字隐喻'等手法在建筑设计中来表现中国传统，结果落入低俗的套路。"

如何在住区建筑设计中防止疫病传播

去年的 SARS 疫情,影响了全世界,今年春季我国又出现了局部的 SARS 感染。如何防止和控制社区感染,已经成为 SARS 疫情控制的重要方面,住宅社区疫病控制的关键环节是如何在住宅建筑设计中重视防止 SARS 传播途径的控制。开展这方面的研究不仅对 SRAS 疫情控制有意义,也是对未来可能发生的突发传染疫病的未雨绸缪,利国利民。

本文讨论的传播途径是物理途径,如空气、水、垃圾等,不涉及动物途径,如蚊蝇、老鼠、蟑螂等。

一、病源散播病毒的方式

造成社区感染的原因,首先是社区有传染病源出现,病源可能是人,也可能是动物,但继发感染的,病源是感染病毒(菌)的人——病源者。病源者可以是发病者,也可能是未发病的带毒者。病源者向其周围环境散播病毒,散播方式有:①呼吸、咳嗽、打喷嚏把病毒附着在飞沫上,飞沫排到周围空气中,悬浮在空气中,喷落到物体的表面上;②病源者的排泄物,如痰、呕吐物、粪便、尿等,滑落到物体上,进入污水系统,进入污物系统,雾化微粒进入空气中;③病源者的身体(主要是手)接触到周围物体,把病毒沾污到物体上;④病源者的衣物和丢弃物带有病毒。

二、住区建筑中的传播途径与相应的预防控制措施

病源散播在空气中、污水中、物体上的病毒在建筑环境中通过接触途径、空气途径、通风和空调系统、污水系统、污物系统等途径传播给被感染者。

1. 传播途径

病源者与他人处于同一空间，如家庭内，电梯轿厢，走廊、门厅、卫生间等公共空间，办公室、教室、会议室等人员集中的空间等。病源者与他人处于同一空间，尤其是小房间中，无法切断空气途径，也难以切断交叉接触，所以具有很大的传染概率，尽早发现和隔离病源者是最重要的。

2. 住区环境中可以采取的预防控制措施

首先，通过自然通风（开门开窗）和机械通风，向房间送入大量干净空气，增加换气次数，以降低室内空气中的病毒浓度。

其次，在人员位置固定的小尺度公共空间，如商住两用办公室等，采用个体送风系统；在大尺度公共空间采用分区送风系统。

再次，在公共空间减少交叉接触，如电梯按钮、门把手、水龙头开关、楼梯扶手等都是交叉接触物体，有条件的可采用非接触的感应装置，开发有自消毒功能的材料用作面层也是一种途径。

最后，住宅内的房间若有充足的日照，可利用太阳光的消毒作用，降低病毒浓度和活力，减少传染概率。

SARS 的流行使大家认识到，良好的自然通风和充足的日照是建筑设计和住区规划需要高度重视的问题，也必然会成为住房者和购房者重点关注的问题。

3. 建筑师需要认识到的关键问题

首先，应注意到含有病毒的空气从病源者所在的房间进入建筑物内其他的房间。病源房间中含病毒空气通过风道（如卫生间、厨房的风道）和机械排风系统排出房间。排出的含病毒空气如果全部进入室外大气而被稀释到一定程度和一段时间后病毒会自然死亡，则不会发生社区传染；但是排出的含病毒空气有途径进入建筑物内其他的房间，则可能造成交叉感染。

其次，应注意到通过近距离相对的门窗。在建筑物内，近距离相对的门是一个空气通路；在高层塔式住宅中，布置在窄缝天井中相对的和布置在凹角处相邻的两户窗子也是一个空气通路。如何切断这种空气通路，需要改进住宅的平面设计，避免相邻住户门窗近距离相对；通过自然通风设计，并可通过流体动力学模拟，保证住户间不发生串风。

最后，通过建筑物中的连通空间。内天井式多层住宅的天井、建筑中的围合式中庭都形成了其周围房间空气连通的途径，为了防止交叉感染，需要保证天井和中庭空间的负压，使开向天井和中庭的窗都处于排风（气）状态。对于顶部封闭的中庭，可以设置排风装置以保证整个中庭空间的负压状态；但是对于多层住宅的内天井，天井中的气压和空气流动状况，既和天井的形态（大小、高度、底部开口等）有关，也和室外当时的气象条件有关。

4. 通过公共风道污染的问题

我国目前有不少多层和高层住宅，各层的卫生间和厨房通常有公用的垂直风道，住户经常抱怨的"串味"就意味着户与户之间的空气是串通的。特别是无窗的暗卫生间，病源者使用时，会形成高浓度的含病毒空气，若再通过排气机（扇）以较高的正压（强）排入公用风道，就有可能"串入"别家的卫生间。这种公用的垂直风道一定要保证对任何一户的排风口处均为负压状态，不管其他多少用户正在使用排风机，外部气象条件有何变化，都应该保证。这对公用风道设计和施工是很大的挑战。目前，采用在公用垂直风道顶部设置公共的机械排风装置，是一种可靠的解决方法，但涉及费用分摊和维护管理的问题。

5. 通过集中式空调系统传播

在住宅中如果集中空调有回风系统，各个房间的回风被混合，若没有彻底杀灭病毒的保证，那么再循环使用，送往各房间时，必然造成交叉感染的隐患。研制和采用高效可靠的回风消毒措施，并保证良好稳定的运行管理，是必要的。采用全新风系统，可以从根本上杜绝回风交叉，但如何回收回（排）风的能量（冷量或热量）是需要解决的技术问题（关于空调系统的防 SARS 问题，暖通空调专业界已经提出了许多研究报告）。

6.病毒通过污水系统传播

如果病源者的排泄物和洗涤物中的病毒被排入污水系统，可能会通过一些途径造成交叉感染。病源者冲厕和洗浴可形成雾化的带病毒微滴，悬浮在空气中，通过空气途径传播（上面已讨论）。污水系统堵塞和泄漏。这是一个维修管理问题，属于物业管理的范畴。卫生器具排水端口的存水弯和水封的失效，尤其是地漏的泛臭和反水问题，特别应该引起用户的注意与防范。

7.空调风机盘管冷凝水的排放

住宅房间内的空气在被风机盘管循环降温时会在盘管表面析出冷凝水，病源者所在房间空气中的病毒就会进入冷凝水。在旅馆中风机盘管冷凝水通常直接排入卫生间的污水系统，但在住宅和许多办公建筑外墙上安装的分体空调，风机盘管冷凝水往往是随意排放的，这是一个潜在的交叉感染途径。在一些事先设计好分体空调室外机组位置的住宅楼上，有时也设置了收集冷凝水的立管，但立管的末端往往如同雨水立管把冷凝水排在散水上，需要改进，应改为把冷凝水排入下水管道，这样较为安全。

8.通过污物途径传播

集合住宅，尤其是高层住宅的家庭生活垃圾的收集是一个一直没有很好解决的问题。以前多层住宅的垂直垃圾道，许多地方都把它封掉了，高层住宅在每层设置的垃圾间也往往被封掉，应该说这些是适合我国现有城市居民生活方式的，对改善卫生状况和防止交叉感染有一定作用。但将生活垃圾收集改为住户自装垃圾袋自送下楼的方式也存在问题：做不到使用专用垃圾袋，大多使用废弃的塑料袋，无密封性可言；高层住宅在一定时间段内（早晨）许多人提着垃圾袋挤在电梯内，堆积在楼下的垃圾如不能及时清运，或有住户错过了清运时间扔下垃圾，都会造成污染。

三、住区规划中的防疫考虑

从 SARS 的暴发的情况看，其主要发生在大城市。而香港发生大规模社区感染的淘大花园又是居住密度极高的住区，这就首先引发了住区的建筑密度、人口密度与 SARS 传染的关系问题；其次是建筑体形、布局、间距等与 SARS 传播的关系问题；再次是预防疫情的分区问题和出现疫情后的隔离问题；最后是城市生命线系统（供水系统、污水系统、防疫物资储备等）和城市应急系统（信息系统、通信系统、指挥系统等）的安全保障问题等，这些都是需要在住区规划中考虑的。

1. 居住密度问题

疫病在社区中的传染是人与人之间的传染，从统计学上讲，居住密度大，势必造成交叉感染的概率和疫病发病的风险大，但具体的被传染了的个例，都有确切的传染途径。在一次有北京、上海、香港、成都四地房地产商、经济学家和建筑界专家参加的电话会议上，香港方面对淘大花园社区感染的原因是居住密度大持谨慎的保留态度，认为尚没有足够的科学证据。经济学家樊纲也提醒注意"人口多土地少"是中国的国情。所以，需要从流行病学、公共卫生学、卫生统计学出发，结合历史经验和事例调查，做出疫病风险评估，再结合经济学分析和国情与社会分析，根据住区规划的原理和措施，将决策建立在较为坚实的科学基础上。

2. 社会心理问题

问题的另一方面是，SARS 所引起的住房消费人群的社会心理的变化。SARS 在大城市肆虐、在人口密度大的社区暴发和近距离接触传染的事实，加之媒体和小道消息的渲染，就像 SARS 所引起的社会恐慌心理一样，SARS 对居民的住房消费心理和房地产商的销售心理都会产生很大的影响，从而发生变化。其中有理性的成分，也有非理性的成分。SARS 流行以来，郊区别墅（独立式住宅）、Town House（联排式住宅），低密度住区，"板式"住宅楼等都热销，反映了购房者对低密度、新鲜空气、充足阳光、良好通风的认同。

3. 住宅建筑的体形、布局和间距

值得注意的是，住宅建筑的体形、布局和间距与气象条件（风向、风速、气压、日照、气温等）共同作用，会影响到传染病在建筑和住区中的传播途径。高层住宅的窄缝天井和内天井多层住宅的问题在上面已提到，板式住宅比塔式住宅具有更好的日照和自然通风，行列式布置比围合式布置有更通畅的场地通风等是很容易理解的，问题是与其他考虑（利益、景观等）的综合权衡，在经历了 SARS 以后，人们对阳光和空气的权重可能要加大。在住宅区规划的评估和审议时，应该进行日照、通风和室外风环境的预测和评价。

4. 分区与隔离

如同应对火灾，为了防止火灾发生后的蔓延，建筑防火规范中有防火分区和隔离的要求，对于疫病的传播和蔓延，也有分区和隔离的问题。这与在传染病医院中，病员对象和位置已知的分区与隔离不同，住区中出现病员是预先未知的，出现的地点可以在住区的任何地方，所以必须在规划设计时对整个住区做防疫分区，分区的大小和人口规模如何确定，是否分级，空间地域分区与系统设施分区的关系，分区间的隔离间距和隔离设施，被隔离区域的供给和通信等目前都缺乏成熟的经验，需要开展研究。

值得注意的是，包括 SARS 在内的传染性疾病的流行，已经对建筑设计和住区规划提出了许多以前未曾注意或未曾重视的问题，需要认真地调查研究和总结经验教训。就 SARS 而言，有许多基础数据还没有掌握，如病源强度、可能造成感染的阈限浓度、病毒在体外环境中存活的时间及影响因素等，以及社区感染的实例资料。这些基础数据和资料都和建筑防疫设计有关，这就需要建筑和规划人员与公共卫生和流行病学的专业人员密切合作，需要不同领域和部门之间信息资源共享，大家共同努力，为应对突发公共卫生事件，应对未来可能发生的传染病暴发，建立建筑设计和住区规划的预防及控制规范和技术措施，来保障住区群众的居住安全。

（本文原载于《住宅产业》，2004 年第 7 期，第 85 ~ 87 页。）

不仅讲"素质""能力"，还要讲"气质""修养"

夏去秋来，清华园又迎来了一年一度的新生入学。这些新生都是全国各地的高中毕业生通过高考，被高分录取的，其中许多省、区、市（25个）的理科高考"状元"和前十名的70%进入清华，真可谓"天下英才尽揽"。这些精英将在清华开始他们4年的大学本科学习，问题是清华大学如何来教育和培养他们。今天，我们已经不把大学教育仅仅看成是知识传授和专业教育，而是讲"素质"教育——高素质、全面素质、综合素质等；讲"能力"教育——创新能力、研究能力、组织和交往能力等。

但我觉得大学教育光讲"素质"教育和"能力"教育还不够，不仅要讲"素质"，还要讲"气质"，不仅要讲"能力"，还要讲"修养"（科学修养、人文修养、艺术修养、道德修养）。只讲"素质""能力"还是有些功利的目的，是为了将来"做事"，而讲"气质"和"修养"是"为人"。我们当然希望清华毕业生将来能成为"学术大师、治国英才、兴业之士"，能做大事。但是不是能做成大事，还有机遇和环境因素，不一定人人都成大事。然而哪怕有的人可能"事业无成"，也还是一个"落魄的君子"呢。

其实"为人"的教育是将来"做事"的基础，精英教育更应如此。在英美国家，气质和修养教育在中学就予以重视，尤其是像英国的伊顿公学等名校和美国东海岸新英格兰的私立寄宿学校，在其精英教育中，更是把气质和修养教育放在十分重要的地位。而中国现在的中学教育是"应试教育"，这些高分被录取考上清华的学生，一方面未必在"为人"方面也高于他人，另一方面也没有受到相应的精英教育，这个课需要在大学教育来补。

然而，长期以来，中国的大学教育却没有把气质和修养教育自觉和明确地提出，尽管像"文化大革命"中以"大老粗"为荣的现象一去不返，但社会还没有完全从对"气质""风度""修养"的误识（认为是贵族化、封资修、象牙塔、脱离大众）的禁锢中摆脱出来，不敢理直气壮地提大学生应该是"君子"，是"淑女"。

大学生们一方面没有受到良好的气质和修养教育，另一方面却受到格调低俗的商业文化和流行文化的影响，行为举止追求的是"帅哥""靓妹"，言谈话语（尤其是在网络上）受到港台电影和"痞子文化"的影响。再看社会上受过大学教育的人，从知识层面上看大多符合"知识分子"的称谓，但从气质和修养来看，许多人却让人不敢恭维。现在各级政府领导大多数已是大学毕业，硕士、博士也为数不少，但在城市建设中（因为我的专业是建筑学，所以从这方面来谈），一些领导干部由于缺少历史文化和艺术审美修养，以至于出现种种怪象，如铜钱形的大楼，"福禄寿三星"的象形旅馆，把巨大的金元宝供在山顶，要在神女峰下盖百米高的神女像（与美国自由女神像比一比），要在漓江上建万国桥（世界各国著名大桥的缩尺模型），等等。而拆毁历史文化古迹和破坏自然生态环境的事例在全国更是比比皆是。还有，近年来"风水堪舆""命相星座""口彩谶语"在全社会泛滥，这些在封建社会里的传统文人都嗤之以鼻的东西，却被今天许多受过高等教育的人诚惶诚恐地相信。由此可见，学过现代科技知识的人，并不意味着就有了科学修养。如何培养学生的科学修养，是大学教育值得深入研究的问题。

气质和修养的教育是否会套用一个模子，会限制学生的多样化？我看不会，就拿气质来讲，因为个人性格、背景与际遇不同，气质可以是质朴（而不是粗俗）的、高雅（而不是高傲）的、平和（而不是平庸）的、率真（而不是矫情）的、有内涵（而不是城府深沉）的、精明（而不是狡黠自利）的，等等。

实行气质和修养教育，除了要为学生开设一些人文、艺术等的课程之外，主要是讲"熏陶"和"养成"。"熏陶"包括校园环境的熏陶、校园文化的熏陶、校园风气的熏陶和学校传统精神的熏陶等；"养成"包括教师的为人师表教书育人、校纪和校规的约束、班集体的建设、文体活动和社团活动的开展、思想政治工作等。清华大学在上述方面有很好的条件和优良的传统，实际上在气质和修养教育上也在不断进行着，现在需要的是明确地提出这个问题和育人目标，有意识地和进一步地去做好这件事情。

（本文原载于秦佑国、顾淑霞：《慎思笃行 钟情教学》，《新清华》2006 年 6 月 2 日第 4 版。）

| 后记 |

1996年9月—1997年3月，我在哈佛大学做高访学者。MIT与哈佛相距很近，我常去那里，其间又去了耶鲁、普林斯顿、西点、伯克利、斯坦福等名校。还去了Wellesley College（韦尔斯利学院），这是美国著名的女子学院，地处波士顿远郊，有悠久的历史，美丽的校园，优雅的艺术博物馆，有典雅的历史建筑，也有著名建筑师设计的现代建筑，尤其看到学生的举止和气质都很优雅。对比之下，我感到中国现在的大学教育似乎缺少了些什么。2000年10月，我又去美国访问，不只是又去了康奈尔、宾夕法尼亚、霍普金斯、弗吉尼亚等大学，还去了在New Hampshire（新罕布什尔州）的几所私立寄宿中学，感受更强烈。我觉得中国大学教育缺少"气质和修养"方面的教育，于是在建筑学院的新生入学典礼、学生座谈会等场合谈这个问题。2002年12月，我写信给李岚清副总理和教育部，信的第二条意见中写道："（本科教育）不仅要'素质教育'，还要'气质教育'，不仅讲'能力'，还要讲'修养'（科学修养、人文修养、艺术修养、道德修养）。"2004年在学校暑期干部会的讨论发言中，我又谈到这个问题，《新清华》约我写一篇文稿，10月刊登出来。

此后，我在校内外许多学生座谈会和讲座上谈这个问题，并做了补充：

清华校长梅贻琦在"大学一解"中说："西洋之大学教育……其本源所在，实为希腊之人生哲学；而希腊人生哲学之精髓，无他，即'一己之修明'是已。"他又提到，《大学》一书开章明义之数语即曰："大学之道，在明明德，在新民，在止于至善。"他谈到"明明德"时指出："学子自身之修养为中国教育思想中最基本之部分。"[1]

把原文中"行为举止追求的是'帅哥''靓妹'，言谈话语（尤其是在网络上）受到港台电影和'痞子文化'的影响"删去，改写为："大学生们一方面没有受到良好的气质和修养教育，另一方面却受到格调低俗的商业文化和流行文化的影响。教育和教学又过于专业化，缺乏文理（Art and Science）通识教育。以至今天许多受过大学教育的人，只能被称为'专业人士'，而不是'知识分子'，

---

1. 梅贻琦：《大学一解》，《清华学报》第十三卷第一期，1941年4月。

或只是'知分子'不是'识分子'。"

| 增写 |

"学生自己应当有意识地在气质和修养方面要求自己，培养自己。例如，不要过分追求时尚和流行文化，王尔德说过："Fashion is usually a form of ugliness, so intolerable that we have to alter it every tow months."[1] 不要迎合低俗的审美趣味，不沉迷于网络游戏和聊天，不要过分看重物质和金钱，在气质上追求雅气、英气、才气、大气和正气，尤其是正气。要提高自己的人文修养、艺术修养、科学修养和道德修养。要多读书，要多游历，读万卷书，行万里路。要懂得'享受人类的文明'。"

"再有教师的为人师表。说到对教师的评价，今天都在想这个教师工作是否勤奋、有多少科研项目，有什么成果、发表了多少论文。但是我觉得这还不够，还必须显示出你的人文、艺术、科学修养和人格魅力。今天，我们很多教师确实在自己的专业领域里面是出色的专家，但是一出他的专业范畴，就没有了像新中国成立前清华、北大那些名师们的大师风采。大学教师要以人格魅力、学术修养和精神风度，给学生启发、熏陶和感染。"

"要大力宣传和发扬清华的人文传统。校训'自强不息、厚德载物'正是来自于梁启超1914年在清华以《君子》为题的讲演。后来，他成了清华国学研究院的导师。国学研究院的另一个导师王国维的'三境界说'：

"昨夜西风凋碧树，独上高楼，望尽天涯路；

"衣带渐宽终不悔，为伊消得人憔悴；

"众里寻他千百度，蓦然回首，那人却在，灯火阑珊处。

"这应该作为清华人治学的传统。而陈寅恪为王国维纪念碑撰写的碑文结尾'惟此独立之精神，自由之思想，历千万祀，与天壤而同久，共三光而永光'中之'独立之精神'和'自由之思想'更应是清华学人的人格和精神的追求。"

---

1. 出自王尔德小说《道林·格雷的画像》。

结尾，附上我于2009年8月写的一首诗：

清华园游人

清华校园，每逢假日，游人如织，二校门前、清华学堂、大礼堂区照相留影者熙熙攘攘，然近旁王国维先生纪念碑前甚少有人（图1）。

二校门前客如篱，学堂礼堂入相机。

不知清华精神在，静安碑下人影稀。

图1　王国维先生纪念碑

从建筑的安全谈开来

——访清华大学建筑学院秦佑国教授

采访：方晓风、肇文兵、赵华

访谈整理：肇文兵

编者按：今年春天，由央视新址的火灾引发了一系列讨论，关于设计与安全的问题突然显得重要起来，《装饰》杂志这一期的特别策划也由此产生。借此机会，我们特别走访了清华大学建筑学院的秦佑国教授（图1），请他从建筑的角度为我们讲述建筑与生命的安全如何得到有效保障。

图1　秦佑国近照　摄影：朱亮

《装饰》：这一期特别策划是由央视新楼火灾而引起的各方面讨论，我们请了不同专业的专家从自己的领域来讲一讲设计与安全的问题。希望您从建筑的角度来谈一谈设计与安全性的问题。

秦佑国：安全问题当然是一个大问题，尤其近些年出过几次大的事件以后。比如：汶川大地震，房子垮掉很多，尤其是学校砸了那么多人，自然就提到了抗震问题，这是和安全有关的问题；还有"9·11"事件，大楼被撞塌，这是恐怖事件；然后，这次央视大楼又发生火灾，虽然没有造成很多人员伤亡，却引起了很大关注。其实真正大的火灾还是克拉玛依礼堂那次大火，死了300多名学生，还有一次是洛阳的歌舞厅大火，也死了 300 多人。其实还有新奥尔良的飓风、美国龙卷风等，都会对建筑的安全带来威胁。所以，所谓的建筑安全问题，也可以叫作"建筑防灾"。我为低年级学生上的一门课"建筑与技术"，有一节就是"建筑防灾"。所谓"安全"，也就是由于突发事件而引发的安全问题，"突发"的"突"字，说明了灾害有一个特征，就是从时间分布上来说它是一个偶发事件，而不是经常出现的；还有一个是空间特征，（灾害）是不是一定发生在你这儿？不同的事件有不同的情况，例如台风，在时空上来讲是年年有的，但不是天天有，所以还是属于偶发，但是它发生的地域还是有限定的；再说地震，你的房子在断裂带上，那早晚会有（地震）发生的，但是哪一天有，这个又说不定。

再谈到火灾。火灾的发生，在时间和空间两个方面都是不确定的，没人知道哪个房子在什么时间会着火，这就是火灾最大的特点。对于像火灾这种在时间和空间分布上都不确定的小概率事件，如何来应对？实际上，从技术上讲，当然是做得越牢固越好、越能防火越好，但是那要花钱的呀，所以，建筑消防问题是有很多方面需要考量的，这不完全是一个纯技术性的问题。对于火灾事件、安全问题，第一就是管理，所有这些火灾的发生大都是管理上出的问题。比如，这次央视大楼发生火灾，完全是管理问题。你不能回过头来怪人家用了外墙保温材料，保温材料大家都用，但是谁叫你在那个时间、那个地点放焰火了呢？还是没有管理好，所以火灾最大的问题是管理。当然，在设计里也有消防规范，而且我发现中国的消防规范最严格，好多在国外的建筑设计中可以做的事情，在中国都不能做。这里面有个理念的问题，就是对于火灾这样的小概率事件，我们采取的方针是以"个体的严格防护"来防小概率事件，这样全社会的成本是很大的，个个都穿上防护衣去防止那个"可能"发生的小概率事情，但是火灾的发生并不完全取决于你的消防等级和消防设计。举个例子，过去农村住草房的人家很多，里面还用的是明火，天天晚上点油灯，灶里烧柴，全是明火，按今天的标准来说，这都是不符合消防规范的，但是谁见过农村的房子到处着火呢？在我小时候的记忆里，方圆多少里就没有见过着火的草房，那他们靠什么呢？就是靠管理。什么管理？因为老人会告诉小孩别玩火，还有睡觉前检查一下火，再有村里面打更的人也会敲着梆子喊："小心火烛！"所以以前的农村是靠这些方式来防火的。到了现代社会,出现了"保险"，因为小概率事件发生的概率很小，如果我用火灾保险的办法，那么如果谁家"中了"概率，着了火，虽然他的损失会很大，但是保险公司会给他赔偿，这样就可以"适当地"减低消防规范要求，全社会的成本也就降下来了。还有，严格个体防护投入的资金是"死"资金。比如灭火器，一年要更换多少，要花多少钱，请问那些灭火器中有几个真正用到的？当然，不是说不要装灭火器，而是说这是"死"资金，但是你的买保险就是"活"资金，保险公司从大家那里拿到的钱是要运作的，是要投入、要钱生钱的。其实在保险这个问题上，汽车保险体现得最清楚。汽车有等级高的，比如奔驰汽车是撞一下也不怕的，也有不经撞的，各个等级的车都可以上路，但前提是你要买保险。所以对于火灾这件事情也一定要建立一个全社会的保险制度。比如，美国的木结构小住宅，按我们中国的消防规范都通不过，因为它们是全木结构的、地下室还有锅炉和一堆东西，但是所有的这种住宅都必须要买保险，不买保险就不准出让和出售。所以对于火灾的防范问题，显然不是一个简单的技术问题，它是一个社会的系统问题。

还有一个就是防盗问题。你看中国现在到处都是防盗栏杆，家家户户窗子上都装这个，实际上这是很不安全的做法，一旦发生什么事情，里面的人跑不出去。本来是防小偷的，结果对住户来说，在发生突发事件的时候，逃生就成了问题。其次，这个社会有多少小偷是由社会状况来决定的。例如，在以前的农村，路不拾遗，家家户户也不锁门，因为当时人际交往没有那么复杂，家里也没有什么好偷的，再加上民风淳朴，所以几乎就不存在这个问题，但是现在的社会就不一样了。所以小偷的多少是和社会状况相关的，如流动人口等因素，实际上也存在一定的概率。如果大家都不装防盗栏杆，那么大家面对的概率是一样的；如果大家都装上栏杆，概率又都相同了，小偷没减少，只是增加了小偷的一把钢筋钳子。当然，人们的一种心理就是他家装了我家就危险了，所以一旦有人装，大家就都装了起来。其实大家都不装呢，（偷盗）还是等概率的。当然装上栏杆以后大家在心理上有个安慰。

还有一些安全问题，包括风灾、地震，还有洪水，这些灾害在地域上是有明确分布点的。比如，地震带、美国的龙卷风的地域性都很明确。但是，像地震，什么时间会出现一次呢？洪水，还有百年一遇的情况，所以，十年一遇、百年一遇就表示大致十年、百年才会出现一次这样的灾害。像这种情况就要和建筑相配合，例如这个地区在地震带上，那建筑就要有防震等级。这次汶川地震表现得非常明显，凡是按照这个地区的地震设防要求做了设防设计和施工的建筑，只要做到位了，基本没有伤人的。地震设防标准里面有一个最重要的要求就是：减少人员伤亡，这是目前最值得关注的，而并不是说要设防到这个房子在地震之后没有被破坏、还能用，这个要求就太高了。不是说不可以这么做，比如说生命线工程——城市供水、城市供电、存放危险品和放射性物质的建筑当然需要抗震等级高一些；但是一般的房子，主要就是以减少人员伤亡为标准，做到大震不垮、中震不修、小震更没什么问题。这次汶川地震中坍塌的房子大都是抗震设计有问题的房子。还有一个抗震的问题，就是"次生灾害"。例如，"东京大地震"中当场被震死的没有多少人，多数的死亡是火灾引起的。所以就出现了地震之后的处置问题。这个问题在建筑上就很值得一说，即在城市中心，无论建筑密度多高，一定要规划有避难地，还有一些特定的建筑等级要提高。比如，日本是一个多地震国家，他们对中小学和体育馆的抗震性要求比较高，一个原因固然是重视中小学生的生命，但还有一个非常重要的原因就是一旦发生大地震，学校是停课的，学校的教室和操场是可以用的，所以学校在停课期间是一个比较好的救助场所，因此要把学校的抗震提高一个等级。还有一个就是体育馆，一是因为体育馆空间比较大，另一个原因就是体育馆是木地板，被子一铺人就可以睡了。这次汶川地震中，绵阳体育馆就起了作用，这个体育馆的抗震要求就做到了。所以，这些事情都不是一个技术性的问题，而是一个综合考虑的问题。还有以美国的龙卷风为例，如果龙卷风经过你的住宅，建筑完全不垮那是不可能的，对于这样的小概率事件，也不可能花费十分昂贵的成本去抗拒它，但是有一条就是要保证人要活下来，生命不要遭到损失。这些住宅都有一个地下室，顶盖是钢的，人钻进去，扣上盖子，等龙卷风过去，房子没了，人却平安无事。这个靠的就是一套气象监测、预警系统，通知龙卷风可能经过的居民区让他们提前做好防范，人就可以保住生命，而房子的损失就由保险公司来赔付。

《装饰》：我们国家的一些保险公司好像对这样的事件不给赔付，因为算是

"不可抗"因素造成的。

秦佑国：这就不对了。对于小概率事件，要求大家投保，保险公司是赚钱的。因为这个是"小概率"事件，保险公司就是要研究这个概率的问题。实际上你投保，保险公司就要来关注你的住宅，所以在很多国家，消防的检测是由保险公司来管的，而我们是由政府机关、消防部门来管，这个是有差别的。因此，理念要有所改变，才能够有效地减低消防的社会成本。

还有一个涉及建筑安全问题的就是战争。现代战争的理念变化了，现代战争的武器变化了，一场战争打下来死不了多少人，不像以前一个战役就会死上万人。现代战争是不以消灭平民为目标的，一般情况下也不会大规模地破坏民用设施。所以，如何应对战争条件下的建筑设计要求，这个理念也要改变。以"人防"标准为例，在现代战争条件下如何考虑民用建筑的人防设施，设计看在这个时候就要考虑两个问题：一是重要的建筑要防止被袭击，等级要大大提高，主要的技术和资金要用到这些建筑上；二是大量的民用建筑就应该放宽人防标准。而对于恐怖袭击，在建筑设计上还很难有办法来防护，只有靠安检来预防了。

还有一个涉及安全的问题就是"群体事件"，我所说的"群体事件"是指由于人群拥挤所造成的踩踏事件，最典型的就是麦加朝圣，几乎年年都有踩踏事件发生。在这个事情上，就是活动的组织问题，要有相当有力的管理措施。

所以说起安全问题、突发事件，所牵涉的面很广。对于小概率事件要有一个度的把握，要找到一个平衡点，当然只依靠管理而完全掉以轻心地搞建筑设计肯定也是不行的。

《装饰》：在当代的建筑设计中，哪些建筑的设计手法或建筑材料存在很明显的安全隐患？

秦佑国：在建筑的安全问题里面，无论地震、火灾，最重要的就是发生灾害后人能够跑出来。也就是要有效地疏散，在有限的时间里面把建筑里的人群疏散出去。逃生时间是最重要的，而逃生时间就取决于建筑结构在受灾的时候，有没有保持结构不坍塌的一段时间，这个最重要。其实地震中就是这样，只要在逃生时间之内建筑结构不坍塌，人就能跑出来。在火灾中，钢筋混凝土、砖混结构都不会在起火后很快垮掉；木结构建筑也不会马上垮，尤其是结构木材，因为着火以后木的外面形成了一层炭，这层炭会保护里面的木核不会很快坍塌；反而是钢结构比较容易垮，因为在高温下钢容易软化，它承载不了那么多荷载就坍塌了。所以高层建筑结构里面的防火，最重要的就是做好钢结构的防火保护层。火灾中还有一个逃生难点，就是火灾发生以后产生大量的烟，很容易使人窒息，因此建筑设计中对烟的控制也是利于逃生的重要一点。

对于如何防火，我有一段文字可以说得很清楚。第一，火源控制，最容易着火的就是电器。比如，洛阳大火中就是电焊的火花掉下来把聚苯点着了，克拉玛依大火就是演出中那个高温的灯引起的，而这一次（央视）大火是焰火引起的，所以控制火源是第一位的。第二，一旦着火了，就要有监测跟上，比如烟感监测和自动喷淋。第三，建筑材料要不燃或阻燃。第四，如果火真的着起来了，就要用消防分区来防止火势蔓延。例如，徽州民居的马头墙就可以防止火灾从这一家传到那一家。第五，还要有消防器材，同时，所选的建筑材料在燃烧时不要产生太多化学烟气，建筑还要有好的排风通道、防火门及疏散通道，还要有疏散距离、疏散标记、应急照明等。第六，要保障消防供水设施，以及消防通道、消防间距等。其实只要按照这样的思路做，消防设计就不会有遗漏。

对于超高层建筑的要求就更高了，超高层建筑中间还要设计一个避难层。超高层建筑最大的问题就是垂直交通，火灾的时候电梯是停止使用的，所以高层建筑的结构在垮塌之前就需要更长的维持时间以保证人员能够疏散下来。而这次的央视大火，其实是管理问题，这座建筑的外保温材料没有做好防护，施工还没有完成，如果做好了防护则不会着火。施工中间发生火灾的建筑很多，就是因为施工期间对火源控制太差，电焊火花引发的事件有好多起，点燃的都是保温材料。当然，消防设施年久失修也是原因之一，失火的时候用不上，所以这里面也有矛盾，要是你天天维持着，在这等着火灾也是等不来的，所以这个事情中最重要的是火源管理。还是要找一个相对的平衡，因为没有绝对的安全性。有的时候你会觉得这种大楼的安全性应该很好，可我们老家的草房也没着过。再比如棚户区，如果棚户区着火，那就是一大片，但是很多棚户区几十年也没着过火，这个怎么解释？

其实，不同的理念很不一样，例如对洪水，也有另一种观点，但是这个观点有可能在国内很难接受。不是说要防百年一遇的洪水吗？也就是说大致上要等很多年才会出现一次很大的洪水，结果我们年年加固堤防，所花的钱也不少，因此有的国家也提出一个理论：比如说那里是农田，而不是大城市，就让它淹一次，但是要保证人的生命（安全）。因为现在的气象预告、水情预告还是比较准确的，这样淹一次，实际上也是维持生态（的平衡）。自然界本来就是这样的，尼罗河三角洲当年就是靠河水的泛滥才得以发展了伟大的农业文明。所以，只要人活下来，这样做就是恢复生态，这是一种观点。例如，湖北有一些沿长江边上的小镇子，年年都要被水淹，一层楼多多少少都要被水淹，但是当地的居民没有人搬走。他们每年都有应对的措施，水来了，人就住到楼上去，（交通）就用木船，为什么呢？就是因为这里的人过的是码头生活，他们是靠长江航运来生活的，所以大水来了，财产放到二楼，人也搬上去，房子也不会垮掉，水落了人就下来，把淤泥洗洗干净，马上又开市了，甚至有水的时候也开市，船一过来，照样买菜、照样生活。所以还是要因地制宜，根据生活条件、社会条件来考虑防洪问题，这就是一个很大的决策性问题了，不是一天两天能做出决策的。

《装饰》： 中国古代治水史上有一个"贾让三策"，是一个叫贾让的人提出的三条治水措施，里面最重要的一点和您讲的这个观点有些相似，就是说洪泛区要控制好，那些容易被水淹的地区就不要去建设它。

秦佑国： 对啊，（这些地区）不去建设就能把损失降到很小，而洪泛区在洪水来了后，就挖开口子泄洪，这是水利上很重要的一点。也是一个长远利益的问题，这种区域平常年份是可以种地的，但不要建设，最重要的一条是你要拿出种地收入的一部分来买保险。如果说有 20 年一遇的洪水在这一年来了，你就让它泄洪，淹掉土地，虽然你这一年的收成损失掉了，但是你前 19 年收成中有一部分买了保险，你的损失也就有了补偿。所以洪泛区的土地是可以利用的，土地还是要种，但一年的收成中要有一部分来买保险，因此要建立一个社会补偿制度。这样，如果多少年之后，需要淹这块地的时候，在宏观决策上就要让它淹掉，淹掉以后还会有对损失的补偿。

《装饰》：现代建筑技术中是否存在安全的极限？比如说悬挑结构。

秦佑国：你指的是 CCTV 大楼悬挑 60m 吧，我觉得这些问题不应该是问题，如果建筑是按照严格的结构力学计算和工程抗震的具体规范做出来的，它不应该有问题。就是说结构工程师也是可以创新的。库哈斯曾经来清华做过一次讲座，就提到："难道结构工程师不可以有创新吗？"也就是说，通过结构的计算来保证其安全性，这个房子就能够安全地盖起来，这在今天是可以做得到的。但是有一条，它是否合理、是否经济，那是另外一回事。（技术上）做得成做不成是一回事，必要性又是另外一回事，这是个价值判断的问题，也是伦理学的问题。以今天的技术，只要你花出代价就能够实现。但是，结构工程师也不会不顾后果地去做这件事情，因为结构工程师是要承担巨大的责任的。也有很多学生问我："你对三大建筑（央视新楼、国家大剧院和鸟巢）怎么看？"我认为这三大建筑在结构上都是浪费的，钱都花在结构上了，所以就有这样的一个问题：值不值得为这样的造型多花那么多的钱？现在这个结果，就是在为了追求它的形式，同时，又要为了保证这个形式的结构安全性而花出去很多钱。核心问题就在这儿，在我们这样的发展中国家，在我们还有那么多贫穷人口的国家里，我们值不值得为这个"形式"去花那么多的钱？这又是一个建筑伦理学的问题了。

（本文原载于《装饰》2009 年第 4 期，第 12 ~ 14 页。）

关于中国"人多地少"国情的再思考

"人多地少"是基本国情，但"人多地少"已经从"养活"问题转化为"就业"问题

以前讲"人多地少"是"养活"问题，是担心中国的耕地以及生产的粮食能不能养活中国的 15 亿～ 16 亿人。1994 年，美国"世界观察研究所"的布朗发表了一个世情报告，即《谁来养活中国》。为此，1996 年中国政府发表了《中国的粮食问题》白皮书，说中国人能养活自己，之后的中国粮食生产也确实证明了这一点。

时至今日，"人多地少"的状况已经由"养活"问题转化为"就业"问题，因为中国的土地容纳不了 8 亿农民的劳动，大量农村剩余劳动力的出路成为首要问题。农村温饱问题（养活问题）解决后，接踵而来的就是富裕问题。要致富，但土地资源有限，怎么办？所以城市化就成了一种趋势，农民往城市里流动。这时候，中国"人多地少"的问题就转化成为"农村富余劳动力的就业"问题，农村人进入城里又对城里人的就业形成了压力。在这种情况下，是再去推动农村土地集约化生产，减少农业生产人口，把农民推向城市，还是设法建设真正的小康农村，把农民留在农村生活？或者用另一种表述：现代化必须建立在大农业生产（像美国那样）上吗？小农经济能否支撑现代化？

今天的"小农经济"已经不是自给自足的自然经济，而是商品经济，是以家庭为生产单位的小规模的生产模式，但是通过乡村合作的方式（农协会、农合会等），进行农产品的商品化生产（订购合同、生产计划、种子供应、技术服务、银行信贷、产品销售等），政府的支持和引导也起重要作用。继我国台湾在 20 世纪 50 年代"土地改革"（耕者有其田）后，同为小农经济的日本、韩国都实现了现代化。

当今世界上的农业已不是西方资本主义生产方式建立初期的传统农业，通过农业形式多样化和农业技术现代化，单位农田的产值可以很高。不能简单地再把

农业机械化、减少作业人工当作农业发展的唯一目标，农业发展的目标应该是单位农田的产出和容纳劳动价值的提高。

小农经济不仅是一种生产方式，更是一种生活方式，是一种比城市尤其是大城市的生活方式更加符合生态要求、更加节约能源和资源的生活，也是更加人性化的生活。中国十几亿人，按照美国人从事农业生产的模式，城市将无法容纳大批涌入城市的农业人口。我国也没有足够的资源来支撑十几亿人都按照美国人的生活方式来生活。

当然，在新疆、在东北北大荒等地区，尚有大面积的可垦荒地，人口又少，可以发展大农业。

人口密度问题

"人多地少"其实就是人口密度大。世界上人口密度大的国家不少，其中许多都还是发达国家。中国人口密度最大的地区在长江三角洲和珠江三角洲等东部沿海地区（图1、图2），而恰恰正是这个地区经济最发达，并且还在不断吸引大量的"流动人口"进入，人口密度还在增加。诚然，如果我们国家当初能够听从马寅初先生的建议，较早采取控制人口措施的话，现在中国人口会少几个亿，事情就要好办得多。但是，如果我们的人口真的少了几个亿，长三角、珠三角的人口密度是不是就会减下来？答案是"否"。因为只要中国的地域差距存在，那么长三

图1　上海棚户区的平民生活

图2　上海棚户区

角和珠三角的人口集聚效应就仍然会有，直到地域差异缩小到一定程度，人口分布状况才可能在"无形的手指挥下"重新调整。

可以说，中国最大、最特殊的国情不是"人多地少"，而是"中国是世界上地区差异最大的大国，同时又是要求政令统一的大国"。

人均 GDP 空间分布梯度问题

为什么在欧美大城市周围看不到农田？不是因为这些大城市土地多，而是人均 GDP 空间分布梯度问题所致。在市场经济和土地私有制下，不可能在人均 GDP 很高（地价也很高）的城市市区附近，保留人均 GDP 很低的农田生产。中国以前是城乡二元结构，城市户口和农村户口严格区分，维持城市郊区的农业生产。然而现在这种二元结构的限制，逐渐限制不了了。大城市周围的农村土地，当地农民自己不种，雇外地人来种；盖房子自己不住，而是用于出租，农民充分了解他自己那个地方的价值，这就造成了所谓的"城中村"问题。中国大城市的发展必然也和国外相似，不可能当大城市市区的人均 GDP 很高的时候，还让周围去种粮食，靠城市边缘保留农田来解决粮食（包括蔬菜）问题是没有必要的，也是不可能的。

城市住房问题

这些年来，中国城市，尤其是大城市，房价居高不下，社会议论纷纷。政府出台了不少政策，其中既有商品房政策，也有保障性住房政策。但是政策应该是以立法为基础的，我们在住房问题上的"法"是什么呢？"居者有其屋"既是共产党人的目标，也是我国居住问题最基本的"法"，尽管没有成文的立法，但符合《中华人民共和国宪法》（以下简称《宪法》）的精神。

但是"屋"不是"空中楼阁"，"屋"是要建在地上的。那么，一个中华人民共和国的公民有没有获取一块用于自己居住的土地的权利呢？农民是有的，他们有宅基地。那么，一个中华人民共和国的城市公民有没有获取一块用于自己居住的土地的权利呢？我国《宪法》规定，土地属于国有，而且实行了几十年的"福利分房"，在这样的"初始条件"下，一个城市公民在第一次购买用于自己居住且住房面积没有超出该城市经测算确定的规定面积时，他购房就不应支付土地价格及与土地有关的各种费用。这样，房价就由建房成本、开发商适当的利润、必要的税费构成，房价与一般工薪阶层年收入比就可恢复到国际通行的比值，一般城市居民就买得起房了。对超标的购房（包括多处房产），超出部分理应支付土地价格，而且征收房产税（不动产税），并且是累进税率，占有的房产越多（即个人占有资源越多）税率越高。

如果有了这样的"法"，就可以围绕这个"法"去设计相关的政策和执行细则。例如，可以用"住房土地券"（和身份证联系的全国联网的电子券）的方式，在购房时作为有价证券支付房价。

在住房问题上，政府的职责不仅仅是建设保障性住房（经济适用房、廉租房等）以解决城市低收入者的住房困难，这是政府要做的，但这不是政府在住房问题上最主要的职责。政府在城市住房问题上最主要的职责是如何使得国民生产的主力军、创造 GDP 的主力军"人人获得适当的住房"！住房问题不仅仅对低收入者而言是民生问题，还是全体人民的民生问题，这不完全是，甚至主要不是经济问题、GDP 问题，因而也就不是靠商品房、市场化和房地产开发就可以解决的。

防止城市化进程中的"拉美化"现象

当今，发展中国家城市化进程中普遍存在的问题是大城市中的大片贫民窟。以墨西哥城为例，人口超过 2000 万人，但是 2/3 的房子都是违章建筑，大片的贫民窟，这就是所谓"拉美化"。像这样的城市，还有巴西的圣保罗、印度的孟买等（图 3、图 4）。

这种现象在 20 世纪 30 年代的上海也出现过，流入上海的穷困农民，在黄浦江边住"滚地龙"，南市区的苏北人贫民窟区一直延续到"文革"阶段，棚户区问题到现在还存在。

拉美国家的大城市贫民窟现象的背景是，这些发展中国家的农村是贫困的农村，而且它的土地是可以买卖的。所以，土地是自由买卖的，农村还没有发展，一旦农村过不下去，城市有机会，农民就会离开农村，大量涌向大城市，也没有户口限制，举家迁入城市。这些贫困的农村家庭进入城市，不可能购买城市商品

图 3　孟买贫民窟

图 4　巴西贫民窟

住宅，政府也无力解决如此众多贫民的居住问题，私搭乱建、违章建筑不可避免，政府也无法和无力管理，这就造成了大规模的贫民窟，形成城市化进程中的所谓"拉美化"问题。这个问题看似是城市问题，实际上是农村问题。

在城市化过程中，当大量的农民进入城市的时候，一个非常值得关注的问题就是他们的居住问题，他们买不起城市的商品房，政府和单位也不提供住房。那他们住在哪儿？他们住在城市周边的当地农民在宅基地上盖的房子里。当地农民利用农村土地是集体所有和城乡二元结构的行政体制，在他们的宅基地里盖房出租，供流动人口居住，当城市区域向周边扩大，这些村落就成了"城中村"。因此形成外地农民进城打工，当地农民提供廉价租金的住房（但居住条件和环境很差）的现象，相得益彰！这种现象在珠江三角洲地区尤为突出和普遍。深圳户籍人口只有 300 万人，而流动人口有 800 万人，其中绝大多数是农村来的"打工仔"和

"打工妹"。他们就是住在"城中村"的。现在北京有 10 万被称为"蚁族"的大学毕业生，也是聚居在城中村。所以，对于中国经济的发展，"城中村"功不可没！

为什么中国城市的"贫民窟"目前还没有十分严重？我想主要原因在于中国实行了几十年的社会主义制度，还有城乡二元结构、户口制度、农村土地不能流转等制度，也有人认为，正是这些制度拖了城市化的后腿，使我国城市化落后于工业化，应该清除掉。但是我的意见是不能操之过急。

我国目前的经济实力还不足以把社会保障覆盖到农民，所以，给农民的那块宅基地和他的责任田，就是农民的社会保障，是农民能够生存的底线。当社会保障系统还不能覆盖农民时，让几亿农民的土地保障这样一个底线突然被突破，极有可能会引起社会动荡，"拉美化"情况也必然会出现。所以，城乡二元结构、户口制度、农村土地不能流转等制度，是城市化的羁绊，但同时也是城市化的调节器，是维持社会稳定和经济稳定发展的一个调节器。

2008 年中共十七届三中全会前夕，一股农村土地私有化和自由买卖的"舆论"甚嚣尘上，国内外的媒体大肆炒作，但也有国外媒体作了冷静的分析。英国《金融时报》既报道有专家分析"将带来农村土地的私有化"，也说："其他人表示，不太可能立即这样做。……现行的土地制度使中国得以避免印度、巴西和印尼等其他发展中大国的问题，这些国家都苦于应付大批失去土地的农民。在中国，农民工若在城市失去工作，通常仍然能够回到村里那一小块土地，而中国的大城市也明显没有贫民窟。"

没想到不久之后的 11 月，竟然被《金融时报》言中，世界金融危机导致珠江三角洲大批外向型加工企业关张，大量农民工因失去工作，提前返乡，"回到村里那一小块土地"上去了。试想，如果他们失去了土地，回不了农村，滞留在城市而没有工作，会造成怎样的后果？！

中共十七届三中全会发布的《关于推进农村改革发展若干重大问题的决定》（以下简称《决定》）表明了审慎的稳健的态度。《决定》提出，"稳定和完善农村基本经营制度""健全严格规范的农村土地管理制度""完善农业支持保护制度""建立现代农村金融制度""建立促进城乡经济社会发展一体化制度""健全农村民主管理制度"。

对于消除城乡二元结构，中共十七届三中全会提出的是继续"坚持工业反哺农业，城市支持农村和多予少取放活的方针""扩大公共财政覆盖农村范围，发展农村公共事业，使广大农民学有所教、劳有所得、病有所医、老有所养、住有所居"。

消除城乡二元结构，其根本在于发展农村、保障农民，而不是户口的问题。更不应该"以土地换户口"，在城市周边以取消农村户口"一夜变成城里人"为幌子，实行把集体所有制的农村土地变成城市土地而使政府可以实施"卖地财政"。

现在虽然有上亿的农民进城打工，但他们的根还在农村。这些农民工打工挣了钱要寄回农村去，过春节要赶回家过年，挣了足够的钱就回去置业和创业，绝大部分农民工没有割断农村的根在城里安家，也就避免了城市发展中的"拉美化"趋势。

当有一天中国工业反哺农业，城市回馈农村，农村发展了、富裕了，城乡差别缩小了，人均 GDP 超过四五千美元，中国的经济实力可以把社会福利和社会保障覆盖到全体人民，也就是覆盖到农民，农民转让他的土地和房屋可以卖出一个好价钱的时候，他就可以斩断自己的根，进城做工而一去不回，真正成为城里人。

我们要很审慎地研究中国的国情。为什么很多底层的人还是怀念过去，怀念那个时候社会治安好，虽然穷，但彼此之间差距不大。当整个社会贫富差距过分拉大，就业、看病、教育都成为很严重的问题时，那些底层的人自然会怀念过去。中国在这 30 年发展中取得了很大成就，但是到了今天，或许应该反思一下所走过的路。西欧各国在马克思对资本主义的批判理论引导下，这 100 多年来对资本主义制度进行了很多调整。在私有制和市场经济体制下实施了大量社会主义的社会政策和措施。什么是"社会主义市场经济"？我认为就是经济是市场化的，而政府的职能是社会主义的。

现在，我国党和政府已经敏锐地观察到这个问题，相继提出科学发展观，提出关注民生、和谐社会、扩大社会保障面、建立农村医疗保障和义务教育保障体系，等等，其实已经明确了发展道路。中国作为一个有十几亿人口并且农村普遍比较贫穷的农业大国，如果在城市化的进程中，经济与城市化逐步发展，同时又能够避免"拉美化"（大面积贫民窟的出现）的话，这将是中国为人类历史做出的最大贡献。

（本文原载于《水木清华》，2011 年第 6 期，第 50 ~ 53 页。）

"十二律"

——研究中国古代建筑理论的一个视角

一、引言

　　最近这一年，我为中央美术学院建筑学院和清华大学建筑学院的学生开设了"建筑数学"课，介绍数学的一些基本概念和知识，数学与建筑学的关系，数学对建筑设计和建筑创作的启迪，以期引起建筑学专业学生对数学的兴趣，认识到"数学是受过高等教育者的一种文化修养"。课程中有音律划分的内容。备课期间，收到王贵祥教授和张杰教授赠送的刚出版的著作——《中国古代木构建筑比例与尺度研究》（王贵祥等）和《中国古代空间文化溯源》（张杰）。阅读后看到，两本著作都涉及"十二律"，这本是古代乐律（亦即音乐声学）问题，却都和建筑发生了联系。王贵祥教授在《$\sqrt{2}$与唐宋建筑柱檐关系》一文中写道："唐宋建筑中存在的这种$\sqrt{2}$倍的比例关系，很可能还有更为深广的中国古代文化背景。……尤其在音乐中，更以所谓'方圆相涵'的原理，作为乐律计算的基本理论。'方圆相涵'原理之中，实际就已包含$\sqrt{2}$倍的比例关系。""中国古代乐律，一般称之为律吕，是指中国古代音乐中的十二律，即所谓六律、六吕。""这十二律，实际上是指由 12 个长短不等的律管产生的十二个不同高低的音。"[1]张杰教授在其著作中研究了中国古代"律管候气"，论述了"十二律与黄赤交角"，他在后记中写道："经过大量比较数据和反复考证文献，我终于发现十二律不同律管长度之间的比例与北纬 35° 二至（冬至和夏至）晷影之间的内在关系，从而揭示了反映一周年晷影的变化正常与否的十二律对以礼文化为核心的中国古代器物文化的系统性影响。"[2]天津大学王其亨教授也曾说："材分八等与中国古代音乐有关。……第一至第八等

---

1. 王贵祥、刘畅、段智钧：《中国古代木构建筑比例与尺度研究》，中国建筑工业出版社，2011，第46页。
2. 张杰：《中国古代空间文化溯源》，清华大学出版社，2012，第406页。

之间，其材等之广的尺寸数值及递降规律，同自黄钟及青黄钟之间的各律管长及递降规律相谐和。"[1] 三位教授从唐宋建筑比例、"立杆测影"（冬至和夏至间暑影变化）、《营造法式》材分制等不同的方面，研究了中国古代建筑与中国古代乐律"十二律"的关系，为中国古代建筑的理论研究开辟了新的视角和新的切入点。

二、现代声学的"十二平均律"

要弄清楚中国古代的"十二律"，可以用现代声学的概念和原理了解音调高低的分辨和标准的确定。声学的基本常识告诉我们，人耳对音调高低的分辨，取决于所听声音的频率（Hz），如果是纯音，就是其频率，如果是复音，就是其基频。频率高，则音调高，频率低，则音调低。一般人难以准确地给出所听声音频率的绝对数值，但当频率加倍后，都能判断出音调高了八度，如从 do（1）变到高音 do（i）。也就是建筑声学中常说的，一个倍频程等于八度音程。钢琴键盘上的中音 A 是 440Hz，高音 A 就是 880Hz，低音 A 是 220Hz。八度音阶的唱名就是：do（1）、re（2）、mi（3）、fa（4）、sol（5）、la（6）、si（7）、do（i）。它们的频率关系是什么？前面已经提到，高音 do（i）的频率比 do（1）的多 1 倍。设 do（1）的频率是 1，则高音 do（i）的频率是 2，其他音的频率呢？众所周知，mi（3）与 fa（4）之间，si（7）与 do（i）之间是"半音"，而其他 do（1）与 re（2）之间、re（2）与 mi（3）之间，fa（4）与 sol（5）之间、sol（5）与 la（6）之间、la（6）与 si（7）之间是"全音"，即八度音程包含 2 个"半音"和 5 个"全音"，1 个"全音"相当于 2 个"半音"，八度音程共包含有 12 个半音，即八度音程可以划分成 12 个区间，也就是一个倍频程划分成 12 份。如何划分？在建筑声学测量中，有 1/3 倍频程的概念，即把一个倍频程划分成 3 份：1，$2^{1/3}$，$2^{2/3}$，2；现在要分成 12 份，显然是：1= $2^{0/12}$，$2^{1/12}$，$2^{2/12}$，$2^{3/12}$，$2^{4/12}$，$2^{5/12}$，$2^{6/12}$，$2^{7/12}$，$2^{8/12}$，$2^{9/12}$，$2^{10/12}$，$2^{11/12}$，$2^{12/12}$ = 2。写成小数（近似到小数 4 位）1，1.0594，1.1225，1.1892，1.2599，1.3348，1.4142，1.4983，1.5874，1.6818，1.7818，1.8877，2，这实际是一个等比数列，公比为 $2^{1/12}$（$\sqrt[12]{2}$）。上述 12 个数中包含 8 个唱名：do（1）、re（2）、mi（3）、fa（4）、sol（5）、la（6）、

---

1. 王其亨：《〈营造法式〉材分制度的数理含义及审美观照探析》，《建筑学报》1990年第3期，第51页。

si（7）、do（i）。这就是现代音乐声学的"十二平均律"。钢琴键盘上，每个键（包括黑键和白键）之间差一个"半音"，频率之比是 1：$2^{1/12}$ = 1：1.059463。这种分法既符合人耳的听觉特性，又可方便地进行转调，以任何一个键作 do（1），都可以方便地得到八度音的 8 个唱名音（图 1）。

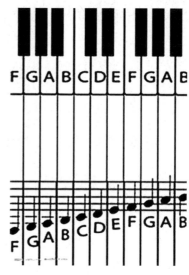

图 1　钢琴键盘排列示意图

三、毕达哥拉斯与"五度相生法"

公元前 6 世纪，古希腊哲学家毕达哥拉斯及其学派提出"万物皆数也"，认为世界万物都可以用整数和整数的比来表示。古希腊就知道弦可发声，不同长度的弦发出的音，音调不同。毕达哥拉斯企图用弦长的 1/2，2/3，3/4……来划分音阶，发现弦长减半，即原长的 1/2，也就是现代声学的频率增加 1 倍，为 2，音调提高八度；弦长是原长的 2/3，也就是现代声学的频率增加为 3/2 =1.5，定为五度。如果原来弦长发音为 do（1），2/3 弦长发音就是 sol（5）。它和现代十二平均律的值 $2^{7/12}$=1.4983 非常接近，人耳难以分辨两者的差异。然后在此基础上再做八度音程的细分，这叫"毕达哥拉斯率"，因为是以五度音程为基础生成全部音阶，所以又叫"五度相生律"。但因为现代的十二平均律是以 $\sqrt[12]{2}$（2 开 12 次方）的各次幂来划分的，都是无理数，不可能用整数比来表示，所以"五度相生律"不可能用整数比的连乘，即 1/1，2/3，3/4……反复连乘，得到半弦长度的 1/2。而弦长减半为 1/2，频率加倍，是八度音程，这是不能改变的"定律"。所以"五度相生律"相生八度音阶，不能"还原"，有差值存在，称为"毕达哥拉斯差"。顺便说一下，毕达哥拉斯在数学上最伟大的成就是"毕达哥拉斯定律"，即中国古代的勾股弦定律。但他的一个弟子发现，边长为 1 的等边直角三角形的斜边长度为 $\sqrt{2}$，不能用整数比来表示，这违背了毕达哥拉斯学派的宇宙哲学，他把这个秘密说了出来，结果被学派的其他成员扔进河里。$\sqrt{2}$ 后来被称为"无理数"。

四、"黄钟律吕"与"三分损益法"

中国古代对乐律十分重视，乐律被作为礼乐制度重要的方面。孔子曰："兴于诗，立于礼，成于乐。"礼乐制度起源于西周时期，相传为周公所创建，"制礼作乐"。它和封建制度、宗法制度一起，构成整个中国古代的社会制度。礼乐制度分礼和乐两个部分。礼的部分主要对人的身份进行划分和社会规范，最终形成等级制度。乐的部分主要是基于礼的等级制度，运用不同的音乐和仪式予以配合。

正因为"乐"与国家制度有关，制定统一的乐律就是国家重要的事务。统一乐律，有两件重要的事：一是确定标准音（高），一是统一音程划分。古代没有声音频率的概念和测量方法，只能用以国家名义制作的某种乐器发出的音作为标准。西周时代已有八种乐器（八声）：埙、笙、鼓、管、弦、磬、钟、柷。很显然，在这八种乐器中，用金属制成的钟，声音最洪亮，器形最稳定，材质最耐久，所发声音经久不变，最适合作为标准器。钟体大，音调低，钟体小，音调高。制定一套标准的大小不一的钟，就可对音调确定标准。成书于战国初期的《国语》，记载有周景王二十三年（前522），周景王想铸造钟，曾向名叫州鸠的乐官询问有关音律问题。州鸠讲了关于律和数的关系，并列举了十二律的名称。体型最大的钟，即发音频率最低的被称为"黄钟"，其发的音也就作为音律的第一率"黄钟"。十二律的名称，以频率由低到高排列是：黄钟、大吕、太簇、夹钟、姑洗、仲吕、蕤宾、林钟、南吕、夷则、无射、应钟。其中序数是奇数的6个称为"六律"，序数是偶数的6个称为"六吕"。所以十二律又称"律吕"。

但钟的铸造代价高，复制困难，尤其是钟壁厚薄很难控制。后来倾向于用管，管长长音调低，管长短音调高，管长减半，音调升高八度。每个国家都制定有长度标准（尺、寸），制定一套标准的长短不一的管，就可对音调统一标准。但当时的管是竹管，容易变形开裂和霉腐，不耐久。而钟是金属铸造，不易损坏变形，有耐久性。于是就想到以一套标准钟的音调为准，以和其音调相谐的管的长度定标。管可以方便地复制，控制长度即可。反过来，只要这个钟还在，就可以用它的音调确定管的长度，则国家的长度标准也就确定和传承了。这就是，以音律定国家长度标准（度），以长度标准定容积标准（量），以权重（一定体积的铁）和秤杆刻度（长度）或天平定重量（衡），于是度量衡三者都可定矣。这就是"黄钟律吕"除了"正声"以外，还与国家度量衡定标有关（图2、图3）。

图2　曾侯乙墓出土的编钟

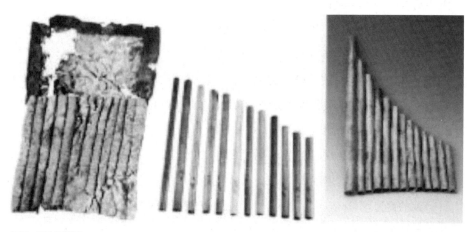

图3　出土的律管

宋徽宗崇宁三年（1104），在今河南商丘出土了六件春秋时期宋公成钟，因该钟出土于宋地，宋徽宗认为是祥瑞之兆，遂设立"大晟府"，以宋公成钟为式样铸成"大晟钟"，计12编，每编28只，共336件，每套钟基准音高都是黄钟宫，发送州府，作为标准音律定音。大晟钟是宋代朝廷重要的测音和定音的工具（图4）。

图4　宋大晟钟（开封博物馆藏）

　　中国古代如何把一个八度音程划分成十二份，以对应"十二律"呢？其方法就是"三分损益法"。《吕氏春秋·音律》（卷六）曰："三分所生益之一分以上生，三分所生去其一分以下生。"《史记·律书》曰："以下生者，倍其实，三其法；以上生者，四其实，三其法。"都是说的以黄钟律管管长为1个单位长，分成3等分，做"损"的操作，就是去掉1/3，剩2/3，管长变成2/3（倍其实，三其法），发音频率增高为黄钟（设为do）频率的3/2=1.5，作为"林钟"（sol）；然后再把现有管长3等分，做"益"的操作，就是管长加长1/3，管长变为4/3（四其实，三其法），这时，管长是原来黄钟管长的2/3×4/3 = 8/9，频率变为9/8 = 1.125，作为"太簇"（re）；再做"损"，管长9/8×3/2=27/16=1.6875，作为"夷则"（la）；再做"益"，27/16×3/4=81/64=1.265625，作为"姑洗"（mi）；……但辗转多次，误差已经较大。三分损益辗转相生第12次所得的第13律，管长度略短，两者的长度比是$(2^{19} / 3^{12})$= 524288 / 531441= 0.98654,而不是1，频率比是其倒数1.013643，音高略高于首律黄钟。这就是中国古代律学中有名的"仲吕上生不及黄钟"的问题，亦即"黄钟不能还原"。这和古希腊毕达哥拉斯"五度相生法"一样，企图用整数1、2、3、4的比值辗转相乘来把八度音程（一个倍频程）划分成12份，即12个半音，总是和2开12次方的各个幂次的无理数值不能吻合。只是前4次"损益"得到的数值误差较小，即do、sol、re、la、mi，按音调从低到高排列，do、re、mi、sol、la，对应的正是中国古代的"五音"：宫、商、角、徵、羽。

　　具体的计算见表1。

表 1　三分损益法计算与十二平均律的差异

序次	三分损益求算频率比（分子/分母）	计算数值	对应的十二平均律数值	律吕名称
0	$3^0/2^0$	1	$2^{0/12}=1$	黄钟
1	$3^1/2^1$	3/2 = 1.5	$2^{7/12}=1.4983$	林钟
2	$3^2/2^3$	9/8 = 1.125	$2^{2/12}=1.1225$	太簇
3	$3^3/2^4$	27/16 = 1.6875	$2^{9/12}=1.6818$	夷则
4	$3^4/2^6$	81/64 = 1.2656	$2^{4/12}=1.2599$	姑洗
5	$3^5/2^7$	243/128 = 1.8984	$2^{11/12}=1.8877$	应钟
6	$3^6/2^9$	729/512 = 1.4238	$2^{6/12}=1.4142$	蕤宾
7	$3^7/2^{11}$	2187/2048 =1.0679	$2^{1/12}=1.0595$	大吕
8	$3^8/2^{12}$	6561/4096=1.6018	$2^{8/12}=1.5874$	南吕
9	$3^9/2^{14}$	19683/16384=1.2014	$2^{3/12}=1.1892$	夹钟
10	$3^{10}/2^{15}$	59049/32768=1.8020	$2^{10/12}=1.7818$	无射
11	$3^{11}/2^{17}$	177147/131072=1.3515	$2^{5/12}=1.3348$	仲吕
12	$3^{12}/2^{19}$	531441/524288=1.0136	$2^{0/12}=1$	黄钟（还原）

注：序次5至6和6至7，序次10至11和11至12，连续做了两次管长的"益"，频率连续两次降低3/4。

需要说明的是，实际管子发音时，振动的空气柱长度要比管长略长一些，这是"管端效应"引起的。所以，管径不变，管长减半，所发音并不是频率加倍，而是略低一点。上面的讨论是一种"理论"上的讨论，是一个倍频程（八度音程）如何划分成十二个"半音"的问题。古代没有频率概念和测量手段，只能借托管长来讨论。

五、朱载堉与十二平均律

千年困扰，千年争议，直到明朝中叶，万历二十四年(1596)，朱载堉在其著作《律吕精义》（内外篇）一书中，提出了"新法密率"，即"十二平均律"解决了这个问题。他把 2 开 2 次方，再开 2 次方，再开 3 次方，得到 2 开 12 次方，并计算到 $\sqrt[12]{2} = 1.059\,463\,094\,359\,295\,264\,561\,825$（25 位数字），再求其值的 n 次方（n = 2 ~ 11）。这就是把八度音程（一个倍频程）划分成一个等比数列，每个音的频率都是

前一个音的 $2^{1/12}$（$\sqrt[12]{2}$）倍，从 1 到 2，一个倍频，中间 11 个无理数（$2^{1/12}$ 的若干次方），天衣无缝！解决了"毕达哥拉斯差"和"黄钟不能还原"的千年困扰，这确实是一个了不起的成就。后由传教士带到欧洲，巴赫写成了《平均律钢琴曲集》。十二平均律逐渐在欧洲和全世界范围内得到普及。德国物理学家亥姆霍兹这样评价朱载堉："在中国人中，据说有一个王子叫朱载堉的，他在旧派音乐家的大反对中，倡导七声音阶。把八度分成十二个半音以及变调的方法，也是这个有天才和技巧的国家发明的。"[1]"这一发现彻底解决了困扰人们千年的难题，是音乐史上的重大事件。现代乐器的制造都是用十二平均律来定音的。"[2]

六、律吕与节气

中国古代律吕学不仅是音乐范畴，还与气候和节令密切关联。中国古代是农耕社会，种庄稼要知道节气（节令和气候），但中国古代使用的历法"阴历"是月亮历，以观察月亮围绕地球转动的周期状态确定月份和日期，所以不能以其月份和日期确定节气。节气是与地球围绕太阳运行的周期状态相关的，所以中国的二十四节气与阳历月份和日期的对应关系是固定的，只有一两天的变动。然而中国古代没有"阳历"，如何确定节气呢？就是通过"立杆测影"，观察垂直的立杆在当地正午时刻太阳照射下影长的变化来确定节气的，这已是"建筑热工学"日照计算的常识。冬至日杆影最长，夏至日杆影最短。（或说成"一年中杆影最长的那一天是冬至日，杆影最短的那一天是夏至日"。）河南登封的元代郭守敬建的观象台是大尺度的"立杆测影"，而东汉的铜圭表，是小尺度的（图 5、图 6）。

显然，影长还和测点的地理纬度有关，西周时期的中原地区，纬度在北纬35°左右。《周髀算经》中以八尺高的表（杆高），得到"冬至晷长一丈三尺五寸，夏至晷长一尺六寸。……置冬至晷以夏至晷减之余为实，以十二为法"。就是把冬

---

1. 戴念祖：《中国科学技术史·物理学卷》，科学出版社，2001，第317页。
2. 杜石然等编著《中国科学技术史稿》，科学出版社，1982，第160页。

图 5　登封观象台（元）

图 6　东汉铜圭表

至杆影长度减去夏至杆影长度，分成 12 分。期间有 11 个分点，因为从冬至，影长缩短到夏至，再增长到冬至，每个分点经过 2 次，11 个分点对应除冬至和夏至以外的 22 个节气，加上冬至和夏至，就是 24 个节气。在这里，我们又看到了"十二"划分。因为测点纬度和测量精度有所差异，《晋书・天文志》的尺寸与《周髀算经》略有差异，如图 7 所示。

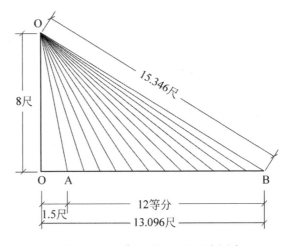

图 7　根据《晋书・天文志》绘制的两至晷影图（张杰）

图 7 中，表高 8 尺，冬至晷影长 13.096 尺，夏至晷影长 1.5 尺，两至晷影长之差为 11.596，分成 12 份，每份 0.9663 尺。"十二分"是等分的，不是"三分损益法"求得的。但张杰教授计算了各分点的斜长（弦长），发现 12 根弦长相互之比竟然和"三分损益法"求得的 12 根律管长度之比很是接近，见表 2。

表2 二至晷差12等分后相应弦长及其与三分损益法十二律的比对

晷长（单位：尺）	弦长（单位：尺）	冬至弦长与其他各弦长的比		各弦在十二律中代表的月份	按三分损益法生成的管律值推出的黄钟与其他管律之比
		调整前	调整后		
13.096	15.346			十一月	
12.130	14.531	1.06	1.06	十二月	2187/2048=1.07
11.163	13.734	1.12	1.12	正月	9/8=1.13
10.197	12.961	1.18	1.18	二月	19 683/16 384=1.20
9.231	12.215	1.26	1.26	三月	81/64=1.266
8.264	11.502	1.33	1.33	四月	177 147/131 072=1.35
7.298	10.829	1.42	1.42	五月	729/512=1.424
6.332	10.203	1.50	1.50	六月	3/2=1.50
5.365	9.632	1.59	1.59	七月	6561/4096=1.60
4.399	9.130	1.68	1.68	八月	27/16=1.688
3.433 （2.950 调整后晷长）	8.705 （8.527 调整后弦长）	1.76	1.80	九月	59 049/32 768=1.80
2.466	8.371	1.83			
1.500	8.139	1.89	1.89	十月	243/128=1.90

今天，可用日照计算公式计算。当地时间正午12点，太阳高度角：

$$h_0 = 90° -（\phi - \delta）$$

Φ 是地理纬度，δ 是赤纬（春分、秋分为0°，冬至 -23° 27′，夏至 23° 27′）

北纬35°，冬至日 $h_0 = 90 -（35 + 23° 27′）= 31° 33′$，夏至日 $h_0 = 90° -（35° - 23° 27′）= 78° 27′$。如果杆高8尺，冬至日影长13.03尺，夏至日影长是1.63尺。二至影长差值是11.4尺。

计算结果与图7相差不大。

这不能说是巧合，而是反映了中国传统宇宙哲学内在的融贯性。乐律学的"黄钟律吕""十二律"与天象学的"黄赤交角""立杆测影"竟然是相关联的！

七、结语

本文是教学备课时查阅资料整理出来的一篇阅读报告，用建筑物理的专业知识——建筑声学的频程概念和建筑热工的日照计算，做了一番梳理。"十二律"从现代声学来看是一个频程划分问题，"倍频程""1/3 倍频程"对建筑声学的人来说，太熟悉了，太简单了；"立杆测影"，日照计算对建筑热工来说，也是简单的公式应用。然而，它们却含有十分丰富的人文历史的内容，与中国古代的宇宙哲学、社会制度和农耕文明有如此紧密的关联。而且本来是乐律（建筑声学）方面的"十二律"，却和节令气候（建筑热工）方面的"立杆测影"联系起来。所以，我感到我们以往建筑物理教材和教学，只顾了专业知识的讲授，缺少了历史文化方面的教育和人文修养的培养。建筑物理专业人员，要扩大学术视野，寻找新的研究切入点，不能只在建筑物理本身专业范围内，甚至只在声、光、热各自范围内转圈圈，要跨出去。而建筑历史与理论的研究者，也可以把知识面和学术视野扩大到科学技术的领域。

参考文献

[1] 王贵祥，刘畅，段智钧. 中国古代木构建筑比例与尺度研究 [M]. 北京：中国建筑工业出版社，2011.
[2] 张杰. 中国古代空间文化溯源 [M]. 北京：清华大学出版社，2012.

（本文原载于《建筑史》2013 年第 1 辑，清华大学出版社，第 1 ~ 8 页。）

蚕种场的随想 [1]

一年前，我应丁沃沃院长之邀到南京大学建筑学院讲座。陪同的鲁安东老师和我谈起他们在苏南发现一类"蚕种场"的民国时期建筑，具有被动式的温度、湿度、通风的精确控制，引起我很大的兴趣。这是中国近代建筑史中一颗隐没的珍珠被发掘出来了。我回京后收到鲁老师寄来的在《建筑学报》上发表的文章，今年4月又收到他寄来的《时代建筑》上的3篇专题文章，并告知我："正在为《建筑学报》组织一期'关注'栏目，从蚕种场出发讨论'乡土工业建筑中的环境理性及其学科意义'这一命题。想邀请几位前辈老师对蚕种场建筑从不同角度加以评论。"我是他邀请的对象之一，我答应了。我在阅读了这些文章和资料后想："我写点什么呢？"写点评论、发点议论、赞叹一下，老一套了。还是从我的视角写点与蚕种场有关的"随想"——跟随着想吧。

一

说起来，我最早听到"蚕业学校"和"蚕种场"，是从我母亲那里。我母亲于民国元年（1912）出生在江苏宜兴滆湖边的农村，自幼父母双亡，跟着兄嫂生活。记得她和我说过，她15岁就到"养蚕学校"的"蚕种厂"做工（她不识字，"场"与"厂"分不清），那正是1927年。鲁老师他们整理的资料中说："这时期的蚕种场也是中国最早的一批专业蚕种场，依托蚕业教育机构开设。……典型的有苏州的浒墅关蚕种场（大有一场）、宜兴的芳桥蚕种场（大有六场）和镇江的四摆渡蚕种场。"我母亲所在的蚕种场是否是芳桥蚕种场，只能推测了。后来，她到上海纱厂做工去了。

---

1. 此文经精简后作为《学者笔谈：蚕种场的学科意义》之一部分，发表于《建筑学报》2015年8月刊。此处采用原文。

我接触养蚕是在 1952 年我从上海被送回苏北老家成为"留守儿童"时，在我们扬州东乡里没有养蚕业，但房前屋后有桑树，桑木有韧性，可做扁担。村里孩子有时养少许的蚕。1954 年，我随当小学教师的三叔在邗江县杭集镇读小学五年级，杭集镇是长江边的"圩田"地区，农家有养蚕的，有许多的"湖桑田"。湖桑是专门产桑叶的，插条种植，从地面起就是长叶子的枝条，不高，方便采摘，叶片大，产叶量高。我们借住的房东家就有桑园，春天屋里搭起蚕床，放蚕匾，养蚕。

二

中学语文课本里有茅盾先生的《春蚕》（地方是他自己家乡嘉兴乌镇的乡下）。文中的"老通宝"，讨厌一切带"洋"字的东西，坚持要养本地蚕种。那年"蚕花"特别好，但收了蚕茧后，茧厂关门不收购，最后用船运到无锡去卖，本地蚕种的茧又卖不出价。"就是这么着，老通宝家为的养了五张布子的蚕，又采了十多分的好茧子，就此白赔上十五担叶的桑地和三十块钱的债！"

为了了解当时（1932 年）江南农村土法养蚕如何跟随节令、应对气候和控制温度，我找来《春蚕》重读。从《春蚕》的描述中，可以看到当时农户的土法养蚕跟随节令和与气候的密切关系，它与不同蚕龄期的温度要求和控制措施有关，也与蚕的食物——桑叶的生长有关。清明，"那拳头模样的丫枝顶都已经簇生着小手指儿那么大的嫩绿叶""天气继续暖和，太阳光催开了那些桑拳头上的小手指儿模样的嫩叶，现在都有小小的手掌那么大了。"蚕卵的孵化在"谷雨"前后，"贴肉揾在胸前"，用人体的体温来孵化。"以后就要开始了一个月光景的和恶劣的天气"的争斗。天气"稍稍有点冷。蚕房里蒸了一个小小的火"。到大眠后的五龄期，一是蚕体很大，五张布子的蚕总重量有 300 斤，一是食量很大，一天要十担（一千多斤）桑叶，这时，桑树正是出叶子时候。蚕房这时要空间、要通风、要防病。蚕"上山"做茧，"'山棚'下蒸了火"，三天才息。一个月的蚕期，中间过了"立夏"，到结茧时已是"小满"。[1]

---

1. 茅盾：《春蚕》，载《茅盾文集》，上海春明书店，1948，第8—28页。

从文中还可看出养蚕户并不育种，蚕种"布子"是买来的，育种的应该是"蚕种场"。"洋"蚕种已经出现，成茧品质比土种好，收购价高。也看到养蚕业受市场的影响。这在《春蚕》发表4年后，费孝通在江苏吴江县开弦弓村（离茅盾家乡乌镇仅20多公里）的社会经济调查中有详尽的描述。

三

《江村经济》是著名社会学家费孝通的成名之作，闻名遐迩。费孝通于1935年通过清华大学的毕业考试，并取得公费留学资格。出国前，在他姐姐费达生的建议下，1936年到吴江县开弦弓村进行了一个多月的社会调查，这是他1938年在英国伦敦政治经济学院博士论文《江村经济》的素材。

费达生于1903年出生于吴江县，14岁入江苏省立女子蚕业学校（前身是成立于1904年的女子蚕业学堂）学习。1920年夏毕业，学校选派她去日本留学，次年考入东京高等蚕丝学校。1923年夏，费达生从日本回到母校。校长郑辟疆拟把培育的改良蚕种及科学养蚕技术向农村推广，成立了蚕业推广部，请她参加。由校长带领推广人员，携带桑苗、蚕种、蚕具、蚕茧、丝车等实物、模型、图表，到吴江县各乡镇巡回宣传科学养蚕。

1924年春，推广部到吴江县开弦弓村，建立了第一个蚕业指导所。组织起21户人家参加的蚕业合作社，使用蚕校培育的改良蚕种，并用科学方法饲养。当年，社里的春茧丰收，各户收入成倍增加，从此推开了农村养蚕改革的大门。1925年，费达生接任蚕校推广部主任，继续带领人员到开弦弓村指导养蚕，合作社扩大到120户，实行共同消毒、共同催青、稚蚕共育、共同售茧。

正是在这样的背景下，费达生才建议他弟弟到开弦弓村做社会调查。费孝通在《江村经济》中首先对开弦弓村的经济背景做了分析，其中对蚕丝业写到：

"蚕丝业在整个地区非常普遍，在太湖周围的村庄里尤为发达。

"1909年以前……中国蚕丝出口量比日本大。……但到1909年，日本蚕丝出口便超过了中国。……从1923年以后，出口量便就此一蹶不振。1928年至

1930 年间，出口量下降率约为 20%。1930 年至 1934 年间，下降得更为迅速。……1934 年生丝价格跌到前所未有的更低的水平……仅为 1930 年的三分之一。

"蚕丝业的传统特点及其近年来的衰落就形成了我们目前所分析的开弦弓村的经济生活背景。"[1]

在后文中，他以一整章的篇幅，分 9 个方面阐述了"蚕丝业的新改革"。说到了蚕业学校、蚕种场、稚蚕公育的蚕房、蚕房消毒、温度和湿度控制等，鲁安东老师他们"发现"的蚕种场建筑是这段历史尚存的实证，也是蚕种场建筑合理性的缘由和依据。

顺便说一句，在《江村经济》一书中说到开弦弓村的田地是圩田，"土地被河流分割成小块，称作'圩'""沿着每一圩的边缘，留有 10 ～ 30m 的土地种桑树"，并画了一张示意图。而 1954 年我上小学五年级时的邗江县杭集镇，尽管在长江北岸，但也是圩田地区，也有养蚕业。看来养蚕业还与地理（形）条件有关。杭集镇长江对岸就是镇江，鲁安东老师文章中提到当年镇江有蚕种场。

四

鲁安东老师文章的注释中列出了蚕室温度控制的要求，不同蚕龄有不同的温度要求，稚蚕公育的蚕房室温要求是：一龄蚕 80～81°F，二龄蚕 79～80°F，三龄蚕 78~79°F。控制精度达到华氏温度的 1 度（0.56 摄氏度），很是精细严格！那时蚕室采用被动式措施（配以适当的生火），室温控制达到如此精准，很是不易。

但我阅读文章时，产生了一个问题，为什么采用的是"华氏温度"呢？鲁老师在文章注释中说蚕室温湿度要求来自凉山州科技局的《宁南县标准化大蚕饲育技术》，我上网查到了这份材料。[2] 我就想，中国一直采用摄氏温度，为什么已经是 2013 年了，川南一个偏僻县的科技局出的标准化养蚕技术手册还采用华氏

---

1. 费孝通：《江村经济》，北京大学出版社，2012，第16—17页。
2. http://www.lszst.gov.cn/nnkjpj/1181.jhtml，2013年5月15日更新，2013年10月8日访问。

温度呢？是我国蚕业学界特别吗？进而又想，20世纪二三十年代中国是采用华氏温度吗？根据维基百科，在1970年以前英国和英联邦国家还采用华氏温度，之后改为摄氏温度，但美国至今沿用华氏温度。民国时期，我国采用的可能是华氏温度，那么川南宁南县的标准化养蚕技术中对蚕室温度采用华氏温度可能是一份"遗产"了。

在介绍费孝通姐姐费达生的文章中看到，抗战爆发后，江苏女子蚕业学校内迁，在四川乐山复课。费达生应"新生活运动妇女指导委员会"的聘请，与四川省政府洽商，决定在川南七个县建立"蚕丝实验区"，并担任实验区主任。这似乎印证了我的猜想。"大胆设想，小心求证"，这个问题可以进一步求证。

五

室内温湿度控制的外部条件是室外气候，尤其是被动式设计和调控措施，与当地气候气象条件紧密关联。清华的暖通空调专业就在建筑学院，他们有全国各地逐时的气候气象数据。我请林波荣查得苏南地区清明（4月5日）到小满（5月21日）温度、湿度、辐射、风速的逐时数据。

如有可能，可根据蚕种场建筑的建筑形态、维护结构热工性能、通风洞口、

门窗开闭、遮阳设施等，以气候的逐时数据为"外场条件"，以上述蚕室室内温度和湿度要求为"控制目标"，进行数字模拟和验证。

写到这里，已经远远超过鲁老师约请的文字字数（500~1000字）。想起当年梁启超受人之请为他人的书作序，结果洋洋洒洒写了5万字，成了一本书。我这里是"东施效颦"了。

2015年5月3日

俊逸典雅　水木清华

—— 清华老建筑巡礼

引子

一、踏上清华

1961 年，我从江苏省扬州中学考取清华大学。清晨从村里赶到公路边，招手上了过路的长途汽车，辗转六圩、镇江、南京、浦口……在济南转车，到北京已是第三天的夜晚。出北京站上了接站的大客车，大约 1 个小时，大客车开进一座被昏黄路灯照亮的校门，夜色朦胧，车在行道树的灯影下穿行，两旁是低矮的平房，心想："这是清华大学？"

大客车停在大礼堂前，下车进门，大家在座椅上坐下等天亮。环视大礼堂，高高的穹顶隐在暗影中，二楼墙上的"人文日新"匾额被灯光照着，我想："这才像个大学。"

过了一会儿，带队的招呼大家去吃饭。我们跟着他出门，下台阶，右拐，进了一条石头铺的小道，一会儿上台阶，一会儿下台阶，左手边是有格窗的房厅，右手边好像是一个池塘。黑夜里在陌生的地方，觉得路很长。又沿着墙根拐了两个弯，到了有着圆拱顶的食堂，吃完饭又沿路返回大礼堂。这天夜里，是我踏在清华园地上走过的第一程路。

清晨，走出大礼堂，过桥来到后面校河对面的三院。到土建系的报到处，一个老职员接过我的录取通知书，说："哦，扬州中学的。"

二、最美校园

2017 年，美国著名财经杂志《福布斯》邀请了一批建筑师和大学校园设计师评选出全球 10 个最美丽的大学校园，其中 6 个来自美国，3 个来自欧洲，而亚洲唯一上榜的是位于中国北京的清华大学。这 10 个大学分别是：

凯尼恩学院（美国俄亥俄州）、牛津大学（英国牛津）、普林斯顿大学（美国新泽西州）、斯克利普斯学院（美国加州克莱蒙特市）、斯坦福大学（美国加利福尼亚州）、圣三一学院（爱尔兰都柏林）、清华大学（中国北京）、美国空军学院（美国科罗拉多州）、博洛尼亚大学（意大利）、加州大学圣塔克鲁兹分校（美国）。

这是清华大学再次当选。国内对此有不同意见，有人提出中国最美大学是北京大学、武汉大学、厦门大学，等等。但我认为只有清华才能担当：校园的"美"，不只是视觉观感的美，还包括历史与文化的内涵。清华自1911年被钦定为"清华学堂"以来没有搬移过，"清华"二字来自清康熙年间的"水木清华"，工字厅正门上的匾额"清华园"是咸丰的御笔，所以清华园的历史和文化积淀是其他中国大学无法相比的，办学的声望在中国也是数一数二。

百年清华校园建筑

一、皇家的园子

清华大学早期的校园旧址是清康熙四十六年（1707）修建的熙春园，在圆明园的东南。

道光年间，将熙春园西部分出为近春园。咸丰年间，熙春园改名为清华园。

熙春园（清华园）的历史贯穿清朝康、雍、乾、嘉、道、咸、同、光、宣九朝，园主人中有三位皇帝、四位亲王。

1860年，英法联军入侵北京，火烧圆明园，未殃及近春和熙春二园。咸丰皇帝逃往承德避暑山庄，之后也病死在那里，同治继位，慈禧为太后。同治皇帝为了给慈禧40岁庆寿，想重修圆明园，于是下旨将近春园200余间殿宇、游廊拆毁，拆下的旧料用于重修圆明园大宫门、勤政殿等。但这些宫殿又于1900年被八国联军再次烧毁。

近春园遗址是现今清华大学的"荒岛"（图1）。

1900年，义和团"扶清灭洋"，八国联军侵入北京。1901年，订立《辛丑条约》，列强要求惩治支持义和团的王公大臣，清华园的主人载濂被褫夺爵位，籍没家产，清华园收归内务府（图2～图7）。

现在二校门的位置在道光年间是永恩寺，寺内的2棵古柏保留至今（图8）。

图1　近春园遗址

图2　水木清华雪景

图3　水木清华

图4 工字厅

图5 咸丰御笔"清华园"

图6 工字厅内景

图7 古月堂垂花门

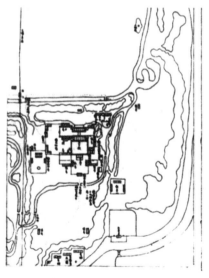

道光二年（1822）熙春园东部平面图

图8 原永恩寺内的2棵古柏保留至今

二、庚款办学

1902年,《辛丑条约》议定,清政府赔偿列强4.5亿两白银,是为"庚子赔款"。其中,美国分得3200多万两。

1907年12月3日,美国总统罗斯福在国会宣布:"宜将庚子赔款退赠一半,俾中国政府得遣学生来美留学。"美国国会通过退款议案。

1908年10月28日,中美两国政府草拟了派遣留美学生规程。清政府在北京设立游美学务处,由外务部会同学部共同管辖,负责选派游美学生和筹建游美肄业馆。1909年8月,游美学务处招考了第一批留美学生。10月,由唐国安率领赴美留学(图9)。

从1909年至1911年,游美学务处考选三批直接留美学生共计180人。其时,外务部与学部在招生问题上存在分歧。外务部主张招收16岁以下的幼童,从小送美培养,否则对外国语言"绝无专精之望";学部则坚持招收30岁以上的学生,否则"国

1909年庚款留美生首批錄取47人名单:

**唐悦良 謝兆基 張福良 程義法 曾昭權 張准 王昌平 智懋慶 王士傑 嚴家駒 裘昌運 方仁裕
陳兆貞 何傑 王琎 楊永言 陳熀 羅惠橋 陳慶堯 戴修駒 王健 鄺煦堃 程義藻 胡剛復
朱維傑 邱培涵 吳清度 吳玉麟 邢契莘 金邦正 秉志 李鳴龢 朱複 範永增 李進隆 陸寶淦
袁鐘銓 徐佩璜 戴濟 高崙瑾 張廷金 魏文彬 金濤 徐承宗 盧景泰 梅貽琦 王仁輸**

图9　1909年庚款留美生首批录取47人合影及名单

学既乏根底，出洋实为耗费"，双方相持不下。于是有了折中方案，游美学务处专设留美预备学堂，先在国内有计划地训练，然后选送合格的毕业生去美留学。

内务府将籍没的清华园拨给学务处作为校址。从 1909 至 1911 年间，游美学务处在清华园修建了校门、清华学堂（西段）、同方部、二院（清华学堂以北）、三院（校河北）、校医室、北院（外籍教员住宅）等建筑。

1911 年 2 月，游美学务处和筹建中的游美肄业馆迁入清华园，定名为"清华学堂"。颁布的《清华学堂章程》规定，分高等科与中等科，共 8 年。"高等科注重专门教育，以美国大学及专门学堂为标准，中等科为高等科之预备。"高等科在清华学堂和二院，中等科在三院（图 10）。

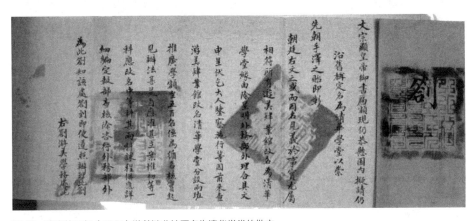

图 10　清宣统三年（1911）游美肄业馆更名为清华学堂的批文

1909 年到 1911 年，游美学务处在清室皇家园囿清华园建设的清华学堂，其建筑形式是西洋式（图 11、图 12）。

1914 年，梁启超在同方部以《君子》为题作演讲，援引《易经》中的话，"天行健，君子以自强不息"，"地势坤，君子以厚德载物"。后来"自强不息，厚德载物"成为清华大学的校训（图 13、图 14）。

三、新政运动

为什么新建的清华学堂的校园建筑是西洋式的？是因为它是"留美预备学校"吗？在它之前成立的"北洋大学堂""京师大学堂"等也是西洋形式（图 15）。

图 11　校门

图 12　清华学堂（高等科）

图 13　同方部（清华最早的礼堂）

图 14　三院（中等科）

图 15　北洋大学堂（1896年）

　　1900年（庚子年，一个新世纪的开始）这一年，义和团"扶清灭洋"，八国联军打进北京，又一个不平等条约签订，全中国四万万五千万人，每人赔一两白银。

每一场战争和冲突过后，冲突的双方都要做出调整。

1900 年以后，打败的一方——清朝政府推行"新政运动"，如废科举、兴学堂，旧衙门改新政府等，这时的学堂建筑（如北洋大学堂、清华学堂）和政府建筑（如大理院、陆军部、资政院）都采用西洋建筑形式，并扩展到普通民用和商业建筑，这个趋势在清王朝被推翻之后继续存在。

当时的报纸上写道："官民一心，力求改良，官工如各处部院，皆拆旧建新，私工如商铺之方有将大金门面拆去，改建西洋者。"

四、废科举，兴学堂

北京大学的前身是 1898 年 7 月开办的京师大学堂，最初选址在景山东侧的"四公主府"。公主去世后，府邸被内务府收回，1898 年被选为京师大学堂校址。

1908 年，在黄寺以南建京师大学堂分科学院，西洋建筑形式。辛亥革命后，京师大学堂改名为北京大学。1918 年，"红楼"建成，采用西洋建筑形式（图 16、图 17）。

图 16　京师大学堂分科学院（1908 年）　　图 17　北京大学红楼（1918 年）

五、旧衙门改新政府

清华学堂建的校舍就是在这样的背景下采用了西洋建筑形式（图 18、图 19）。

六、基督教本土化

另一方面，欧美教会吸取"民、教冲突"的教训，在中国加强"基督教本土

图18 陆军部（1906年）

图19 大理院（1910年）

化"。一个突出的表现是各地教会学校和教会医院的建筑采用中国传统"大屋顶"的形式，尽管设计者是外国建筑师（图20～图22）。

"建筑术对我们传教的人，不只是美术问题，而实是吾人传教的一种方法，我们既在中国宣传福音，理应采用中国艺术。"——罗马教廷驻华代表刚恒毅

图20 北京圣公会南沟沿教堂（1907年）

图21 北京八面槽救世军教堂（1922年）

图22 北京协和医院（1917—1921年）

北京协和医院

为了推行"基督教本土化",这个时期西方教会在中国办的大学采用中国形式，如燕京大学、金陵大学、金陵女子大学、齐鲁大学、湘雅大学、华西大学、辅仁大学等（图23～图25）。

燕京大学于1925年由墨菲规划设计，此前他在清华设计的四大建筑是西洋建筑形式。毗邻的两个学校，同一个建筑师，采用了不同的建筑形式。1952年"院系调整"，燕京大学停办，北京大学从城里搬到这里。

图23　燕京大学（1925年）

图24　南京金陵大学（1913年）

图25　北京辅仁大学（1925年）

七、墨菲设计"清华四大建筑"

1912年10月，清华学堂改名为清华学校。1913年10月，曾留学美国耶鲁大学的周诒春接任校长。他聘请耶鲁毕业的建筑师亨利·墨菲做清华校园规划和建筑设计，墨菲设计了"清华四大建筑"——大礼堂、科学馆、图书馆和体育馆（图26～图30）。

老图书馆至今仍然是清华品质最好、气质最典雅的建筑（图31）。

杨廷宝于1931年设计的图书馆二期（转角和左）与墨菲在1919年设计的图书馆一期（右）衔接得天衣无缝（图32）。

大图书馆阅览室的主要功能是学生上课之余自习的地方，最能体现清华的学习氛围。学生都要事先"占座"，才有"一席之地"（图33）。我带外宾参观清华，常常会带他们来这里，站在门外一看，他们往往一声惊叹："这就是清华！"

科学馆门楣上的"SCIENCE BVILDING"（科学馆），是"BVILDING"，而不是"BUILDING"，实是英文的一种古老的写法（图34，图35）。

因为清华使用了庚子赔款的退款，为纪念做出该决定的美国总统西奥多·罗斯福，体育馆被称为"罗斯福纪念馆"（Roosevelt Memorial），并被镌刻在门廊檐部（图36、图37）。

图26 墨菲设计的"清华四大建筑"旧影

1917年大礼堂开工

周诒春校长奠基纪石

图27　1917年大礼堂开工及大礼堂墙体施工中照片，前面地上是柱廊的大理石构件加工

图28　大礼堂立柱
（左：照片　右：1961
级学生渲染作业）

图 29　墨菲设计的清华图书馆

图 30　清华图书馆一期（1917—1919 年）

图 31　清华图书馆一期内景

图 32　清华图书馆一、
二期衔接得天衣无缝

图 33　清华大图书馆阅览室学生自习场景

图 34　科学馆（1917—1919 年）

图 35　科学馆门楣

图 36　西区体育馆，前馆始建于 1916 年，1919 年竣工

图 37　西区体育馆门廊檐部

墨菲没有采用清华第一期建筑的灰砖，他设计的四大建筑用的是红砖。

1928 年 6 月，北伐军进抵北京，接收了清华学校，将校名定为"国立清华大学"，"废除董事会、专辖教育部"，任命罗家伦为校长（图 38）。

政府派来三任校长都被学生驱赶辞职离任，直到 1931 年 12 月，梅贻琦接任清华大学校长。梅贻琦获得了全校的支持，在校长岗位十余年，一直到 1948 年离开大陆。其间，1937 年"七七事变"后，学校南迁，先到长沙，后到昆明，与北京大学、南开大学合成"西南联合大学"。抗战胜利后，回到清华园复校。

图 38　国立清华大学（1928 年）

八、人性化的尺度

大礼堂区与工字厅区紧邻，只有一条小河之隔，一边是西洋形式的建筑和草坪，一边是中国传统建筑组织的院落和园林，但徜徉穿行其间并没有突兀和不协调的感觉，无论是对于本校的师生，还是外来的参观者都是如此。是何原因？我陪同外宾参观校园，看了这两个区，常常会问这个问题。有的说："都是有历史的经典建筑。"有的说："都是手工建造，工匠技艺。"有的说："树木绿化优美的环境把它们连在一起。"这些回答都对。但我想主要是"人性化的尺度"，尽管二者的风格形式不同，但都具有人性化的尺度，具有优雅平和的气质，有精致的细部，可以近距离观看和触摸。

如图 39 所示，左边清华大礼堂和中间圣彼得大教堂正面都是：立柱中间有一个门，门上面是阳台，阳台上面是窗，再上面是檐口。无论是看照片还是在现场，都想不到两者的尺寸差别如此巨大，如图 39 右图所示。这就是人性化尺度与宗教神权尺度的差异。

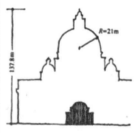

图 39　清华大礼堂和梵蒂冈圣彼得大教堂尺度对比分析

下面两张照片中的建筑，一是西洋古典形式，一是中国厅堂形式，相距也就五六十米（图 40），正是我 1961 年第一次在清华园中摸黑走过的路。之前和后来有无数的人走过，没有人觉得两者"冲突"和"不协调"，这就是人性化的尺度、精致的细部和典雅平和的氛围，和而不同，不同而和的原因。

图40 左：冬日阳光下大礼堂门前的家长和孩子 右：初春的"水木清华"，游人在拍照

九、一条美丽的路径

我们的美术教室在建筑系馆清华学堂的二楼，系图书馆在一楼。我们画石膏人像阿克里巴、摩西，华宜玉老师示范水彩静物，王乃壮老师用幻灯片放映列宾的《伏尔加河上的纤夫》、希施金的《松林的清晨》。去楼下图书馆翻阅原版的《英国水彩画》。

讲课教室在旧水利馆，通过陡峭的室外楼梯上到二楼（图41）。当年林徽因先生来教室上课，是学生们把她背上楼的。在旧水利馆楼上，梁思成先生给我们讲唐代佛光寺（中国建筑史），陈志华先生讲希腊帕提农（外国建筑史）。

中午了，在美术教室画了半天素描、水彩的我们该吃午饭了。从建筑系馆所在的清华学堂走出来，经过大礼堂前的大草坪，向北看到草坪端头的大礼堂，往南看是二校门的背景。

在第二教室楼的南侧，走过小木桥就是工字厅，咸丰御笔的"清华园"匾额就挂在正

图41 旧水利馆

门上方，工字厅前的树林光影斑驳；往前走是新华书店，门口有两棵法桐树，西边是有垂花门的古月堂（图42）。

右转，从古月堂与工字厅之间的夹道中通过，右侧有一个小卖部；走过夹道就斜穿"水木清华"西面土丘间的小径。春天，两边的丁香花香气袭人；冬日，踏雪而行，枝头的雪落在头上（图43）。过了校河上的桥，路过校医院，就看到气象台耸立在小山丘的松柏上，向南看，河对岸是生物馆（图44、图45）。生物馆建于1929年，气象台建于1931年，都是杨廷宝设计的。

图42　一组老建筑

图43　花香袭人的小径

图44　气象台

图45　生物学馆

绕过气象台北坡盛开的山桃花，就到了西大饭厅，1953年建成。这些年来我一直没有找到西大饭厅的照片，只看到一张当年吊装亚洲跨度最大木屋架的施工照片（图46）。1961年我进清华的第一个新年除夕，蒋南翔校长在西大饭厅与学生聚餐，在台上致词祝酒，清华食堂那时有桌子却没有凳子，我们在下面站着用饭盆喝汤代酒，当时食堂墙上挂满学生装饭盆的布袋。

西大饭厅因为离中心校区和学生宿舍区太远，后来改成室内活动场和运动场。现在的医学院是拆了西大饭厅盖起的。

在西大饭厅吃完饭回宿舍，出门往北的路西有栋小楼是"音乐室"（图47）。房子不起眼，但那可是清华的"音乐圣殿"，培育了一代代清华园里的乐队和歌手。近年来在中国爆红的上海清华老年合唱团，大部分成员都是20世纪60年代早期的学生和研究生。

右拐往东，就路过化学馆，1931年建成，沈理源设计（图48）。他是留学意大利的中国第一代建筑师。

再往东，路北是老五斋学生宿舍中的善斋（1932年）、明斋（1930年）、新斋（1934年）。它们都是沈理源设计的，和以前墨菲、杨廷宝设计的建筑风格类似，采用20世纪30年代的折中主义（集仿主义）风格。外墙用红砖砌筑，因为是学生宿舍，只是在入口门廊做了装饰。明斋的路南是西大操场和老体育馆（图49）。

沈理源在清华设计的建筑中，与墨菲设计的四大建筑相

图46 西大饭厅施工旧照

图47 音乐室

图 48　西大操场和老体育馆

图 49　化学馆

望的用红砖，与二校门和清华学堂邻近的用灰砖。电机馆用红砖，土木馆、机械馆用灰砖。

　　过了明斋、新斋，就到了学生宿舍一、二、三、四号楼。还是红砖墙，但屋顶是中式的，是 20 世纪 50 年代"社会主义的内容，民族的形式"的时代要求，由汪国渝先生主持设计。汪先生是中央大学建筑系毕业，具有很好的学术修养和艺术品位。他设计的这组学生宿舍组群，比例、尺度得当，材料和外饰朴实，与功能相合，却有中国传统建筑的神韵（图 50、图 51）。

　　我们建筑系 1961 级的学生住在二号楼顶层五楼，一住就是 7 年，本科六年制，"文革"又延迟毕业一年。

图 50　学生宿舍组群

图 51　学生宿舍二号楼

建筑系的学生有专用教室上设计课，我们1961级的专用教室有两年是在北院平房。炉渣铺的地，芦苇秆抹泥的墙。冬天还要生炉子，每天早上两个值日同学要早到，捅开封火，加上煤。

北院教室西侧，原来的三院拆得只剩前面的一排房，于是后面就有了一个空场地。场地上有一棵独立的臭椿树，树荫很大，周围有好多个排球场。那时正是大松博文"魔鬼式"训练女排的时期，引起排球热。男生经常光着上身赤着脚打球。打完球，提溜着汗衫背心，跑到诚斋楼里，拧开水龙头喝水，然后去二号楼旁边的大浴室冲澡，那时候洗澡不要钱。

老校园是20世纪30年代盖的建筑，1966年以前我没有进去过的是旧电机馆和老机械馆（图52、图53）。想不到"文革"期间清华武斗开始的那几天，我与这两个建筑有了交集。

1968年4月23日，清华"老团"和"老四"两派的长矛队在电机馆开始了随后"百日大武斗"的第一战，引来了校内外数百人的围观，我也是观战者。随后两派抢占宿舍楼和系馆，我们班的"老四"被分派驻守动力农机系馆（老机械馆），在进门独楼梯上端架起"滚木礌石"。我也在里面守了一夜，但心想："对方攻上了，你下得了手吗？你伤了人，日后能不受惩罚吗？"第二天一早，我和另

图52 旧电机馆（现在是传媒学院）

图53 老机械馆（现在是热能系馆）

一位同学就撤了。二号楼宿舍被对方占了，我们回不去，就到还没有启用的主楼一楼西面的房间住下。"机缘巧合"，10年后我考回清华当研究生，这间房间居然是我所在的建筑物理实验室。眼看清华武斗升级，清华师生"大逃亡"纷纷离校，五一前我也回到江都老家。

1968年7月27日，工宣队3万人开进清华平息了"百日大武斗"。随后通知离校的学生返校，滞留的1961级毕业班由工宣队主持分配。我被分配到邮电部，但是先到崇明岛解放军农场"劳动锻炼"。1970年5月，我来到湖北阳新县的邮电部536厂，投入"三线建设"。

后记

一、重回清华园

1978年，恢复研究生招考，我被录取。我在10年后重回清华园，研究方向是建筑声学，毕业后留校任教，1990年起担任建筑学院副院长，1997年起担任院长到2004年。2011年退休。

清华校园老建筑除了西校门，前面已说到我们在校时的20世纪60年代。西校门建于1931年（图54、图55）。

图54 清华大学西校门

图55 1970年，工农兵学员进的是西校门，现在常有参观者在这里等候进入清华

前文也没有提到京张铁路在1954年决定东移800m后，清华西区建成使用的建筑：工程物理系馆、精密仪器系馆、中央主楼的东西配楼等（图56、图57）。中央主楼主体于1965年建成，但没有正式投入使用。

中央主楼建筑群的规划始于20世纪50年代中期，正是"学习苏联"时期，设计方案仿效莫斯科大学（图58）。

20世纪80年代中的主楼，其前面还是农田，远处教室楼还只有三教。尽管因为时代的原因，顶部两层没有盖完就停建了。但主楼的气势已经显露，无论是总体布局还是建筑形象都庄重大气。

校庆100周年2011年加层后的主楼弥补了历史的缺憾（图59）。

从主楼顶层俯瞰主楼前区，第一栋建筑——"建筑馆"1992年11月奠基，随后陆续建成经管学院、技术科学楼、法学院和两侧的建筑设计院和公共管理学院。南端就是新的主校门（图60）。

关肇邺先生是主楼设计的主持人。

图56 工程物理系馆   图57 精密仪器系馆

图 58　清华主楼初期的规划

图 59　校庆 100 周年 2011 年加层后的主楼

图 60　从主楼顶层俯瞰

二、老校区文脉的延续

自 20 世纪 80 年代初开始，关肇邺先生主导了老校区的规划设计。关先生于 1948 年从燕京大学理学院转学到清华建筑系，有意思的是那两年还有李道增先生从清华电机系、吴焕加先生从清华航空系、陈志华先生从清华社会学系转到建筑系，这四人岁数只相差一岁，四人后来都成了中国建筑界声名显赫的大师和大家。

关肇邺先生在 1952 年大学毕业后，担任林徽因先生的助手，协助林先生人民英雄纪念碑的设计工作，林先生此时身体极为虚弱，关先生就是她的"手"：画图、查资料。林先生没有看到纪念碑的落成，于 1955 年病逝，才 51 岁，太让人惋惜。

"文革"后，20 世纪 80 年代中，关肇邺先生主持清华大学图书馆扩建（三期）的设计，场地是拆除老的"三院"，东边就是墨菲和杨廷宝设计的老图书馆一期和二期，西边邻近西大操场，对着墨菲设计的老体育馆。南面是校河，对岸是礼堂区——清华西区的中心，清华历史建筑的集中地。

关先生在"尊重历史、尊重环境、为今人服务、为先贤增辉"的理念下，主持图书馆三期建筑布局和设计。新世纪开始，在三期的北面，他又设计了四期（图 61）。

图 61　关肇邺手绘的清华大学图书馆全景

图书馆三期的面积和体量很大，关先生在南面安排的建筑与东侧墨菲、杨廷宝设计的前期图书馆体量和尺度相近，东面伸出的墙头与二期的山墙相对，留存了当年图书馆西山墙与三院东墙之间通道的记忆。大体量的主体后退，主入口开向有水景的内院，含蓄内敛，尊重先贤，礼让得体（图62、图63）。内院的东北角特意留了通往学生宿舍区的通道，这正是当年我们从宿舍区到清华学堂（系馆）、旧水利馆（教室）的必经之路。

关先生在设计中非常关注细部，力求精益求精。三期内院室外铺地，是他亲手画的，64个井盖都在方格正中，并与墙面门窗位置、水池壁面石板拼缝准确对位（图64）。

而校内一些建筑的井盖被建筑师忽视了，留下败笔，如文科图书馆（图66）。

关肇邺先生在老校园区还主持设计了生命科学馆、理学院（图66～图68）。他坚持要用红砖砌筑的清水墙，施工单位说，能砌清水墙的砖没有了，能砌墙的工人也没有了。但关先生还是坚持，最后施工单位总算在河北某个小县城的砖厂找到了红砖，又请已经退休的老工人回来砌墙。

图62 校图书馆四期，设计有下沉式庭园，室内空间更为丰富、变化更多

图 63　校图书馆四期

图 64　图书馆的细部设计精益求精

图 65　文科图书馆的井盖成为败笔

图66　理学院

图67　生命科学馆

图68　化学馆扩建

关先生又设计了医学院（图69）。

关肇邺先生坚守自己的理念，在清华老校区耕耘四十年，延续了清华校园建筑的文脉，深厚的文化积淀历久弥新。

图69　医学院

三、清华精神

我重回清华后，校园中有三件事需要写下。

第一件是，1966年8月24日被红卫兵毁掉的二校门在1981年复建（图70）。

第二件是，梁思成、林徽因与国徽设计。

1998年2月6日《光明日报》副刊《中华读书报》登载整版文章《国徽的设计者到底是谁？》，文中写道：国徽设计"主体创意：张仃；图纸成稿：清华大学建筑系；模型定型：高庄"。我们建筑系师生一直认为国徽是清华建筑系设计的，怎么会节外生枝？！

我当时是建筑学院的院长，我有责任弄清楚这段历史。经过一年多的查阅档案，访谈参与过国徽设计的先生，我写就了《梁思成、林徽因与国徽设计》。1999年9月30日晚，在国庆五十周年庆祝晚会上，主持人问国旗是谁设计的？在有人回答

图 70　二校门被毁旧照及复建后的现状

"曾联松"之后,主持人接着问:"国徽是谁设计的?"一个挂满军功章的军人回答:"是清华大学的教授。"我心里的一块石头落地(图 71)。

第三件是,王国维纪念碑的复建。1927 年 6 月 2 日,清华国学院导师王国维在颐和园投昆明湖自沉。1929 年,国学院师生为王国维先生立碑纪念,即"海宁王静安先生纪念碑"。碑由梁思成设计,其时梁先生还在东北大学建筑系任系主任。碑文由陈寅恪先生撰写(图 72)。

图71　新林院 8 号梁思成、林徽因故居，在这里产生了国徽和人民英雄纪念碑的设计方案

图72　海宁王静安先生纪念碑

陈寅恪在碑文中写道：

"士之读书治学，盖将以脱心志于俗谛之桎梏，真理因得以发扬。思想而不自由，毋宁死耳。……先生以一死见其独立自由之意志，……惟此独立之精神，自由之思想，历千万祀，与天壤而同久，共三光而永光。"

该碑在"文革"中被毁，碑身被投入河中，后捞起作为力学实验室工作台的台面。1980年，纪念碑被恢复，原碑座已不知去向，从校外墓地找了一个碑座配上。

我给学生讲"气质与修养"逾十年，我把最近的PPT演示稿中的三页，作为本文的结尾（图73～图75）。

要大力宣传和发扬清华的人文传统。校训"自强不息、厚德载物"正是来自于梁启超1914年在清华以《君子》为题的讲演。后来，他成了清华国学研究院的导师。国学研究院的另一个导师王国维的"三境界说"：

昨夜西风凋碧树，独上高楼，望尽天涯路；

衣带渐宽终不悔，为伊消得人憔悴；

众里寻他千百度，蓦然回首，那人却在，灯火阑珊处。

这应该作为清华人治学的传统。而陈寅恪为王国维纪念碑撰写的碑文结尾："惟此独立之精神，自由之思想，历千万祀，与天壤而同久，共三光而永光"中之"独立之精神"和"自由之思想"更应是清华学人的人格和精神的追求。

清华园游人

（2009）

清华校园，每逢假日，游人如织，二校门前、清华学堂、大礼堂区照相留影者熙熙攘攘，然近旁王国维先生碑前甚少有人。

二校门前客如篱

学堂礼堂入相机

不知清华精神在

静安碑下人影稀

图73　我给学生讲"气质与修养"PPT演示稿1

图 74　我给学生讲"气质与修养"PPT 演示稿 2

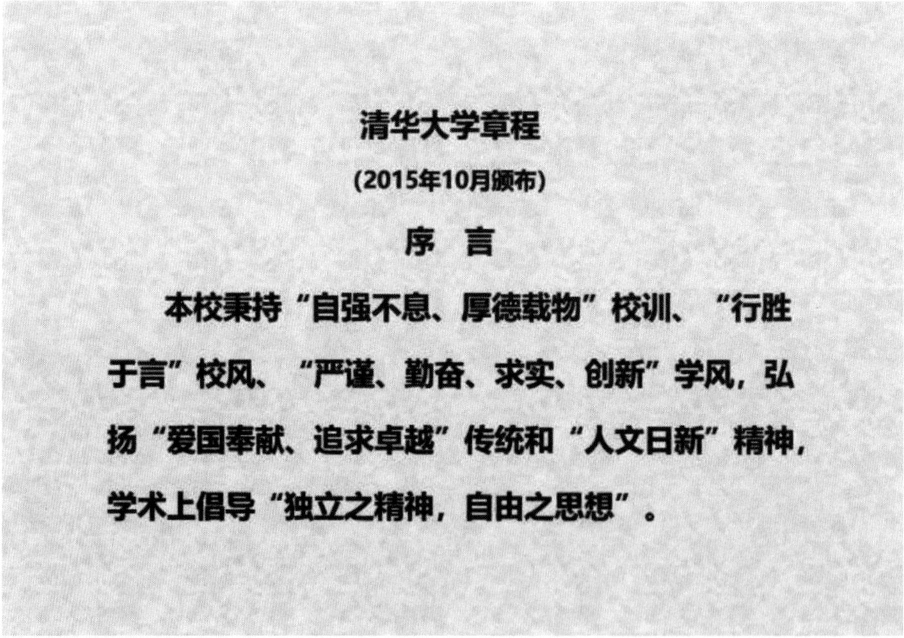

清华大学章程

(2015年10月颁布)

序　言

本校秉持"自强不息、厚德载物"校训、"行胜于言"校风、"严谨、勤奋、求实、创新"学风，弘扬"爱国奉献、追求卓越"传统和"人文日新"精神，学术上倡导"独立之精神，自由之思想"。

图 75　我给学生讲"气质与修养"PPT 演示稿 3

《建筑教育》访清华大学秦佑国教授

Jae：我看到您在一些文章或报道中常提到，教育中不仅要讲"素质"，还要讲"气质"，不仅讲"能力"，还要讲"修养"，即培养有君子风度的人，您可否就此深入谈一下这些问题在建筑教育中的体现及解决方法？

秦：我们现在大学教育已经从精英教育转向了普通教育。但是，中国的高考制度又使得像清华、北大这样一些重点大学，依然是选择了高中毕业生中的精英。所以这样就有一个问题，不论是他的家长也好，他的地方也好，或者人民也好，把这样一批精英人才送到清华、北大来，我们如何来培养这些尖子人才呢？今天，我们已经不把大学教育仅仅看成是知识传授和专业教育，已经不会再去讲"读书怎么样""知识怎么样"了，讲得最多的是两个词——素质和能力，如高素质、全面素质、综合素质、创新能力、研究能力、组织能力等。好像我们讲了素质教育，讲了能力教育，我们的教育就比较完备了。我个人认为还不够。除了要讲素质教育，还要讲气质教育；除了讲能力教育，还要讲修养教育（科学修养、人文修养、艺术修养、道德修养）。只讲素质、能力还是有些"功利"的目的，是为了将来"做事"，而气质和修养是"为人"。我们当然希望清华毕业生将来能成为"学术大师、治国英才、兴业之士"，能做大事。但是不是能做成大事，还有机遇和环境因素，不一定人人都成大事。然而，哪怕有的人可能"事业无成"，他还是不是一个"落魄的君子"呢？！他走出来，是否仍然让人觉得他依然是清华、北大毕业的呢？他可以没有做成大事，但他的谈吐、他的为人、他的一举一动依然要能透出，他是受过精英教育的。其实"为人"的教育是将来"做事"的基础，精英教育更应如此。

然而，长期以来，中国的大学教育却没有把气质和修养教育自觉和明确地提出，尽管像"文化大革命"中以"大老粗"为荣的现象一去不返，但社会还没有完全从对"气质""风度""修养"的误识（认为是贵族化、书呆子、脱离大众、孤芳自赏）的禁锢中摆脱出来，不敢理直气壮地提大学生应该是"君子"。我们清华的校训是"自强不息，厚德载物"，你知道这个校训是来自谁吗？可能大家都会说梁启超。那么梁启超是在什么场合下提出这两句话的呢？那是他于1914年在清华做的一次演讲上，演讲的题目就叫《君子》。他引用了《易经》中的话，"天行健，君子以自强不息，地势坤，君子以厚德载物"。

现在，大学生们一方面没有受到良好的气质和修养教育，另一方面却受到格调低俗的商业文化和流行文化的影响。再看社会上受过大学教育的人，从知识层面上看大多符合"知识分子"的称谓，但从气质和修养来看，许多人都让人不敢恭维。我们且不说人文、艺术修养，我们就说科学修养。不要以为你念了大学，尤其念了一下理工科，学了一点自然科学知识，就有科学精神了。这些年，"风水堪舆""命相星座""口彩谶语"在全社会泛滥，这些在封建社会里传统文人都不以为然的东西，今天却有许多受过高等教育的人诚惶诚恐地相信。因此，学过现代科技知识的人，并不意味着就有了科学修养。如何培养学生的科学修养，是大学教育值得深入研究的问题。

可能人们会说，你这样子，是不是就把一个个学生都培养成书呆子了，好像是一个模子，不可能多样化？我觉得这都是一种误解。人还有性格呢，还有他自己不同的背景，还有他的境遇等。所以，人还是会多样的。例如，他可以是质朴（而不是粗俗）的、高雅（而不是高傲）的、平和（而不是平庸）的、率真（而不是矫情）的、有内涵（而不是城府深沉）的、精明（而不是狡黠自利）的，等等。

实行气质和修养教育，除了要为学生开设一些人文、艺术等的课程之外，主要是讲"养成"和"熏陶"。"养成"有：教师的为人师表、教书育人，校纪和校规的约束，班集体的建设，文体活动和社团活动的开展，思想政治工作等。"熏陶"有：校园环境的熏陶，校园文化的熏陶，校园风气的熏陶和学校传统精神的发扬等。

校园的艺术环境、文化环境非常重要。我去看宋美龄当年在美国求学的韦斯利学院，校园非常漂亮，我认为是世界上最美的校园。有湖、草地、山丘，还有那么好的博物馆、美术馆、图书馆，新老建筑与环境结合得都非常好，形成了人文氛围、艺术氛围。而我们现在的大学校园，商业渗透太多了，而且拦也拦不住。

学校的历史和人文传统更是重要。应该说新中国成立前，中国的著名大学，不要说像北大、清华这样的文理综合性大学，即使以理工为主的唐山铁道、上海交大也是非常关注气质和修养教育的。因为那个时候，就是要培养精英和君子，所以这些学校有很强的人文传统。我在学校干部会议上经常提议，要大力宣传和发扬清华的人文传统。梁启超1914年在清华讲《君子》，提出了"自强不息、厚德载物"，1917年，他再次来清华讲演，讲了为人、做事和修学三方面问题。还有挂在大礼堂的"人文日新"的牌匾，王国维治学的"三境界说"，陈寅恪为王国维纪念碑撰写的碑文中提到的"自由之思想"和"独立之精神"等，都是清华极其宝贵的人文传统。

再有教师的为人师表。教师的为人师表当然首先是道德修养，但是我觉得这还不够，还必须显示出你的人文、艺术、科学修养和人格魅力。今天我们很多教师，他确实在自己的专业领域里面是出色的专家，但是一出专业范畴，就没有了像新中国成立前清华、北大那些名师们的大师风采。我们现在各专业隔开，好像我就干我这一行，我跟别的系的老师都没有联系，所以教师之间就缺乏交往。想当年在梁思成先生家里，每天下午4点钟，不同系的许多教授到他家里去，林徽因躺在病床上，大家一起聊，有艺术的、有哲学的，有学术的、有政论的。所以，说到为人师表，都在想这个教师工作是否勤奋、待人怎么样，我觉得不够。大学老师要以人格魅力、学术修养和精神风度，给学生启发、熏陶和感染。

Jae： 您获得了2006年第二届中国建筑学会建筑教育奖，据我所知也是最年轻的得奖者，您认为是什么样的努力让您获此殊荣？

秦： 建筑学是这样一个专业，它涉及科学与艺术两个方面。虽然盖房子本身有很多技术性的问题，但它是为人住的，所以建筑学的教育是必须有人文的东西。在我当院长的时候，我就比较明确地理出了清华大学的建筑教育思想，一条一条地理出来。1999年，在全国建筑院系院长系主任会上，我明确地提出了清华大学的建筑教育思想：建筑学是科学与艺术的结合，建筑教育是理工与人文的结合，学科构成是建筑、规划与景观三位一体，建筑教学是基本功训练与建筑理解相结合，等等。

在这样总的思想下，在我任期的7年中，我们做了这样几件事。首先，直至今天，全国也只有清华大学把暖通空调专业从热能系并入建筑学院，组建了建筑技术科学系，和建筑学结合，很快开展了生态设计、绿色建筑、建筑节能、建筑环境等方面的研究，一直走在这一领域的前面，就是因为我们起步较早，而且两个学科密切结合。

其次，在全国建筑院系里面，我最早提出要成立景观学系。尽管在 1997 年教育部的专业目录上，景观还被放在城市规划后的括号里。但是我们觉得这不行，于是在建筑院系里面，第一个成立景观学系，在学科构成和领域上也比传统的风景园林有扩展。现在，全国建筑院系成立的都叫"景观（学）系"，只是农林口的院校坚持叫"风景园林"，把 landscape architecture 翻译成"园林学"。

再次，根据清华的特点，我一直想推行建筑学的六年一贯制，但是这个非常难。我的观点是希望实行六年一贯制以培养建筑学专业硕士为出口。其实，我这个想法不仅仅是指建筑学，希望清华各系都实行。我给清华校长写信，提出这个问题。

中国的大学本科教育已经从精英教育转变为普通教育，大学本科毕业生已经是社会上普通的求职者、就业者。清华大学应该尽可能地把自己的学生"高位势"地投入社会。清华通过高考从全国招收了那么多优秀人才，应该让所有的学生（个别的除外）以研究生毕业的"位势"进入社会。也许有人说："清华现在已经是以培养研究生为主了……已经实行'4+2'本硕统筹了。"但实际上，一方面，还有相当多的本科生毕业离开清华，另一方面，本科教育和研究生教育是割裂的，推研、考试、毕业、入学、政治和外语、论文，等等，其间许多是重复的无效的事务、课程和时间。

清华实行六年一贯制是否就不招外校本科毕业生读研？不是的，清华现在已是研究生数量超过本科生。六年一贯制，本科四年，硕士二年，若本硕在校生人数相等，意味着硕士生的一半是从外面招的。

今天，科技和社会发展了，要想在专业领域做较高的 professional（专业性）的工作，本科已经不够了。国际上，工程师、建筑师，以至于中小学教师等的学位背景主流都是硕士（或相当于硕士的证书学位 Diploma），中国社会需求也正在向这方面发展。这就涉及另外一个问题，即硕士生培养定位问题。

2002 年，我给李岚清同志和教育部写信，提出中国大学教育改革的中心问题是硕士生的培养定位问题。因为它向下牵涉本科教育，向上涉及博士生培养。我认为硕士生的定位应是 professional 的，是专（职）业性的，Master 这个词的意思，地地道道一个 professional。如果硕士生这样定位，那么本科四年就可以定位为 science and art，就是文理教育。现在本科是四年制，如果把本科定位为专业性的，四年就让学生毕业，知识面必然很窄。本科定位为专业性的，也就要求硕士"做研究"，只能在本专业范围内的低水平和横向项目上当"劳动力"，从而使博士生无法有好的生源。我认为比较好的做法是：硕士阶段培养的学生大部分是专业性的，毕业后到各领域就业；少部分作为准博士培养，在本科教育的基础上继续加强数学、物理及哲学等人文思维方面的训练，为博士生源打下好的基础，而且学生也可以跨专业选博士领域。

还有，我在清华建筑学院任院长的这 7 年中，自认为做得很得意的一件事情，就是我用学院名义公派年轻教师到国外著名大学去进修，前后送了 28 位，全部"回收"。利用我们和哈佛大学、MIT（麻省理工学院）的关系，这 28 个人里面，哈佛就送了 10 个人，MIT 送了 6 个人，目前每年还是哈佛 1 个人，MIT1 个人继续送。此外，德国也派过，荷兰也有，法国是利用中法交流，也送过好几个，还有送往意大利的。有一次，我在会上说："现在学院中留学回来的老师，英文不成问题，法文不成问题，德文不成问题，俄文不成问题，日文不成问题，朝鲜文都不成问题，就缺意大利语和西班牙语。"我说："我们和罗马大学关系很好，但是我们派去的人都说英语。这样子，哪位报名说愿意去罗马大学，但是先在国内学半年意大利语，到那里后要坚持用意大利语。"那天晚上，3 个年轻老师给我打电话表示愿意去，后来选了一个去了。

还有就是国际交流，要让我们的教师和学生拥有国际眼光。建筑学院的 Joint Studio（联合工作室）教学模式，使我们的教师和学生有机会与世界名校的教师和学生平等交流与合作。我们与美国哈佛、MIT、UPenn 以及法国、德国、意大利、日本、韩国等国的许多大学都举办了 Joint Studio，外国学生来清华，我们的师生也有机会到国外做实地考察与设计。另外，每年还有几十位外国学者和建筑师来学院做讲座。同时，我们还组织学生参加国际竞赛，并且取得了很好的成绩，获得了几个国际重要竞赛的最高奖。

Jae：您是建筑学评估委员会的主任，那么现在建筑院校的评估现状是怎样的？您认为评估对建筑教育有什么样的推动作用呢？

秦：我对建筑教育确实有我的一些看法，中国的建筑教育还是有些问题的，而且发展得太快，当然这是社会的需求。今天已经有180多个大学有建筑系，但目前通过评估的才33个。现在，中国的院校之间建筑教育水准的差距是很大的，有些学校办建筑学专业，甚至教建筑设计的老师都不全。

我们曾修改了1997年的《全国高等学校建筑学专业教育评估标准》。因为整个建筑学发生了变化。比如我们要跟国际接轨，要招收留学生，你怎么要求人家也学习马列主义、毛泽东思想、三个代表？所以我就改成了"政治思想教育满足高等教育本科教育要求"，它怎么变不属于我们管，但是增加了建筑师职业道德和可持续发展思想的教育内容。

我还在着力推进，如何推动建筑教育评估和保证建筑教育质量，这就需要加大通过评估学校毕业生，也就是获得建筑学学位的学生与没有通过评估学校的毕业生的差别。尽管我们还不能像英美那样实行只有通过评估的学校的毕业生才能报考注册建筑师，但可以把注册建筑师考试分成两个阶段，第一阶段考试是建筑学本科基础知识考试，没有通过评估的学校的毕业生必须参加考试，来证明你本人受到的建筑学专业教育是合格的，通过后才能进入下一阶段考试，而通过评估的学校的获得建筑学学位的毕业生可以免考。第二阶段考试，所有的人都要考，但只考建筑师执业应该掌握的职业知识和技能，至于毕业后的实践年限，也改为"一视同仁"，大家都一样。

评估对建筑教育的推动作用很大。现在很多学校对这个学科不太重视，给的钱也不多。但是，一旦他们想参加评估，校方一般都会给很多钱，还有专用教室、展览空间、图书资料、仪器设备都会增添，教学条件有很大改善。当然，最重要的是教师队伍要满足评估要求，教学质量要达到评估标准，这方面"以评促建"也是很见效果的。

Jae：我们也曾看到很多院校迎接评估的状况，如临大敌、通宵加班，您觉得这是不是有走形式的嫌疑呢？

秦：形式是肯定会有的，但是走一下又有什么坏处呢？让该院校的学生可以看到，经过努力是可以达到这个面貌的。我们很冷静，并不会根据该院校的形式来认定好与不好。因为学生作业摆在那儿呢。很多学校都把教室打扫得干干净净，桌面上还铺块桌布。和我一同参加评估的韩国建筑教育委员会主任说："学生教室如此整洁，是否会影响学生的创造力和个性发挥？"我知道这是做给我们看的。因为全世界建筑学专业的学生教室都是乱糟糟的。他做出来，就看看，知道他们努力了，起码让学生知道要评估了，这有什么坏处呢？不要紧的。当然，"保持常态"迎接评估也是可以的。

Jae：这种评估对于建筑教育的多样性是不是会有一定的负面作用呢？

秦：说到这儿，就要说说我们修改的那个章程里非常重要的一句话：我们鼓励学校办学的多样性。但是必须在满足办学基本条件和保证基本教学质量的情况下。我可以给你举一个例子。原来昆明理工大学申请评估，还是老标准的时候，规定了学生英语四级通过率，该校的学生外语通过率达不到要求。但是这个大学有几位老教师做云南地方建筑、少数民族建筑的研究非常突出，学生作业也有这方面的，但是外语卡在这儿，怎么办？我就跟他们说，你们打个报告来，说你们中间汉族学生或者是非云南籍的学生外语通过率是多少？云南籍的少数民族学生，汉语还是他的"外语"呢。他们确实是在抓外语的，他们建筑系的外语通过率是全校最高的，但还是达不到要求。最后我们在会上讨论的时候，大家还是认可他们的。2003年修改评估章程的时候，我们就把外语四级通过率要求这一条去掉了，写成"满足大学本科毕业的外语的要求"，由所在的大学来决定。但是，现在180多个大学办建筑学，当许多学校连最基本条件还没有达到的时候，你不得不给他一个基本的规范和标准。

Jae：您在本科、硕士、博士生的授课中主要讲授建筑技术的相关课程，您能谈谈建筑教育中，建筑技术的重要性及现存状况的特点吗？它与建筑设计之间的关系是什么？

秦：博士生的课程是我1997年从哈佛大学回来以后开设的，叫"科学、艺术与建筑"。10年下来，应该说是得到了学生的欢迎。坦率地说，当时授课的教育思想跟我个人的知识兴趣比较一致，我觉得建筑系的博士生应该有很好的人文修养、艺术修养，还有科学修养。所以当时开这个课的时候，就拟定了让不同学科的名家们来讲。所以当时去请了很多学校的名家，如人民大学、北京大学、清华大学、美术学院等，请建筑学以外的学者来讲他们的学术，讲哲学、美学、宗教学、社会学、考古学、人文地理、民俗学、西方文学、现代艺术和后现代艺术、前卫艺术、民间艺术等等。学生要交 paper（报告），也上台讲，我点评。

而本科是给一年级建筑学的学生讲"建筑技术概论"和"建筑与技术"，面向全校大一新生的"freshmen seminar"（新生研讨课）。给本科一年级学生讲课，一个公式也不会有的。从建筑学的角度、人文的角度、哲学的理念上来讲述建筑技术、讲技术与建筑的关系，叫作"技术类课程人文性讲授"。

硕士的课程"建筑物理环境"倒是专业性的。第一讲依然是"人文性讲授"，讲人类文明与气候，讲建筑作为"遮蔽所（shelter）"的本原，讲"遮蔽"与"阻隔"的矛盾及人工环境技术的发展，讲人工环境技术的消极作用，讲"老问题遇到新情况"，讲可持续发展理念，讲建筑师工作与建筑物理环境的关系，等等。

对于建筑教育中的技术教育，我提倡建筑技术与建筑设计和建筑创作的结合：要"建筑"地思考建筑技术，"人文"地思考建筑技术，"艺术"地思考建筑技术。

建筑技术也是建筑创作的元素和内容，建筑技术也是建筑创作灵感的启迪和来源，建筑技术也是建筑艺术和建筑美的体现和表达。

这学期，在我的倡导下，在本科四年级开设了"建筑细部"课，我自己讲前两讲：建筑细部概念和建筑工艺技术。背景是多年来我一直讲"中国建筑呼唤精致性设计"，指出中国建筑"粗糙，缺少细部，不能近看，不能细看，不耐看"。中国建筑教育缺失建筑细部设计教学，把构造设计与细部设计混同。细部设计是面向使用者，是使用者看到的、触摸到的、使用到的建筑细部，是建筑师的设计工作，是建筑创作和建筑艺术表达的重要方面。构造设计、施工图是面向施工，是向施工人员表达建筑物的构造组成和建造的技术要求与过程。还有，是建筑师有意识地主动地进行的细部设计，还是构造和施工图设计带来的"既成事实"的细部，也大有差别。

建筑细部设计与产品设计类似，需要"人机工程学"（human engineering）、"人类因素学"（human factors）的基本知识。细部设计重要的是对建筑材料的使用，所以要了解和把握材料的性能，包括：物理力学和加工性能，外观特性（光洁度、色彩、纹理、质感、尺度、形状规整性和尺寸的精确性等），稳定性和耐久性，还有污染性。建筑细部的效果一方面取决于设计，另一方面取决于材料加工和建造的工艺技术，细部设计需要考虑工艺技术。工艺技术一方面表现在对材料和构件的"加工"，另一方面表现在材料和构件的"连接"。工艺技术与工具、动力、手工技艺和工业工艺的有关。当然，美学修养、审美品味、艺术敏感、鉴赏能力等对细部设计是十分重要的，这些已不属于知识范畴，而是艺术和修养范畴。

（本文未曾发表。）

中国现代建筑路在发扬"五四"精神

缘起

《建筑学报》2011年第一期刊登了一篇题为《中国现代建筑路在何方？——从北大校园建筑风格谈起》的文章，谈到2010年4月北京大学生命科学院新楼设计竞标过程中，一个模仿90年前燕园复古风格的方案受到了学院领导和教师的热烈欢迎，并在北大校园规划委员会上受到多数委员的肯定，甚至有的委员提出要对北大东区建筑外立面进行传统建筑式样的改造。但方拥和王宏昌两位委员表示了不同意见。主持会议的北大校领导很有民主作风，尊重少数意见，并请方拥委员邀请建筑界资深人士参与讨论。方拥随后邀请中国工程院关肇邺院士、马国馨院士和建筑设计大师崔愷，在北京大学规划发展部部长李强（历史学教授）的主持下召开了北京大学校园东区建筑风格研讨会。读了这篇文章，我对关肇邺、马国馨和崔愷三位大师的发言，对方拥先生文章的观点表示赞同。但还是觉得话没有说透，一些历史现象的来龙去脉没有说清楚，对问题实质的分析还可深入。

燕京大学校园建筑风格是"基督教本土化"的体现

现在北京大学校园是原燕京大学的校园。1949年后，1952年全国高校"院系调整"，燕京大学被取消，北京大学从北京城里搬到这里，故才有北大"燕园"之称。所以讨论北京大学校园历史建筑和校园风格的沿革，不是在讨论北大，而应是燕京大学。燕京大学是美国人办的基督教教会大学，而北京大学原是清朝政府办的京师大学堂，后来是国立北京大学，是中国政府办的大学。

正因为燕京大学是教会大学，才被设计成中国传统建筑式样，尽管设计者亨利·墨菲是外国（美国）建筑师（图1、图2）。

图1　亨利·墨菲画的燕京大学校园规
划图

图2　北京大学（原燕京大学）校园
建筑

　　当时在中国，有一批教会大学和教会医院被设计成中国传统建筑式样，除了燕京大学，还有北京的辅仁大学（天主教大学）、协和医学院和医院、南京金陵大学、金陵女子大学、成都华西协和大学、长沙湘雅医院（亨利·墨菲先于燕京大学设计）等。这是欧美教会在中国1900年庚子事变之后加强"基督教本土化"的结果。罗马教廷派驻中国的代表传教士刚恒毅说："建筑术对我们传教的人，不只是美术问题，而实是吾人传教的一种方法，我们既在中国宣传福音，理应采用中国艺术，才能表现吾人尊重和爱好这广大民族的文化、智慧的传统。"[1]燕京大学校长司徒雷登的要求就是"校园建筑的风格应力求'中国化'"。

　　所以，20世纪初在中国出现的教会大学和教会医院的中国传统建筑形式是西方国家在中国加强"基督教本土化"政策的体现，不是中国政府、中国人要在新建筑上继承中国文化传统。

---

1. 傅朝卿：《中国古典样式新建筑》，天南书局，1993，第95页。

学堂建筑西洋化是"新政运动"的产物

当时，中国政府（晚清政府）在1900年后推行的是"新政运动"，废科举、兴学堂，旧衙门改新政府。学堂建筑、政府建筑以至北京大栅栏一些商铺采用的是西洋建筑形式，"官民一心，力事改良，官工如各处部院，皆拆旧建新，私工如商铺之房有将大赤金门面拆去，改建洋式样者。"[1]政府建筑如陆军部、大理院、资政院（未建成）都是西洋形式。特别需要提到的是两个政府办的学堂（后来的国立大学）——清华学堂（国立清华大学）和京师大学堂（国立北京大学）。

成立于1911年春的清华学堂虽然是庚子赔款美国还款办的，但属于清政府外务部和学部共管。它在中国传统建筑风格的王府花园"清华园"开办，但校门和第一座建筑"清华学堂"却是西洋式。清朝灭亡后，1916年，正是那位美国建筑师亨利·墨菲（Henry Killiam Murphy）受邀对清华校园建筑进行规划和设计，采取的是西洋建筑风格。图书馆、大礼堂至今仍是清华的标志建筑（图3）。

图3　清华大礼堂（1919年）

同一位美国建筑师在清华——一个中国政府办的大学，采用的是西洋传统建筑风格；在燕京——一个外国教会办的大学，采用的是中国传统建筑风格，而两

---

1. 王槐荫：《北平市木业谭》，《北平市木业同业公会月刊》1935年10月。

个大学还是近邻（图4）！不值得分析和思考吗？

　　无独有偶，六十多年后，即20世纪八九十年代，两个校园的图书馆新馆也是由一个建筑师——关肇邺先生设计的。

　　北京大学的前身是京师大学堂，辛亥革命后第二年（1912年5月）改名为国立北京大学。北大旧址在北京城里沙滩，原猪市大街（新中国成立后改为五四大街）。著名的北大红楼落成于1918年，是西洋建筑风格（图5）。早前的理科教学楼和文科教学楼也是西洋风格（图6）。

图4　两个大学，同一位建筑师。Henry Killiam Murphy。（1877—1954），来自美国

图5　北京大学红楼

图6　北京大学理科楼（上）和文科楼（下）

其时，中国的国立大学都采取西洋建筑风格，北京除了清华、北大，还有国立北京艺专，天津有北洋大学（前身是北洋大学堂，现在是天津大学），南京有中央大学（新中国成立后的南京工学院）等。

20世纪初，政府建筑和国立大学（学堂）建筑采用西洋建筑形式，其社会政治背景先是晚清政府的"新政"，随后是辛亥革命后的"共和"，以及伴随的"新文化运动"、对"德先生"和"赛先生"（民主与科学）追求的"启蒙运动"。而新文化运动的基地正是北京大学，几个领袖人物——陈独秀、李大钊、胡适都是北大教授。

中国传统建筑形式的兴起是五四运动后社会思想转变的反映

1919年5月4日发生的五四运动，通常被作为中国近代史分期的标志，之前是"资产阶级旧民主主义革命"时期，之后是"新民主主义革命阶段"。五四运动在中国社会思想方面的确是一个重要的转折，从对"德先生"与"赛先生"追求的"启蒙运动"转向民族救亡运动，加之第一次世界大战惨绝人寰的悲剧使得中国的知识界对西方文明进行反思，产生怀疑。典型的是梁启超从1904年《新大陆游记》大力推介西方现代文明、尖锐批评中国固有文明，到1920年在欧洲游历回来写下的《欧游心影录》中直白写到"中国不能效法欧洲"、高度赞扬中国传统文化的转变。（关于五四运动前后中国社会思想的激荡和转变，近年来是中国近代史研究的热点。）

正是在这样的背景下，在政府公共建筑中开始转向采用中国传统建筑风格。首先是中山陵（1925年吕彦直设计）和国立京师图书馆新馆（1927年美国建筑师Moller设计）（图7），这两个建筑都是通过国际竞赛选出的，都采用中国传统建筑形式。在陵寝建筑和文化建筑上首先转向采用传统建筑形式也是最为适当的。

但是，普遍的变化出现在北伐战争以后国民党统一中国的1928—1937年这十年。这十年，一方面是日本帝国主义对中国的觊觎，另一方面是中国经济建设的发展和国际地位的提高，从而激起了强烈的民族主义情感，"中国本位""民族本位""中国固有之形式"成为一时的口号。

图 7 国立京师图书馆新馆
（1927年 Moller）

1929年，关于南京建设的《首都计划》中写道："要以采用中国固有之形式为最宜，而公署及公共建筑物尤当尽量采用。"[1]

1929年10月征集上海市政府设计图案时提出："建筑式样为一国文化精神所寄，故各国建筑，皆有表示其国民性之特点。近来中国建筑，侵有欧美之趋势，应力加校正，以尽提倡本国文化之责任。市政府建筑采用中国格式，足示市民以矜式。"[2]

这一时期许多重要的政府和公共建筑普遍采用中国传统建筑形式。如上海市政府大楼（1933年 董大酉）（图8）、武汉大学（1933年 开尔斯）、南京国民党党史馆（1935年 杨廷宝）、南京中央博物院（1936年 徐敬直）等。

图 8 上海市政府大楼（1933年 董大酉）

1. 国都设计技术专员办事处编《首都计划》第六章"建筑式样的选择"，1929。
2. 上海市中心区域建设委员会编《上海市政府征求图案》，1930，第1页。

需要指出的是，这一时期的中国建筑的民族形式虽然和教会大学、教会医院建筑的中国式样在形式上相同，但背景和出发点却很不相同，不宜混为一谈。

在这一时期，还有两件事需要提到：

一是，一批在海外学习建筑的中国留学生先后回国，并在建筑教育和建筑设计领域逐渐占据重要地位，同时用现代学术方法系统研究中国传统建筑；

二是，中国建筑传统性和民族性的表达在主要采用"大屋顶"形式之外，发展出另一种方式——建筑的形制是西洋的，而装饰图案和建筑细部是中国传统的和民族的。如梁思成先生在1930年设计的吉林大学校舍和北京仁立地毯行（1932年　），杨廷宝先生设计的北京交通银行（1931年　）（图9），还有南京国民政府外交部大楼（1934年　赵深、童寯），南京国民大会堂（1936年　奚福泉）和上海中国银行（1936年　陆谦受）等。

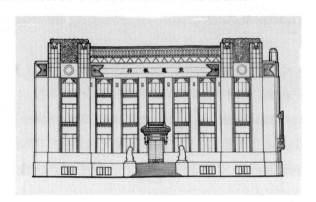

图9　北京交通银行（1931年　杨廷宝）

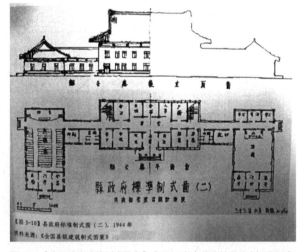

图10　《全国县级建筑制式图案》（1944年）规定的县政府标准制式

从1937年到1949年，中国经受了抗日战争和解放战争，建设几乎停顿，但1944年国民政府颁发的《全国县级建筑制式图案》规定的县政府办公楼的标准制式还是中国传统形式（图10）。

中国缺失现代主义建筑发展的历史阶段

中国近现代建筑的发展史没有真正经历现代主义建筑（Modernism Architecture）发展阶段。中国建筑在20世纪20年代到50年代有很大的发展，但承续的是古典主义和民族主义（即集仿主义或称折中主义）的路，没有真正经历过现代主义建筑的发展。1949年以前没有来得及发展，1949年以后，在"二战"结束后国际上现代主义建筑大发展的时候，我们却关上了大门，"一边倒"，"全面学苏"。其时，苏联在斯大林领导下，建筑思想是民族主义、古典主义和学院派，批判"资本主义"的现代建筑，我们向苏联学习，又没有发展。后来是三年严重困难时期，设计革命、三线建设、"文化大革命"。20世纪80年代初，当中国打开国门时，发现现代主义建筑已经被宣布"死亡"了，已经是后现代（Post-Modern）了！错过了时机。

现代主义建筑发展阶段的或缺，对中国建筑和中国建筑教育已经产生并将继续产生深远的影响。其实改革开放以来，大家都已经明白，很多历史的阶段是不能超越的。当初想从一个半殖民地半封建的农耕社会的国家，一步跨入社会主义、共产主义，后来发现不行，历史阶段不可跨越，如市场经济。因此，改革开放以来中国的经历在某种程度上讲，是在走资本主义曾经经历过的历程。建筑也是这样，现代主义建筑的社会背景是现代民主社会，技术背景是工业化生产和工业工艺，它相对于欧洲农业社会、君权体制时期的手工技术的传统建筑、古典建筑是一个新的历史时期，与传统是决裂的，是革命性的，却是历史的必然，是建筑发展史的一个阶段。中国建筑发展也必须（迟早也必然）要经历这样的历史阶段。

20世纪90年代以来出现在中国建筑设计和城市建设中的奇奇怪怪的现象，如"福禄寿三星"旅馆、龙头形的盘古大厦、形似大铜钱的银行大楼、黑猫白猫雄踞桥头堡等，形象比附、概念附会，其根本的原因是中国全社会没有经历现代主义建筑的洗礼，对建筑的理解和要求，对建筑的审美，与现代社会有相当的距离和脱节。梁思成先生在1932年曾经说过："非得社会对于建筑和建筑师有了认识，建筑不会到最高的发达。"今天，这句话依然是中国建筑的现实状况。

当一个北大教授在电视上侃侃而谈北大校园风水如何如何好，所以北大以前人才辈出（要知道那可是美国建筑师墨菲在五四运动时期为教会大学——燕京大学规划设计的），而现在北大出不了人才，是因为校园北面的那个大烟囱立的不是地方云云时，出现上述生命科学院新楼复古风格方案受到热烈欢迎的事就不足为奇了。

|后记|

　　2021年2月初开始，秦佑国先生因病身体变得虚弱。19日起，秦先生6位弟子组成小组，计划为秦先生康复、文集出版、基金成立等事宜尽绵薄之力。不想24日深夜，秦先生突然去世，让人震惊与惋惜。28日，秦先生告别仪式后，到场的弟子们集体商议了基金、文集、追思会等后续工作，计划分板块开展，并成立工作小组牵头组织，希望把秦先生生前就在整理但未完成的建筑文集出版，并增加出版其他内容，作为对秦先生的纪念和缅怀、对秦先生精神的传承和发扬，以告慰秦先生在天之灵。

　　秦先生博学善思，爱好广泛，积累了大量文章、摄影、诗歌等素材。综合考虑现有资料、时限、经费、人力、出版要求等多方面因素，决定采用"整体策划、分步出版"的原则。总体出版计划包括建筑文集、纪念文集、论文集、诗歌摄影集、传记等五部分，第一阶段先出版前两本文集，后面待资料和时机成熟后，再陆续推出其他作品。

　　两年来，经过大家努力，两本文集终于问世了。它们的学术性较高、纪念性突出、文献讲究、设计庄重、制作精良。《秦佑国建筑文集》是秦先生亲自撰写、挑选的学术文章的结集，是秦先生在建筑教育、建筑学及相关广泛领域的思想理念、成果、成就的最直接的呈现。《秦佑国纪念文集》是与秦先生熟悉的人们对秦先生的生平事迹、亲情友谊、学术思想、行业贡献、高尚品格和崇高精神等的追忆文章合集。

　　关于《秦佑国建筑文集》有四点特别说明。一、时间。早在2009年秦先生就提出了出版文集的想法，后来陆续做了一些整理；秦先生去世后，正式启动了出版工作。二、文章来源。主要来自秦先生生前自己已经整理的文稿，在他的文件夹里有三类文件：第一类是挑选出来整理好的，有主题、有时序、有加工，共50篇，出版采纳了48篇；第二类是与已经整理的文章相似、但不同主题的备选文章，共123篇，出版采纳了2篇；第三类是分布在其他文件夹、其他形式的文章，